大学物理实验

（第2版）

龙涛 王琰 王代新 编著

清华大学出版社

北 京

内 容 简 介

本书是根据《理工科类大学物理实验课程教学基本要求》(2010 版)的精神并结合实验教学改革的实际情况编写的。全书分为误差理论与数据处理、基本测量方法、基本实验仪器、基本实验、综合性实验、设计性实验、研究性实验共 7 章,70 多个实验项目,包含力学、热学、电磁学、光学和近代物理及应用等多方面内容。书中概括介绍了物理实验中的基本测量方法和一些常见仪器的使用方法,附表列出了一些常用物理数据。

本书可作为高等理工科院校各专业的大学物理实验课程教材或教学参考书,也可作为与物理学相关的广大实验工作者的参考书。

图书在版编目(CIP)数据

大学物理实验/龙涛,王琰,王代新编著.--2 版.--北京:清华大学出版社,2012.8(2024.8重印)
ISBN 978-7-302-29534-1

Ⅰ.①大… Ⅱ.①龙… ②王… ③王… Ⅲ.①物理学—实验—高等学校—教材 Ⅳ.①O4-33

中国版本图书馆 CIP 数据核字(2012)第 170250 号

责任编辑:石 磊 赵从棉
封面设计:傅瑞学
责任校对:赵丽敏
责任印制:宋 林

出版发行:清华大学出版社
　　　网　　　址:https://www.tup.com.cn,https://www.wqxuetang.com
　　　地　　　址:北京清华大学学研大厦 A 座　　　　　邮　　编:100084
　　　社 总 机:010-83470000　　　　　　　　　　　　邮　　购:010-62786544
　　　投稿与读者服务:010-62776969,c-service@tup.tsinghua.edu.cn
　　　质量反馈:010-62772015,zhiliang@tup.tsinghua.edu.cn
印 装 者:三河市龙大印装有限公司
经　　销:全国新华书店
开　　本:185mm×230mm　　印　张:24.5　　　　字　　数:503 千字
版　　次:2008 年 3 月第 1 版　 2012 年 9 月第 2 版　印　次:2024 年 8 月第 12 次印刷
定　　价:69.00 元

产品编号:046084-06

前　　言

　　本书是为适应当前实验教学改革的要求,根据教育部《理工科类大学物理实验课程教学基本要求》(2010 版)的精神,在 2008 年出版的《大学物理实验》教材基础上,经过几年教学实践并根据广大师生的意见和建议,结合我校新增的仪器设备而编写的。对第 1 版的内容作了部分调整和修改,增加和删减了部分实验项目,使修订后的内容更完善。全书共列出实验项目 70 多个,内容广泛,叙述深入浅出。

　　大学物理实验是理工科学生必修的一门重要的基础实验课程,也是学生进入大学后较早接触到的一门系统的实验课程。为了使学生在有限的时间内能系统地掌握物理实验的基本知识和基本方法,培养学生的实验动手能力,促使学生积极参与实验,为后续实验课程奠定基础,本书在修订过程中保持了原有的实验教学内容体系,保证学生通过实验课能较好地掌握和运用理论知识,并能提高实验技能。

　　本书第 1～3 章采用较多的篇幅对误差理论及数据处理的基础知识进行了详细介绍,通过一些实验项目的举例对测量误差的估计、完整的数据记录和处理、误差分析方法等方面进行了介绍并提出具体要求,以培养学生严谨的工作态度。

　　第 4 章是基础实验,这类实验对实验项目的目的、实验原理和实验仪器作了简明扼要的阐述,给出了实验思路和方法。通过这类实验项目的训练使学生能正确使用基本仪器,掌握基本物理量的测量方法和基本实验操作技能,加深对物理基础理论知识的理解。

　　第 5 章和第 6 章是综合设计性实验。这类题目的实验过程要求非常明确,学生可按实验原理、实验步骤、实验方法及参考仪器的合理选择来完成。通过该类实验可提高学生独立分析问题和解决问题的能力,同时也有助于学生综合实践能力的提高。

　　第 7 章是研究性实验。这类实验注重趣味性、科学性,还带有科学研究的性质。学生通过查阅参考书和相关的资料,独立地写出实验原理、实验步骤、实验方法,合理选择实验仪器。通过这类实验项目的训练可以帮助学生初步学习如何独立地完成一项研究性课题,充分调动学生的学习积极性,培养学生综合解决问题的能力,培养学生的创新意识、创新精神。

　　本书是以第 1 版教材为基础,同时也参考了兄弟院校最新的相关实验教材修订完成。参与本次修订的有龙涛、王琰、王代新、洪云、陈刚、刘英、唐裕霞、林睿等老师。

　　本书的修订出版得到了重庆工商大学和清华大学出版社的大力支持,重庆工商大学资助了再版经费,在此,我们一并表示衷心的感谢!

　　对书中存在的缺点和不妥之处,恳请读者批评指正。

编　者

2012 年 6 月

物理实验课程流程图

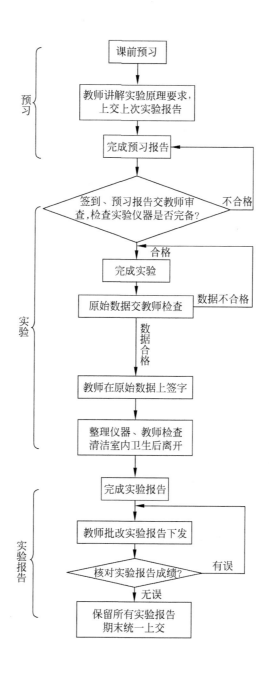

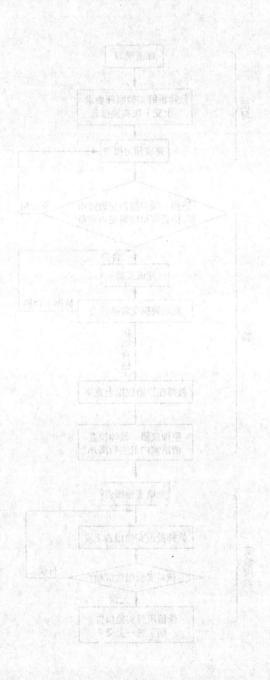

目　　录

绪　　论

物理学是一门实验科学,物理规律的研究一般都以严格的实验事实为基础,并不断受到实验的检验。在物理学的发展过程中物理实验一直起着重要作用,在探索和开拓新的研究领域中,物理实验仍然是有力的工具。大学物理实验课是对学生进行科学实验基础训练的一门重要课程,是继物理理论课程之后独立开设的一门实验课程。它不仅可以加深学生对物理理论的理解,更重要的是能使学生获得基本的实验知识,在实验方法和技能等方面得到较为系统、严格的训练。因此,物理实验是学生在大学里学习或从事科学研究的起步。同时,在培养学生良好的科学素质和科学世界观方面,物理实验也起着潜移默化的作用。因此,学好物理实验对于高等院校理工科的学生十分重要。

1. 物理实验课的目的和任务

(1) 通过对物理现象的观测和分析,学习运用物理理论指导实验,分析和解决实验中的问题。通过理论和实际的结合加深对理论的理解。

(2) 培养学生科学研究的初步能力。这些能力是指:通过阅读教材或资料,能概括出实验原理和方法的要点;正确使用基本实验仪器,掌握基本物理量的测量方法和实验技能;能记录和处理实验数据,分析实验结果和撰写实验报告;以及自行设计和完成一些比较复杂的实验任务。

(3) 培养学生实事求是的科学态度,严谨踏实的工作作风,勇于探索、坚韧不拔的钻研精神以及遵守纪律、团结协作、爱护公共财产的良好品德。

2. 物理实验的主要环节

物理实验是学生在教师的引导下独立完成的一项实践活动,为达到物理实验课程的目的,学生在实验过程中应以严谨的科学态度认真对待实验中的每一个环节。现将主要环节和要求做如下说明。

1) 实验预习

实验课前认真阅读实验教材和有关参考资料(解决做什么,依据什么去做,怎么做),并学会从中归纳出该实验所采用的原理、公式、方法、实验仪器及弄清楚实验过程中的关键问题,在充分预习的基础上写出预习报告。预习报告的内容包括实验原理、公式、线路图或光路图及数据记录表格。可预约进入实验室进行课前预习。

2) 实验操作

学生进入实验室操作前应先在实验运行记录册上签到,仔细阅读实验室规则。然后在教师的指导下对实验用的仪器设备进行检查调试,细心观察实验现象,捕捉和分析实验现象,认真钻研和探索实验中的每一个问题,自觉地应用理论知识指导实验操作。若发现异常和仪器故障时,应报告老师,并在教师的指导下学习排除故障的方法。对实验数据的测定要严肃认真,并做好完备而整洁的记录,例如分组编号,主要仪器名称、规格等。记录数据应用钢笔或圆珠笔,测得的数据应直接记录在预习报告的表格中,如确系记错了,也不要涂改,在旁边写下正确值,以供在分析测量结果和误差时作参考,注意正确记录有效数字和物理量的单位。通过这一环节将培养同学们的实际动手能力、分析问题和解决问题的能力。

完成实验后要对实验数据进行及时的整理。如果原始记录删改较多,对重要的数据要重新列表,再送教师审阅、签名认可后,然后再整理仪器设备及实验桌椅,离开实验室。

3) 实验报告、总结

实验报告是对实验工作的全面总结,书写实验报告是培养科学表达能力的主要环节。在实验报告中要将原始记录数据重新列在正式的报告纸上,实验后要对数据及时进行处理,数据处理过程包括计算、作图、误差计算与分析等,计算要有计算式,代入的数据要有根据,既便于别人能看懂,也便于自己检查,数据处理后应写出实验结果。实验报告要求文字工整,语言简洁明了、层次清楚、图表规范,结论确切可行,分析全面中肯,有独到的见解。

3. 物理实验的具体要求

1) 预习报告

要求用统一的实验报告纸按格式要求书写,书写内容简洁、明了、工整、清晰。具体内容有:

(1) 实验题目、实验者姓名、实验日期、班级、学号、指导教师。

(2) 实验目的。

(3) 仪器用具。包括型号、编号、参数等。

(4) 实验原理。简要叙述有关实验内容(包括电路图、光路图或实验装置示意图)及测量中依据的主要公式,公式中各量的物理含义及单位,公式成立满足的实验条件以及数据记录表格等,不要照抄教材。

(5) 实验注意事项,实验仪器的操作规程。

(6) 回答教师要求的预习思考题。

上课前将实验预习报告交指导教师审查,合格者才能进行实验。无预习报告的不能进行实验,学生应重新预习实验后,预约补做实验,本次成绩按"不及格"记分。如果没有补做实验,本次实验成绩按"零分"记。

2) 实验操作

(1) 进入实验室后,上交本次的预习报告和上次的实验报告,在实验运行记录册上签到,检查实验仪器是否完备,如不完备,应立即向教师汇报。

(2) 实验操作中,教师根据实验者完成实验的操作情况、实验程序规范程度、实验数据合乎要求的情况,给定每个实验者的操作成绩。

(3) 对于在规定的时间内测量的实验数据不合格者或不能完成实验者,本次实验成绩按"不及格"记,并要求其重做。未重做者,本次实验成绩按"零分"记。

(4) 伪造或抄袭数据者本次成绩记"零分"。

(5) 实验原始数据经教师签字认可后,整理好仪器设备及实验桌椅后,方可离开实验室。

3) 实验报告

实验报告要求在预习报告的基础上继续完成,按要求处理实验数据,正确表示实验的结果,报告书写图文清晰、工整,并附上教师签字的原始数据,具体内容有:

(1) 实验步骤。根据自己实际的实验操作写出主要步骤。

(2) 实验数据表格与数据处理。尽可能用列表法记录和处理数据,完成计算、绘出曲线。

(3) 正确表示本次实验的结果、计算误差,对误差来源进行分析。

(4) 小结或讨论。可供讨论的内容很多,内容不限,可以是实验中现象的分析、改进实验的建议、解决实验中关键问题的体会、实验的心得体会和见解等。

(5) 回答教师指定的思考题。

第1章 误差理论与数据处理

1.1 测量与误差

1.1.1 测量的基本概念

1. 测量的定义

为了取得被测对象的量值而进行的实验称为测量。在测量中,是把被测对象与体现测量单位的标准工具进行比较。比较的结果在数值上体现为测量单位的倍数。可以用以下的方程式来表示测量的过程:

$$L = cS \tag{1.1.1}$$

式中,L 为被测量;S 为测量单位;比值 $c=L/S$ 就是测量的结果,它反映了被测量相对于某一测量标准在数字上的关系。显然,c 的大小与 S 的选取有关,即用不同大小的单位来测量同一物理对象,所得的比例值不会相同。例如,假若用单位为 1m 的米尺来测量某一物体的长度,得比例值 23.5;如改用单位为 1mm 的量尺来测量,其数值就会是 23500。在实际的科学研究和生产实践中,对测量结果的要求各不相同,因而在测量方法上也千差万别,其涉及的具体问题也是多种多样的。选取正确的测量单位是进行测量的一个首要前提。例如,不能用 m 作为单位来测量时间,也不宜用 g 来表示一个人的体重。

由于不同的测量要使用不同的测量单位,为消除混乱,有必要统一各种单位。现通常都使用国际单位制,其测量单位一般采用十进制,只有少数例外。另外,由于测量过程实际上就是将被测量与测量单位进行比较的过程,因而测量单位就必须以物质形式体现出来,而不只是一种抽象的数字。在生产和科学研究中所使用的各种仪器仪表和测量工具就是各种测量单位的物质体现。

2. 测量方法及分类

测量方法是指测量原理、测量方式、测量仪器系统及测量环境条件等各种测量环节的总和。一般可以将测量分为以下几种。

1) 直接测量与间接测量

直接测量是将被测物与标准量进行直接的比对,或用标定好了的仪器直接测量,从而在不需要中间环节(通过函数运算或其他仪器的测量)的情况下得到被测物的量值。例如用米尺测量某一长度、用电压表测量电压等,这时,长度和电压都是直接得到的数值,都是直接测量。

间接测量是通过函数运算或多种不同的仪器测量而取得被测物的量值。例如,为了测量圆柱体的体积,可以通过测量其高 h 和直径 D,然后用公式 $V = \pi D^2 h / 4$ 来计算圆柱体的体积。此种测量方法就是间接测量。

2) 绝对测量与相对测量

测量数据就是被测物的量值的绝对大小的测量称为绝对测量。如上面所举例子中长度和电压的测量。

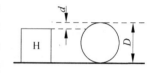

相对测量并不直接测量被测物的量值的绝对大小,而是通过测量被测物相对于标准量的偏差值来确定被测物的量值。例如图 1.1 中,在测量圆柱的直径 D 时,并不直接测量 D 的大小,而是测量圆柱与标准件 H 的差值 d 来间接计算 D 的大小。

图 1.1　用相对测量法测量圆柱的直径

在大多数情况下,相对测量比直接测量更容易满足测量的精度要求。

3) 静态测量与动态测量

对不随时间变化的量进行的测量称为静态测量;对随时间变化的量进行的测量称为动态测量。

3. 精确度的概念

由于在实际中任何测量结果都不可能没有误差(即测得值并非实际的真实值),因此应有一种指标来衡量测量结果的真实可信与否。测量的精确度就表示一测量结果与真实值的相近程度。精确度越高,说明测量结果越好,越接近实际值。在误差理论中,测量的精确度是以"不确定度"来表征的。不确定度表示由于存在误差而使测量结果不能被肯定的程度大小,即表示测量结果是否代表被测对象的真实值的可能性的大小。不确定度是评价测量方法优劣好坏的基本指标之一。在实际的测量中,应当依据对测量精确度的不同要求,恰当地设计测量方法。这就需要对测量方法进行深入的分析、正确地应用误差理论知识并且联系实际。但是应当注意到,提高测量精确度的任何努力都要有一定的代价。因为高精度就往往意味着更精密的仪器、更多的测量、更长的时间、更多的计算,等等。因此,从经济效益的角度来考虑,并非每次测量的精确度越高越好。

4. 不确定度的概念

不确定度是表征被测量真值所处范围的评定结果,这个范围以一定概率包含着被测

量的真值。不确定度越大,这个范围包含真值的置信度(概率)就越高。按其数值评定方法,它们可分为以下两类:

A 类不确定度。用统计方法计算的那些分量(与数据的离散性对应),常用字母 σ_A 表示。

B 类不确定度。用其他方法估算的那些分量(与仪器的欠准确对应),常用字母 σ_B 表示。

注意:A、B 类不确定度与传统划分的随机误差、系统误差并不存在简单的对应关系。

1.1.2　误差的基本概念

1. 误差的定义

误差可以定义为测得值 x 与真实值 x_0 的差值,也称为绝对误差,记为 ε,表示为

$$\varepsilon = x - x_0 \tag{1.1.2}$$

真实值在一般情况下是未知的,它只是表示客观上存在着这样一个值,但人们无法知道。在有些时候,国际公认的最高基准量也可看作是一种真值,称为约定真值。于是,用约定真值代替真实值计算的误差也可称为绝对误差。

2. 其他误差

1) 相对误差

绝对误差有时并不能完全直观地反映测量的精确度,故而用相对误差来表示可能更方便。例如,在称一头大象时,其绝对误差为 0.8g,在称一只鸡时,其绝对误差也为 0.8g,同样的绝对误差并未能反映出两者在测量精确度上的好坏。相对误差定义如下:

$$E = \varepsilon / x_0 \times 100\% \tag{1.1.3}$$

用相对误差能确切地反映测量效果。被测量的大小不同,其允许的绝对误差也应有所不同。被测量越小,绝对误差也应越小。

2) 引用误差

有时还使用引用误差。引用误差属于相对误差的一种,常用于仪表的测量中,特别是对多挡仪表的精度评定。在多挡仪表中,其各挡次、各刻度位置上所产生的测量误差都不相同,不宜使用绝对误差。引用误差的规定如下:

$$引用误差 = 示值误差 / 最大量程 \times 100\% \tag{1.1.4}$$

其中,最大量程是指仪表的最大刻度数,示值误差是指仪表指示出的数值的绝对误差。引用误差的大小规定了仪表的精度等级。如精度等级为 0.2 的电表,其最大允许的引用误差就是 0.2%。

例 1.1.1　经检定发现,量程为 250V 的电压表在 200V 处的示值误差最大为 5V。请问此电压表是否合格(设合格的电压表为 2.5 级)?

解　按电压表精度等级的规定,2.5 级的电压表的最大允许引用误差为 2.5%。该电压表的检定结果说明其实际的最大引用误差为

$$q = 5/250 \times 100\% = 2\%$$

此实际的最大引用误差小于 2.5 级电压表规定的引用误差 2.5%,故该电压表合格。

例 1.1.2　甲、乙两枪手分别站在离靶 100m 处和 50m 处对靶心射击。甲枪手的成绩为 9.5 环,乙成绩为 9.7 环,问谁的射击技术好?

解　由于甲、乙站在不同的地方,可用相对误差来比较两者的成绩。甲的偏差为 0.5 环,乙的偏差为 0.3 环。两者的相对误差分别为

$$甲的相对误差 = 0.5/100 \times 100\% = 0.5\%$$

$$乙的相对误差 = 0.3/50 \times 100\% = 0.6\%$$

相对误差的比较结果说明甲的射击技术比乙的好。

例 1.1.3　分别用同一电表的 100 挡和 200 挡测量同一电压 80V,电表的等级为 1.5。试问:用电表的哪一挡测量误差更小? 若用 100 挡来测量 5V 电压又如何?

解　等级为 1.5 的电表的最大允许引用误差为 1.5%。依据式(1.1.4)知

$$仪表的示值误差 = 量程 \times 引用误差$$

可以分别计算出两挡的示值误差大小:

100 挡时,　　　误差＝100V×1.5%＝1.5V

200 挡时,　　　误差＝200V×1.5%＝3.0V

显然,用 100 挡来测量时,其误差要小得多。

若用 100 挡来测量 5V 的电压,误差也是 1.5V,此时的相对误差就高达 1.5/5＝30%。此例说明,在用有等级度的仪器来测量时,应尽可能地使仪器指针在满刻度周围。

3. 研究误差的意义

在测量中出现误差是不可避免的。从某种意义上来说,任何科学定律都是一些近似的结果。实践证明,任何测量方法所取得的任何一个测量数据都不是绝对准确的,都包含一定的误差,只是大小不同而已。科学的进步会改进和完善测量的方法和仪器,但是并不能消除误差的出现。因而,研究误差的规律就具有普遍的积极意义。了解了误差的各种规律性后才能更合理地使用仪器、设计仪器,拟定好的测量方法并正确地处理测量所得的各种数据,使所得实验结果更真实可信。

简明扼要地说,研究误差的意义就是:①提高测量的精度以减少误差的影响;②对所得结果的可靠性作出评定,即给出结果的不确定度的大小,以指明结果的可靠程度。

4. 误差的分类

误差可以按不同的标准划分为不同的种类,但一般是按误差的特征规律性来进行分类,这样的分类便于误差的分析和研究。误差可分为以下三种。

1) 系统误差

固定不变或按一定规律变化的误差就是系统误差。例如,电压的周期性波动而使仪表示值产生的误差。又如,米尺刻度的不均匀而使测量的数据有误差。系统误差尽管有一定的规律,但在许多情况下这些规律并不一定被确知,特别是对某些复杂的测量系统来说。例如,由于电子仪器的热漂移产生的误差,虽然有一定的规律,但是却难于掌握或了解,要消除这种误差也是十分困难的。对已知其规律性的系统误差可通过"修正"的方法从测量结果中消除。对未知其规律性的系统误差(称为不确定的系统误差)一般可将其看作是一种随机误差而按随机误差的处理方法来处理。

2) 随机误差

在同一条件下对同一被测量进行多次重复测量时,测量数据的误差值或大或小、或正或负,且大小正负没有确定的规律性,是不可预测的,这类误差称为随机误差(以前也称为偶然误差)。例如,用米尺测量长度时,数据中出现的微小的无规则变化就是由误差的随机性产生的。随机误差在实质上是一种随机变量,因而具有随机变量的所有特性。随机变量的取值无规律可循,但在大量的统计数据中却表现出一定的规律,取值具有一定的概率分布特征,可利用概率论的方法来对其进行研究。最简单的例子就是抛掷硬币的情况,硬币出现正面还是反面是不可预见的,其出现正面或反面是无规则可循的,但是大量的重复实验的统计数据表明,正反面出现的次数接近相同。从概率角度来讲,正反面出现的几率各为 $1/2$。随机现象的另一个典型例子是布朗运动。在布朗运动中,每一分子的速率时快时慢,且其运动的方向也无规则地改变着,但从整个分子群的角度来看,其分子的速率大小分布有一定的规则,运动的方向也是各向同性的。也就是说,在任一时刻,沿各个方向运动的分子数一样多,且具有某一速率大小的分子数目是不变的。

3) 粗大误差

粗大误差以前也称为"过失误差",它是指超出正常范围的异常的误差。例如,在测量中,测量数据列为:12.56,12.56,12.57,12.55,12.56,但此时突然测得一个数据 13.85。显然,13.85 与其他数据比较起来实在是大不相同。在一般情况下,应认为此数据就包含有粗大误差。这样的数据应去除。

5. 误差的来源

误差是由于测量过程中许多可知或不可知的因素引起的,主要有以下几个方面。

1）测量方法误差

测量方法误差是由于测量原理、测量方法、测量方式等不完善或不正确造成的。例如,有时测量原理比较复杂,所用公式不易计算,就用某种简化和近似来代替,这样做就会产生一定的误差。常见的有用线性关系代替非线性关系,用直线代替曲线等。测量方法不完善是指所选取的测量方法不是最好的方法。例如,测量圆柱体的体积时,可以分别用量杯、测量其长宽高或用浮力定律来测量,但每一种方法所产生的误差是不相同的,应依据具体要求选取一种合适的测量方法。测量方式不正确是指具体测量时所使用的操作方式或操作规程的不正确。例如,在用浮力定律测量圆柱体的密度时,应先在空气中测量,然后在水中测量。如果反其道而行之,则有额外的误差。

2）测量仪器误差

在任何实验中,测量仪器所产生的误差都是不可避免的,也是实验中误差最重要的一类来源。因为任何测量仪器都有一定的不准确性,包括仪器在设计、加工、装配、调整、检验等方面的误差,也包括仪器零部件的磨损、受力变形、老化等所导致的误差。这类误差可以通过恰当的测量方法和正确的操作得到部分控制。如图 1.2 所示,刻度圆盘的圆心本应在 O 处,但由于加工误差而处在 S 处,即圆度盘有偏心误差。可分别测出通过 S 点的两条直线两端的角位置,利用两端的角位移取平均,即可消除两条直线夹角的偏心差。

图 1.2 圆盘的偏心误差

3）测量环境条件误差

环境条件对测量结果有很大的影响。如果在测量时环境条件偏离标准状态,就会引入一定的误差,如温度、压力、湿度、气流的变化等。例如,测量激光波长时,空气的湿度、温度、大气压力等会使空气的折射率发生变化,从而影响测量结果。要消除这类误差的出现,就要改善测量环境,使其对测量的影响尽可能地减小。

4）人员误差

实验时,操作者对仪器的使用熟练程度、操作习惯、情绪、生理状态等都可能产生误差。克服这类误差的方法主要是使用自动化仪器以减少人为影响因素,或者对操作者进行严格训练以提高其熟练程度和责任心。

1.1.3 有效数字及其运算规则

任何测量结果都是用数字来表示的,表示结果的数字包含着一定的误差,因而就在一定意义上代表着测量结果的好坏。正确地应用数字来合理地表示测量结果及合理地进行运算是数据处理中的基本问题之一。

1. 有效数字的定义

　　　　　　　　有效数字＝多位准确数字＋最末一位存疑数字

准确数字是指在测量中不包含误差的测量数字,一般是在测量中能够直接从仪器上读得的数字。存疑数字是指在测量中人为估计、估读的数字或指示器所示数字中的最末一位。

　　例 1.1.4　在用米尺测量圆柱体的高时,测得数据为 23.4mm。试说明其有效数字的构成和产生的原因。

　　答　根据有效数字的定义,在 23.4 中,23 为准确数字,4 为存疑数字。产生的原因可参见图 1.3。

图 1.3　用米尺测量圆柱体的高

　　在实际读数时,23 是可以在米尺上准确读出的,因而 23 不包含测量误差(假若米尺是标准的)。在读取 4 这个数字时,是测量者的估计,因而是不准确的,也就是有误差。

　　例 1.1.5　在气轨上测量滑块的速度与加速度时,光电计时器上的时间读数为 23.25s。试说明其有效数字的构成。

　　答　23.2 为准确数字,5 为存疑数字。说明此光电计时器的测量精确度大约为 1/100s。

2. 有效数字的运算规则

　　(1)加减运算:计算结果应与参与加减运算的各数据中小数点后位数最少的那一数据的位数相同。

　　例 1.1.6　$123.500+34.07-0.786=156.78$。计算结果是 156.784,但 34.07 这一数据只有小数点后的两位,故 156.784 也只保留到小数点后两位。

　　(2)乘除与开方运算:运算结果的有效数字的个数与参加运算中有效数字个数最少的相同。

　　例 1.1.7　$237.5\div0.10=2.4\times10^3$。计算结果是 2375,但 0.10 只有两位有效数字,故 2375 也只应保留两个有效数字。写成 2400 是不对的,因为它使人误认为是四位有效数字。对于这种大数字的表示就必须用科学记数法,写成 2.4×10^3。

　　例 1.1.8　$\sqrt{4.00}=2.00$; $2.0000^2=4.0000$。

　　(3)其他函数运算:先估算出计算结果的误差大小,再确定所取位数。

　　例 1.1.9　计算 $y=\sin x$,已知 $x=(30.0\pm0.5)°$。

解　先计算 y 的误差大小：

$$\Delta y = (\cos x) \cdot \Delta x = \cos 30.0 \times 0.5 \times 3.1416 \div 180 \approx 0.01$$

再计算 y 的值：$y = \sin x = \sin 30.0° = 0.5$。依照 Δy 的大小，y 应取到小数点后两位，因此，最后的计算结果为

$$y = 0.50$$

上例中已知 x 误差的大小 $\Delta x = 0.5°$。在不知 x 误差大小的情况下又如何计算呢？方法是取自变量有效数字的最末位的一个单位来计算。请看下例。

例 1.1.10　计算 $y = \ln 45.32$。

解　先利用有效数字 45.32 来间接估计 y 的误差的大小。方法是取 45.32 的最末一位，即 2 所在位（小数点后两位）的一个单位 0.01 来计算 y 的误差大小。

$$\Delta y = \frac{1}{45.32} \times 0.01 \approx 0.0002$$

说明计算结果应保留到小数点后第四位。

3. 数值的修约规则（4 舍 6 入 5 凑偶法）

（1）要舍弃的数字小于 5 时，舍去。例如保留 3 位有效位数：

$$9.8249 = 9.82, \quad 53.236 = 53.2$$

（2）要舍弃的数字大于 5 时，进 1。例如保留 3 位有效位数：

$$9.82671 = 9.83, \quad 53.284 = 53.3$$

（3）要舍弃的数字刚好是 5 时，5 后没有数字或全为零，则应看尾数 5 的前一位，采取奇进偶不进的原则。例如保留 3 位有效位数：

$$9.835 = 9.84, \quad 9.82500 = 9.82$$

（4）要舍弃的数字刚好是 5 时，而尾数 5 的后面还有任何不为 0 的数字时，无论前一位为奇数还是偶数，也无论 5 后面不为 0 的数字在哪一位上，都应向前进一位。例如保留 3 位有效位数：

$$9.82500103 = 9.83, \quad 9.8252 = 9.83$$

习　题

1. 什么是测量？测量可以分为哪几种？

2. 试举例分别说明相对测量与绝对测量。

3. 说明什么是精确度，什么是不确定度？

4. 误差是如何定义的？研究误差的意义有哪些？

5. 误差可以分为哪几类？

6. 系统误差与随机误差各有什么特点?

7. 产生误差的原因有哪些方面?

8. 一射手能射中1000m远处直径为3m的目标,问该射手能否射中100m远处直径为40cm的目标?

9. 用量程为250V的2.5级电压表测量电压,问能否保证测量的绝对误差不超过±5V?

10. 下列数字中的有效数字各有几位?

$$230,19.87,0.00652,7.20\times10^{-3},45.300,100,2.224$$

11. 正确地写出下面的结果:

(1) $34.54+12.89-7.65=$ _____ ;

(2) $4.25\times10^{12}+5.0\times10^{11}=$ _____ ;

(3) $3.24\pi^2=$ _____ ;

(4) $10.65\div0.010=$ _____ ;

(5) $\sqrt{16.0}=$ _____ ;

(6) $\dfrac{100.0\times(5.6+4.412)}{78.00-77.0}+110=$ _____ 。

1.2　测量结果的评定和不确定度

测量的目的是不但要测量待测物理量的近似值,而且要对近似真实值的可靠性做出评定(即指出误差范围),这就要求我们还必须掌握不确定度的有关概念。下面将结合对测量结果的评定对不确定度的概念、分类、合成等问题进行讨论。

1.2.1　不确定度及其分类

1. 测定不确定度的含义

在物理实验中,常常要采用不确定度的概念对测量的结果做出综合的评定。不确定度是"误差可能数值的测量程度",表征所得测量结果代表被测量的程度,也就是因测量误差存在而对被测量不能肯定的程度,因而是测量质量的表征。用不确定度对测量数据可以做出比较合理的评定。对一个物理实验的具体数据来说,不确定度是指测量值(近真值)附近的一个范围,测量值与真值之差(误差)可能落于其中。不确定度小,测量结果可信赖程度高;不确定度大,测量结果可信赖程度低。在实验和测量工作中,不确定度一词近似于不确知、不明确、不可靠、有质疑,是作为估计而言的。因为误差是未知的,不可能用指出误差的方法去说明可信赖程度,而只能用误差的某种可能的数值去说明可信赖程度,所以不确定度更能表示测量结果的性质和测量的质量。用不确定度评定实验结果的误差,其中包含了各种来源不同的误差对结果的影响,而它们的计算又反映了这些误差所服从的分布规律,这更准确地表述了测量结果的可靠程度,因而有必要采用不确定度的概念。

2. 测量结果的表示和合成不确定度

在做物理实验时,要求表示出测量的最终结果。在这个结果中既要包含待测量的近似真实值 $\bar{x}$,又要包含测量结果的不确定度 σ,还要反映出物理量的单位。因此,要写成物理含义明确的标准表达形式,即

$$x = \bar{x} \pm \sigma(单位) \tag{1.2.1}$$

式中,x 为待测量;$\bar{x}$ 是测量的近似真实值;σ 是合成不确定度,一般保留一位有效数字。这种表达形式反映了三个基本要素:测量值、合成不确定度和单位。

在物理实验中,直接测量时若不需要对被测量进行系统误差的修正,一般就取多次测量的算术平均值 $\bar{x}$ 作为近似真实值;若在实验中有时只需测一次或只能测一次,该次测量值就为被测量的近似真实值。如果要求对被测量进行一定系统误差的修正,通常是将一定系统误差(即绝对值和符号都确定的可估计出的误差分量)从算术平均值 $\bar{x}$ 或一次测量值中减去,从而求得被修正后的直接测量结果的近似真实值。例如,用螺旋测微器来测量长度时,从被测量结果中减去螺旋测微器的零误差。在间接测量中,$\bar{x}$ 即为被测量的计算值。

在测量结果的标准表达式中,给出了一个范围 $(\bar{x}-\sigma) \sim (\bar{x}+\sigma)$,根据高斯误差理论,它表示待测量的真值在 $(\bar{x}-\sigma) \sim (\bar{x}+\sigma)$ 范围之间的概率为 68.3%,不要误认为真值一定就会落在 $(\bar{x}-\sigma) \sim (\bar{x}+\sigma)$ 之间。认为误差在 $-\sigma \sim +\sigma$ 之间是错误的。

在上述的标准式中,近似真实值、合成不确定度、单位三个要素缺一不可,否则就不能全面表达测量结果。同时,近似真实值 $\bar{x}$ 的末尾数应该与不确定度的所在位数对齐,近似真实值 $\bar{x}$ 与不确定度 σ 的数量级、单位要相同。在开始实验中,测量结果的正确表示是一个难点,要引起重视,从开始就注意纠正,培养良好的实验习惯,才能逐步克服难点,正确书写测量结果的标准形式。

在不确定度的合成问题中,主要是从系统误差和随机误差等方面进行综合考虑,提出了统计不确定度和非统计不确定度的概念。合成不确定度 σ 是由不确定度的两类分量(A 类和 B 类)求“方和根”计算而得。为使问题简化,本书只讨论简单情况下(即 A 类、B 类分量保持各自独立变化,互不相关)的合成不确定度。

A 类不确定度(统计不确定度)用 σ_A 表示,B 类不确定度(非统计不确定度)用 σ_B 表

示,合成不确定度为

$$\sigma = \sqrt{\sigma_{\mathrm{A}}^2 + \sigma_{\mathrm{B}}^2} \tag{1.2.2}$$

3. 合成不确定度的两类分量

物理实验中的不确定度,一般主要来源于测量方法、测量人员、环境波动、测量对象变化,等等。计算不确定度是将可修正的系统误差修正后,将各种来源的误差按计算方法分为两类,即用统计方法计算的不确定度(A 类)和非统计方法计算的不确定度(B 类)。

A 类:统计不确定度,是指可以采用统计方法(即具有随机误差性质)计算的不确定度,如测量读数具有分散性,测量时温度波动影响,等等。这类统计不确定度通常认为服从正态分布规律,因此可以像计算标准偏差那样,用贝塞尔公式计算被测量的 A 类不确定度。A 类不确定度 σ_{A} 为

$$\sigma_{\mathrm{A}} = \sqrt{\frac{\sum\limits_{i=1}^{n}(x_i - \bar{x})^2}{n(n-1)}} = \sqrt{\frac{\sum\limits_{i=1}^{n}(\Delta x_i)^2}{n(n-1)}} \tag{1.2.3}$$

式中,$i = 1, 2, \cdots, n$ 表示测量次数。

在计算 A 类不确定度时,也可以用最大偏差法、极差法、最小二乘法等,本书只采用贝塞尔公式法,并且着重讨论读数分散对应的不确定度。用贝塞尔公式计算 A 类不确定度,可以用函数计算器直接读取,十分方便。

B 类:非统计不确定度,是指用非统计方法求出或评定的不确定度,如实验室中的测量仪器不准确,量具磨损老化等。评定 B 类不确定度常用估计方法。要估计适当,需要确定分布规律,同时要参照标准,更需要估计者的实践经验、学识水平等。因此,往往是意见纷纭,争论颇多。本书对 B 类不确定度的估计同样只作简化处理。仪器不准确的程度主要用仪器误差来表示,所以因仪器不准确对应的 B 类不确定度为

$$\sigma_{\mathrm{B}} = \Delta_{\mathrm{仪}} \tag{1.2.4}$$

$\Delta_{\mathrm{仪}}$ 为仪器误差或仪器的基本误差,或允许误差,或显示数值误差。一般的仪器说明书中都以某种方式注明仪器误差,是由制造厂或计量检定部门给定的。在物理实验教学中,由实验室提供。对于单次测量的随机误差一般是以最大误差进行估计,以下分两种情况处理。

已知仪器准确度时,以其准确度作为误差大小。如一个量程 150mA,准确度为 0.2 级的电流表,测某一次电流,读数为 131.2mA。为估计其误差,则按准确度 0.2 级可算出最大绝对误差为 0.3mA,因而该次测量的结果可写成 $I = (131.2 \pm 0.3)\mathrm{mA}$。又如用物理天平称量某个物体的质量,当天平平衡时砝码为 $P = 145.02\mathrm{g}$,让游码在天平横梁上偏离平衡位置一个刻度(相当于 0.05g),天平指针偏过 1.8 分度,则该天平这时的灵敏度为 $(1.8 \div 0.05)$分度/g,其感量为 0.03g/分度,就是该天平称量物体质量时的准确度,测量

结果可写成 $P=(145.02\pm0.03)$g。

未知仪器准确度时,单次测量误差的估计应根据所用仪器的精密度、仪器灵敏度、测试者感觉器官的分辨能力以及观测时的环境条件等因素具体考虑,以使估计误差的大小尽可能符合实际情况。一般来说,对连续读数的仪器,最大读数误差可取仪器最小刻度值的一半;而无法进行估计的非连续读数的仪器,如数字式仪表,则取其最末位数的一个最小单位。

1.2.2　直接测量结果不确定度的计算

1. 以算术平均值代表测量结果

设对某一物理量 X 进行了 n 次等精度的重复测量(每次测量的标准差 σ 相同),得测量数据列 $x_1,x_2,\cdots,x_n$,则被测量 X 的最佳值应为全部测量数据的算术平均值

$$\bar{x}=\frac{1}{n}(x_1+x_2+\cdots+x_n)=\frac{1}{n}\sum_{i=1}^{n}x_i \tag{1.2.5}$$

注　算术平均值并不一定就是被测量 X 的真实值,它仍然是一种随机变量,含有误差,但所含误差应比直接测量数据所含误差小得多。另外还需要注意,平均值只是减小了随机误差的影响,而没有减小系统误差的作用。

2. 测量结果的随机误差的计算

(1) 测量列的标准差:设对某一物理量进行了 n 次等精度的重复测量,得测量数据列 $x_1,x_2,\cdots,x_n$,并设此物理量的真值为 X,则此数据列的标准差为

$$\sigma=\sqrt{\frac{\sum_{i=1}^{n}(x_i-X)^2}{n}} \tag{1.2.6}$$

但在一般情况下真值 X 的大小是个未知数,所以上式只是计算标准差的理论公式。实际的计算是采用贝塞尔公式:

$$\sigma=\sqrt{\frac{\sum_{i=1}^{n}v_i^2}{n-1}} \tag{1.2.7}$$

其中,$v_i=x_i-\bar{x}=x_i-\dfrac{1}{n}\sum_{i=1}^{n}x_i$。可以证明,当 $n\to\infty$ 时,上面两个 σ 的计算公式是相等的。

(2) 平均值的标准差:算术平均值并非真值,仍含有一定的随机误差。为了估计这种随机误差的影响,就有必要计算其相应的标准差。若设 n 次等精度测量列 $x_1,x_2,\cdots,$ x_n 的标准差为 σ(意指 $x_1,x_2,\cdots,x_n$ 中每一个测量值的标准差均为 σ),则由概率论的理论

推导可得

$$\sigma_{\bar{x}} = \frac{\sigma}{\sqrt{n}} \tag{1.2.8}$$

由式(1.2.8)可知,算术平均值的标准差是测量列标准差的 $1/\sqrt{n}$ 倍。由此,当测量次数 n 越大时,算术平均值的标准差就越小,算术平均值就越可靠。这也说明算术平均值比测量列 $x_1, x_2, \cdots, x_n$ 中任一测量值 x_i 更可靠。

3. 测量结果的不确定度的计算

在对直接测量的不确定度的合成问题中,对 A 类不确定度主要讨论在多次等精度测量条件下读数分散对应的不确定度,并且用贝塞尔公式计算。对 B 类不确定度,主要讨论仪器不准确对应的不确定度,将测量结果写成标准形式。因此,实验结果的获得,应包括待测量近似真实值的确定和 A、B 两类不确定度以及合成不确定度的计算。增加重复测量次数对于减小平均值的标准误差,提高测量的精密度有利。但是注意到当次数增大时,平均值的标准误差减小渐为缓慢,当次数大于 10 时平均值的减小便不明显了。通常取测量次数为 5～10 为宜。下面通过两个例子加以说明。

例 1.2.1　采用感量为 0.1g 的物理天平称量某物体的质量,其读数值为 35.41g,求物体质量的测量结果。

解　采用物理天平称物体的质量,重复测量读数值往往相同,故一般只需进行单次测量即可。单次测量的读数即为近似真实值,$m = 35.41$g。

物理天平的示值误差通常取其感量,并且作为仪器误差,即

$$\sigma_B = \Delta_{仪} = 0.03\text{g} = \sigma$$

测量结果为

$$m = (35.41 \pm 0.03)\text{g}$$

在例 1.2.1 中,因为是单次测量($n=1$),合成不确定度 $\sigma = \sqrt{\sigma_A^2 + \sigma_B^2}$ 中的 $\sigma_A = 0$,所以 $\sigma = \sigma_B$,即单次测量的合成不确定度等于非统计不确定度。但是这个结论并不表明单次测量的 σ 就小,因为 $n=1$ 时,σ_A 发散。其随机分布特征是客观存在的,测量次数 n 越大,置信概率就越高,因而测量的平均值就越接近真值。

例 1.2.2　用螺旋测微器测量小钢球的直径 d(mm),五次的测量值分别为 11.922,11.923,11.922,11.922,11.922。螺旋测微器的最小分度数值为 0.01mm,试写出测量结果的标准式。

解　(1) 求直径 d 的算术平均值

$$\bar{d} = \frac{1}{n}\sum_1^5 d_i = \frac{1}{5}(11.922 + 11.923 + 11.922 + 11.922 + 11.922)$$

$$= 11.922\text{(mm)}$$

（2）计算 B 类不确定度。螺旋测微器的仪器误差为

$$\Delta_{仪} = 0.005\text{mm}$$

$$\sigma_B = \Delta_{仪} = 0.005\text{mm}$$

（3）计算 A 类不确定度

$$\sigma_A = \sqrt{\frac{\sum_1^5 (d_i - \bar{d})^2}{n(n-1)}} = \sqrt{\frac{(11.922 - 11.922)^2 + (11.923 - 11.922)^2 + \cdots}{5 \times (5-1)}}$$

$$= 0.0002\text{mm}$$

（4）合成不确定度

$$\sigma = \sqrt{\sigma_A^2 + \sigma_B^2} = \sqrt{0.0002^2 + 0.005^2}$$

式中，由于 $0.0002 < \frac{1}{3} \times 0.005$，故可略去 σ_A，于是

$$\sigma = 0.005\text{mm}$$

（5）测量结果为

$$d = \bar{d} \pm \sigma = (11.922 \pm 0.005)\text{mm}$$

从例 1.2.2 中可以看出，当有些不确定度分量的数值很小时，相对而言可以略去不计。在计算合成不确定度中求"方和根"时，若某一平方值小于另一平方值的 $\frac{1}{9}$，则这一项就可以略去不计。这一结论叫做微小误差准则。在进行数据处理时，利用微小误差准则可减少不必要的计算。不确定度的计算结果，一般应保留一位有效数字，多余的位数按有效数字的修约原则进行取舍。评价测量结果，有时候需要引入相对不确定度的概念。相对不确定度定义为

$$E_\sigma = \frac{\sigma}{\bar{x}} \times 100\%$$

E_σ 的结果一般应取两位有效数字。此外，有时候还需要将测量结果的近似真实值 $\bar{x}$ 与公认值 $x_{公}$ 进行比较，得到测量结果的百分差 B。百分差定义为

$$B = \frac{|\bar{x} - x_{公}|}{x_{公}} \times 100\%$$

百分差结果一般应取两位有效数字。

测量不确定度的表达涉及深广的知识领域和误差理论问题，大大超出了本课程的教学范围。同时，有关它的概念、理论和应用规范还在不断地发展和完善。因此，我们在教学中也在进行摸索，以期在保证科学性的前提下，尽量把方法简化，使初学者易于接受。教学重点放在建立必要的概念，有一个初步的基础。以后在工作需要时，可以参考有关文献继续深入学习。

1.2.3　间接测量结果不确定度的合成

间接测量的近似真实值和合成不确定度是由直接测量结果通过函数式计算出来的，既然直接测量有误差，那么间接测量也必有误差，这就是误差的传递。由直接测量值及其误差来计算间接测量值的误差之间的关系式称为误差的传递公式。

1. 间接测量值的表示

设间接测量的函数式为

$$N = F(x, y, z, \cdots)$$

N 为间接测量的量，它有 K 个直接测量的物理量 $x, y, z, \cdots$，各直接测量量的测量结果分别为

$$x = \bar{x} \pm \sigma_{\bar{x}}$$

$$y = \bar{y} \pm \sigma_{\bar{y}}$$

$$z = \bar{z} \pm \sigma_{\bar{z}}$$

$$\vdots$$

若将各个直接测量量的近似真实值 $\bar{x}$ 代入函数表达式中，即可得到间接测量量的近似真实值

$$\overline{N} = F(\bar{x}, \bar{y}, \bar{z}, \cdots) \tag{1.2.9}$$

2. 间接测量的合成不确定度

由于不确定度均为微小量，相似于高等数学中的微小增量，对函数式 $N = F(x, y, z, \cdots)$ 求全微分，即得

$$dN = \frac{\partial F}{\partial x} dx + \frac{\partial F}{\partial y} dy + \frac{\partial F}{\partial z} dz + \cdots$$

式中，$dN, dx, dy, dz, \cdots$ 均为微小量，代表各自变量的微小变化。dN 的变化由各自变量的变化决定，$\dfrac{\partial F}{\partial x}, \dfrac{\partial F}{\partial y}, \dfrac{\partial F}{\partial z}, \cdots$ 为函数对自变量的偏导数，记为 $\dfrac{\partial F}{\partial A_i}$。将上面全微分式中的微分符号 d 改写为不确定度符号 σ，并将微分式中的各项求"方和根"，即为间接测量的合成不确定度：

$$\sigma_N = \sqrt{\left(\frac{\partial F}{\partial x}\sigma_{\bar{x}}\right)^2 + \left(\frac{\partial F}{\partial y}\sigma_{\bar{y}}\right)^2 + \left(\frac{\partial F}{\partial z}\sigma_{\bar{z}}\right)^2 + \cdots}$$

$$= \sqrt{\sum_{i=1}^{k}\left(\frac{\partial F}{\partial A_i}\sigma_{\bar{A}_i}\right)^2} \tag{1.2.10}$$

式中，k 为直接测量量的个数；A 代表 $x,y,z,\cdots$ 各个自变量（直接测量量）。

式(1.2.10)表明，间接测量的函数式确定后，测出它所包含的直接测量量的结果，将各个直接测量量的不确定度 σ_{A_i} 乘以函数对各变量（直接测量量）的偏导数，求"方和根"，即 $\sqrt{\sum\limits_{i=1}^{k}\left(\dfrac{\partial F}{\partial A_i}\sigma_{\bar{A}_i}\right)^2}$ 就是间接测量结果的不确定度。

当间接测量的函数表达式为积和商（或含和差的积商形式）的形式时，为了使运算简便起见，可以先将函数式两边同时取自然对数，然后再求全微分。即

$$\frac{\mathrm{d}N}{N}=\frac{\partial\ln F}{\partial x}\mathrm{d}x+\frac{\partial\ln F}{\partial y}\mathrm{d}y+\frac{\partial\ln F}{\partial z}\mathrm{d}z+\cdots$$

同样改写微分符号为不确定度符号，再求其"方和根"，即为间接测量的相对不确定度 $E_{\bar{N}}$，即

$$E_{\bar{N}}=\frac{\sigma_{\bar{N}}}{\bar{N}}=\sqrt{\left(\frac{\partial\ln F}{\partial x}\sigma_{\bar{x}}\right)^2+\left(\frac{\partial\ln F}{\partial y}\sigma_{\bar{y}}\right)^2+\left(\frac{\partial\ln F}{\partial z}\sigma_{\bar{z}}\right)^2+\cdots}$$

$$=\sqrt{\sum_{i=1}^{k}\left(\frac{\partial\ln F}{\partial A_i}\sigma_{\bar{A}_i}\right)^2}\tag{1.2.11}$$

已知 $E_N,\bar{N}$，由式(1.2.11)可以求出合成不确定度

$$\sigma_{\bar{N}}=\bar{N}E_{\bar{N}}\tag{1.2.12}$$

这样计算间接测量的统计不确定度时，特别对函数表达式很复杂的情况，尤其显示出它的优越性。今后在计算间接测量的不确定度时，若函数表达式仅为和差的形式，可以直接利用式(1.2.10)，求出间接测量的合成不确定度 $\sigma_{\bar{N}}$。若函数表达式为积和商（或积商和差混合）等较为复杂的形式，可直接采用式(1.2.11)，先求出相对不确定度，再求出合成不确定度 $\sigma_{\bar{N}}$。表 1.1 给出了常用函数的标准误差传递公式。

表 1.1　常用函数的标准误差传递公式

函数表达式	标准误差传递公式
$N=x\pm y$	$\sigma_{\bar{N}}=\sqrt{\sigma_{\bar{x}}^2+\sigma_{\bar{y}}^2}$
$N=xy$ 或 $N=\dfrac{x}{y}$	$\dfrac{\sigma_{\bar{N}}}{\bar{N}}=\sqrt{\left(\dfrac{\sigma_{\bar{x}}}{x}\right)^2+\left(\dfrac{\sigma_{\bar{y}}}{y}\right)^2}$
$N=kx$	$\sigma_{\bar{N}}=k\sigma_{\bar{x}}$
$N=x^{\frac{1}{k}}$	$\dfrac{\sigma_{\bar{N}}}{\bar{N}}=\dfrac{1}{k}\left(\dfrac{\sigma_{\bar{x}}}{x}\right)$
$N=\sin x$	$\sigma_{\bar{N}}=|\cos\bar{x}|\cdot\sigma_{\bar{x}}$
$N=\ln x$	$\sigma_{\bar{N}}=\dfrac{\sigma_{\bar{x}}}{\bar{x}}$
$N=\dfrac{x^k y^m}{z^n}$	$\dfrac{\sigma_{\bar{N}}}{\bar{N}}=\sqrt{\left(k\dfrac{\sigma_{\bar{x}}}{x}\right)^2+\left(m\dfrac{\sigma_{\bar{y}}}{y}\right)^2+\left(n\dfrac{\sigma_{\bar{z}}}{z}\right)^2}$

例 1.2.3 已知电阻 $R_1 = (50.2 \pm 0.5)\Omega$，$R_2 = (149.8 \pm 0.5)\Omega$，求它们串联的电阻 R 和合成不确定度 σ_R。

解 串联电阻的阻值为

$$R = R_1 + R_2 = 50.2 + 149.8 = 200.0(\Omega)$$

合成不确定度

$$\sigma_R = \sqrt{\sum_{i=1}^{2}\left(\frac{\partial R}{\partial R_i}\sigma_{R_i}\right)^2} = \sqrt{\left(\frac{\partial R}{\partial R_1}\sigma_1\right)^2 + \left(\frac{\partial R}{\partial R_2}\sigma_2\right)^2}$$

$$= \sqrt{\sigma_1^2 + \sigma_2^2} = \sqrt{0.5^2 + 0.5^2} = 0.7(\Omega)$$

相对不确定度

$$E_R = \frac{\sigma_R}{R} = \frac{0.7}{200.0} \times 100\% = 0.35\%$$

测量结果为

$$R = (200.0 \pm 0.7)\Omega$$

在例 1.2.3 中，由于 $\frac{\partial R}{\partial R_1} = 1$，$\frac{\partial R}{\partial R_2} = 1$，$R$ 的总合成不确定度为各个直接观测量的不确定度平方求和后再开方。

间接测量的不确定度计算结果一般应保留一位有效数字，相对不确定度一般应保留两位有效数字。

例 1.2.4 测量金属环的内径 $D_1 = (2.880 \pm 0.004)\text{cm}$，外径 $D_2 = (3.600 \pm 0.004)\text{cm}$，厚度 $h = (2.575 \pm 0.004)\text{cm}$。试求环的体积 V 和测量结果。

解 环体积公式为

$$V = \frac{\pi}{4}h(D_2^2 - D_1^2)$$

(1) 环体积的近似真实值为

$$V = \frac{\pi}{4}h(D_2^2 - D_1^2) = \frac{3.1416}{4} \times 2.575 \times (3.600^2 - 2.880^2) = 9.436(\text{cm}^3)$$

(2) 首先将环体积公式两边同时取自然对数后，再求全微分

$$\ln V = \ln\left(\frac{\pi}{4}\right) + \ln h + \ln(D_2^2 - D_1^2)$$

$$\frac{\mathrm{d}V}{V} = 0 + \frac{\mathrm{d}h}{h} + \frac{2D_2\,\mathrm{d}D_2 - 2D_1\,\mathrm{d}D_1}{D_2^2 - D_1^2}$$

则相对不确定度为

$$E_V = \frac{\sigma_V}{V} = \sqrt{\left(\frac{\sigma_{\bar{h}}}{h}\right)^2 + \left(\frac{2D_2\sigma_{\bar{D}_2}}{D_2^2 - D_1^2}\right)^2 + \left(\frac{-2D_1\sigma_{\bar{D}_1}}{D_2^2 - D_1^2}\right)^2}$$

$$= \left[\left(\frac{0.004}{2.575} \right)^2 + \left(\frac{2 \times 3.600 \times 0.004}{3.600^2 - 2.880^2} \right)^2 + \left(\frac{(-2) \times 2.880 \times 0.004}{3.600^2 - 2.880^2} \right)^2 \right]^{\frac{1}{2}}$$

$$= 0.0081 = 0.81\%$$

（3）总合成不确定度为

$$\sigma_V = VE_V = 9.436 \times 0.0081 = 0.08(\text{cm}^3)$$

（4）环体积的测量结果为

$$V = (9.44 \pm 0.08)\text{cm}^3$$

V 的标准式中，$V = 9.436\text{cm}^3$ 应与不确定度的位数取齐，因此将小数点后的第三位数 6，按照数字修约原则进到百分位，故为 9.44cm^3。

间接测量结果的误差，常用两种方法来估计：算术合成（最大误差法）和几何合成（标准误差）。误差的算术合成将各误差取绝对值相加，是从最不利的情况考虑，误差合成的结果是间接测量的最大误差，因此是比较粗略的，但计算较为简单，它常用于误差分析、实验设计或粗略的误差计算中。上面例子采用几何合成的方法，计算较麻烦，但误差的几何合成较为合理。

1.2.4　直接测量和间接测量结果的表达式

进行实验、误差计算及数据处理的目的是为了得到和实际情况尽可能一致的结果，所以测量结果的表达式不仅应能反映出所测数据的可靠性程度的大小、误差的范围、误差对被测量的影响程度，还应给出最后的最佳结果。因此，直接测量结果的表达式一般包括平均值、算术平均值的标准差（或算术平均绝对误差）、置信系数、置信概率以及相对误差。对于间接测量结果的表达式，应利用 1.2.3 节所讨论的结论来计算相应的量，然后写出与直接测量结果表达式相同的表达式来表示间接测量的计算结果（如例 1.2.4 所示）。两者的表达式的形式如下：

测量结果 = 测量平均值 ± 不确定度

相对不确定度大小（一般以百分比表示）

例如：

$$V = (9.44 \pm 0.08)\text{cm}^3$$

$$E = 0.81\%$$

1.3　实验数据的常用处理方法

实验测量中的大量数据，需要进行整理和分析，并从中得出最后的结果，找出实验规律。处理实验数据是实验报告的重要内容，也是实验课的基本训练之一。下面介绍几种常用的实验数据处理方法。

1. 列表法

对一个物理量进行多次测量,或者测量几个量之间的函数关系,往往借助于列表法把实验数据列成表格。列表法就是将一组实验数据中的自变量、因变量中的各个数值,依一定的形式和顺序一一对应的列出来。其优点是简单明了,便于比较。表格没有统一的格式,一般应注意以下几点。

(1) 根据实验具体要求(如哪些量是单次测量量,数据间的关系以及实验条件等)列出适当的表格,在表格上方简单扼要地写出表的名称。

(2) 表内标题栏内注明物理量的名称、符号和单位,不要把单位记在数字上。

(3) 数据要正确地反映测量的有效数字。

(4) 表格力求简单、清楚、分类明显。

2. 作图法

作图法是研究物理量的变化规律,找出物理量间的函数关系,求出经验公式的最常用的方法之一,它可以把一组数据之间的关系或其变化情况用图线直观地表示出来。利用作图法得出的曲线,能迅速地读出在一定范围内一个量所对应的另一个量,能从图中很简便地求出实验所需的某些数据,在一定条件下还可以从曲线的延伸部分读出测量数据以外的数据点。

作图要遵从以下规则。

1) 选用合适的坐标纸

坐标纸有直角坐标纸、对数坐标纸、半对数坐标纸和极坐标纸等几种。在物理实验中常用的是直角坐标纸(又称毫米方格坐标纸)。

2) 确定坐标轴并标度

通常用横坐标表示自变量,纵坐标表示因变量。在坐标轴的末端要注明物理量的符号和单位。坐标比例的选取,原则上做到数据中的可靠数字在图中是可靠的。坐标比例的选取应以便于读数为原则,一般情况,坐标轴的起点不一定从零开始,以使画出的图线能比较对称地充满整个图纸。

3) 描点和连线

用一定的符号,如"＋","×","⊙"等将数据点准确地标明在坐标纸上。同一坐标纸上不同图线的数据点应用不同的符号以示区别。然后用直尺或曲线板把数据点连成直线或光滑的曲线。连线时要根据数据点的分布趋势,使其均匀分布在图线两侧,且使图线通过尽可能多的数据点。个别偏离图线很远的点要重新审核,进行分析后决定取舍。这样描绘出来的图线有"取平均"的效果。对于仪器仪表的校正曲线和定标曲线,连接时应将相邻的两点连成直线,整个图线呈折线形状。

4) 注解和说明

在图纸上明显处注明图线名称、作图者姓名、日期以及实验需满足的条件(温度、压力等)。根据已画出的实验图线,可以用解析方法求出图线上各种参数及物理量之间的关系即经验公式。尤其当图线是直线时,图解法最为方便。直线图解法首先是求出斜率 a 和截距 b,进而得出直线方程 $y=ax+b$。其步骤如下:

(1) 求斜率。在直线上取相距较远的两点 $A(x_1,y_1)$ 和 $B(x_2,y_2)$。因为直线不一定通过原点,所以不能用一点求斜率。这两点不一定是实验数据点,但一定要是直线上的点,在所取的点旁边注明其坐标值,将它们的坐标代入直线方程得到斜率

$$a = \frac{y_2 - y_1}{x_2 - x_1} \tag{1.3.1}$$

通常该斜率是一个有单位的物理量。

(2) 求截距。若横坐标起点为零,则可将直线用虚线延长得到与纵坐标轴的交点,便可求出截距。若起点不为零,则可用下式计算截距:

$$b = \frac{x_2 y_1 - x_1 y_2}{x_2 - x_1} \tag{1.3.2}$$

3. 逐差法

逐差法是人们为了改善实验数据结果,减小误差影响而引入的一种实验及数据处理方法。这种方法要求实验过程中不断改变自变量,从而实现多次测量。

设有线性一元关系 $y=a+bx$,测得 n 组 x 及 y 的数据 (x_i,y_i),试计算 a,b 的值。

第一步:将 x 和 y 的测量数据分为两组,每组 $n/2=l$ 个(不妨设 n 为偶数),如下所示:

$$\begin{cases} (x_1,y_1) \\ (x_2,y_2) \\ \vdots \\ (x_l,y_l) \end{cases} \text{第一组有 } l \text{ 个}$$

$$\begin{cases} (x_{l+1},y_{l+1}) \\ (x_{l+2},y_{l+2}) \\ \vdots \\ (x_{2l},y_{2l}) \end{cases} \text{第二组有 } l \text{ 个}$$

第二步:将第二组的数据和第一组的数据依次相减,即用第二组的第一个数据减去第一组的第一个数据,然后用第二组的第二个数据减去第一组的第二个数据,等等。并利用公式 $y=a+bx$,可得

$$y_{l+1} - y_1 = b(x_{l+1} - x_1)$$

$$y_{l+2} - y_2 = b(x_{l+2} - x_2)$$
$$\vdots$$
$$y_n - y_l = b(x_n - x_l)$$

第三步：将上述等式左右各自求和,得

$$\sum_{i=1}^{l}(y_{l+i} - y_i) = b\sum_{i=1}^{l}(x_{l+i} - x_i)$$

第四步：解出 b：

$$b = \frac{\displaystyle\sum_{i=1}^{l}(y_{l+i} - y_i)}{\displaystyle\sum_{i=1}^{l}(x_{l+i} - x_i)} \tag{1.3.3}$$

$$= \frac{\displaystyle\sum_{i=1}^{l}y_{l+i} - \sum_{i=1}^{l}y_i}{\displaystyle\sum_{i=1}^{l}x_{l+i} - \sum_{i=1}^{l}x_i} \tag{1.3.4}$$

由上式可以看出, b 值与四个求和相关,它们分别是 y 的前半部之和与后半部之和、 x 的前半部之和与后半部之和,用公式说明如下：

$$b = \frac{y \text{ 的后半部之和} - y \text{ 的前半部之和}}{x \text{ 的后半部之和} - x \text{ 的前半部之和}}$$

第五步：求出 a 的值：

$$a = \bar{y} - b\bar{x} \tag{1.3.5}$$

第六步：由下式来计算 a, b 的误差(标准差)大小(设 x, y 均为等精度测量)：

$$\delta_a^2 = \frac{\delta_y^2 + b^2\delta_x^2}{n} + \bar{x}^2\delta_b^2 \tag{1.3.6}$$

$$\delta_b^2 = \frac{n(\delta_y^2 + b^2\delta_x^2)}{\left(\displaystyle\sum_2 - \sum_1\right)^2} \tag{1.3.7}$$

其中, δ_y, δ_x 是 x, y 的误差; δ_a, δ_b 是 a, b 的误差; $\displaystyle\sum_1 = \sum_{i=1}^{l}x_i$; $\displaystyle\sum_2 = \sum_{i=1}^{l}x_{l+i}$。

例 1.3.1　在超声波测声速的实验中,用共振干涉法测得表 1.2 所示数据：

表　1.2　　　　　　　　　　　　　　　　　　　　　　　　　　　　　　　mm

	位置(n)					
	1	2	3	4	5	6
进程(x)	14.35	18.40	22.52	26.68	31.03	35.12
回程(x')	14.38	18.41	22.54	26.70	31.05	35.12
平均 x_n	14.37	18.41	22.53	26.69	31.04	35.12

由共振干涉法的实验理论可知，$x_n = x_0 + n \times \dfrac{\lambda}{2}$ $(n = 1, 2, \cdots, 6)$。把 x_n, n 作为 x, y，$x_0, \dfrac{\lambda}{2}$ 作为 a, b，则由式(1.3.4)及式(1.3.5)计算如下：

$$\frac{\lambda}{2} = \frac{(26.69 + 31.04 + 35.12) - (14.37 + 18.41 + 22.53)}{(4 + 5 + 6) - (1 + 2 + 3)} = 4.17(\text{mm})$$

$$\lambda = 8.34\text{mm}$$

初始位置 x_0 为

$$x_0 = \frac{1}{6} \sum_{n=1}^{6} x_n - \frac{\lambda}{2} \times \frac{1}{6} \sum_{n=1}^{6} n = 24.69 - 4.17 \times 3.5 = 10.10(\text{mm})$$

由(1.3.7)式计算 λ 的标准差。由于 n 是准确数，故其误差为 0。x_n 的误差可取为测量仪器的精度的一半，为 $0.01/2 = 0.005\text{mm}$。

$$\delta^2(\lambda) = 4\delta^2\left(\frac{\lambda}{2}\right) = 4 \times \frac{6 \times 0.005^2}{(15 - 6)^2} = 0.0000074(\text{mm}^2)$$

$$\delta(\lambda) = 0.0027\text{mm}$$

计算结果：$\lambda = 8.34 \pm 3 \times 0.0027 = 8.34 \pm 0.008(\text{mm})(P = 99.73\%)$。

1) 逐差法的优点

(1) 充分利用了测量所得的数据，对数据具有取平均的效果。如例 1.3.1 中所有数据都参与了运算。

(2) 可以消除一些定值系统误差，求得所需要的实验结果。如周期公式中明显受弹簧 m_0 的影响，如果不进行差值运算，弹簧的等效质量 m_0 不能被忽视，直接由 $k = 4\pi^2 m / T^2$ 计算出的结果就会偏小。进行了差值运算，结果不受 m_0 的影响。

逐差法是目前实验中常用的一种数据处理方法。这种方法除了具备差值法的优点外，还可以方便地验证两个变量之间是否存在多项式关系，发现实验数据的某些变化规律，等等。与差值法比较，其突出的是改变自变量必须等间距变化。

综上所述，把符合线性函数的测量值分成两组，相隔 $k = n/2$(n 为测量次数)项逐项相减，这种方法叫做逐差法。逐差法除了上述两种用途外，还可以用来发现系统误差或实验数据的某些变化规律。即当我们假定函数为某种多项式形式，用逐差法去处理测量数据而未得到预期的结果时，就可以认为存在某种系统误差；或者根据数据的变化规律对假定的公式作进一步的修正。

2) 逐差法的应用条件

在具备以下两个条件时，可以用逐差法处理数据。

(1) 函数可以写成 x 的多项式形式，即

$$y = a_0 + a_1 x$$

或

$$y = a_0 + a_1 x + a_2 x^2$$

或

$$y = a_0 + a_1 x + a_2 x^2 + a_3 x^3$$

等等。

实际上,由于测量精度的限制,3 次以上逐差已很少应用。

有些函数可以经过变换写成以上形式时,也可以用逐差法处理。如弹簧振子的周期公式 $T = 2\pi\sqrt{m/k}$ 可以写成

$$T^2 = \frac{4\pi^2}{k}m$$

即 T^2 是 m 的线性函数。

阻尼振动的振幅衰减公式 $A = A_0 \mathrm{e}^{-\beta t}$ 可以写成

$$\ln A = \ln A_0 - \beta t$$

即 $\ln A$ 是 t 的线性函数。

(2) 自变量 x 是等间距变化的,即

$$x_{i+1} - x_i = C$$

式中 C 为一常数。

4. 最小二乘法的直线拟合

最小二乘法在 1805 年由勒让德(Legendre)提出后得到了迅速的发展,现已成为回归分析、数理统计等领域的理论基础之一,并广泛地应用于各种测量及科学实验的数据处理中。它给出了数据处理的一条准则——最佳结果(或最可信赖值)应使测量值的残差平方和最小,即 $\sum\limits_{i=1}^{n} v_i^2 = 0$。利用最小二乘法原理进行线性拟合,也就是根据测量的数据,用最小二乘法原理求出最佳直线参数 a,b。设研究的两个变量 x,y 之间存在线性关系即 $y = a + bx$,测得 n 组 x,y 的对应值:

$$x_1, x_2, \cdots, x_n$$
$$y_1, y_2, \cdots, y_n$$

下面讨论最简单的情况,即假定每个测量都是等精度的,且在 x,y 中,只有 y 方向有误差,则各组测量值的误差为

$$\begin{cases} v_1 = y_1 - (a + bx_1) \\ v_2 = y_2 - (a + bx_2) \\ \quad\vdots \\ v_n = y_n - (a + bx_n) \end{cases}$$

将上面各式两边平方再求和得

$$\sum_{i=1}^{n} v_i^2 = \sum_{i=1}^{n} (y_i - a - bx_i)^2 \tag{1.3.8}$$

依照最小二乘法原理,测量结果的最可信赖值应使偏差的平方和最小,则必有

$$\begin{cases} \dfrac{\partial}{\partial a}\Big(\sum\limits_{i=1}^{n} v_i^2\Big) = -2\sum\limits_{i=1}^{n}(y_i - a - bx_i) = 0 \\[3mm] \dfrac{\partial}{\partial b}\Big(\sum\limits_{i=1}^{n} v_i^2\Big) = -2\sum\limits_{i=1}^{n}(y_i - a - bx_i)x_i = 0 \end{cases} \tag{1.3.9}$$

消去 a 得

$$b = \frac{n\sum\limits_{i=1}^{n}(x_i y_i) - \sum\limits_{i=1}^{n} x_i \sum\limits_{i=1}^{n} y_i}{n\sum\limits_{i=1}^{n} x_i^2 - \Big(\sum\limits_{i=1}^{n} x_i\Big)^2} = \frac{\overline{xy} - \bar{x}\cdot\bar{y}}{\overline{x^2} - (\bar{x})^2} \tag{1.3.10}$$

$$a = \bar{y} - b\bar{x} \tag{1.3.11}$$

为了检验最小二乘法拟合 a,b 结果有无意义,在数学上引入相关系数 r。它表示各数据点靠近拟合直线的程度,r 值在 $(-1,1)$ 之间。$|r|$ 越接近 1,各数据点就越接近线性关系;若 $|r|$ 接近 0,则可以认为两变量之间不存在线性关系。

经推算,线性回归方程的相关系数

$$r = \frac{\sum(x_i - \bar{x})(y_i - \bar{y})}{\sqrt{\sum(x_i - \bar{x})^2 \cdot \sum(y_i - \bar{y})^2}} \tag{1.3.12}$$

下面是两个最小二乘法应用的例子。

例 1.3.2　设对物理量 X 进行了 n 次等精度测量,得到 n 个相应数据 $x_1, x_2, \cdots, x_n$,试求 x 的最小二乘估计值的大小。

解　设物理量 X 的最小二乘估计值为 x,则各次测量值的残差 v_i 可表示如下:

$$\begin{cases} v_1 = x_1 - x \\ v_2 = x_2 - x \\ \quad\vdots \\ v_n = x_n - x \end{cases}$$

依照最小二乘法,上述各式的残差平方和应为最小,即 $\sum\limits_{i=1}^{n} v_i^2$ 应最小。根据极值条件,有

$$\frac{\mathrm{d}}{\mathrm{d}x}\Big(\sum_{i=1}^{n} v_i^2\Big) = 0$$

$$\frac{\mathrm{d}}{\mathrm{d}x}\left(\sum_{i=1}^{n}(x_i-x)^2\right)=0$$

$$x=\frac{1}{n}\sum_{i=1}^{n}x_i$$

由此,此时的最小二乘估计值正是平均值。

例 1.3.3　已知金属丝长度与温度的关系为 $L=L_0(1+\alpha t+\beta t^2)$(其中,$L_0$ 是金属丝在 0℃时的长度,α,β 是金属丝的膨胀系数)。在不同温度下测出一系列 L,见表 1.3,试利用最小二乘法求膨胀系数 α,β。设 $L_0=50.000\mathrm{cm}$。

表　1.3

	次数 i								
	1	2	3	4	5	6	7	8	9
$t/℃$	10.5	11.0	11.5	12.0	12.5	13.0	13.5	14.0	14.5
L/cm	50.052	50.058	50.064	50.071	50.078	50.085	50.094	50.102	50.110

解　残差 $v_i=L_I-L_0(1+\alpha t_i+\beta t_i^2)$,应用 $\sum\limits_{i=1}^{n}v_i^2$ 为最小值的条件,也就是其对 α,β 的导数为零,有

$$\frac{\mathrm{d}}{\mathrm{d}\alpha}\left(\sum_{i=1}^{n}v_i^2\right)=0 \tag{1.3.13}$$

$$\frac{\mathrm{d}}{\mathrm{d}\beta}\left(\sum_{i=1}^{n}v_i^2\right)=0 \tag{1.3.14}$$

将 v_i 的表达式代入式(1.3.13)和式(1.3.14)并化简整理,得二元一次方程组

$$\begin{cases}\alpha\sum\limits_{i=1}^{n}t_i^2+\beta\sum\limits_{i=1}^{n}t_i^3=\dfrac{1}{L_0}\sum\limits_{i=1}^{n}t_i(L_i-L_0) \tag{1.3.15}\\[3mm]\alpha\sum\limits_{i=1}^{n}t_i^3+\beta\sum\limits_{i=1}^{n}t_i^4=\dfrac{1}{L_0}\sum\limits_{i=1}^{n}t_i^2(L_i-L_0) \tag{1.3.16}\end{cases}$$

将表格中温度 t 的测量值代入上述方程组便可求得 α,β 的大小。计算如下:

$$\sum_{i=1}^{9}t_i^2=1421.250$$

$$\sum_{i=1}^{9}t_i^3=18140.625$$

$$\sum_{i=1}^{9}t_i^4=233833.313$$

$$\frac{1}{50.000}\sum_{i=1}^{9}t_i(L_i-50.000)=0.182879$$

$$\frac{1}{50.000}\sum_{i=1}^{9}t_i^2(L_i-50.000)=2.364846$$

将上述计算结果代入式(1.3.10)及式(1.3.11),有

$$\begin{cases}1421.250\alpha+18140.625\beta=0.182879\\18140.625\alpha+233833.313\beta=2.364846\end{cases}$$

求解此方程组得 $\alpha=-1.7064,\beta=0.1337$。

　　除上述四种处理实验数据的方法外,还有其他的处理方法,在此不再赘述。

第 2 章 基本测量方法

在物理实验中,为了研究各种物理量或物理现象之间的关系,发现并确定物理性质和规律,常采用复杂多样的测量方法。在此仅介绍物理实验中常用的一些基本方法,这些方法都有各自的特点、适用范围,它们在实验中普遍使用。通过基本测量方法的学习,可以对基本测量方法有系统的了解,同时,也可以使原来所学的理论得以深化和拓展。

2.1 比较法

在物理实验中按照测量的定义,所有的测量行为都可以归为比较测量。比较测量法是物理量测量中最普遍、最基本的测量方法。凡是可以找到与被测量进行比较的同量纲的标准量,并且可以直接或间接地用被测量对标准量的倍数表示的方法,叫做比较测量法,也叫比较法。替代法、置换法实际上也属于比较法,它们的特点是异时比较。

1. 直接比较测量法

直接比较测量法是将被测量与同类物理量的标准量具直接进行比较,因此要求制成相应的供比较用的标准量具,如直尺、砝码等,它们被赋予标准量值,供比较使用。

有些物理量难以制成标准量具,因而先制成与标准量值相关的仪器,再用它们与待测量进行比较,例如温度计、电表等。

有时,只有标准量具还不够,还必须配置一定的比较系统,才能实现被测量与标准量之间的比较。例如,只有砝码还不能测质量,要借助于天平;只有标准电池还不能测电压,要由比较电阻等附属装置组成电位差计,这些装置就是比较系统。

这种情况下,常常采用平衡、补偿或零示测量来进行直接比较。利用天平称物体质量时,用的是平衡测量。利用天平这一仪器,使待测量和砝码进行比较,当天平平衡时两者质量相等。其测量结果的准确度受到天平本身灵敏度的制约,只能接近砝码的精度。在惠斯通电桥实验中,对测量未知电阻而言用的是平衡测量,而作为表征电桥是否平衡使用的是检流计零示法。在电位差计实验中,测量电源电动势的原理是用补偿法测量的典型,后面具体实验中将专门介绍,它也是以检流计示零后而获得测量结果的。零示测量的最突出优点是测量的精度高低与示零仪器的灵敏度密切相关,而对于仪器而言,欲得一高精度的电流计是困难的,但高灵敏度的检流计却容易实现,故常常利用零示法来实现较高精度的测量。直接比较测量法有如下特点。

（1）同量纲。标准量和被测量的量纲相同,如用米尺测量长度。

（2）直接可比。标准量和被测量直接可比,不需要被测量的繁杂变化就可以直接得到结果,如用天平称量物体的质量,砝码的示值就是被测量的值。

（3）同时性。标准量和被测量的比较是同时发生的,没有时间的延迟或滞后,亦即无需经时间变换的效应参与比较过程,例如用秒表测量时间。

为了有效地应用直接比较法应考虑以下两个问题。

（1）创造条件使待测量与标准量能直接对比。

（2）无法直接对比时,则视其能否用零示法予以比较,此时只要注意选择灵敏度足够高的示零仪器即可。

2. 间接比较测量法

这是在测量中应用得更为普遍的方法。因为多数物理量无法通过直接比较而测出,往往需要利用物理量之间的函数关系来实现比较。

例如电流表,它是利用通电线圈在磁场中受到的电磁力矩与游丝的扭力矩平衡时,电流的大小与电流表指针的偏转量之间有一定的对应关系而制成的,因此可以用电流表指针的偏转量间接比较出电路中的电流。

3. 替代法

用已知其值的同种标准量替代被测量,使在测量装置上得到相同效应以获得被测量数值的方法称为替代测量法。

替代测量法一般用数值可以改变的与被测量在属性上完全等效的"标准量"替代测量系统中的被测量,调节"标准量",使测量恢复到替代之前的状态,则被测量的值就等于这个"标准量"的值。

例如,在伏安法测量电阻中,当电流表有一个稳定的指示值时,将被测电阻用标准电阻箱替代下来,调节标准电阻箱,使得电流表的指示值和替代值相同,则被测电阻的值就等于标准电阻箱上的示值。

替代法简单快捷,又能达到一定的精度要求,适用性广,是实验中常用的方法之一。特别在被测量较大时,一次测量有困难,而总体又不可分割,则可用分割的替代品替代之后再分别测量替代品就方便多了。

2.2　放大法

当被测量的量值很小或微弱变化时,很难找到与其进行直接比较的标准量进行测量或者测量误差很大而不能满足要求,此时可以设计相应的装置或采用某种方法将被测量放大,然后再进行测量。

放大有两种含义:一类是将被测对象放大,一类是将读数机构的读数细分,从而提高测量精度。

放大被测量所用的原理和方法称为放大法,它分线性放大和非线性放大,物理实验主要使用线性放大法,常用的有以下几种。

1. 累计放大法

当待测量的数量级与测量仪器的误差较为接近时,其测量结果可信度是很低的。如何改进测量方法,增加测量值的有效位数,从而提高测量的准确度呢? 累计放大法在一定程度上解决了这一问题。

所谓累计放大法,就是在不改变被测物理量性质的情况下,将被测量放大若干倍,从而增加了被测量的有效位数,减小了测量结果的相对不确定度的测量方法。这种方法在物理实验中得到广泛的应用。

例 2.2.1　用秒表测量单摆周期。

设用秒表测量时间间隔的不确定度为 0.1s,单摆周期为 2.0s。测量单摆摆动一个周期的时间间隔,其测量结果的相对不确定度为 $\frac{0.1}{2.0}=5.0\%$,若测量 50 个周期的累计时间间隔则相对不确定度为 $\frac{0.1}{2.0\times50}=0.10\%$,减少了测量结果的相对不确定度。

例 2.2.2　测量一根直径很细的金属丝的直径。

要用直尺测量一根直径很细的金属丝直径是不可能的,但是可以将该金属丝密绕在一光滑的长直圆柱体上,再用直尺测量,绕的匝数越多,测量结果的相对不确定度越小。

2. 机械放大法

将微小量用机械方法予以放大的测量方法,叫做机械放大法。

直接判断天平横梁的水平是很不容易的,为了能作出准确判断,在其横梁中心装一个垂直于横梁的细长指针,横梁的微小起伏就会使指针端产生较大的位移,利用所配标尺,就能进行较准确称衡,这就是一种机械放大法。还有用游标原理、丝杠鼓轮机构把读数机构细分,使读数精度大为提高,这也是机械放大法。

3. 光学放大法

将微小量用光学方法予以放大的测量方法,叫做光学放大法。

此法有两种:一种是使被测物通过光学仪器形成放大像,便于观察判别,这属于视角放大;另一种是通过测量放大的物理量来获得本身较小的物理量,这属于角放大。

视角放大法:由于人眼分辨率的限制,当物体对眼睛的张角小于 $0.00157°$ 时,人眼将不能分辨物体的细节,只能将物视作一点。利用放大镜、显微镜、望远镜的视角放大作用,可增大物体对眼的视角,使人眼能看清物体,提高测量精度。这类仪器只是在观察中放大视角,并不是实际尺寸的变化,所以并不增加误差,如果再配合读数细分机构,测量精度将更高。测微目镜、读数显微镜即是这种放大法。

角放大法:根据光的反射定律,入射于平面反射镜的光线,当平面镜转过 α 角时,反射光线相对原入射方向转过 2α 角,每反射一次便将变化的角度放大一倍,而且光线相当于一只无质量的长指针,能扫过标尺的很多刻度。由此构成的镜尺结构,可使微小转角得以明显显示。光杠杆、冲击电流计及复射式光点检流计等的读数系统就是通过这种原理制成的。

4. 电学放大法

例如,对于微弱电流,除了可以用灵敏电流计测量外,也常用微电流放大器将其放大后再测量;光电倍增管利用电场加速电子以及电子的二次发射,实现光电流的放大。这些方法中都用到了电磁放大。

将微小量用电学方法予以放大的测量方法,叫做电学放大法。

在电磁学物理量的测量中,一些电学量很小,直接测量不容易或误差较大,常常通过电子电路放大后再进行测量。由于有直流电量和交流电量,所以,也就有直流放大器和交流放大器。如示波器的 X,Y 输入系统中都有一个交流放大器,它可以把电信号放大后再送到偏转板上。在工业控制中常常要用到由集成电路组成的直流放大器,它的作用是将直流电压或缓慢变化的电压放大。

对电学放大器的主要要求之一是线性放大,即放大倍数不变,除此之外,对直流放大器还要求零点漂移小。放大测量法有较高的测量精度,所以用途非常广泛。

2.3　补偿法

在测量被测量时,由于仪器的引入常常改变被测系统的原始状态,从而引起新的系统误差。例如,用电流表测量电路中的电流,将电流表串联在电路中,这是公认的方法。但电流表的电阻不可能为零,因此一旦电流表串联在被测电路中,原电路参数将必然改变,这样所测的电流值将不可能是原待测电路中的电流。对于这种问题,可以采用一种通常称为补偿测量的方法来解决。

设某系统中 A 效应的量值为被测量对象,但由于它不能直接测量或不易测准,就用人为方法制造出一个 B 效应对 A 效应补偿,然后用测量 B 效应量值的方法求出 A 效应的量值。制造 B 效应的原则是 B 效应的量值应该是已知的或易于测准的。

完整的补偿测量系统由待测装置、补偿装置和指零装置组成。待测装置产生待测效应,要求待测量尽量稳定,便于补偿;补偿装置产生补偿效应,要求补偿量值准确达到设计的精度,测量装置可将待测量与补偿量联系起来进行比较;指零装置是一个比较系统,它将显示出待测量与补偿量比较的结果。比较方法除了上面所述的零示法外,还有差示法。零示法对应于完全补偿,差示法对应于不完全补偿。

电位差计是测量电动势和电位差的主要仪器之一。由于应用了补偿原理和比较法,测量准确度大为提高。用电压表无法测量电源的电动势,如图 2.1,它测的是电源的端电压 $U(U=\mathscr{E}_x-IR_i)$,R_i 是电源的内阻,I 为流过电源的电流,仅在 $I=0$ 时,端电压 U 才等于电源电动势 $\mathscr{E}_x$。但是只要电压表与电源连接,I 就不可能为零,故 $U\neq\mathscr{E}_x$。电位差计的基本原理如图 2.2 所示。设 $\mathscr{E}_0$ 为一连续可调的标准电源电动势,而 $\mathscr{E}_x$ 为待测电动势。若调节 $\mathscr{E}_0$ 使检流计 G 指零,此时回路中电流 $I=0$,则有 $\mathscr{E}_x=\mathscr{E}_0$。$\mathscr{E}_0$ 产生的效应与 $\mathscr{E}_x$ 产生的效应相补偿。

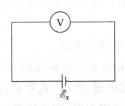 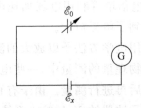

图 2.1　用电压表测电源电压　　　　图 2.2　电位差计的基本原理图

补偿法常常与平衡测量法、比较测量法结合使用。其主要特点如下:

(1) 对被测系统进行了补偿,不改变被测量系统的原始状态,也就不引起新的系统误差。

(2) 当被测系统得到补偿之后,用平衡测量法、比较测量法进行测量,所以它具有这两种方法的各种特点。

由于补偿法在一定的范围内可以使实验条件达到理论上的要求,有效地提高了实验精度,所以它已广泛地应用到许多领域。例如,在光学实验中,常常要求光程相等或光程差保持某一要求。在设计和调整光路时,很难达到上述要求,通常的办法是在光路的某一部分,加上一个可调的光路补偿器,以达到预期的光程要求,迈克耳孙干涉仪中的补偿板即是典型的一例。在电子技术中,为了使半导体元件的工作状态保持稳定,常用到温度补偿。例如在电路里常使用廉价的碳膜电阻和金属膜电阻。这两种电阻的温度系数都很大,只要环境温度发生变化,它们的阻值就会产生较大的变化,影响电路的稳定性。但是金属膜电阻的温度系数为正,碳膜电阻的温度系数为负,若适当地将它们搭配串联在电路里,就可以使电路不受温度变化的影响。在交流电路中,为了提高输出的有效功率,常利用补偿电容器对线路的参数进行补偿,以达到预期的目的。

2.4　模拟法

在探求物质的运动规律和自然奥秘或解决工程技术问题时,经常会碰到一些特殊情况,比如受研究对象过分庞大,或者危险,或者变化缓慢等限制,难于对研究对象进行直接测量。鉴于此,人们根据相似理论,不直接研究自然现象或过程的本身,而人为地制造一个类同于研究对象的物理现象或过程的模型,用模型的测试代替对实际对象的测试,这种方法称为模拟法。模拟法可分为以下几类。

1. 物理模拟

物理模拟是指人为制造的模型和原型有相同的物理本质和相似的几何形状的模拟方法(单纯几何形状相似的模拟又称几何模拟)。例如,在制造非常大的机器或建造巨型水库前先将原物质按一定比例缩小制成模型,在完全相似的条件下,对模型进行测量以得到原物的有关数据。又如,为了研究高速飞行的飞机各部位所受的力,一般先制造一个与原飞机相似的模型,将模型放入风洞,创造一个与实际飞机在空中飞行完全相似的物理过程,通过对模型飞机受力的测试以获得实际飞机在大气中飞行的实验数据。

物理模拟具有直观性,并且易使要观察的现象重现,因此具有广泛的应用价值;尤其对那些难以用数学方程式来准确描述的研究对象尤为实用。

2. 数学模拟

数学模拟是指模型与原型在物理实质方面可以完全不同,但它们却遵从相同的数学规律,通过模型得到原型所需的数据的方法。例如,用稳恒电流场来模拟静电场,就是由于这两种场的分布具有相同的数学形式。

数学模拟的主要特点是不考虑原型的物理实质,仅按其遵循的数学规律和边界条件建立相应的模型,它的主要优点是将不易直接进行的测量通过模拟测量得以完成。

3. 计算机模拟

通过计算机模拟实验过程的方法称为计算机模拟。计算机模拟主要有数值计算模拟和测量过程模拟。

数值计算模拟是利用计算机的计算功能,计算出实际模型中各点的数值。如可利用计算机模拟热流场中的温度分布,其计算方法主要有三种:解析法、半解析法和数值计算。

测量过程模拟是利用计算机的绘图功能,描绘测量过程。如利用计算机模拟单电子圆孔衍射过程,这个过程很难用实际方法展示。

模拟法虽然具有许多优点,但也有一定的局限性,因为它仅能够解决可测性问题,并不能提高实验精度,而且会造成新的测量不确定度,如模型制作误差、测量环境模拟误差等造成的测量不确定度。

2.5　转换法及传感器

很多物理量,由于其属性关系,无法用仪器直接测量,或者测量不很方便、准确性差,常常将这些物理量转换成其他物理量进行测量,之后再反过来求得被测物理量,这种方法叫做转换法。最常见的玻璃液体温度计,就是利用材料在一定范围内热膨胀与温度的线性关系,将温度测量转换为长度测量。

在电磁学测量发展之后,由于它具有方便、迅速、可自动控制等多种优点,人们便想了很多方法将许多物理量测量转换为电学量测量。这种转换方法常叫做"非电量电测法"。激光器问世后,由于其单色性好、强度高、稳定性好等因素,人们又将某些需要精确测量的物理量转换为光学量测量,这种转换方法叫做"光测法"。光测法可以获得非常高的精度。

转换法测量最关键的器件是传感器。一般传感器都由两个部分组成,一个是敏感元件,另一个是转换元件。敏感元件的作用是接收被测信号,转换元件的作用是将所接收的信号按一定的物理规律转换为可测信号。有时,一个器件也可以同时具有上述两种功能。传感器的性能优劣,由其敏感程度及转换规律是否单一来决定。敏感程度越高,测量便越精确;转换规律越单一,干扰就越小,测量效果就越好。

传感器种类很多。从原则上讲,所有物理量,比如长度、速度、加速度、振动参量、表面粗糙度等力学量,以及温度、压力、流量、湿度、气体成分等总能找到与之相应的传感器,从而将这些物理量转换为其他信号进行测量。下面分别介绍电测法和光测法。

1. 电测法

电磁测量速度快,灵敏度高,便于自动控制和遥控,所以电测法具有许多优越性,被广泛地应用。实际上,传感器的制作就是根据某些物理原理和物理效应找出转换规律而制成的。以下对几种常用的传感器作简单的介绍。

1) 电阻式传感器

(1) 应变传感器

某些力学量,如力、速度、加速度等可以转换成某种材料的形变,再由形变引起材料电阻的变化来实现电测法,这种转换装置就叫做电阻应变式传感器,简称应变片。

应变片一般由敏感栅、基底、引线和覆盖层组成。如图 2.3 是它的基本结构,其中敏感栅就是将感受到的应

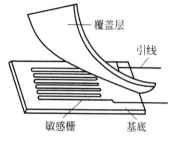

图 2.3 电阻应变片的结构

变转换成电阻变化的敏感元件,敏感栅的往返折线状布置是为了尽可能加大栅丝的长度,以便增大电阻的实际变化量,容易取得较大的电信号输出。基底的作用是定位和保护敏感栅,并使敏感栅与弹性体之间绝缘。若基底的一端固定,当外力施加在基底的另一端时,基底的形变引起敏感材料的形变,从而改变了材料的电阻值。引线用于连接测量电路。覆盖层也是为了保护敏感栅,起防潮和抗腐蚀的作用。

现代电阻应变计已发展成为一个很大的品种系列,其分类方式多种多样。按基底材料分,有纸基底、胶基底(树脂基底)、玻璃纤维增强基底等;按敏感栅材料分,有康铜、卡玛合金等金属材料,也有各种半导体材料;按结构和加工分,有丝式、箔式、薄膜式等;还有按使用温度范围分类的等。

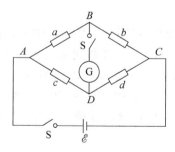

图 2.4 惠斯通电桥电路结构

为了提高灵敏度,常把四块结构相同的敏感栅一起对称地粘在基底上,从而构成惠斯通电桥。如图 2.4 所示,在 A,C 两端接上电源后,a,b,c,d 四个应变敏感栅在形变前后电阻的变化引起了 B,D 两端电位的变化。只要提高电桥的灵敏度,就可使应变传感器更加灵敏。当然,必须注意应变片的粘法才能使灵敏度尽量高。

(2) 半导体应变计

金属丝式、箔式等应变计性能稳定、可靠,在高准确度的应变式传感器中应用广泛。半导体应变计的优点是:灵敏度系数可以高出金属应变计 50~80 倍,蠕变和滞后很小,体积也小,适于动态测量。

半导体应变计是利用半导体的压阻效应工作的。当半导体单晶的某一晶向受到压力作用时,电阻率的变化与应力成正比,其灵敏度系数远大于金属应变计的灵敏度系数。目

前常用的半导体应变材料有锗和硅。由于硅的灵敏度系数和稳定性较高,使用更广。

(3) 热敏、光敏和气敏电阻传感器

① 热敏电阻传感器。电阻率随温度而变化的现象,在许多场合是一个产生误差的因素,是需要人们设法加以补偿和对付的;而这个现象正是金属热电阻和半导体热敏电阻传感器的工作原理。

② 光敏电阻传感器。某些半导体材料在光照射下,由于电子和空穴浓度增大,使其电阻率减小,这种现象称为内光电效应。光敏电阻传感器就是用具有此效应的光导材料制成的,通常也称它们为光导管,其阻值随光照增强而降低。

③ 气敏电阻传感器。某些金属氧化物半导体材料,当其表面吸附到某种气体时,电导率便发生明显变化。这就是气敏电阻传感器赖以工作的基本原理。例如:可燃性气体(属还原性气体)的离解能较小,容易失去电子,当这些电子从气体分子向 N 型(或 P 型)半导体移动时,使半导体中的载流子浓度增加(或减小),从而使电阻减小(或增大)。当吸附氧化性气体时,电阻变化的方向正好相反。为了提高气敏电阻传感器的灵敏度,应使气敏电阻在 $200 \sim 400 \, ^\circ\mathrm{C}$ 下工作。因此,应寻找热稳定性良好的金属氧化物及其陶瓷材料。

2) 电感式传感器

电感式传感器是基于电磁感应原理,将被测量转换为自感变化或互感变化的传感器。通常可分为自感式、差动变压器式、涡流式及压磁式等四种。

(1) 自感式传感器

自感式传感器将被测量转换为线圈自感的变化,分为改变气隙厚度、改变气隙截面积及可动铁芯三种形式。第一种灵敏度高,但线性差、示值范围小;后两种线性较好,但灵敏度较低一些。

(2) 差动变压器式传感器

它本身是一个变压器,能将被测量转换成线圈互感的变化,如图 2.5 所示。图中,当初级线圈 5 接入交流电源时,由于互感的作用在次级线圈 6 和 3 中产生输出电动势 e_1 和 e_2,其大小与铁芯 4 在线圈中的位置有关。由于两个线圈按差动方式串接,故此差动变压器的输出电动势 $e = e_1 - e_2$。显然,当铁芯处于中间位置时,$e = 0$。图 2.5(a) 中 1 为被测量的工件,2 为测杆,7 为线圈架。这种传感器的线性比自感式好,测量准确度也高,但应消除零点残余的电动势影响。

(3) 涡流式传感器

根据电磁感应原理,当金属块放在变化的磁场中或在磁场中移动时,金属内会产生闭合的感应电流,这就是涡流。将被测量的位移、振幅、厚度、热膨胀系数、电导率(非铁磁材料)、转速等量转换为涡流变化的传感器称为涡流传感器,其特点是可以进行非接触式测量,而且灵敏度高、简便可靠。

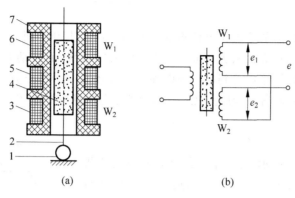

图 2.5 差动变压器式传感器

(a) 结构示意图;(b) 电原理图

（4）压磁式传感器

物体受外力作用时内部会产生应力,对某些铁磁物质还会引起磁导率的变化,从而使磁回路的磁阻和电感发生变化,此即压磁效应。它的规律是:承受拉力时,顺拉力方向磁导率增大,磁阻减小,垂直于拉力方向的磁导率略有下降,磁阻略增;受压力时情况相反。压磁式传感器实际上是一种具有可变磁导率的电感式传感器,它利用压磁效应将被测量转换成电信号。它的过载能力强、输出功率大、抗干扰能力强,但线性和稳定性较差,适用于恶劣的环境条件。

3）电容式传感器

电容式传感器是将被测量转换为电容变化的传感器。当忽略边缘效应时,两块平行金属极板间的电容 C 为

$$C = \frac{\varepsilon A}{d}$$

式中,A 为两极板相互覆盖的面积;d 为两极板间的距离;ε 为两极板间电介质的介电常量。由该式可知,当改变被测量 ε, A, d 之一时,均可引起电容 C 的变化,因此,它们分别是按电介质变化（$\Delta\varepsilon$）、面积变化（ΔA）和极距变化（Δd）的原理来工作的。从这个意义上说,电容传感器就是参数可变的电容器。

这种传感器的特点是灵敏度和分辨力均较高,响应快,耗电小,几乎不存在自热效应;但是易受外界分布电容的干扰及泄漏电容的影响。

4）压电式传感器

晶体由于受机械力的作用而激发出表面电荷的现象,称为压电效应。这种具有压电效应的晶体,例如石英晶体和压电陶瓷等,都是压电传感器的敏感元件。

利用压电效应制成的压电式传感器具有动态特性好、体积小、质量小、结构坚实、便于安装、使用寿命长以及长期稳定性好等优点,已被广泛用来测量力、压力、加速度以及表面

粗糙度等机械量。

目前测量力和压力的石英压电传感器已经用于测量上升时间为 $1\mu s$ 的动态过程,石英振动传感器测量的最高机械振动频率可以达 MHz 量级,而且动态范围也很宽。这些特点都是应变式传感器难以达到的。压电加速度计还有一个特点就是自发电,无需外接电源;而且它的电阻很高,一般为 $G\Omega$ 量级,故要求与其匹配的前置放大器也必须有很高的输入阻抗。

5) 磁电传感器——霍尔片

霍尔片如图 2.6 所示,是由半导体材料制成的片状物。若在半导体薄片的两端沿 y 方向通以电流 I,在与薄片垂直的 z 方向加上磁场 B,那么在 z 方向上就产生霍尔电势差 U_H:

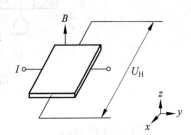

图 2.6　霍尔片示意图

$$U_\mathrm{H} = K_\mathrm{H}IB$$

式中,K_H 为霍尔元件的灵敏度。对某一霍尔片来说,K_H 是一个常量,所以可以利用 I,U_H 的测量值得到 B 值。

6) 光电传感器

光电传感器是将光信号转换成电信号再进行测量。光探测器都可以看成光电传感器。

2. 光测法

将某些物理量转换为光信号的测量,能够获得很高的精度,比如用光的干涉现象来测量物体的长度、微小位移等。另外,人们还利用声-光、电-光、磁-光等效应来进行一些特殊的测量。

近年来利用光导纤维的传输特性和集成光学技术,已经研制成不少光导纤维传感器。

目前,光导纤维传感器可分为两类:一类利用光导纤维本身具有的某种敏感特性或功能,称为功能型(FF 型)传感器;另一类的光导纤维仅仅起传输光波的作用,必须在纤维端面加装其他敏感元件才能构成传感器,称为非功能型(NFF 型)传感器。

FF 型传感器的基本原理如图 2.7 所示。在这类传感器中,光导纤维不仅起到传光的作用,而且还可利用被测外界因素(如温度、压力、力、电场、磁场等)改变光纤本身的特性,即被测物理量、化学量的变化直接影响其传光特性,使传光特性发生变化,来实现传感测量。

NFF 型传感器的基本原理如图 2.8 所示。

用光纤传感器可以解决许多以前认为难以解决,甚至是不能解决的测试技术难题。它具有一些常规传感器无可比拟的优点,除灵敏度高、响应快、动态范围宽等以外,光导纤

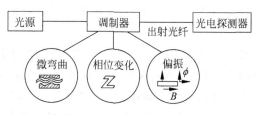

图 2.7 FF 型光导纤维传感器原理框图

图 2.8 NFF 型光导纤维传感器原理框图

维中所传输的光不受周围的电磁干扰,可以用它作为传递信息的媒介体,还有与电和磁存在的某些相互作用的效应。这样,可以直接用它传递电、磁信号。它没有可动部分,也不含电源,所以过去在测量高电压时常常遇到的绝缘或接地等难题也可以容易地解决。光导纤维抗腐蚀性强,可用于在化学腐蚀溶液中进行测量。由于不含电源,尤为适用于易爆场所。

可用光纤传感器实现传感的物理量很多,如磁、声、力、温度、位移、旋转、加速度、流速、密度、电流、电压等。

2.6 平衡法(零示法)

将被测量置于测量系统中,调节测量系统中有关参量,使测量系统达到平衡后,将被测量与该系统中一个或多个标准量进行比较的方法称为平衡法。指示测量系统是否达到平衡的仪器称为平衡指示器。

天平测量质量,单臂电桥测量中值电阻,双臂电桥测量低值电阻,万用电桥测量电容、电感等都为平衡测量。

平衡测量法的特点是以平衡指示器指零作为测量系统平衡的判据,所以也称为"零示法"。由于平衡指示器的灵敏度可以做得很高,比较用的"标准量"(如砝码、标准电阻等)精度很高,所以可以进行高精度的比较测量。如物理天平测量的不确定度在几十毫克,分析天平的测量不确定度更小,比一般杆秤测量质量要精确得多。又如单臂电桥测量中值电阻的相对测量不确定度为 0.1%,甚至更小,比电表类仪器测量电阻的相对测量不确定度(百分之几)要小得多。

平衡测量法的主要测量条件是测量系统稳定。测量系统稳定包括"平衡状态"的稳定、比较用的"标准量"的稳定以及被测量的稳定。如单臂电桥测量中值电阻时,如果电路中的电流过大,可能使标准电阻、被测电阻阻值由于"自升温"而发生变化,将"平衡状态"破坏,产生较大的测量不确定度。还要指出的是,由平衡概念引发出的平衡测量法已发展到非平衡测量,如用非平衡电桥测温度。非平衡测量法在自动化、遥感、遥测等测量中的应用非常广泛。

以上所介绍的是物理实验中的基本测量方法。实际实验中,这些方法往往是联用的,现代科研和工程测试技术更是各种效应交互使用、物理量多次转换的复杂测量系统,因此,在阅读和具体实验时,应多加思考,广泛联想,以求有拓展性的收获。

第3章　基本实验仪器

3.1　气垫导轨

1. 仪器简介

气垫导轨是一种现代化的力学实验仪器,利用它可以对多种力学物理量进行测定,对力学定律进行验证。气垫导轨装置如图 3.1 所示,其结构可分为三个部分:导轨、滑行器和光电门。

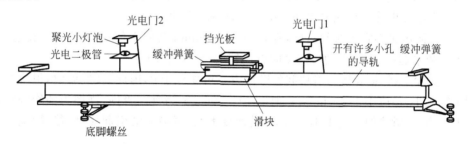

图 3.1　气垫导轨

1) 导轨

导轨是由一根长 1.50m 的空心三角形铝管做成,一端封闭,另一端接进气嘴。用小型气源可将压缩空气送入导轨内腔,空气再由导轨表面上的小孔中喷出,在导轨表面与滑行器内表面之间形成很薄的气垫层。在导轨两端还装有缓冲弹簧。

整个导轨安装在矩形铸铝梁上。在矩形梁一端装有用以调节导轨水平的螺丝。导轨的不同斜度可以通过改变底脚螺丝下的垫块的厚度来实现。

导轨的一端还可以装上滑轮或气垫滑轮。

2) 滑行器

滑行器又称滑块,滑块由长约 12cm 的角铁或角铝做成,其内表面与导轨的两个侧面精确吻合。当导轨的喷气小孔喷气时,滑块就浮在气垫层上,与轨面脱离接触,因而能在轨面上作近似无阻力的直线运动,极大地减小了由于摩擦力引起的误差。在滑块两端装有缓冲弹簧。在滑块中部装有用以测量时间间隔的挡光片(可卸下)。

3) 光电门

光电门由光源和红外对管组成,利用红外对管接收和不接收光照的电位变化,产生电脉冲来控制"计"或"停",从而进行计时。

2. 气垫装置的水平调节

用开孔挡光片,让光电门 1,2 相距 80cm。给滑块以一定的初速度(切勿用力过猛),它就在导轨上往返滑动。若在同一方向上运动时的 Δt_1 和 Δt_2 的相对误差小于 3%,则认为导轨已调到水平,否则应该重新调整螺丝。

3. 气垫实验装置使用注意事项

(1) 保持气垫导轨表面及滑块内表面清洁。若发现污垢,要及时用酒精擦拭干净。若发现气孔堵塞,要用 0.2~0.3mm 的细钢丝对气孔进行清理。

(2) 光电二极管和灯泡要妥加保护,严防碰撞、震动。

(3) 气源电机不宜长时间运转,在运行 20~30min 后应暂停使用 10min,使它冷却。但也不可频繁起停,因为电动机起动时电流较大,也容易发热。

(4) 实际上,气垫导轨与滑块间的摩擦力不可能等于 0,因此,在实验时,滑块的运动速度不宜太小,不应小于 30cm/s,一般以 40~50cm/s 为宜。否则,摩擦力的影响将使误差增大。当然,滑块的速度也不宜太大,若速度太大,碰撞时会引起速度(能量)损失导致零件损坏。

3.2 温度测量仪器

温度测量是热力学重要的基本测量之一。它是通过测量物质的某一种随冷热程度而呈单值变化的物理性质来实现的,或者说温度的测量是测温度之差(温度的间隔)。热力学温度的 SI 单位是开[尔文],符号为 K。按 1967 年第十三届国际计量大会的决议,1K 是水的三相点热力学温度的 1/273.15,此即国际温标中热力学温度的单位。热力学温度常以 T 表示。此外,常用的温标还有:

摄氏温标　　　　　　　$T_C = T - 273.15$　　　单位为摄氏度(℃)

华氏温标　　　　　　　$T_F = 32 + 1.8T_C$　　　单位为华氏度(℉)

测量温度的仪器种类很多,如液体温度计、气体温度计、声学温度计、噪声温度计、磁温度计、穆斯堡尔效应温度计等。测量方法也很多,如热电法测温、电阻法测温、辐射法测温以及目前正在研究的利用激光干涉法测温等。

液体温度计是一种常用的测温仪器,结构简单,价格低廉,使用方便,但其测量准确度不太高,一般测量范围在 $-30\sim300℃$。气体温度计测温范围广,准确度高。若用氦作工作气体,在 20K 下,其准确度可达 $0.01\sim0.1K$,但使用起来不太方便。电阻温度计常用于测量低温,其测量准确度高。常用的有锗和碳温度计,其测量范围在 $1\sim20K$。杆式铂电阻温度计,其测量范围在 $90\sim903K$ 等。另外,近些年来发展了由康铜敏感元件、超导材料等制成的温度计。热电法测温目前应用比较普遍,其测量准确度和灵敏度都较高,且又能直接把温度量转换成电学量,尤其适用于自动控制和自动测量。采用两种不同的金属材料(热电偶),其测温范围可从 73K 到几千 K,如铜-康铜热电偶,其测温范围为 $73\sim623K$,铂-铑热电偶的测温范围为 $273\sim1873K$,在 2000K 以上温度测量可采用钨-钨铼热电偶等。下面简要介绍几种常用的测温仪器。

3.2.1　液体温度计

以液体为测温物体,根据液体体积热胀冷缩的特性制成的温度计称为液体温度计。

1. 主要技术指标

分度值:一般温度计最小分度为 $0.1℃$,标准温度计的最小分度可达到 $0.05℃$。

测温范围:一般温度计的测量范围为 $0\sim100℃$;水银温度计可达到 $-38.87\sim356.58℃$。

2. 构造、原理及使用

如图 3.2 所示,这种温度计下端是个储液球泡,内盛感温液体,一般为水银、酒精、甲苯或煤油等;上接一内径均匀的玻璃毛细管,管壁上有标度。测量时,将温度计与待测物接触,或置于待测温度场中。经过热交换后,感温液体的温度与待测物温度平衡,此时液体的体积,亦即毛细血管内液柱的高度有一定值,这样从管壁的标度可读出待测物的温度。在一定温度范围内,感温液体体积随温度变化的关系是线性的,所以温度标尺刻度是均匀的。实际上,当玻璃液体温度计受热时,感温物质和玻璃都要膨胀,但感温液体的体积膨胀系数远大于玻璃的体积膨胀系数,只要对刻度做适当的修正即可。由于水银不粘玻璃、不浸润玻璃、其体积膨胀系数变化很小,且测温范围广(标准大气压下,在 $-38.87\sim356.58℃$ 范围内都保持液态),所以比较精密的、测温范围大的液体温度计多为水银温度计。

实际上玻璃及各种常用的感温液体的体膨胀系数在各个温

膨胀室

标尺

毛细管

储液泡

图 3.2　液体温度计

度范围内是不同的,但为了方便计算,通常是取在某个温度范围内的平均值。表 3.1 所示为常用感温液体的体膨胀系数及视膨胀系数。

表 3.1　常用感温液体的体膨胀系数及视膨胀系数

液体	温度测量范围/℃	体膨胀系数/℃$^{-1}$	视膨胀系数/℃$^{-1}$
水银	$-30\sim300$	0.00018	0.00016
甲苯	$-80\sim110$	0.00109	0.00107
乙醇	$-80\sim80$	0.00105	0.00103
煤油	$0\sim300$	0.00095	0.00093
石油醚	$-120\sim20$	0.00142	0.00140
一戊烷	$-200\sim20$	0.00092	0.00090

　　玻璃水银温度计可分为标准用、实验室用和工业用三种。标准用玻璃水银温度计组总测温范围为 30～300℃,最小分度可达到 0.05℃;实验室用玻璃水银温度计组总测温范围也为-30～300℃,分度值为 0.1℃ 和 0.2℃;工业用玻璃水银温度计测温范围分 0～50℃,0～100℃,0～150℃ 等多种,分度值一般为 1℃,物理实验中也常使用这种温度计,读数时一般应估读一位。

3. 注意事项

　　(1) 使用温度计时,被测物质的容量须超过温度计液泡液体容量的几百倍以上,或有恒温补给源。

　　(2) 温度计浸入被测介质的深度应大于或等于温度计本身标明的深度;若温度计上没有标明时,一般把温度计浸到被测读数的分度线。

　　(3) 使用温度计时,应避免震动和移动,且不能使温度计经受剧烈温度变化。

　　(4) 必要时对温度计示值需按说明书的指示进行修正。

　　(5) 在测高温或低温时,要注意所用温度计的适用范围,使用时应逐步浸入被测物质中。

3.2.2　热电偶温度计

1. 结构原理

　　热电偶也称温差电偶,是热能-电能的转换器,输出量为电势。热电偶由 A,B 两种不同成分的金属或合金彼此紧密接触形成一个闭合回路而组成,如图 3.3 所示。当两个接点处于不同的温度 T 和 T_0 时,在回路中就有直流电动势产生,该电动势称为温差电动势或热电动势。它的大小与组成热电偶的两种金属(或合金)的材料、热端温度 T 和冷端温

度 T_0 这三个因素有关。$T-T_0$ 越大,温差电动势也越大。一般可使 T_0 保持某一恒定值,例如 0℃,这样就可以根据温差电动势的大小来确定热端的温度 T 了。可以证明,在 A,B 两种金属之间插入第三种金属 C,且它与 A,B 的两连接点处于同一温度 T_0 时(见图 3.4),该闭合回路的温差电动势与只有 A,B 组成回路时的数值完全相同。所以我们把 A,B 两根不同成分的金属丝的一端焊在一起,构成热电偶的热端(工作端 C);将它们各自的另一端分别与铜引线(金属)焊接,构成两个温度相同的冷端,两铜引线的另一端接至测量直流电动势的仪表,这样就组成了一个热电偶温度计,如图 3.5(a)所示。如果 A,B 两种金属中有一种是铜,例如常用的铜-康铜热电偶,则情况可简化成图 3.5(b)。

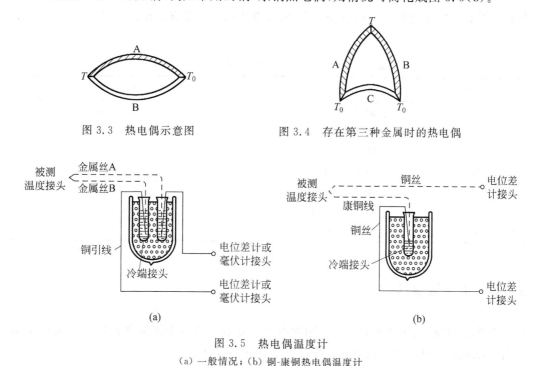

图 3.3　热电偶示意图　　　　　　图 3.4　存在第三种金属时的热电偶

(a)　　　　　　　　　　　　　　(b)

图 3.5　热电偶温度计

(a) 一般情况;(b) 铜-康铜热电偶温度计

2. 使用方法

1) 热电偶的校准

通常用比较法或定点法对热电偶进行校准。比较法是将待校热电偶的热端与标准温度计同时直接插入恒温槽的恒温区内,改变槽内介质的温度,每隔一定温度观测一次它们的示值,直接用比较方法对热电偶进行校准;定点法是利用某些纯物质相平衡时温度唯一确定的特点(如水的沸点等),测出热电偶在这些固定点的电动势,然后根据温差电动势的表达式

$$\mathscr{E} = a(T - T_0) + b(T - T_0)^2 + c(T - T_0)^3$$

解出各常数 a, b, c 之值,然后就能确定温差电动势与温度之间的函数关系。在要求不高时,可用一级近似式 $\mathscr{E} = a(T - T_0)$ 确定 $\mathscr{E}$ 和 T 之间的函数关系。

2) 测量温差电动势的仪器

通常需用电位差计来测量温差电动势。在某些要求不太高的场合,也可用毫伏表进行测量。

3) 几种常用的热电偶

热电偶种类繁多,具有测温范围宽广($-272 \sim 3000℃$)、结构简单、体积小、响应快、灵敏度高等优点。常见的热电偶有 300 多种,标准化的热电偶有 7 种,其型号、成分、使用温区见表 3.2。

表 3.2　标准化热电偶的型号、成分和使用温区

型号	材　　料	使用温区/℃
T	铜/康铜	$-200 \sim 350$
E	镍铬/康铜	$-250 \sim 1000$
J	铁/康铜	$0 \sim 750$
K	镍铬/镍铝	$70 \sim 1100$
S	铂-10％铑/铂	$0 \sim 1600$
R	铂-13％铑/铂	$0 \sim 1600$
B	铂-30％铑/铂-6％铑	$500 \sim 1700$

3.2.3　电阻温度计

利用纯金属、合金或半导体的电阻随温度变化这一特征来测温的温度计称为电阻温度计。电阻温度计包括金属电阻温度计和半导体温度计。

1. 测量范围

电阻温度计的测量范围为 $-200 \sim 1000℃$。

2. 原理

金属和半导体的电阻值都随温度的变化而变化。当温度升高 $1℃$ 时,有些金属的电阻要增加($0.4％ \sim 0.6％$),而有些半导体的电阻则减少($3％ \sim 6％$)。因此,可以利用它们的电阻值随温度的变化来测量温度。常用的有铂电阻温度计和铜电阻温度计。

3. 构造及使用

铂电阻温度计是用一根很细的铂丝(尽可能是纯铂)在特制的绝缘架上绕制成线圈，封在保护套管中构成电阻温度计的测温探头。测温时将探头置于待测物质中，并用导线将其与测量电阻的仪器(如惠斯通电桥)相接，根据其已知的电阻值与温度的关系，由测得的电阻值得到待测物质的温度。由于电阻测量可达到很高的精度，所以电阻温度计是很精密的测温仪器。

4. 电阻温度计分类

热电阻和热敏电阻是利用物质的电阻率随自身温度变化而变化(热敏电阻效应)制成的温度热敏元件，它们大多由导体或半导体材料制成。目前，大量使用的电阻温度计的感温元件有铂、铜、镍、铑铁、锗、碳和热敏电阻等。用温度敏感元件制成的电阻温度计，可以用来检测随温度变化的各种非电量，如温度、速度、浓度、密度等。

1) 金属热电阻

热电阻一般用纯金属制成，其电阻温度系数较高。目前应用最广泛的是铂和铜，并已做成标准测温热电阻。

铂电阻的阻值变化率与温度之间的关系接近于线性，如图 3.6 所示。在 $0 \sim 650$℃ 范围内，电阻值可用下式表示：

$$R_T = R_0(1 + \alpha T + \beta T^2)$$

在 $-200 \sim 0$℃ 范围内则由下式表示：

$$R_T = R_0[1 + \alpha T + \beta T^2 + \gamma(T - 100)T^3]$$

两式中 R_0 均为 0℃ 时的电阻值，R_T 为温度为 T 时的电阻值。

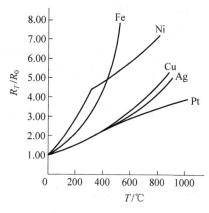

图 3.6　常用金属热电阻阻值-温度曲线

铂的物理、化学性能非常稳定，铂电阻的测量范围为 $-200 \sim 500$℃。但铂是贵金属，所以在一些测量精度要求不很高、测温范围比较小($-50 \sim 150$℃)的情况下常采用铜电阻。铜电阻在 $-50 \sim 150$℃ 范围内有很好的稳定性和较大的电阻温度系数，其阻值与温度接近线性关系。铜电阻的缺点是电阻率较铂的小，约为铂的 $1/5.8$。因此，铜电阻所用的铜丝细而长，从而使其机械强度降低，在温度较高(100℃以上)的浸蚀性介质中使用时，其化学稳定性则较差。

在 $-50 \sim 150$℃ 温度范围内，铜电阻的阻值与温度的关系为

$$R_T = R_0(1 + \alpha T + \beta T^2 + \gamma T^3)$$

按我国统一设计标准，铜电阻的 R_0 值有 100Ω 和 500Ω 两种，其误差在 $-50 \sim 50$℃，温度

范围为±0.5℃；在50～150℃温度范围为±(1%×T)。

　　2）半导体热敏电阻

　　半导体热敏电阻是利用半导体材料的电阻值随温度变化的特性制成的。按其电阻随温度变化的典型特性分为三种类型：阻值随温度升高而增加的是正温度系数热敏电阻（PTC），阻值随温度升高而减小的是负温度系数热敏电阻（NTC），在某一特定温度下电阻值会发生突变的是临界温度热敏电阻（CTR）。它们的特性曲线如图3.7所示。由图3.7可知，PTC，CTR在某些测量范围内电阻值会急剧变化，因此具有这两种特性的材料测量范围较小，但适宜于控制温度、报警或过热保护等方面。通常使用NTC测温。由图3.7可知，NTC材料的电阻温度系数是负值，电阻随温度变化的范围较大。所以它们具有电阻温度系数大、体积小、重量轻，热惯性小、结构简单等优点，被广泛应用于测量点温、表面温度、温差、温场分布等。

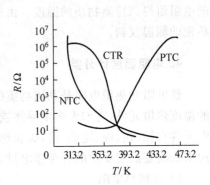

图3.7　PTC，NTC，CTR的特性曲线

　　随着对半导体材料的研究和开发，具有热敏特性的半导体电阻已被利用制成了半导体温度计。由于半导体材料的温度系数比金属材料大得多，所以可提高测温的灵敏度。同时，由于半导体电阻的体积小，探头可做得很小，热容量也很小，与被测物交换热量非常少，因而使测量精度提高，测量时间缩短，应用越来越广泛；半导体电阻的缺点是稳定性相对较差。

3.3　电子天平

　　电子天平主要分为电磁感应式、电感式、电容式、电阻应变式4种类型。不同传感器的特点和应用范围见表3.3。

表3.3　几种传感器的特点和应用范围

传感器类型	特　　点	应用范围
电磁感应式	利用电磁平衡原理，结构简单，精度高，可达 5×10^{-7} kg	适用于各种高精度电子天平
电容式	利用电容原理，结构简单	适用于各种低精度电子天平
电感式	利用电磁平衡差动变压器原理，结构简单	适用于低精度电子天平
电阻应变式	利用电阻应变元件，称量大，范围广，可测 $10\sim10^6$ kg，精度可达 1×10^{-4} kg	适合大称量的测量，如电子皮带秤、汽车衡、轨道衡等

本实验室用的电子天平外型如图 3.8 所示,由称量传感器、电子线路及数字显示、外接电源等几个主要部分组成。其最大称量为 1000g,最小读数为 0.1g,线性误差小于±0.2g,稳定时间小于为 5s,电源电压 6V。

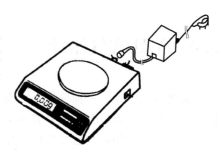

图 3.8　电子天平

1. 操作准备

(1) 使用时应将天平置于稳固、平整的地方,避免震动、阳光照射、气流及强电磁波干扰。

(2) 有水平仪的应先对天平进行水平调节。

2. 开机预热

(1) 注意先使机身后的开关位于"关"(0)位置,然后将随机电源一端插入天平电源输入口,另一端接入交流 220V 电压。

(2) 打开电源开关,天平会显示"8.8.8.8.8.8"等,最后显示"0.0"的称量模式。一般预热 1~2min 即可,若对精度要求较高,应预热 30min 以上。

3. 校正天平(略)

4. 称量

(1) 将重物置于称盘中央,待显示窗显示该重物的质量,"g"符号出现时,即可读出物体的质量。

(2) 天平的最大称量为开机显示的最大值。超过最大称量后,会显示"－HH--"或"----"等符号,表示称量超过规定范围,这样应立即拿去重物,否则会损坏天平。

5. 使用注意事项

(1) 天平的负载量不得超过其最大称量。

(2) 天平开机后应有 1~2min 预热时间。

(3) 若称重不准确,需用标准砝码对天平校准。

(4) 称量时将待测物置于秤盘中央。

(5) 天平使用时,应放于无震动、无气流、无直接日照、无大的温度变化、无电磁干扰、工作台面坚固的场合。

(6) 天平应保持清洁,谨防灰尘等物进入天平,同时应避开有腐蚀气体的环境。

3.4　福廷式气压计

福廷式气压计是一种单管真空汞压力计,其结构如图3.9所示。福廷式气压计以汞柱来平衡大气压力。大气压力的单位,原来直接以汞柱的高度(即毫米汞柱或 mmHg)来表示。近来生产的新产品气压计是以国际单位 Pa 或 kPa 来表示。在气象学上也常用 bar 或 mbar 作单位。福廷式气压计主要是由一根长约80cm、上端封口、下端开口的玻璃管垂直地插入水银杯内构成。玻璃管内水银柱上方为真空,汞槽下部是汞储槽,它既与大气相通,但汞又不会漏出。在底部有一调节螺旋,可用来调节其中汞面的高度。象牙针的尖端是标尺刻度的零点,利用标尺的游标尺,读数的精密度可达0.1mm 或 0.05mm。因此,当有大气作用在杯内水银面时,玻璃管内水银柱的高度就反映出大气的压强。

气压计的使用方法如下。

1. 铅直调节

福廷式气压计必须垂直放置。在常压下,若与铅直方向相差 1°,则汞柱高度的读数误差大约为 0.015%。为此,在气压计下端,设计一固定环。在调节时,先拧松气压计底部圆环上的三个螺旋,使气压计铅直悬挂,再旋紧这三个螺旋,使其固定。

2. 调节汞槽内的汞面高度

慢慢旋转底部的汞面调节螺旋,使汞槽内的汞面升高。

利用汞槽后面白磁板的反光,注视汞面与象牙针间的空隙,直到汞面恰好与象牙针尖接触,然后轻轻扣动铜管使玻璃管上部汞的弯曲正常,这时象牙针与汞面的接触应没有什么变动。

3. 调节游标尺

转动游标尺调节螺旋,使游标尺的下沿边与管中汞柱的凸面相切,这时观察者的眼睛和游标尺前后的两个下沿边应在同一水平面。

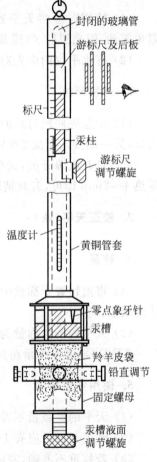

封闭的玻璃管

游标尺及后板

标尺

汞柱

游标尺
调节螺旋

温度计

黄铜管套

零点象牙针

汞槽

羚羊皮袋

铅直调节

固定螺母

汞槽液面
调节螺旋

图 3.9　福廷式气压计

4. 读数

游标尺的零线在标尺上所指的刻度,为大气压力的整数部分(mmHg 或 kPa),再从游标尺上找出一根与标尺某一刻度相吻合的刻度线,此游标刻度线上的数值即为大气压力的小数部分。

5. 整理工作

向下转动汞槽液面调节螺旋,使汞面离开象牙针,记下气压计上附属温度计的温度读数,并从所附的仪器校正卡片上读取该气压计的仪器误差。

3.5　电磁测量仪器

一般来说,凡是利用电子技术对各种信息进行测量的设备统称为电子测量仪器,其中包括各种指示仪器(如电表)、比较式仪器、记录式仪器以及各种传感器。从电磁测量角度来说,利用各种电子技术对电磁学领域中的各种电磁量进行测量的设备及配件称为电磁测量仪器。电磁测量仪器的种类很多,而且随着新材料、新器件、新技术的不断发展,仪器的门类愈来愈多,而且趋向多功能、集成化、数字化、自动化、智能化发展。

电磁测量仪器有多种分类方法。

1. 按仪器的测量方法分类

(1) 直读式仪器:指预先用标准量器作比较而分度的能够指示被测量值的大小和单位的仪器,如各类指针式仪表。

(2) 比较式仪器:是一种被测量与标准量器相比较而确定被测量的大小和单位的仪器,如各类电桥和电位差计。

2. 按仪器的工作原理分类

(1) 模拟式电子仪器:指具有连续特性并与同类模拟量相比较的仪器。

(2) 数字式电子仪器:指通过模拟-数字转换,把具有连续性的被测量变成离散的数字量,再显示其结果的仪器。

3. 按仪器的功能分类

这是人们习惯使用的分类方法。电子仪器按其功能分类的情况如表 3.4 所示。

表 3.4　多种电子仪器及其功能

仪器功能	仪　　器
显示波形	各类示波器 逻辑分析仪
指示电平	指示电压电平的各类电表(包括模拟式和数字式) 指示功率电平的功率计和数字电平表
分析信号	电子计数式频率计 数字式相位计 失真度仪 调制度分析仪 频谱分析仪
网络分析	扫频仪 网络分析仪
参数检测	各类电桥 Q 表 数字式 RLC 测量仪 晶体管图示仪 晶体管 h_{fe} 参数测试仪 集成电路测试仪
提供信号	低频信号发生器 高频信号发生器 标准信号发生器 微波信号发生器 函数信号发生器 噪声信号发生器 脉冲信号发生器 各类合成信号发生器 扫频信号发生器

3.5.1　电学实验中常见的电表

　　电表是电磁测量中常用的基本仪器之一。电磁测量电表的种类很多,也有各种分类方法。按其工作原理分,有磁电式、热电式、电动式、静电式和整流式等。其中磁电式仪表只适用于测量直流电,但它具有准确度高、稳定性好、功率消耗小、受外界磁场和温度影响小、分度均匀、便于读数等优点,应用很广泛。下面着重介绍磁电式电表。

1. 电流计

电流计即表头,用符号 G 表示。

电流计的作用,是将通过它的微弱电流变成指针或光点的偏转。电流计常用来测量微小电流或作电路平衡指示器。用作平衡指示器的电流计又称检流计。检流计的特点是其零点位于刻度尺的中央。实验室用的大部分直流电表(安培表、伏特表等)也是由表头扩程而成的。

1) 电流计的结构及工作原理

表头的内部结构如图 3.10 所示。

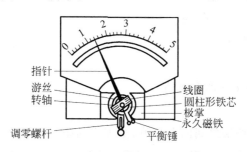

图 3.10　磁电式表头的结构原理图

永久磁铁的两个磁极上各连着一个圆筒形的极掌,极掌之间有一个圆柱形软铁芯,极掌与铁芯间的空隙内有以圆柱的轴为中心的均匀辐射状分布的磁场。在该磁场中放有长方形线圈,线圈可以绕铁芯的轴线转动,线圈转轴上附有一根指针。

当电流通过线圈时,线圈受电磁力矩的作用而偏转,直到与游丝的反扭力矩平衡,线圈转角维持一定。线圈转角的大小与所通过的电流大小成正比。电流方向不同,偏转方向也不同。这就是磁电式仪表的工作原理。

2) 电流计的主要特性参数

(1) 满偏电流

它是指针偏转到满标时,线圈所通过的电流值,以 I_g 表示。一般表头的 I_g 值为 $50\mu A, 100\mu A, 200\mu A, 1mA$。

(2) 电流常数

它表示指针或光标偏转一分格所对应的电流值,以 C_I 表示,单位为 A/分度。电流常数的倒数称为仪表的电流灵敏度 S_I,即 $S_I = \dfrac{1}{C_I}$,它表示一个单位电流所引起的指针或光标的偏转量。

（3）内阻

内阻主要是偏转线圈的电阻，以 r_g 表示。表头的满标电流愈小，内阻愈大，一般 r_g 为几十欧到几千欧。

2. 直流电流表

直流电流表包括直流微安表、毫安表和安培表，用符号 μA，mA 和 A 表示。

1) 直流电流表的组成

直流电流表是在磁电式表头上并联分流电阻而成的，如图 3.11 所示。改变分流电阻 R 的阻值，可以得到不同量程的电流表，分流电阻愈小，量程愈大。

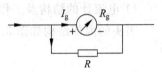

图 3.11　电流表结构原理图

2) 电流表的主要规格

（1）量程

量程是指针偏转满标时的电流值。

（2）内阻 R_A

内阻 R_A 是电流表两端之间的电阻值，是表头内阻与扩程电阻（分流电阻）的并联电阻。为了不使因电流表串入被测电路而影响电路的电流，电流表的内阻一般较小，量程愈大，内阻愈小。一般安培表的内阻在 0.1Ω 以下，毫安表的内阻可达 $10^2\Omega$ 量级，微安表的内阻可达 $10^3\Omega$ 量级。电流表的内阻，有时以内阻上流过满标电流时的电压降表示。这时，

$$内阻 = \frac{压降}{量程}$$

（3）准确度等级

它是电表的基本误差的百分数值。若一个电表其基本误差为 $\pm1.0\%$，则电表的准确度等级（简称级别）为 1.0 级。电表的准确度等级分为七级：0.1，0.2，0.5，1.0，1.5，2.5，5.0。

根据电表准确度等级 a 的定义：

$$a\% = \frac{最大绝对误差 \ \Delta X_m}{满刻度值 \ X_m}$$

电表的最大允许误差 ΔX_m 与电表的准确度等级 a 及电表量程 X_m 之间的关系为

$$\Delta X_m = a\% X_m$$

电表的标度尺上所有分度线的基本误差都不超过 ΔX_m。准确度等级 a 愈大（级别愈低）、量程 X_m 愈大，可能的最大误差 ΔX_m 愈大。

3. 直流电压表

直流电压表包括毫伏表、伏特表，用符号 mV、V 表示。

1）直流电压表的组成

直流电压表是由磁电式表头串联分压电阻而成，如图 3.12 所示。改变分压电阻 R 的阻值，可以得到不同量程的电压表。分压电阻 R 愈大，电压表的量程愈大。

2）电压表的主要规格

（1）量程

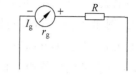

图 3.12　电压表的结构原理图

量程是指针偏转满标时的电压值。

（2）内阻 R_V

内阻 R_V 是电压表两端之间的电阻值，是表头内阻与扩程电阻（分压电阻）的串联值，如图 3.12 所示，$R_V = r_g + R$。电压表的量程愈大，内阻愈大。

电压表某一量程的内阻 R_V 与量程 U_m 之比称为电压表的电压灵敏度 S_V，即 $S_V = \dfrac{R_V}{U_m}$。因为任一量程都有关系

$$U_m = I_g(r_g + R) = I_g R_V$$

式中 I_g 为表头的满偏电流，由上式得电压灵敏度为

$$S_V = \frac{R_V}{U_m} = \frac{1}{I_g}$$

这说明，多量程电压表，不同量程的电压灵敏度都相等。I_g 越小，电压灵敏度越高，内阻越大。电压表的内阻常以电压灵敏度表示，单位为 Ω/V，其数值等于 I_g 的倒数，即 $\dfrac{1}{I_g} = \dfrac{R_V}{U_m}$。量程为 U_m 的电压表，其内阻

$$R_V = \frac{1}{I_g} \times U_m = 每伏欧姆数 \times 量程$$

为了不使测量电压时因并接电压表而影响电路的电流，电压表的内阻一般很大，量程愈大，电压表的内阻愈大。

（3）准确度等级

其规定与电流表相同，不再赘述。

4. 电表的正确使用

1）正确选择电表的准确度等级和量程

根据电表准确度等级 a 的定义，测量值 X 的可能最大相对误差为

$$r_{\mathrm{m}} = \frac{\Delta X_{\mathrm{m}}}{X} = a\% \ \frac{X_{\mathrm{m}}}{X}$$

由上式可知,要减小测量值 X 的误差 r_{m},除了要选用准确度等级较高(a 值较小)的电表外,还应选用较小的量程 X_{m},尽量使电表的量程 X_{m} 与测量值 X 接近。对同一准确度等级的电表,当 $X = X_{\mathrm{m}}$ 时,测量相对误差最小,等于电表的基本误差 $\pm a\%$。如果量程选得太大,例如 $X_{\mathrm{m}} = 3X$,则测量的最大相对误差为 $\pm 3a\%$,是基本误差的 3 倍。由此可见,选用电表时,不应单方面追求电表的准确度;而应根据被测量 X 的大小及对误差 r_{m} 的要求,对电表准确度等级及量程进行合理选择。为了充分利用电表的准确度等级,电表指针偏转读数应该大于满标的 $\frac{2}{3}$。

当不知道被测量值的大小时,应先选用电表的最大量程,然后根据指针的偏转情况,再调到合适的量程。在测量过程中,如要改变量程,应先切断电源,待改变量程后再接通电源。

多量程电表量程的改变方式通常有两种,一种电表其面板上装有不同量程的接线柱,使用时将导线接到所需量程的接线柱上;另一种电表只有一对接线柱,但面板上有不同量程的插孔,使用时只需将插头插在所需量程的插孔内。或是面板上有不同量程的一个旋钮,使用时将旋钮旋至所需的挡位。

2) 正确连接电表

电流表应当串联在被测电路中测量电流,电压表应当并联在被测电压两端测量电压;电流表的正极为电流的流入端,负极为电流的流出端;电压表的正极应当接电路的高电位端,负极应当接电路的低电位端。正、负极不能接反,否则指针会反偏,以致损坏。

3) 通电前先检查并调节指针的机械零点

在电表的外壳上,有机械零点调节螺丝,用螺丝刀可以调节电表的机械零点。

4) 电表指针位置的正确判断

电表读数时,应正确判断指针的位置,为此,视线必须垂直于刻度表面。有镜面的电表,当指针的像与指针重合时,指针所对的刻度才是电表的准确读数。读数时,先确定每一最小刻度所代表的电流值或电压值。读数要估读到最小刻度的 $\frac{1}{10} \sim \frac{1}{5}$。

5) 注意电表的工作条件

电表的准确度是电表在一定工作条件下(如温度、湿度、工作位置等)测定的,如果工作条件不满足,将会产生附加误差。一般实验室的工作条件能符合要求,使用时注意所用的电表是应该平置还是应该立置的。

6）认识仪表刻度盘上标记符号的意义

每一电学测量用的指示仪表的表面都有多种符号标记，以表示仪表的基本特性，只有在识别它们之后，才能正确地选择和使用仪表。

现将电磁学实验中常见的指示仪表表面标记符号列于表 3.5 中。

表 3.5　常见的指示仪表表面标记符号

分类	符号	名称	分类	符号	名称
电流种类	—	直流表	绝缘试验电压	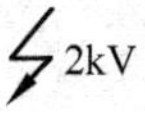 ⚡2kV	试验电压 2kV
	~	交流表		 ☆2	
	≃	交直流表	作用原理	 ⌂	磁电式仪表
	≋	三相交流表		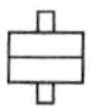	电动式仪表
测量对象	Ⓐ	电流表		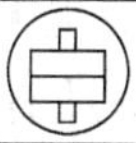	铁磁电动式仪表
	Ⓥ	电压表			电磁式仪表
	Ⓦ	功率表		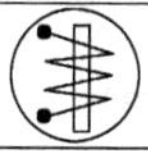	电磁式仪表（有磁屏蔽）
	kWh	电度表			整流式仪表
工作位置	→	水平使用	防御能力	III	防御外磁场能力第 III 等
	⌐		使用条件	B	使用条件 B
	↑	垂直使用	准确度	0.5	0.5 级
				0.5	

例如："—⌂ 2.5 2kV→"。

其中"—"表示直流表；"⌂"表示磁电式；"2.5"表示准确度等级为 2.5 级；"2kV"表示仪表绝缘性能可耐交流电压 2kV；"→"表示表面应水平放置。

图 3.13 是实验室常见的电压表和电流表的实物图。

图 3.13　实验室常用的电压表和电流表

3.5.2　数字式仪表

数字式仪表是一种新型的电测仪表,在测量原理、仪器结构等方面都与指针式(模拟式)仪表不同。数字式仪表具有准确度高、灵敏度高、测量速度快的优点,并可以和计算机配合给出一定形式的编码输出等特点,目前已经越来越广泛地应用于电磁测量中。

1. 数字式仪表的结构原理

随着科学技术的发展和自动化的需要,数字式仪表的品种日益增多。尽管数字式仪表种类、型号和用途很多,但其基本构成是相似的,如图 3.14 所示。首先要把模拟量转变为数字量,用电子计数器将数字量计数,最后用数字显示结果。为了使上述几个主要部件协调工作,还必须包括一个控制器。

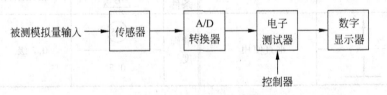

图 3.14　数字仪表结构原理图

在电磁测量中,各种电量(如电流、电压、功率、相位、频率等)都是模拟量,各种非电量(如温度、压力、长度、速度、转速等)也都是模拟量。电的模拟量可以越过传感器直接通过"模拟量-数字量转换器"(简称为"模-数转换器",用符号"A/D 转换器"表示)转换为数字量。非电的模拟量则应先用传感器变成电的模拟量,再用 A/D 转换器变为数字量。

2. 数字式仪表的特点

数字式仪表与模拟式仪表相比,其特点如下:

(1)读数清晰直观,能消除指针式仪表必有的视差。

(2)测量速度快,还可以进行控制。

(3)测量精度高。数字式仪表比模拟式仪表的测量精确度提高了很多倍,有的甚至提高几个数量级。

(4)不易受噪声和外界干扰的影响。

(5)测量范围大,灵敏度高。目前灵敏度高的数字电压表的测量下限可达到 $0.1\mu V$ 或 $10nV$,一般的数字电压表均能达到 $10\mu V$ 或 $1\mu V$,而上限可高达 1500V。

(6)数字电压表的内阻高($10^6\Omega$ 以上),而数字电流表的内阻低(接近于零),其接入误差可以忽略不计。

(7)使用方便,自动化程度高。

数字式仪表尽管有以上许多优点,但由于它的电路复杂,精度较高,使用条件要求也较严格,其使用范围也就受到限制。所以,在一般场合下,测量精度要求不高时,就不必使用数字仪表。目前在电磁学实验中,还是以模拟式电子仪表为主。

3. 数字电表的主要规格

1)量程

数字电表的量程通常用 2×10^n(单位)表示,$n=0,1,2$,例如:200V 挡。

2)内阻

数字电压表内阻很高,一般在 $M\Omega$ 数量级以上,要注意的是其内阻不能用统一的每伏欧姆数表示,说明书上会标明各量程的内阻。

数字电流表具有内阻低的特点。

3)准确度

通常用 $\pm(a\%+b)$ 表示,例如,$a=0.8,b=1$,则准确度为 $\pm(0.8\%+1)$,通常量程不同,a 和 b 也有所不同。

4. 数字电表的测量误差

下面以数字电压表为例,讨论数字电表的测量误差。

数字电压表的误差公式常表示为

$$\Delta=\pm(a\%U_x+b\%U_m)$$

式中,Δ 为绝对误差;U_x 为测量指示值;U_m 为满度值;a 为误差的相对项系数(仪器说明书提供);b 为误差的固定项系数(仪器说明书提供)。

从公式中可以看出,数字电表的绝对误差分为两部分,第一项 $a\%U_x$ 为可变误差部分;第二项 $b\%U_m$ 为固定误差部分,与被测值无关,属于系统误差。

由上式得到测量值 U_x 的相对误差 r 为

$$r = \frac{\Delta}{U_x} = \pm \left(a\% + b\% \frac{U_m}{U_x} \right)$$

说明满量程($U_x = U_m$)时,测量相对误差 r 最小,随着 U_x 的减小,r 逐渐增大。当 $U_x \leqslant 0.1U_m$ 时应该换小一个量程使用,这是因为数字电压表量程是十进位的。

数字电表的数字显示部分的误差很小,一般为最后一个数字±1。

例   一个数字电压表在使用 2.0000V 量程时,$a = 0.02$,$b = 0.01$,其绝对误差为

$$\Delta = \pm (0.02\%U_x + 0.01\%U_m)$$

当 $U_x = 0.1U_m = 0.2000$V 时,相对误差为

$$r = \pm (0.02\% + 10 \times 0.01\%) = \pm 0.12\%$$

当 $U_x = U_m$(满标)时,

$$r = \pm (0.02\% + 0.01\%) = \pm 0.03\%$$

由例可见,在使用数字电压表时,应选择合适的量程,使其略大于被测值,以减小测量值的相对误差。

3.5.3 电阻器

电阻器是一种用以改变电路中的电流和电压的元器件,也是某些特定电路的组成部件。电阻器可分为固定电阻和可变电阻两类。在电磁学实验中,常用的电阻器有电阻箱和滑线电阻器。这里着重讨论其使用的有关问题。

1. 电阻箱

电阻箱是由若干个标准电阻按一定的组合方式连接在一起的电阻组件。电阻箱有旋转式和插键式两种。旋转式电阻箱使用方便,旋动电阻箱上的旋钮,即可得到所需要的电阻值,所以目前电磁学实验室常用的是旋转式电阻箱。ZX21 型旋转式电阻箱的内部电路和面板示意图如图 3.15 所示。

电阻箱的主要规格有:

1) 总电阻

总电阻即电阻箱的最大电阻值。这时电阻箱上各旋钮都放在电阻最大的位置。

2) 额定功率

额定功率指电阻箱各挡每个电阻容许的功率值。不论在电阻箱中的哪个挡,各个电阻的额定功率都相同。一般电阻箱的额定功率为 0.25W,对"×1Ω"挡,9 个 1Ω 电阻串联而成,每个 1Ω 电阻的额定功率都是 0.25W;对"×1000Ω"挡,9 个 1000Ω 电阻串联而成,

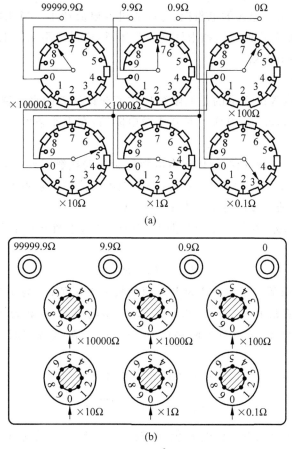

图 3.15 ZX21 型旋转式电阻箱内部电路和面板示意图

(a) 内部线路图；(b) 面板图

每个 1000Ω 电阻的额定功率也是 $0.25\mathrm{W}$。由额定功率值 P 和某一电阻值 R，可以算出某挡容许通过的最大电流值（称为额定电流）为

$$I = \sqrt{\frac{P}{R}}$$

式中，P 为电阻箱的额定功率；R 为该挡的最小电阻值。对"$\times 0.1\Omega$"挡，$R=0.1\Omega$；对"$\times 1\Omega$"挡，$R=1\Omega$……由此可见，同一挡的额定电流相同，不同挡的额定电流不同。

ZX21 型电阻箱，额定功率为 $0.25\mathrm{W}$，其各挡的额定电流如表 3.6 所示。

表 3.6 ZX21 型电阻箱各挡额定电流

倍率挡	×0.1	×1	×10	×100	×1000	×10000
额定电流/A	1.5	0.5	0.15	0.05	0.015	0.005

由表 3.6 可见,倍率愈大的电阻挡,允许通过的电流愈小。当几挡联用时,电阻箱的额定电流应该按位数最高的电阻挡来计算。要注意,通过电阻箱的电流不允许超过额定电流值,否则会烧坏电阻箱。

3) 准确度等级

电阻箱的准确度等级表示的是电阻箱标称值允许误差的百分数。准确度一般分为 0.01,0.02,0.05,0.1,0.5,1.0 级。对 0.1 级电阻箱,在工作条件下,标称值的允许误差为 0.1%。

电阻箱的误差除了允许误差外,还有电阻箱旋钮的接触误差。电阻箱接触电阻的大小依等级不同,等级 $a \geqslant 0.1$ 级的电阻箱,每个旋钮的接触电阻不大于 0.005Ω,$a \leqslant 0.05$ 级的电阻箱,每个旋钮的接触电阻不大于 0.002Ω。

电阻箱的基本误差(在额定电流范围内)为允许误差和旋钮接触误差之和。基本误差的绝对值为

$$\Delta R = \pm (a\% R + mb)$$

式中,a 为电阻箱的准确度等级;R 为电阻箱的接入电阻值;b 为每个旋钮的接触电阻;m 为电阻箱接入的旋钮个数。例如,0.1 级 ZX21 型电阻箱,读数为 516.7Ω,则 $a=0.1$,$R=516.7\Omega$,$b=0.005\Omega$,$m=6$(电阻箱由 0—99999.9 两接线柱间接入,6 个旋钮都接入了)。

由基本误差的绝对值可以求得基本误差的相对值为

$$\frac{\Delta R}{R} = \pm \left(a\% + \frac{mb}{R} \right)$$

由以上两式可以看出,在电阻值 R 较大时,旋钮的接触电阻引入的误差 mb $\left(或 \dfrac{mb}{R} \right)$ 可以忽略,但在低电阻时,旋钮的接触电阻引入的误差不可忽略。

为了减小接触电阻,ZX21 型电阻箱增加了低电阻接头,即图 3.15 中的 0.9Ω 和 9.9Ω 接头。当电阻小于 10Ω 时,选用 $0\sim9.9\Omega$ 接头,使电流只流过"×1Ω"和"×0.1Ω"两个旋钮的电阻,这时接触电阻 $mb=2\times0.005=0.01(\Omega)$。当电阻小于 1Ω 时,选用 $0\sim0.9\Omega$ 接头,可使接触电阻小于 0.005Ω。

电阻箱读数的有效数字:有效数字最后一位是误差所在的位。电阻箱读数 R 的有效数字由电阻箱的基本误差绝对值 ΔR 决定。当选用 0.1 级、6 个旋钮、4 个接线柱的 ZX21 型电阻箱,而且正确选用接线柱时,通过计算,可以证明,其有效数字最多只有 4 位,而不是 6 位。当电阻值为 1Ω 以下时,由于接触电阻为 0.005Ω,因此,有效数字只有 3 位了。

必须指出,电阻箱如果维护不好,旋钮长期没有清洗,则接触电阻会大于额定值,严重影响测量结果。为了使旋钮接触良好,在测量时,每个旋钮应反复来回旋转几次。

电阻箱主要用于需要有准确电阻值的电路中。由于它额定功率很小,不能用来控制

电路中较大的电流或电压。

2. 滑线电阻器

1）滑线电阻器的结构

滑线电阻器（简称变阻器）结构如图 3.16(a)所示。

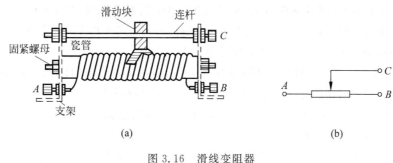

图 3.16　滑线变阻器

(a) 变阻器结构图；(b) 变阻器符号

涂有绝缘层的电阻丝密绕在绝缘瓷管上，电阻丝两端分别与固定在瓷管上的接线柱 A 和 B 相连。瓷管上方装有一根与瓷管平行的金属杆，金属杆的一端连有接线柱 C，杆上还套有紧压在电阻线圈上的接触器。线圈与接触器接触处的绝缘层被刮掉。滑动接触器，即改变滑动端的位置，就可以改变 AC 或 BC 之间的电阻，而 A 和 B 两端之间的电阻是固定的总电阻。滑线变阻器在电路中的符号如图 3.16(b)所示，它的三个连接点与变阻器的三个接线柱相对应。

2）变阻器的规格

（1）全电阻，即图 3.16(b)中 A 和 B 之间的电阻。

（2）额定电流，即变阻器所允许通过的最大电流。

3）变阻器电路

见第 4 章实验 16"滑线变阻器特性的研究"。

3.5.4　实验室中常用的电源

电源是提供电能的装置，一般按提供电能的种类分为直流电源和交流电源两类。

1. 直流电源

常用的直流电源有化学电池（如干电池、蓄电池等）和利用交流电转变为直流电的整流可调稳压电源（高压直流电源和低压直流电源），其中最常用的是干电池和低压可调直流稳压电源。

1) 干电池

实验室常用的干电池有以下几种。

(1) 五号干电池(型号 R6)：电流限制在 0.01A 以下,容量约为 0.2A·h。

(2) 四号干电池(型号 R10)：电流限制在 0.02A 以下,容量约为 0.3A·h。

(3) 二号干电池(型号 R14)：电流限制在 0.05A 以下,容量约为 0.5A·h。

(4) 一号干电池(型号 R20)：电流限制在 0.1A 以下,容量约为 1A·h。

(5) 甲电池(型号 R40)：又称 A 电池,电流限制在 0.5A 以下,容量约为 5A·h。

以上各种型号干电池,每节的端电压均为 1.5V。

(6) 叠层电池：它们的电压和型号分别为 4.5V,3R12;6V,4F22;9V,6F22;15V,10F20 等。由于它们体积小,常用于万用表和某些实验仪器中。

干电池的一个共同特点,就是消耗的电能愈大,内阻也愈大。

2) 低压直流稳压电源

它是将交流电(220V,50Hz)经降压、整流、稳压而成为直流电的装置,具有输出电压稳定、内阻小、功率较大、输出电压连续可调、使用方便等优点,现已成为实验中最常用的低压直流电源。

有些直流稳压电源内部装配有过载保护装置,当输出电流超过电源的额定电流值时,保护装置起作用,使电源停止输出。

使用直流稳压电源应注意：

(1) 对没有过载保护装置的电源,使用时要特别注意它输出的电流不得超过额定电流,否则电源会因过载而烧坏。

(2) 由于一般稳压电源输出的电压都是连续可调的,实验前,应先将输出电压调到最小(输出旋钮逆时针旋至"0"),待接通电源预热后才逐渐升高输出电压。实验完毕,先将输出调至最小,再关闭电源开关。

(3) 对有些装有过载保护的稳压电源,若接通电源开关后,旋转"输出电压"旋钮而没有电压输出,这时一般只需按一下仪器面板上的"复位"键或顺时针旋转限流旋钮,电源就能正常工作。

图 3.17 所示为实验室常见的一种可调直流稳压数显电源。它有三组输出：左边两组为 0~30V,0~3A 可调,右边一组为 5V,3A 固定。左边两组电源可通过中间两个按钮的组合进行串、并联使用。调节限流旋钮(CURRENT)可使输出的电流在 0~3A 内可调,调节电压旋钮(VOLTAGE)可使输出的电压在 0~30V 内可调。

2. 交流电源

实验室使用的交流电源,是由电网通过降压变压器送到实验室的 50Hz 交流电,电压的有效值有单相 220V 和三相 380V 两种,要获得其他电压值,可以通过变压器来得到。

图 3.17　可调直流稳压数显电源

实验室常用的低压电器设备中的变压器有以下两种。

1）定压变压器

它是输入和输出电压都固定的变压器,常用的是输入为单相交流 220V,输出低于交流 220V 的降压变压器,输出(次级)绕组常有几个固定抽头。

2）自耦变压器

实验室中最常用的调压器是将单相 220V 的交流电压变为输出电压为 0～250V 连续可调的自耦变压器。

自耦变压器如图 3.18 所示。它是用环形硅钢片叠成圆筒形铁芯,然后绕以绝缘导线而成,因为初级和次级线圈为同一绕组,所以是自耦式的。不过初级绕组的匝数少些,次级绕组的匝数多些,以使初级输入 220V 时,次级有 0～250V 的输出。当初级电压不足 220V 时,输出仍可调到 220V,来保证工作电压 220V 的仪器的正常工作。

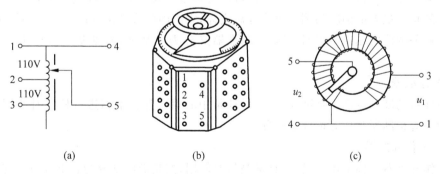

图 3.18　自耦变压器
(a) 符号图；(b) 外观图；(c) 结构图

使用自耦变压器时,如果电源电压为 110V,则从图 3.18 的 1,2 两接线柱接入；如果是 220V,则从 1,3 两接线柱接入；输出从 4,5 两接线柱引出。输出电压的调节是通过仪器盖面的绝缘手柄旋转盘 5 端所接碳刷的移动来达到的。输出电压的大致数值可以从旋柄的指针在盖面的标度盘上读出。

使用自耦变压器应注意的事项:

(1) 自耦变压器的初、次级线圈是同一线圈,均和电源相通,所以输入和输出的公共端,如图 3.18 中的 1,4 两端,一定要接到单相 220V 的中性线上。如果误接在相线上,则公共端对地将有 220V 的电压,即使输出电压指示在 0 时也是如此,这样容易使人麻痹大意导致触电!

(2) 接通电源之前,必须用手柄将输出电压调至 0 处,通电后才逐渐升高。

(3) 输出电流不得超过额定值。当输入电压是 110V 时,输出电压仍可达 0～250V,但输出电流只有 220V 时的一半。

3.5.5　电学度量器

1. 电学量具的一般知识

电学度量器在电磁学测量时,实际上是把被测的量 X 与作为测量单位的同类量作比较,从而确定被测量的大小。所谓度量器,就是测量单位或测量单位的分数、整数的复制体。

在电学计量中,根据度量器在量值传递上的作用和准确度的高低,分为基准器、标准器和工作标准器三大类。

1) 基准器

基准器是现代科学技术所能达到的最高标准度的度量器,即现代测量和生产水平所能达到的具有最高准确度的测量单位复制实体,它由国际或各国的最高计量部门保存,作为测量业务的法定基础和科学基础。基准器又分为主基准器、副基准器和工作基准器三级。

2) 标准器

标准器的准确度低于基准器,主要供计量中心对工作标准器进行检定时使用。标准器分为一等标准器和二等标准器两种。

3) 工作标准器

工作标准器又称工作量具,供日常测量时使用,按其准确度分为若干等级。在实验室中使用的标准电池、标准电阻、标准电感和标准电容等就是这类度量器。

2. 标准电池

标准电池是电动势的度量器,它是一种化学电池,电池内用的化学物质均经过严格提纯,化学成分非常确定,用量也十分准确。根据标准电池电解液中是否有硫酸镉晶体,将标准电池分为饱和标准电池和不饱和标准电池两种。

1) 饱和标准电池

凡在整个使用范围内,电解液为饱和硫酸镉溶液,并含有硫酸镉晶体($3CdSO_4 \cdot 8H_2O$)者,为饱和标准电池。由于电池内有硫酸镉晶体,所以在任何温度下,硫酸镉溶液总是处于饱和状态。这种电池的电动势比较稳定。

当温度改变时,饱和标准电池电动势的变化要比下述的不饱和标准电池大,若工作温度不是 20℃,就需要用"电动势-温度"公式计算在该温度下的实际电动势。在 0～40℃温度范围内,当偏离标准温度 20℃时,标准电池"电动势-温度"公式为

$$E_t = E_{20} - [39.94(t-20) + 0.929(t-20)^2 - 0.0090(t-20)^3 + 0.00006(t-20)^4] \times 10^{-6}(V)$$

式中,E_t 为 t℃时标准电池的电动势值;E_{20} 为 20℃时标准电池的电动势。E_{20} 值已于出厂时在检验证书中给出。

2) 不饱和标准电池

在整个使用温度范围内,电解液保持不饱和状态的称为不饱和标准电池。它的电动势的稳定性较饱和标准电池差,其优点是电动势随温度变化较小,通常在允许工作的温度范围内都不需要进行修正。

3) 使用标准电池应注意的事项

(1) 使用和存放地点的湿度和温度要符合说明书的要求;

(2) 不能震动、摇晃和倒置,在运输后,必须静置一昼夜的时间才能使用;

(3) 防止阳光及其他光源、热源、冷源的直接作用;

(4) 不能过载,通过或取自标准电池的电流不能大于规定的值(一般为 $1\mu A$),使用时间应尽量短;

(5) 严禁用万用表、直读式仪表测量其电动势,也不能用手将其短路;

(6) 不能将标准电池当作一般电源使用。

3. 标准电阻

标准电阻是电阻单位(Ω)的度量器。它是用锰铜线绕制的,锰铜具有很高的电阻率、较低的温度系数,与铜相接触时,热电势小,而且稳定性好。

标准电阻一般是做成单个的,也可以组合成电阻箱。

单个的标准电阻一般做成 $10^n\Omega$ 系列,相邻的标准电阻值相差 10 倍。常见的为 $10^{-3} \sim 10^5\Omega$ 标准电阻,一套共 9 个单个标准电阻。

单个的标准电阻通常固定放置在特制的镀镍黄铜圆筒外壳内。准确度较低的,也可以用胶木做外壳。

对于高阻值的标准电阻,为了消除泄漏电流的影响,采用屏蔽措施,具有三个接线柱,如图 3.19(a)所示。

对于低阻值的标准电阻,为了减小接线电阻和接触电阻的影响,将通电流的接头与测电位接头分开,做成两对(四个)接线端钮,如图 3.19(b)和图 3.19(c)所示。其中较粗的一对 C_1,C_2 用以接入电路通电流,称为电流接头,常标以"I"或"C"记号;较细的一对 P_1、P_2 用以测量标准电阻上的电压的引线,称为电压接头,常标以"P"记号。标准电阻上标明的电阻值就是电压接头两端间的电阻。电压接头在电流接头以内。

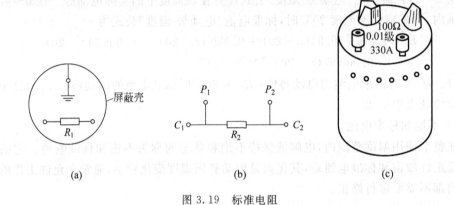

图 3.19 标准电阻

(a) 三个接头的高阻值标准电阻;(b) 四个接头的低阻值标准电阻等效电路;(c) 四个接头的标准电阻的外壳

对于阻值高于 100Ω 以上,其准确度等级在 0.02 以下的标准电阻,因接线电阻和接触电阻的影响不大,可以不设电压接头。

标准电阻的主要技术参数有以下几种。

(1) 准确度等级。它是指标准电阻的基本误差。如 0.01 级的标准电阻,其基本误差不超过 0.01%。一般工作用的标准电阻的准确度分为 0.005,0.01,0.02,0.05 级。

(2) 电阻额定值。指温度为 20℃时的电阻值。

(3) 额定功率(或额定电流)。一般为 0.1W。

(4) 使用温度范围。标准电阻有严格的使用温度范围,因电阻值和温度有关,如果测量要求更高,要按实际阻值使用。实际阻值的计算公式为

$$R_t = R_{20}[1 + \alpha(t - 20) + \beta(t - 20)^2](\Omega)$$

式中,R_t 为温度 t℃时的实际阻值;R_{20} 为温度 20℃时的实际阻值;α,β 分别为一次项、二次项的电阻温度系数。每个标准电阻的 R_{20},α,β 都由生产厂家提供。

使用标准电阻应注意的事项:

(1) 标准电阻应在小于额定电流下使用。

(2) 应在使用温度范围内使用。当要求较高或使用温度范围略有超过时,实际阻值

应按公式计算。

4. 标准电感

标准电感通常是用绝缘铜导线绕在绝缘材料(大理石或陶瓷)支架上制成的。电感器用在交流测量电路中,标准电感有固定的标准电感和可变的标准电感之分,它们在测量电路中作为电感标准量具。

1)标准电感的类型

(1)标准自感器

(2)标准互感器

(3)电感箱

电感箱是可变标准自感器,是由几个接到转换开关的十进抽头式或组合式自感器相互连接而成的,如图 3.20 所示。改变转换开关可以实现电感量的改变。

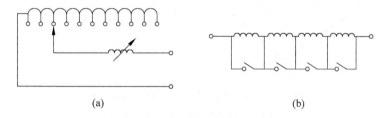

(a)　　　　　　　　　　　(b)

图 3.20　电感箱结构原理

(a)抽头式;(b)组合式

2)标准电感的主要技术参数

(1)准确度等级。常见的有 0.01,0.02,0.05,0.1 和 0.2 五级。0.01 级以上属于工作量具。常用的电感箱的等级比此低,有 0.1,0.2,0.5 和 1 四级。电感箱的基本误差以被接入的实际电感量的标称值的百分误差表示。

(2)标准电感的稳定性。对于 0.01 级为 0.002%/年。0.01 级以上的,要求更高,0.01 级以下的无具体规定。

(3)标准电感的工作条件。环境温度一般为 20℃ 左右,相对湿度 80% 以下。

5. 标准电容

标准电容用在交流测量电路中作为电容标准量具。

标准电容可以分为电容量固定的定值标准电容和电容量可变的可变标准电容两种。将单个定值的标准电容组合成十进制的、多位数的、用转换开关改变其电容量的电容器,就是一个可变的标准电容器,叫做可变标准电容箱。电容箱的准确度等级比单个标准电容差。

电容箱的结构和电阻箱相似,按改变电容量的转换装置的不同也有旋转式电容箱和插键式电容箱之分。

通常用金属屏蔽罩将标准电容屏蔽起来,并加以密封。屏蔽是为了防止外电场的影响,密封是为了防止湿气侵入,以保护电容量的稳定。标准电容的屏蔽罩与一个屏蔽端钮相连接,因此一般标准电容器都有三个端钮。

标准电容器和十进制电容箱的外形如图3.21所示。在它们的面板上都有三个接线柱,其中一个是屏蔽端钮,标记为"0"。电容器面板上的电容标称值是测量端钮1,2间的电容值。

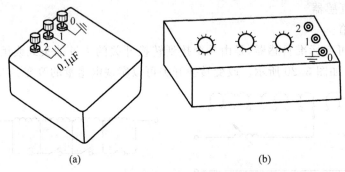

(a)　　　　　　　　　　(b)

图3.21　标准电容器和十进制电容箱外形

(a) 单个标准电容器;(b) 十进制电容箱

标准电容器的接线法有两种:

1) 两端钮接线法

将测量端钮之一(通常是标记为1的端钮)和屏蔽壳端钮连接在一起,如图3.22(a)所示。这时两测量端钮之间的电容为标准电容器的标称值C与分布电容C_{20}(端钮2,0之间的分布电容)的并联值,即两测量端钮之间的电容值为$C_{12}=C+C_{20}$,存在分布电容C_{20}的影响。

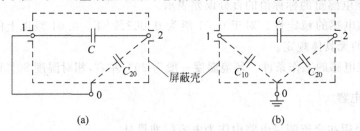

(a)　　　　　　　　　　(b)

图3.22　标准电容器接线图

(a)两端钮接线图;(b)三端钮接线图

2) 三端钮接线法

屏蔽端钮"0"不直接与任一测量端钮"1"或"2"相连接。屏蔽端钮可以具有与两个测量端的电位都不同的电位,也可以与两个测量端钮之一的电位相同,还可以使它等于零电位(接"地"),如图 3.22(b)所示。这时,两测量端的电容为 $C_{12}=C+\dfrac{C_{10}C_{20}}{C_{10}+C_{20}}$。

分布电容 C_{10} 和 C_{20} 都较小,在一般测量中可以忽略不计,在高精确度测量中,需考虑其影响。

标准电容的主要技术参数:

(1) 准确度等级。常用的有 0.01,0.02,0.05,0.1 和 0.2 五级。0.01 级以下均属于工作量具。通常的电容箱的等级比较低,有 0.05,0.1,0.2,0.5 和 1 五级。电容箱的基本误差以被接入的实际电容量的标称值的百分误差表示。

(2) 介质损耗。对于电容箱,一般规定损耗因数不超过基本误差的 $\dfrac{1}{200}$。

(3) 稳定性。对于 0.01 级规定为 0.002%/年,0.01 级以下的稳定性无具体规定。0.01 级以上要求更高。

(4) 工作条件。环境温度一般为 20℃左右,温度范围为 10~35℃,湿度为 30%~80%。温度变化的上下限对于 0.05,0.1,0.2 级的电容箱引起电容量的变化应不超过基本误差。对于 0.5 级和 1 级的电容箱,应不超过基本误差的 $\dfrac{1}{2}$。对于单个标准电容器,温度变化引起电容量的变化应更小。

3.5.6　电磁学实验规程

(1) 分析电路。首先要看懂电路,理解每一部分电路的作用,体会典型电路的设计思想和巧妙之处,并在此基础上记住实验电路。

(2) 合理安排好测量仪器。仪器的位置应便于调节和读数;应使接成的线路最简单、明了,接线最少、最短。

(3) 正确连接电路。连接电路应在熟悉仪器使用方法、理解电路的基础上进行。用正确的方法接线可以节省时间,而且容易检查。连线过程应先连串联主回路,从电源的一端开始,顺次而行,再回到电源的另一端,然后再连其他分支电路,并联的仪表器件最后并上去。实验操作以前,电源不要接入,电源开关要断开。接线时,接头要拧紧,为了使接线片接触良好,应充分利用电路中的等位点,避免在一个接线柱上集中过多的导线接线片,一般要求一个接线柱不要有三个以上接线片。

(4) 认真检查连线。连好线路后,应先自己认真检查一遍。检查内容主要有:线路连接是否正确;各接头是否接牢;电源开关是否断开;电表的正负极是否接对,量程选择是否合适;电阻箱阻值是否取对,变阻器滑动端是否放在起始安全位置;直流稳压电源的输出是否调在零位上等。线路经自查无误后,再请教师复查指导。经教师允许后才能接通电源进行实验。

(5)通电观察,调节测量。接通电源时,必须全神贯注,全局观察各仪器的反应是否正常,如有异常现象(如指针超出电表量程、反转;有焦、臭气味等),应立即切断电源,分析原因,排除故障后才可再次通电。为此,在试通电时,开关要轻合、易拉开。在一切都正常后,才能合紧开关。开关合紧后,按实验要求进行必要的调节(包括对仪器的调节)。要调好仪器,调准到所需的状态,必须掌握先粗调后细调,先高位数后低位数的调节原则。一般,第一次粗调出来的数据只作观测值,第二次细调出来的数据才读数记录。读数应包括估读的那一位。

(6)检查判断数据。测得实验数据后,断开电源,自己先用理论知识来分析判断数据是否合理;按实验要求有无遗漏;是否已经达到实验目的。在自己确认无误又经教师检查后,才可结束实验,拆除线路。拆线时,先拆电源,拆完线,将仪器器材整理好放回原处。放好仪器后,请教师签字认可,才能离开实验室。

(7)注意人身与设备安全。实验过程中,应随时注意人身与仪器安全。当电路接通后,人体不要接触交流电路的导线部位,即使在电压较低时,也要这样做,以养成良好习惯。人体的安全电压为36V,为人身安全,进实验室必须穿胶底(绝缘)鞋,严禁赤脚和穿拖鞋进实验室。

使用仪器前,必须先了解仪器的使用方法和注意事项,严格按规程操作,尤其不得超过仪器的额定值。

附录1　示波器使用

1. YB4320F 示波器实物图(图 3.23)

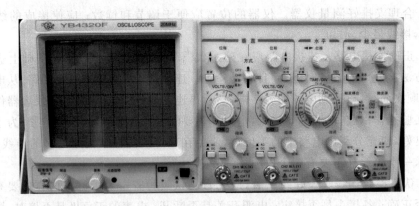

图 3.23　YB4320F 示波器实物图

2. YB4320F 示波器操作面板说明(图 3.24)

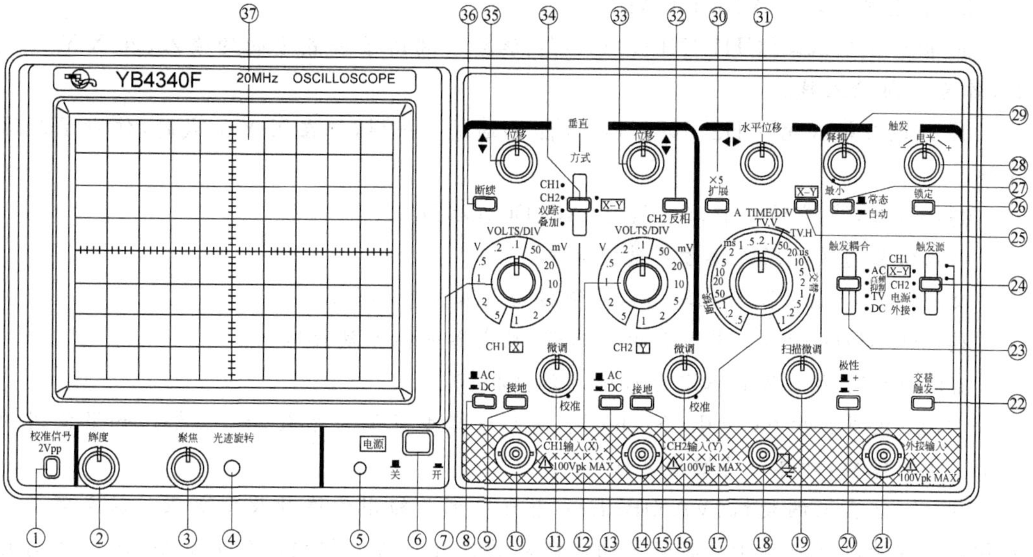

图 3.24　YB4320F 示波器操作面板说明

1) 主机电源

⑥ 电源开关(POWER)

电源开关按键弹出即为“关”位置，将电源线接入，按下电源开关键，接通电源。

⑤ 电源指示灯

电源接通时，指示灯亮。

② 辉度旋钮(INTENSITY)

控制光点和扫描线的亮度，顺时针方向旋转旋钮亮度增强。

③ 聚焦旋钮(FOCUS)

用辉度旋钮将亮度调至合适的标准，然后调节聚焦控制钮直至光迹达到最清晰的程度。虽然调节亮度时，聚焦电路可自动调节，但聚焦有时也会轻微变化，如果出现这种情况，需重新调节聚焦旋钮。

④ 光迹旋转(TRACE ROTATION)

由于磁场的作用，当光迹在水平方向轻微倾斜时，该旋钮用于调节光迹与水平刻度平行。

㊲ 显示屏

仪器的测量显示终端。

① 校准信号输出端子(CAL)

提供 $1kHz\pm2\%$，$2V_{P-P}\pm2\%$方波作本机 Y 轴、X 轴校准用。

2）垂直方向部分(VERTICAL)

⑩ 通道1输入端[CH1 INPUT(X)]：该输入端用于垂直方向的输入，在 X-Y 方式时，作为 X 轴输入端。

⑭ 通道2输入端[CH2 INPUT(Y)]：和通道1一样，但在 X-Y 方式时，作为 Y 轴输入端。

⑧，⑨，⑬，⑮ 交流—直流—接地(AC、DC、GND)

输入信号与放大器连接方式选择开关：

交流(AC)：放大器输入端与信号连接由电容器来耦合；

接地(GND)：输入信号与放大器断开，放大器的输入端接地；

直流(DC)：放大器输入与信号输入端直接耦合。

⑦，⑫ 衰减器开关(VOLTS/DIV)：用于选择垂直偏转系数，共 12 挡。如果使用的是 10:1 的探极，计算时将幅度×10。

⑪，⑯ 垂直微调旋钮(VARIBLE)：垂直微调旋钮用于连续改变电压偏转系数。此旋钮在正常情况下应位于顺时针方向旋到底的位置。将旋钮逆时针旋到底，垂直方向的灵敏度下降到 2.5 倍以上。

㊱ 断续工作方式开关：CH1，CH2 两个通道按断续方式工作，断续频率为 250kHz，适用于低扫速。

㉟，㉝ 垂直移位(POSITION)：调节光迹在屏幕中的垂直位置。

㉞ 垂直方式工作开关(VERTICAL MODE)：选择垂直方向的工作方式：通道1选择(CH1)，屏幕上仅显示 CH1 的信号；通道2选择(CH2)，屏幕上仅显示 CH2 的信号；双踪选择(DUAL)，屏幕上显示双踪，自动以交替或断续方式，同时显示 CH1 和 CH2 上的信号；叠加(ADD)，显示 CH1 和 CH2 输入信号的代数和。

㉜ CH2 极性开关(INVERT)：按此开关时 CH2 显示反相信号。

3）水平方向部分(HORIZONTAL)

⑰ 主扫描时间系数选择开关(TIME/DIV)：共 20 挡，在 $0.1\mu s/div\sim0.5s/div$ 范围选择扫描速率。

㉕ X-Y 控制键：按此键，垂直偏转信号接入 CH2 输入端，水平偏转信号接入 CH1 输入端。

⑲ 扫描微调控制键(VARIBLE)

此旋钮以顺时针方向旋转到底时，处于校准位置，扫描由 Time/div 开关指示。

此旋钮逆时针方向旋转到底，扫描减慢 2.5 倍以上。

㉛　水平位移(POSITION)

用于调节光迹在水平方向移动。

顺时针方向旋转该旋钮向右移动光迹,逆时针方向旋转向左移动光迹。

㉚　扩展控制键(MAG×5)

按下去时,扫描因数×5 扩展。扫描时间是 Time/div 开关指示数值的 1/5。

⑱　接地端子

示波器外壳接地端。

4)　触发系统(TRIGGER)

㉔　触发源选择开关(SOURCE)

通道 1 触发(CH1,X-Y):CH1 通道信号为触发信号,当工作方式在 X-Y 方式时,拨动开关应设置于此挡;

通道 2 触发(CH2):CH2 通道的输入信号是触发信号;

电源触发(LINE):电源频率信号为触发信号;

外触发(EXT):外触发输入端的触发信号是外部信号,用于特殊信号的触发。

㉒　交替触发(TRIG ALT)

在双踪交替显示时,触发信号来自于两个垂直通道,此方式可用于同时观察两路不相关信号。

㉑　外触发输入插座(EXT INPUT)

用于外部触发信号的输入。

㉘　触发电平旋钮(TRIG LEVEL)

用于调节被测信号在某选定电平触发,当旋钮转向"+"时显示波形的触发电平上升,反之触发电平下降。

㉖　电平锁定(LOCK)

无论信号如何变化,触发电平自动保持在最佳位置,不需人工调节电平。

㉙　释抑(HOLDOFF)

当信号波形复杂,用电平旋钮不能稳定触发时,可用"释抑"旋钮使波形稳定同步。

⑳　触发极性按钮(SLOPE)

触发极性选择。用于选择信号的上升沿和下降沿触发。

㉗　触发方式选择(TRIG MODE)

自动(AUTO):在"自动"扫描方式时,扫描电路自动进行扫描。在没有信号输入或输入信号没有被触发同步时,屏幕上仍然可以显示扫描基线。

常态(NORM):有触发信号才能扫描,否则屏幕上无扫描线显示。当输入信号的频率低于 50Hz 时,请用"常态"触发方式。

㉓　触发耦合选择开关(TRIG COUPLING)

AC:通过交流耦合施加触发信号;

高频抑制(HFR)：AC 耦合,可抑制高于 50kHz 的信号；

TV：触发信号通过电视同步分离电路连接到触发电路；

DC：通过直流耦合施加触发信号。

3. 示波器的基本操作步骤

(1) 打开电源开关,确定电源指示灯变亮,约 20s 后,示波管屏幕上会显示光迹,如 60s 后仍未出现光迹,应检查开关和控制按钮的设定位置。

(2) 调节辉度(INTEN)和聚焦(FOCUS)旋钮,将光迹亮度调到适当,且最清晰。

(3) 调节 CH1 位移旋钮及光迹旋转旋钮,将扫描线调到与水平中心刻度线平行。

(4) 将探极连接到 CH1 输入端,将本机校准信号加到探极上。

(5) 将 AC—DC—GND 开关拨到 AC,屏幕上将会出现方波波形。

(6) 调节聚焦(FOCUS)旋钮,使波形达到最清晰。

(7) 为便于信号的观察,将 VOLTS/DIV 开关和 TIME/DIV 开关调到适当的位置, 使信号波形幅度适中,周期适中。

(8) 调节垂直位移和水平位移旋钮到适中位置,使显示的波形对准刻度线且电压幅 度和周期能方便读出。

上述为示波器的基本操作步骤。CH2 的单通道操作方法与 CH1 类似。

在屏上显示波形时,波形在 Y 方向的长度代表电压,具体数值为 Y 方向的长度(长度 以一大格计)乘以(VOLTS/DIV)旋钮的具体挡位；波形在 X 方向的长度代表时间,具体 数值为 X 方向的长度乘以(TIME/DIV)旋钮的具体挡位。

附录 2　信号发生器

DF1631 信号发生器操作面板说明(见图 3.25)：

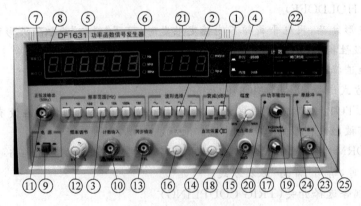

图 3.25　信号发生器实物图

① 衰减(dB)：(1)按下按钮可产生 20dB 或 40dB 衰减；(2)两只按钮同时按下可产生 60dB 衰减。

② 波形选择：(1)输出波形选择；(2)波形选择脉冲波时，可与⑯配合使用，可以改变脉冲的占空比。

③ 频率倍乘：频率倍乘开关与⑫配合选择工作频率。

④ 计数：(1)频率计内测和外测频率信号(按下)选择；(2)外测频率信号衰减选择。

⑤ 频率显示：数字 LED，显示所有内部产生的频率或外测频率。

⑥ 频率单位显示：显示信号频率的单位 Hz，kHz，MHz。

⑦ 溢出：当频率超过 6 个 LED 所显示范围时灯亮。

⑧ 闸门：此灯闪烁，说明频率计正在工作。

⑨ 电源：按下开关电源接通，频率计显示。

⑩ 计数输入：外测频率时，信号从此输入。

⑪ 正弦波输出(50Hz)：固定的 50Hz 正弦波由此输出。

⑫ 频率调节：与③配合选择工作频率。

⑬ 同步输出：输出波形为 TTL 脉冲，可作为同步信号。

⑭ 直流偏置：拉出此旋钮可设定任何波形电压输出的直流工作点，将此旋钮推进则直流电位为零。

⑮ 电压输出：电压输出波形由此输出，阻抗为 50Ω。

⑯ 占空比：当②选择脉冲波时，改变此电位器可改变脉冲的占空比。

⑱ 幅度：调节幅度电位器可以同时改变电压输出和功率输出幅度。

⑰,⑲,⑳ 功率输出：当频率低于 200kHz，信号从⑰,⑳输出，当频率高于 200kHz 时无输出，且⑲红灯亮。

㉑ 输出指示：ⓐ 当功率输出有输出，且负载阻抗≥4Ω，电压输出衰减器不按下时，显示该输出端的输出电压峰峰值。

ⓑ 当电压输出端负载阻抗为 50Ω 时，输出电压峰峰值为显示值的 0.5 倍，若负载(R_L)变化时，则输出电压峰峰值＝$[R_L/(50+R_L)]$×显示值。

㉒ 闸门时间：选择不同的闸门时间，可以改变显示信号频率的分辨率。

㉓,㉔,㉕ 单脉冲输出：当按下㉕单脉冲触发开关时，由㉓输出单个 TTL 电平的脉冲，同时㉔指示灯闪烁亮一下。

附录3　数字合成信号发生器

本实验室使用的是 SG1020SP 数字合成信号发生器，它采用直接数字合成(DDS)技术和双芯片技术，相当于两台完全独立的信号源。操作界面采用全中文化交互式菜单。在功能方面，仪器具有 TTL 波、正弦波、方波、三角波、调频、调幅、调相、FSK、PSK、线性频率扫描、对数频率扫描等信号的发生功能,并且可以实现任意个数的函数信号发生功能。此外,仪器采用同源技术实现了双路信号任意相位差功能,很好地实现了相位同步。

SG1020SP 数字合成信号发生器(见图 3.26)基本操作说明如下。

图 3.26　SG1020SP 数字合成信号发生器面板图

1. 快捷键区域

快捷键区包含 Shift、"频率"、"幅度"、"调频"、"调幅"和"菜单"6 个键,其主要功能是快速进入某项功能设定或是常用的波形快速输出。它的功能可以分为以下三类。

① 当显示菜单为主菜单时,用户可以通过单次按下"频率"、"幅度"、"调频"、"调幅"键进入相应的频率设置功能、幅度设置功能、调频波和调幅波的输出。任何情况下都可以通过按下菜单键来强迫从各种设置状态进入主菜单。还可以通过按下 Shift 键和"频率"、"幅度"、"调频"、"调幅"键来进入相应的"正弦"、"方波"、"三角波"、"脉冲波"的输出,即为按键上面字符串所示。

② 当显示菜单为频率相关的设置时,快捷键所对应的功能为所设置的单位,即为按键下面字符串所示。例如在进行频率设置时,可以按数字键 8,再按"频率"键输入 8kHz 的频率值。

③ 当显示菜单为幅度相关的设置时,快捷键所对应的功能为所设置的单位,即为按键下面字符串所示。例如在进行幅度设置时,可以按数字键 8,再按 Shift 键输入 $8V_{P-P}$ 的幅度值。

2. 方向键区域

方向键分为 Up,Down,Left,Right,OK 5 个键,它们的主要功能是移动设置状态的光标和选择功能。例如设置"波形"的时候可以通过移动方向键来选择相应的波形,被选择的波形以反白的方式呈现。

3. 屏幕键区域

屏幕键是对应特定的屏幕显示而产生特定功能的按键,位置在屏幕下方。它们一一对应屏幕的"虚拟"按键。例如通道 1 的设置中它们的功能分别对应屏幕的"主波"、"调制"、"扫描"、"键控"和"系统"等功能。

4. 数字键盘区

数字键盘区是为快速输入一些数字量而设计的。它们由 0～9 数字键、"·"和"—"12 个键组成。在数字量的设置状态下,当按下任意一个数字键时,屏幕会出现一个对话框,保存所按下的键,然后可以通过按下 OK 键输入默认单位的量或者按相应的单位键来输入相应单位的数字量。

5. 旋转脉冲开关旋钮

利用旋转脉冲开关旋钮可以快速地加、减光标所对应的量。

更详细的说明可参阅仪器使用说明书。

附录 4 数字示波器

DS1052E 数字示波器提供有简单而功能明晰的前面板(如图 3.27 所示),以进行基本操作。面板上包括旋钮和功能按键。旋钮的功能和其他示波器类似。显示屏右侧的一列 5 个灰色按键为菜单操作键(自上而下定义为 1～5 号)。通过它们,可以设置当前菜单和不同选项;其他按键为功能键,通过它们可以进入不同的功能菜单或直接获得特定的功能应用。

DS1052E 数字示波器基本操作说明如下。

1. 垂直系统

在垂直控制区(VERTICAL)有一系列的按键和旋钮。

(1) 转动垂直(POSITION)旋钮,指示通道地(GROUND)的标识跟随波形而上下移动。

(2) 转动垂直(SCALE)旋钮改变"Volt/div(伏/格)"垂直挡位,发现状态栏对应通道的挡位显示发生了相应的变化,可观察到对应通道的波形在垂直方向上高度的变化。

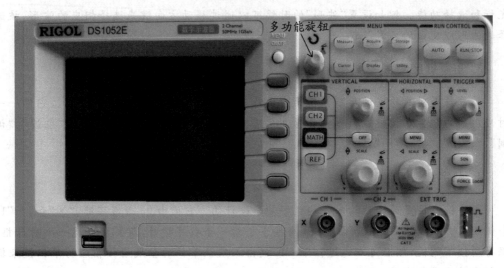

图 3.27　DS1052E 数字示波器面板图

2. 水平系统

在水平控制区(HORIZONTAL)有一个按键和两个旋钮。

(1) 转动水平(POSITION)旋钮调节触发位移时,可观察到波形随旋钮而水平移动。

(2) 转动水平(SCALE)旋钮改变"s/div(秒/格)"水平挡位,发现状态栏对应通道的挡位显示发生了相应的变化,可观察到对应通道的波形在水平方向上宽度的变化。

(3) 按 MENU 键,显示 TIME 菜单。在此菜单下,可以开启/关闭延迟扫描或切换 Y-T,X-Y 和 ROLL 模式,还可将水平触发位移复位。

3. 触发系统

在触发控制区(TRIGGER)有一个旋钮和三个按键。

(1) 转动 LEVEL 旋钮,可以发现屏幕上出现一条橘红色的触发线以及触发标志,随旋钮转动而上下移动。停止转动旋钮,此触发线和触发标志会在约 5s 后消失。在移动触发线的同时,可以观察到在屏幕上触发电平的数值发生了变化。

(2) 按 MENU 键可调出触发操作菜单,改变触发的设置,观察由此造成的状态变化。

(3) 按"50%"键,设定触发电平在触发信号幅值的垂直中点。

(4) 按 FORCE 键,强制产生一个触发信号,主要应用触发方式中的"普通"和"单次"模式。

4. 波形显示的自动设置

数字示波器具有自动设置功能。根据输入的信号,可自动调整电压倍率、时基以及触

发方式,使波形显示达到最佳状态。应用自动设置要求被测信号的频率大于或等于 50Hz,占空比大于 1%。具体操作为:

(1) 将被测信号连接到信号输入通道;

(2) 按下 AUTO 键。

5. 测量简单信号

观察电路中的一个未知信号,迅速显示和测量信号的频率和峰-峰值。

(1) 欲迅速显示该信号,按如下步骤操作:

① 按下 CH1 键,将探头菜单衰减系数设定为 10X,并将探头上的开关设定为 10X。

② 将通道 1 的探头连接到电路被测点。

③ 按下 AUTO 键。

示波器将自动设置使波形显示达到最佳状态。在此基础上,还可以进一步手动调节垂直、水平挡位,直到波形的显示符合要求。

(2) 进行自动测量

示波器可对大多数显示信号进行自动测量。欲测量信号的频率和峰-峰值,按如下步骤操作:

① 测量峰-峰值

按下 Measure 键以显示自动测量菜单。

按下 1 号菜单操作键选择信号源:CH1。

按下 2 号菜单操作键,在电压测量弹出菜单中通过多功能旋钮选择测量参数:峰-峰值,按下多功能旋钮确认。此时,可以在屏幕左下角发现峰-峰值的显示。

② 测量频率

按下 3 号菜单操作键,在时间测量弹出菜单中通过多功能旋钮选择测量参数:频率,按下多功能旋钮确认。此时,可以在屏幕下方发现频率的显示。

更详细的说明可参阅仪器使用说明书。

3.6　光学实验仪器

3.6.1　实验室常用光源

光源的种类繁多,目前实验室中常使用的光源多属于电光源,它是利用电能转换为光能的光源。光电源按其从电能到光能的转化形式来区分,大致可分为两类:一是热辐射光源,即依靠电流通过物体,使物体温度升高而发光,如白炽灯;二是气体放电光源,即依靠电流通过气体(包括某些金属蒸气),使气体放电而发光,如汞灯、钠光灯等。除此之外,还有激光光源(如 He-Ne 激光器)和固体发光光源(如发光二极管)。

1. 白炽灯

白炽灯是以热辐射形式发射光能的电光源。它以高熔点的钨丝为发光体,通电后温度约 2500K 达到白炽发光。玻璃泡内抽成真空,充进惰性气体,以减少钨的蒸发。白炽灯的光谱是连续光谱,光谱成分和光强与钨丝加热的温度有关。白炽灯可做白光光源和一般照明用。作白光光源时,最好把灯泡放在开有狭缝的不透明的屏后。狭缝常为"I"字形,也有弧形的;如果狭缝中间有细的"十"字形交叉的线,常常会有用处。直接把灯泡放在狭缝后面时,仅有少部分光线通过狭缝,为了尽量利用光能,可以如图 3.28 所示,使用一只凸透镜。

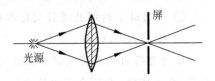

图 3.28 白光光源

使用低压灯泡时须特别注意是否与电源电压相适应,避免误接电压较高的电插座造成损坏事故。

根据不同的用途,白炽灯在制造上有不同的要求。例如"仪器灯泡"对灯丝的形状及分布位置有较高的要求,对透明外壳也有一定要求;而普通灯泡要求较低。实验室常用的白炽灯除照明灯泡和暗室用的有色灯泡外,还有以下几种。

(1) 小电珠。一般为 6.3V,6~8V 或几瓦,作白光光源和读数照明用。它通过灯丝变压器点燃。这种灯泡寿命短,不用时应立即切断电源。

(2) 金属卤素灯(如溴钨灯)。它是一种高亮度的白光点光源,也作强光源使用。常用的规格有 12V/100W,24V/300W 等。它通过控制变压器或行灯变压器点燃。

(3) 各种仪器灯泡。一般为 8V、几十瓦,作白光光源用。它通过电源变压器点燃。不同类型的仪器上使用的灯泡通常不一样,更换时应注意灯泡型号。

(4) 钨带灯、钨丝灯。由于其工作状态较为稳定,寿命较长,用黑体辐射源校准后,在光度学测量中,常作为比较用光强标准灯和光通量标准灯。此灯对电源要求较高,必须使用稳压或稳流电源供电。

2. 气体放电灯

气体放电灯中用得较多的是辉光放电灯和弧光放电灯两类。它们的结构原理基本相同,一般由泡壳和电极组成,泡壳内充以某种气体。泡壳由透明的玻璃或石英按照所需形状经吹制加工而成。由直流电供电的电极分阳极和阴极(交流电供电时,两极交替作阳、阴极使用)。

发光的基本过程是：由热阴极或冷阴极发射电子并被外电场加速。高速运动的电子与气体原子碰撞时，电子的运动就能转移给气体原子使其激发。当受激原子返回基态时，所吸收的能量又以辐射(发光)形式释放出来。电子的不断产生和被电场加速，就使发光过程不断地进行下去，根据所充气体的类别而发射其特有的原子光谱或分子光谱。下面介绍几种常用的气体放电灯。

1) 汞灯

汞灯又称水银灯，其发光物质是汞蒸气，它的放电状态是弧光放电。按光源稳定工作时灯泡内所包含汞蒸气压的高低，有低压汞灯、高压汞灯、超高压汞灯三种。

(1) 低压汞灯。玻璃管胆内的汞蒸气压很低(几十到几百帕之间)，发光效率不高，是小强度的弧光放电光源。如 GP20 型低压汞灯的电源电压为 220V，工作电压为 20V，工作电流为 1.3A。

(2) 高压汞灯。它的管胆内汞蒸气压较高(有几个大气压)，发光效率也较高，是中高强度的弧光放电灯。该灯用于需要较强光源的实验，加上适当的滤光片可以得到一定波长(例如 546.1nm)单色光。GGQ50 型仪器高压汞灯额定电压为 220V，功率为 50W，工作电压为 (95 ± 15)V，工作电流为 0.62A，稳定时间为 10min。

汞灯工作时必须串接适当的镇流器，否则会烧断灯丝。为了保护眼睛，不要直接注视强光源。正常工作的灯泡如遇临时断电或电压有较大波动而熄灭，须等待灯泡逐步冷却，汞蒸气降到适当压强之后才可以重新发光。

2) 钠光灯

钠光谱在可见光范围内有 589.59nm 和 588.99nm 两条波长很接近的特强光谱线，实验室通常取其平均值，以 589.3nm(D 线)的波长直接当做近似单色光使用。此时其他的弱谱线实际上被忽略。低压钠灯与低压汞灯的工作原理类似。充有金属钠和辅助气体氖的玻璃泡是用抗钠玻璃吹制的，通电后先是氖放电呈现红光，待钠滴受热蒸发产生低压蒸气，很快取代氖气放电，经过几分钟以后发光稳定，射出强烈黄光。GP20Na 低压钠灯与 GP20Hg 低压汞灯使用同一规格的镇流器。

3) 光谱管(辉光放电管)

这是一种主要用于光谱实验的光源，大多在两个装有金属电极的玻璃泡之间连接一段细玻璃管，内充极纯的气体。两极间加高电压，管内气体因辉光放电发出具有该种气体特征光谱成分的光辐射。它发光稳定，谱线宽度小，可用于光谱分析实验作波长标准参考。使用时把霓虹灯变压器的输出端接在放电管的两个电极上。因各元素光谱管起辉电压不同，所以在霓虹灯变压器的输入端接一个调压器，调节电压到管子稳定发光为止。光谱管只能配接霓虹灯变压器或专用的漏磁变压器，不可接普通变压器，否则会被烧毁。

3. 氦-氖激光器

氦-氖激光器是 20 世纪 60 年代初研制出的新颖光源,它的发光机理与普通光源不同,普通光源是自发辐射发光,激光器是受激辐射发光。它具有方向性强(发散角小)、单色性好、空间相干性高等特点,是实验室常用的单色光源。

激光器有内腔式、外腔式、半外腔式三种类型。物理实验中最常用的是发射波长 $\lambda=632.8nm$ 的红光,输出功率为几毫瓦到几十毫瓦的内腔式 He-Ne 激光器,它是在一个真空的大玻璃管内固定着一个充以氦氖混合气体的毛细管,细管两端封装上镀膜反射镜,构成一个谐振腔。通常管内 He-Ne 气体(又称增益介质)的粒子数分布是低能级 E_1 的粒子数多于高能级 E_2 的粒子数,但在外来激励能源的作用下,使增益介质的粒子由低能级 E_1 跃迁到高能级 E_2,实现了粒子数反转分布,此时若有自发辐射的一个光子 $h\nu=E_2-E_1$ 通过介质,就会激发出与自发辐射光子的状态(频率、位相、方向、偏振态)完全相同的受激辐射光子,这种现象称为光放大(或受激辐射)。这些受激辐射的光子传到反射镜被反射回来,再通过增益介质继续放大,如此往返形成持续振荡和稳定的光强,由输出端反射镜输出。其工作(点燃)电源为直流电源,电压达几千伏。

光学实验常用的 He-Ne 激光器管长约 250mm,功率为 2mW。使用时应注意:

(1) 激光电源为直流高压电源,谨防触电;

(2) 激光管的电极不能反接,以免损坏激光器;

(3) 激光器在最佳工作电流下工作,才能使输出功率最大;

(4) 不可正视激光束,以免损伤眼睛。

4. 固体发光光源

这类光源中的发光二极管就是一种半导体,它是由 P 型半导体和 N 型半导体组成的 P-N 结二极管,当 P-N 结上施加正向电压时,被注入的少数载流子穿过 P-N 结,在 P-N 结区形成大量电子、空穴的复合,复合时以热或光的形式辐射出光子,光子的能量满足 $E_g=h\nu$,E_g 为半导体材料的禁带宽度,不同材料的 E_g 不同,因而 ν 不同。一般在可见光区域采用 GaP(发光波长为 550.0nm),$GaAs_{1-x}P_x$(波长为 550~867nm),SiC(波长为 435nm);Ge,Si,GaAs 等其辐射是在红外区域。半导体等常用作信号灯、显示灯(数码管)等。

3.6.2　常用光电探测器

光电探测器可分为主观的和客观的两类。主观的光电探测器就是人的眼睛,人的眼睛可以说是一个相当完善的天然光学仪器,从结构上说它类似于一架照相机。人眼能感觉的亮度范围很宽,随着亮度的改变,眼睛中瞳孔大小可以自动调节。人眼分辨物体细节的能力称为人眼的分辨力。在正常照度下,人眼黄斑区的最小分辨角约为 $1'$。人眼的视觉对于不同波长的光的灵敏度是不同的,它对绿光的感觉灵敏度最高。人眼还是一个变焦距系统,它通过改变水晶体两曲面的曲率半径来改变焦距,约有 20% 的变化范围。除了用人眼直接观察外,还常用光电探测器来进行客观测量,对超出可见光范围的光学现象或对光强测量需要较高精度要求时就必须采用光电探测器进行测量,以弥补人眼的局限性,这就是客观的观测器。

常用的光探测器有光电管、光敏电阻和光电池等。

1. 光电管

光电管是利用光电效应原理制成的光电发射二极管。它有一个阴极和一个阳极,装在抽真空并充有惰性气体的玻璃管中。当满足一定条件的光照射到涂有适当光电发射材料的光阴极时,就会有电子从阴极发出,在二极间的电压作用下产生光电流。一般情况下光电流的大小与光通量成正比。

2. 光敏电阻

光敏电阻是用硫化镉、硒化镉等半导体材料制成的光导管。当有光照射到光导管时,并没有光电子发射,但半导体材料内电子的能量状态发生变化,导致电导率增加(即电阻变小)。照射的光通量越大,电阻就变得越小。这样就可利用光电管电阻的变化来测量光通量大小。

3. 光电池

光电池是利用半导体材料的光生伏特效应制成的一种光探测器,由于光电池有不需要加电源、产生的光电流与入射光通量有很好的线性关系等优点,常在大学物理实验中使用。

硅光电池结构如图 3.29 所示。利用硅片制成 P-N 结,在 P 型层上贴一栅形电极,N 型层上镀背电极作为负极。电池表面有一层增透膜,以减少光的反射。由于多数载流子的扩散,在 N 型与 P 型层间形成阻挡层,有一由 N 型层指向 P 型层的电场阻止多数载流子的扩散,但是这个电场却能帮助少数载流子通过。当有光照射时,半导体内产生正负电子对,这样 P 型层中的电子扩散到 P-N 结附近被电场拉向 N 型层,N 型层中的空穴扩散到 P-N 结附近被阻挡层拉向 P 区,因此正负电极间产生电流;如停止光照,则少数载流子没有来源,电流就停止。硅光电池的光谱灵敏度最大值在可见光红光附近(800nm),截止波长为 1100nm。图 3.30 表示硅光电池灵敏度的相对值。

使用时注意,硅光电池质脆,不可用力按压;不要拉动电极引线,以免脱落;勿用手摸电池表面。如需清理表面,可用软毛刷或酒精棉,以防止损伤增透膜。

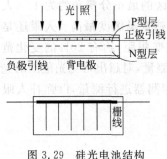

图 3.29　硅光电池结构

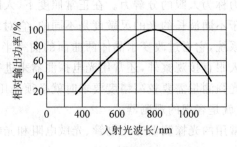

图 3.30　硅光电池的光谱灵敏度

3.6.3　常用光学仪器

光学实验仪器大致分为两大类：几何光学仪器和物理光学仪器。几何光学仪器又分为两种：一是助视与测量光学仪器，如放大镜、测微目镜、显微镜、望远镜、平行光管等；二是投影光学仪器，如照相机、投影仪等。物理光学仪器通常分为波动光学仪器与量子光学仪器两种，如分光计、单色仪、摄谱仪、干涉仪、光具座、光学平台及部分演示光学仪器等。

上述光学仪器中，有些只要求一般了解，学会操作使用，有些则要求重点掌握。要求重点掌握的仪器是光学实验中常用的基本仪器，其中分光计、单色仪、摄谱仪、干涉仪、比长仪、光学平台等在各有关的实验中专门描述。下面仅介绍几种涉及面较广的常用光学仪器。

1．光具座与光学平台

光具座是一种多功能的通用光学仪器，是光学实验中最重要、最基本的仪器。它具有直观、易于操作、功能多等优点。无论是几何光学、波动光学还是量子光学的一些实验都可在光具座上进行。

光具座的主体是一个平直的导轨，导轨的长度 1～2m，上面刻有毫米标尺，配有多个滑块支架，滑动座上有定位线，便于确定光学元件的位置，如图 3.31 所示。

光学平台是在光具座上发展起来的新型实验装置，把光具座的导轨变成稳定性很好的钢板平台，平台面积 1～2m²。若把光具座比喻成进行光学实验的列车，那么光学实验平台则是光学实验的航空母舰，可进行一维、二维、多维光路实验。

良好的光具座和光学实验平台应该是平直度好、平整度好、平稳性好，还要保持上面各光学元件共轴性好。共轴性好的关键是光学元件的共轴等高。调节光学元器件的共轴等高是做好光学实验的关键，必须很好掌握，其要领如下：

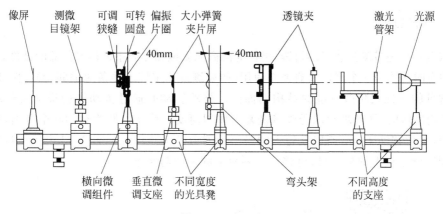

图 3.31　光具座

（1）在光具座上用激光器做实验。先以导轨为准，调节激光束的方向平行于导轨，用光屏检查，当光屏沿导轨平稳地移动时，调整到激光斑点在屏中心位置不变时为止；再以激光束为准，在光具座上依次放置并调节各光学元件共轴等高。用人眼观察，调节各光学元器件与导轨正直不偏不斜；再用调试棒测量，使光束与各光学器件的中心大致在与导轨平行的同一条直线上；最后进行细微调节，使激光束经过各光学器件的中心光斑在屏中心位置不变时为止。

（2）在光具座上用普通光源做实验。先将透镜等元器件向光源靠拢，目测、调节各元器件的高低和方位，使各元器件的中心大致在与导轨平行的同一条直线上，并使物平面、透镜面、像平面三者互相平行且垂直于光具座导轨；再在此基础上，用两次成像法（贝塞尔法或共轭法）来判断是否共轴，并进一步调至共轴。具体方法是：取物与屏的位置 L 约大于 $4f$，并固定不动，透镜移动到两个适当位置，在屏上可分别接到大、小两个清晰倒立的实像，若物的中心偏离透镜的光轴，则两像的中心将不重合，就垂直方向而言，如果大像的中心 P' 高于小像的中心 P''，说明透镜位置偏高（或物偏低），这时将透镜降低（或将物升高）。反之，如果 P' 低于 P''，便应将透镜升高（或物降低）。调节时，小像调透镜的上下位置，大像调物的上下位置，直至 P' 与 P'' 完全重合。同理，调节透镜的左右（即横向）位置，使 P' 与 P'' 中心完全重合。

如果系统中有两个以上的透镜，则应先调只含一个透镜在内的系统光轴，然后再加入另一个透镜，调节该透镜与原系统共轴。（此时，是否还需调节大、小像的中心重合？）

（3）在光学实验平台上，安排二维光路共轴等高。以平台为准，调激光束平行于台面，当光屏在平台上滑动一段距离时，屏上光斑的中心应保持同一高度。放置其他元件时应使反射或折射的光束保持原高度。

2. 测微目镜

测微目镜是带测微装置的目镜,可作为测微显微镜和测微望远镜等仪器的部件,在光学实验中有时也作为一个测长仪器独立使用(例如测量非定域干涉条纹的间距)。图3.32是一种常见的丝杠式测微目镜的结构剖面图。鼓轮转动时通过传动螺旋推动叉丝玻片移动;鼓轮反转时,叉丝玻片因受弹簧恢复力作用而反向移动。鼓轮有100个分格,鼓轮每转一周,叉丝移动1mm,所以鼓轮上的最小刻度为(1/100)mm。图3.33表示通过目镜看到的固定分划板上的毫米尺、可移动分划板上的叉丝与竖丝。

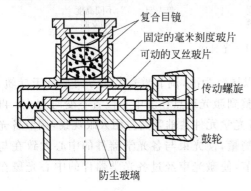

复合目镜
固定的毫米刻度玻片
可动的叉丝玻片
传动螺旋
鼓轮
防尘玻璃

图 3.32　测微目镜结构剖面图

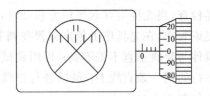

图 3.33　测微目镜视场内的标尺和叉丝

测微目镜的结构很精密,使用时应注意:虽然分划板刻尺是0～8mm,但一般测量应尽量在1～7mm范围内进行,竖丝或叉丝交点不许越出毫米尺刻线之外,这是为保护测微装置的准确度所必须遵守的规则。

3. 移测显微镜

移测显微镜是利用螺旋测微器控制镜筒(或工作台)移动的一种测量显微镜。此外,也有移动分划板进行测量的机型。显微镜是由物镜、分划板和目镜组成的光学显微系统。位于物镜焦点前的物体经物镜成放大倒立的实像于目镜焦点附近并与分划板的刻线在同一平面上。目镜的作用如同放大镜,人眼通过它观察放大后的虚像。为精确测量小目标,有的移测显微镜配备测微目镜,取代普通目镜。

图3.34中的镜筒移动式移测显微镜可分为测量架和底座两大部分。在测量架上装有显微镜

目镜
调焦手轮
物镜
底座
测微鼓轮

图 3.34　移测显微镜

筒和螺旋测微装置。显微镜的目镜用锁紧圈和锁紧螺钉固紧于镜筒内。物镜用螺纹与镜筒连接。整体的镜筒可用调焦手轮对物调焦。旋转测微鼓轮,镜筒能够沿导轨横向移动,测微鼓轮每旋转一周,显微镜筒移动 1mm,镜筒的移动量从附在导轨上的 50mm 直尺上读出整毫米数,小数部分从测微鼓轮上读。测微鼓轮圆周均分为 100 个刻度,所以测微鼓轮每转一格,显微镜移动 0.01mm。测量架的横杆插入立柱的"十"字孔中,立柱可在底座内转动和升降,用旋手固紧。

为了保证应有的测量精度,移测显微镜最好在室温(20±3)℃条件下使用。使用前先调整目镜,对分划板(叉丝)聚焦清晰后,再转动调焦手轮,同时从目镜观察,使被观测物成像清晰,无视差。为了测量准确,必须使待测长度与显微镜筒移动方向平行。还要注意,应使镜筒单向移动到起止点读数,以避免由于螺旋空回产生的误差。

4. 平行光管

平行光管主要是用来产生平行光的,它是装校和调整光学仪器的重要工具之一,也是重要的光学量度仪器。若配用不同的分划板,连同测微目透镜或读数显微镜,则可测定和检验透镜或透镜组的焦距、分辨率及其成像性质。若配以高斯目镜或阿贝目镜,就成为自准直望远镜,可用于微小角度的测量和导轨平直度的检查等。

3.6.4 光学实验注意事项

具备良好实验素养的科技工作者,在光学实验中都会十分爱惜各种仪器。而学生在实验中加强爱护仪器的意识也是培养良好实验素养的重要方面。光学仪器一般都比较精密,光学元件都是用光学玻璃通过多项技术加工而成,其光学表面加工尤其精细,有的还镀有膜层,因此使用时要特别小心。如使用维护不当很容易造成光学元件破损和光学表面的污损。使用和维护光学仪器时应注意以下方面。

(1) 在使用仪器前必须认真阅读仪器使用说明书,详细了解仪器的结构、工作原理,调节光学仪器时要耐心细致,切忌盲目动手。

使用和搬动光学仪器时,应轻拿轻放,避免受震磕碰。光学元件使用完毕,应当放回光学元件盒内。

(2) 保护好光学元件的光学表面,任何时候不能用手触及光学表面,以免印上汗渍和指纹。图 3.35 所示为手拿光学元件时的正确姿势。

(3) 对于光学表面上附着的灰尘可用脱脂棉球或专用软毛刷等清除。如发现汗渍、指纹污损可用实验室准备的擦镜纸擦拭干净,有镀膜的光学表面上的污迹常用脱脂棉球蘸少量乙醇和乙醚混合液转动擦拭多遍才行。对于镀膜光学表面的污迹和光学表面起雾等现象及时送实验室专门处理,学生不要自行处理。

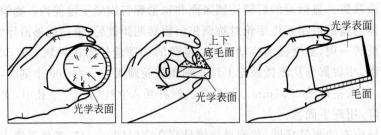

图 3.35　手持光学元件的正确姿势

（4）光学仪器的机械部分应及时添加润滑剂，以保持各转动部件转动自如、防止生锈。仪器长期不使用时，应将仪器放入带有干燥剂的木箱内。

（5）使用激光光源时切不可直视激光束，以免灼伤眼睛。

第4章 基本实验

实验1 长度和固体密度测量

【实验目的】

(1) 掌握游标卡尺和螺旋测微计的原理,了解读数显微镜和物理天平的构造和原理;

(2) 学会游标卡尺、螺旋测微计、读数显微镜和物理天平的使用方法,掌握如何确定仪器的准确度;

(3) 运用已掌握的误差理论和有效数字的运算规则完成实验数据处理,并分析产生误差的原因。

【仪器用具】

游标卡尺、螺旋测微计、读数显微镜、物理天平(电子天平)、细金属丝、待测空心,圆柱。

【实验原理】

长度是基本物理量。从外形上看,各种测量仪器虽然不同,但其标度大都是按照一定的长度来划分的。如用各种温度计测量温度,就是确定水银柱面在温度标尺上的位置;测量电流或电压的各种仪表,就是确定在电流表或电压表标尺上的位置。总之,科学实验中的测量大多数可归结为长度测量。长度测量是一切测量的基础,是最基本的物理测量之一。

常用的简单测量长度的量具有米尺、游标卡尺、螺旋测微计和读数显微镜等。它们的测量范围和测量精度各不相同,学习使用时,应注意掌握它们的构造特点、规格性能、读数原理、使用方法以及维护知识等,以便在实际测量中,能根据具体情况进行合理的选择使用。

1. 游标卡尺

游标卡尺简称卡尺。它可以用来测物体的长、宽、高、深及圆环的内、外直径。测量的长度可精确到 0.1mm,0.05mm 或 0.02mm。本实验以 0.02mm 为例,介绍游标卡尺的基本结构、测量精度的确定、使用方法和注意事项。

游标卡尺的构造如图 4.1 所示,其构造由两部分组成:一部分为刻有毫米刻度的直尺 D,称为主尺,在主尺 D 上有量爪 A,A′;另一部分为附加在主尺上能沿主尺滑动并有量爪 B,B′的不同分度尺,称为游标 E。量爪 A,B 用来测量物体的厚度和外径;量爪 A′,B′用来测量内径;C 为尾尺,用来测物体孔深或槽深。待测物体的各种数值由游标零线和主尺零线之间的距离来表示。M 为固定螺钉,用螺钉固定后,可保持原测量值。

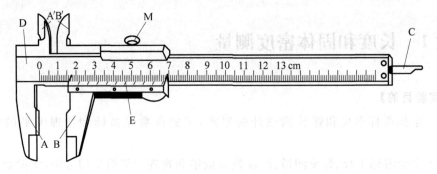

图 4.1　游标卡尺的外形与构造

游标尺与主尺有如下关系:若游标尺上最小总格数为 A 时,则 A 个最小分格的总长等于主尺上 $A-1$ 个最小分格的总长。如果用 X,Y 分别表示游标尺、主尺上最小分格的长度,则有

$$AX = (A-1)Y$$

所以有

$$Y - X = Y/A$$

主尺上一个分格长 Y 与游标尺上一个分格长 X 之差值如果用 ΔK 表示,则有

$$\Delta K = Y - X = Y/A$$

即主尺上的最小分格长度除以游标尺上的总格数。ΔK 为游标尺的精度。

例如,游标卡尺的主尺上一个最小分格为 1mm,游标尺上共刻有 50 个最小分格,则该游标卡尺的精度为

$$\frac{1mm}{50} = 0.02mm$$

精度 0.02 表示游标尺上一个最小分格比主尺上一个最小分格长度小 0.02mm。

许多测量仪器上都采用游标装置,有 10 分度、20 分度、50 分度,等等。有的游标刻在直尺上,也有的刻在圆盘上(如旋光仪、分光仪等),它们的原理和读数方法都是一样的。

游标卡尺的读数包括整数部分(L)和小数部分(ΔL)。如图 4.2 所示,在测物体的总长度时,把物体夹在量爪之间,被测物体的总长度是游标尺零线与主尺零线之间的距离。

具体读数方法可分两步进行。

(1) 主尺读数:读出主尺上最靠近游标尺"0"刻线的整数部分 L;

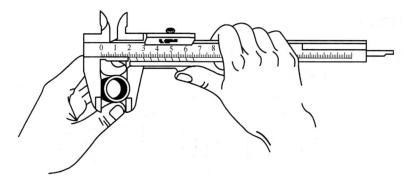

图 4.2   游标卡尺的使用

（2）游标读数：找出游标尺上"0"刻线右边第几条刻线和主尺的刻线对得最齐，将该条刻线的序号乘以游标尺的精度，即为小数部分 ΔL。

如图 4.3 所示，游标卡尺的精度是 0.02mm，主尺上最靠近游标"0"线的刻线在 33.00mm 和 34.00mm 之间，主尺读数为 $L = 33.00$mm；游标尺上"0"线右边第 23 条刻线和主尺的刻线对得最齐，游标部分的读数 ΔL 为 $23 \times 0.02 = 0.46$（mm）。被测物体长度为

$$L + \Delta L = 33.00 + 0.02 \times 23 = 33.46 \text{(mm)}$$

主尺读数：33mm

游标尺读数：$23 \times 0.02 = 0.46$(mm)

图 4.3   游标卡尺的读数

【注意事项】

（1）不要用游标卡尺测量运动中或过热的物体。

（2）推游标尺时，不要用力过大。可用左手拿被测物体，右手拿卡尺，用右手大拇指轻轻推游标尺，使量爪靠准物体。切记不要夹得过紧和在量爪处来回擦动，以免损坏刀口。

（3）读数时要将固定螺钉 M 固定；移动游标尺时，应松开固定螺钉 M。

（4）用完后，必须揩净量面，上油防锈放回仪器盒内，切勿受潮湿，这样才能保持它的准确度，延长使用寿命。

（5）卡尺存放应避开磁体、热源和腐蚀性环境。

2. 螺旋测微计

螺旋测微计也叫千分尺,是一种比游标卡尺更精密的量具。较为常见的一种如图 4.4 所示,分度值是 0.01mm,量程为 0~25mm。

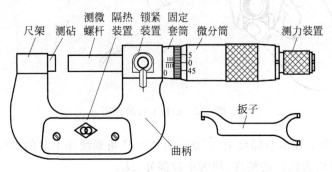

图 4.4　螺旋测微计的外形与构造

螺旋测微计的构造主要分为两部分。一部分是曲柄和固定套筒互相牢固地连在一起;另一部分是微分筒和测微螺杆牢固地连在一起。因为在固定套筒里刻有阴螺旋,测微螺杆的外面刻有阳螺旋,所以后一组可以相对前一组转动。转动时测微螺杆就向左或右移动,曲柄附在测砧和固定套筒上。微分筒后端附有测力装置(保护棘轮)。当锁紧手柄锁紧后,固定套筒和微分筒的位置固定不变。

固定套筒上刻有一条横线,其下侧是一个有毫米刻度的直尺,即主尺,它的任一刻线与其上侧相邻线的间距是 0.5mm。在微分筒的一端侧面上刻有 50 等分的刻度,称为副尺。测微螺杆的螺距为 0.5mm,即微分筒旋转一周,测微螺杆就前进或后退 0.5mm,因此微分筒每转一个刻度,测微螺杆就前进或者后退 0.5/50=0.01(mm),这个数值就是螺旋测微计的精密度。

若测微螺杆的一端与测砧相接触,微分筒的边缘就和固定套筒上零刻度相重合,同时微分筒边缘上的零刻度线和固定套筒主尺上的横线相重合,这就是零位,如图 4.5(a)所示。当微分筒向后旋转一周时,测微螺杆就离开测砧 0.5mm,固定套筒上便露出 0.5mm 的刻度线;向后转两周,固定套筒上露出 1mm 的刻线,表示测微螺杆和测砧相距 1mm,依此类推。因此根据微分筒边缘所在的位置可以从主尺上读出 0.5mm 以上的读数(0.5mm,1mm,1.5mm,…),不足 0.5mm 的小数部分从副尺上读出。

如图 4.5(b)所示,在固定套筒的主尺上的读数已超过 5mm 不到 5.5mm,主尺的横线所对微分筒边缘上的刻度数已经超过了 38 个刻度,而还没达到 39 个刻度,估读为 38.3,因此物体的长度为

$$l = 5 + 38.3 \times 0.01 = 5.383 \text{(mm)}$$

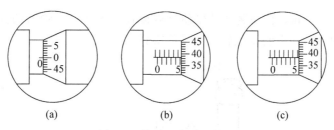

图 4.5　螺旋测微计的读数

(a) 0.000；(b) 5.383；(c) 5.887

结果中最后一位数字 3 是估读的。

图 4.5(c)中,在固定套筒的主尺上的读数已超过 5.5mm 不到 6mm;微分筒边缘上的刻度数已经超过了 38 个刻度,还没达到 39 个刻度,多出的部分约为一个格的 7/10,所以估读为 38.7。它的读数应为

$$l = 5.5 + 38.7 \times 0.01 = 5.887 (\text{mm})$$

最后一位数字 7 是估读的。在这里应特别注意上面两个读数的区别。

【注意事项】

(1) 测量时手要握住隔热装置,不要接触尺架,以免影响测量精度。

(2) 当使测微螺杆的一端靠近并接触被测物或测砧时,不要再直接旋转微分筒,一定要改旋保护棘轮,当听到"咔,咔"的声音,就不要再旋转保护棘轮了。这样可以保证测微螺杆以适当压力加在被测物或测砧上,不太松又不太紧。

(3) 测量时,不足微分筒一格的测量值可估读。

(4) 测量前要调好零位,记录零点读数。如果微分筒边缘上零线与固定套筒主尺上的横线相重合,恰为零位,零点读数为 0。如果活动套筒边缘上零线在主尺横线下方,则零点读数为正值。例如:主尺上横线与活动套筒边缘的第 5 根线重合,零点数是 +0.050mm;如果活动套筒边缘零线在主尺横线的上方,则零点读数为负值。又如:主尺上的横线与活动套筒边缘的第 45 根横线(即 0 线下方第 5 根线)重合,零点读数为 -0.050mm。实际物体长度应等于螺旋测微器的读数与零点读数之差。

(5) 用完后,测微螺杆和测砧间要留有一定缝隙,防止热膨胀时两者过分压紧而损坏螺纹。再将其擦净放入仪器盒中,置于阴凉干燥的环境中妥善保管。

3. 读数显微镜(移测显微镜)

读数显微镜是将测微螺旋(或游标装置)和显微镜组合起来成为精确测量长度的仪器。其外形结构如图 4.6 所示。此仪器所附的显微镜是低倍的(20 倍左右),由目镜、十字叉丝(靠近目镜)和物镜三部分组成。测微螺旋的主尺是毫米刻度尺,它的螺距是 1mm,测微鼓轮的周边等分为 100 个分格,每转一个分格,显微镜移动 0.01mm,所以其测量精密度也是0.01mm。转动测微鼓轮使显微镜移动到某一位置时的读数,可由主尺上的指示值(毫米整数)加上测微鼓轮上的读数得到。

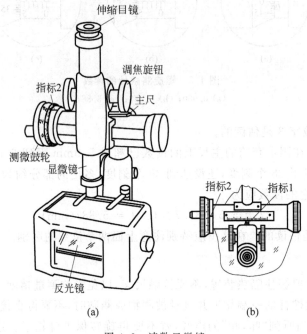

图 4.6　读数显微镜

改变读数显微镜反光镜的角度,使其将置于工作台上的待测物照亮;调节显微镜的目镜,改变目镜和十字叉丝的距离,以清楚地看到十字叉丝为止;转动调焦旋钮,通过由下而上移动显微镜改变物镜到待测物之间的距离,使待测物通过物镜成像于十字叉丝平面上,直到在目镜中同时能看清待测物成的像和十字叉丝并消除视差为止;转动测微鼓轮移动显微镜,使纵向叉丝与测量起始目标位置 A 对准(另一条叉丝和镜筒的移动方向平行),记下读数 L_A;沿同方向继续转动测微鼓轮移动显微镜,使纵向叉丝与测量目标的终点位置 B 对准,记下读数 L_B。两次读数之差为所测 A,B 两点的距离。即

$$L = L_B - L_A$$

【注意事项】

(1) 在用调焦旋钮对被测物进行调焦前,应先使显微镜镜筒下降接近被测件,然后从目镜中观察,旋转调焦旋钮,使镜筒慢慢向上移动,避免两者相碰挤坏被测物。

(2) 防止回程差。由于螺杆和螺母不可能完全密接,螺旋转动方向改变时,其接触状态也改变。所以移动显微镜,使其从反方向对准同一目标的两次读数将不同,因此产生的误差称为回程差。为防止回程差,在测量时应向同一方向转动测微鼓轮,使叉丝和各目标

对准。若移动叉丝超过目标时,要多退回一些,再重新向同一方向转动测微鼓轮对准目标。

（3）读数显微镜较为精密,要保持仪器的清洁;使用和搬动时,要小心谨慎,避免碰坏。

4. 物理天平

天平按其精确程度分为物理天平和分析天平。物理天平的构造如图 4.7 所示。在横梁的中点和两端共有三个刀口,中间的刀口安放在支柱顶端的用玛瑙或硬质合金钢制造的刀垫上,秤盘悬挂在两端的刀口上。可移动的游码附在横梁上,当做小砝码用。常用物理天平最大称量一般为 500g。本实验所用天平最大称量为 1000g。每台天平都配有一套砝码。1g 以下质量的称量用游码。横梁等分为 20 个分格,每一分格是 50mg,如果把游码从横梁左端移到右端,等于在右盘中加了 1g 的砝码。

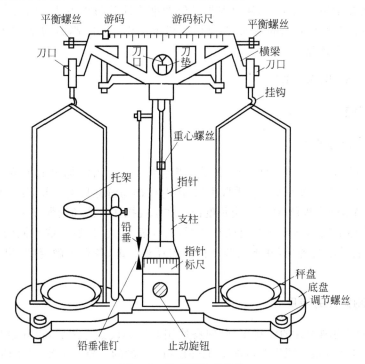

图 4.7　物理天平的构造

横梁两侧还有用来调整零点的平衡螺丝。横梁下装有竖直向下的一个指针。支柱上指针下装有指针标尺,可以根据指针的示数判断天平的平衡与否以及灵敏度。天平底座上装有水准仪,可以用调节螺丝调整。在底板左侧秤盘的上方装有可放置物品的托架。

物理天平的使用步骤如下。

（1）调底座水平。通过调节底脚螺丝使支柱铅直或底盘水平来实现。

（2）调零点。在横梁两侧刀口上挂上秤盘。将止动旋钮向右旋转，支起横梁。游码放在零位置上，用平衡螺丝进行调整。

（3）称量。将物体放在左盘，砝码放在右盘，进行称衡（包括测分度值）。

（4）每次称衡完毕将止动旋钮向左旋转放下横梁，全部称完后应将挂秤盘的吊钩从刀口上取下，并将砝码复位。

【注意事项】

（1）天平的负载不得超过其最大量载，以避免横梁和刀口的损伤。

（2）只能在制动的状态下取放物体和砝码或转动平衡调节螺丝。只有在判断天平平衡的位置时才将天平启动，启动、制动天平的动作要轻。

（3）被测物放左盘，右盘加砝码。不得用手拿砝码，必须用镊子夹取。用过的砝码要直接放到砝码盒中原来的位置，注意保护砝码的准确性并防止小砝码的丢失。

（4）为防止天平与砝码的锈蚀、污染以及机械损伤，液体、高温物品、带腐蚀性的化学品等不得直接放在秤盘上。

5. 电子天平（见 3.3 节）

【实验步骤】

1. 游标卡尺的使用

（1）先使游标卡尺的两量爪密切结合，测零点读数。若游标上的零刻线与主尺上的零刻线重合，则零点读数为零。右手握主尺，用拇指推动游标尺上小轮，使游标尺向右移动到某一任意位置，固定螺丝 M 后读出长度值。在掌握操作方法和读数方法后开始测量。

（2）用游标卡尺测圆环柱的内径和高度，填入表 4.1。注意要取不同的位置反复测 5 次，按表中的要求填写各项，并求出圆环柱的内径和高度、各自不确定度、相对不确定度和测量结果。

2. 螺旋测微计的使用

（1）掌握螺旋测微计的注意事项，熟悉使用方法和读数方法后，再开始测量。

（2）记下零点读数。测量空心，圆柱的外径和金属丝的直径各 5 次。将测量值填入表 4.2 中，并求圆环柱的外径和金属丝的直径以及它们的不确定度、相对不确定度和测量结果。

3. 读数显微镜的使用

（1）掌握读数显微镜注意事项，熟悉使用方法和读数方法后，再开始测量。

（2）用读数显微镜测金属丝直径 5 次，将测量值填入表 4.3 中。

4. 物理天平的使用

用天平称空心圆柱的质量，测量 5 次，将测量数据填入表 4.4。

【数据记录及处理】

数据记录及处理见表 4.1～表 4.4。

处理要求：计算出空心圆柱的密度、合成不确定度、相对不确定度。

1. 游标卡尺的使用

表 4.1　游标卡尺测量空心圆柱内径及高度　精密度：_____ mm

零点读数	$d_0 =$ _____ mm				
要求 项目	测量值 /mm	平均值 /mm	绝对误差 /mm	不确定度	测量结果
内径 d				$\sigma_A =$	
				$\sigma_B =$	
				$\sigma_{\bar{d}} =$	
				$E =$	
高度 H				$\sigma_A =$	
				$\sigma_B =$	
				$\sigma_H =$	
				$E =$	

2. 螺旋测微计的使用

表 4.2　螺旋测微计测量直径　　　精密度：_____ mm

零点读数		$d_0 =$ _____ mm					
要求 项目	次数	测量值 /mm	准确值/mm （测量值$-d_0$） /mm	平均值 /mm	绝对误差 /mm	不确定度	测量结果
圆环柱外径 D	1					$\sigma_A =$	
	2					$\sigma_B =$	
	3					$\sigma_D =$	
	4					$E =$	
	5						
金属丝直径 d	1					$\sigma_A =$	
	2					$\sigma_B =$	
	3					$\sigma_{\bar{d}} =$	
	4					$E =$	
	5						

3. 读数显微镜的使用

表 4.3　读数显微镜测量金属丝直径　　　　精密度：_____ mm

要求 项目	次数	左侧位置读数 /mm	右侧位置读数 /mm	测量值 /mm	平均值 /mm	绝对误差 /mm	不确定度	测量结果
金属丝 内径 d	1						$\sigma_A =$	
	2						$\sigma_B =$	
	3						$\sigma_d =$	
	4						$E =$	
	5							

4. 物理天平的使用

表 4.4　天平测量空心圆柱质量　　　　精密度：_____ g

要求 项目	次数	测量值 /g	平均值 /g	绝对误差 /g	不确定度	测量结果
圆环质量 m	1				$\sigma_A =$	
	2				$\sigma_B =$	
	3				$\sigma_{\bar{m}} =$	
	4				$E =$	
	5					

【思考题】

(1) 如何计算游标卡尺的精密度? 用游标卡尺进行测量时, 如何读数?

(2) 螺旋测微计的精密度如何确定? 用它进行测量时如何读数?

(3) 使用游标卡尺、螺旋测微计, 应注意哪些事项?

(4) 使用读数显微镜进行测量时, 应该如何操作? 要注意哪些问题?

(5) 用误差传递公式计算空心圆柱密度的不确定度。

实验 2　验证牛顿第二定律

【实验目的】

(1) 验证牛顿第二定律 $F = ma$。

(2) 掌握光电测量系统检测短暂时间的方法, 学会测量速度和加速度。

【仪器用具】

气垫导轨一台(附滑块、挡光片)、电脑测时器一台、光电门两个、垫片若干。

【仪器描述】

阅读 3.1 节"气垫导轨"。

【实验原理】

根据牛顿第二定律,一定质量 m 的物体,所受的合外力 $F_合$ 和物体的加速度 a 之间的关系是

$$F_合 = ma \tag{1}$$

为了验证牛顿第二定律,必须证明:①对于一定质量 m 的物体,其所受的合外力 $F_合$ 和物体加速度 a 成正比,即 $F_1/a_1 = F_2/a_2 = \cdots = m$;②当合外力不变时,物体的质量和加速度成反比,即 $ma_1 = ma_2 = \cdots = F_合$。

本实验只进行①的验证。原理如下:当质量为 m 的滑块在倾斜角为 θ 的气垫导轨上自由滑行时,滑块沿斜面方向受到两个力的作用。一个是重力沿斜面方向的分力 $mg\sin\theta$;另一个是滑块与气轨之间的空气层的粘滞性摩擦力 f_s。滑块所受的合力为 $F_合 = mg\sin\theta - f_s$,如图 4.8 所示。

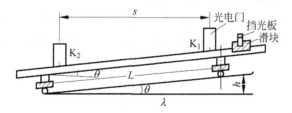

图 4.8　验证牛顿第二定理原理图

$F_合$ 与滑块的加速度 a 成正比,其比值就是滑块的质量 m:

$$m = \frac{mg\sin\theta - f_s}{a} \tag{2}$$

在本实验中,可改变导轨的倾斜角来改变外力。滑块的加速度用光电测量系统测定,从而可验证合外力与加速度之间的正比关系。

在验证时,对式(2)中各量的测量方法介绍如下。

1. 加速度 a 的测量

如对于匀加速运动,则加速度的表达式有不同的形式,可写成

$$a = \frac{v_2^2 - v_1^2}{2s} \tag{3}$$

或

$$a = \frac{v_2 - v_1}{t} \tag{4}$$

在本实验中,我们采用式(3)测量加速度。其方法如下:将两光电门的距离调整为 s,使滑块下滑时依次通过两个光电门时的瞬时速度为 v_1 和 v_2,就可测得加速度。

2. 合外力的测量

滑块所受重力的分力 $mg\sin\theta$ 由气轨的倾斜角所决定。如果导轨的一脚垫以高度为 h 的垫块,而导轨两脚间的距离为 L,则在倾斜角 θ 很小的情况下,有

$$mg\sin\theta = mgh/L \tag{5}$$

由此,改变垫块的高度 h,就可以计算出所改变的重力的分力值。

滑块和导轨之间的空气层的粘滞摩擦力 f_s 正比于空气层的面积 A 及运动速度 v,反比于空气层的厚度 d,即 $f_s = \eta A v/d$。式中的 η 是介质空气的粘滞系数。在一定的实验条件下,η,A 和 d 都是常数,所以 f_s 可以表示为

$$f_s = bv \tag{6}$$

式中,$b = Av/d$ 为常数。由于 f_s 较小,在一定的条件下,可以把滑块所受的粘滞性摩擦力 f_s 粗略地看成一个平均值。其测量方法如下。

设滑块在导轨上自然下滑一段距离 L_1 之后,在导轨下端面与缓冲弹簧作完全弹性碰撞。碰撞后滑块反方向上行 L_2 的距离到达最高点。由功能原理可知:

$$mg(L_1 - L_2)\sin\theta = f_s(L_1 + L_2)$$

$$f_s = \frac{mg(L_1 - L_2)}{L_1 + L_2}\frac{h}{L} \tag{7}$$

由式(5)和式(7)可得合外力为

$$F_合 = mg\frac{h}{L}\left(1 - \frac{L_1 - L_2}{L_1 + L_2}\right) \tag{8}$$

在实验中,可以改变垫块的高度 h 值,测出相应的 $F_合$ 和 a,以验证 $F_合 = ma$ 的关系。

【实验内容】

(1) 阅读 3.1 节"气垫导轨"。

(2) 检验光电门、测时器,并完成导轨水平的调整。

(3) 游标尺测量一垫块厚度 h,将它垫入导轨一脚。让滑块在导轨上靠近上端处自然下滑 L_1,碰撞后上行 L_2。记录 L_1,L_2 的值。将光电门 K_1,K_2 的距离定为 80cm。使用开孔挡光片,测时器置于 S_2 挡,测出滑块经过光电门 K_1,K_2 的时间间隔 $\Delta t_1,\Delta t_2$,即可算出滑块通过光电门 K_1,K_2 的瞬时速度 $v_1 = \frac{\Delta s}{\Delta t_1}$,$v_2 = \frac{\Delta s}{\Delta t_2}$。其中 Δs 为挡光片连续遮光的同侧两边缘间的距离。各量重复测量三次,取平均值。

（4）逐次增加垫块的高度 h，重复步骤（3）的测量。使用厚度为 1.0cm 的垫块使高度 h 分别为 1.0，2.0，3.0，4.0cm，共测出 4 个不同倾角的数据。

【数据记录】

（1）数据表格由学生自己设计。

（2）根据步骤（4）所测得数据，按式（8）计算出不同倾斜角的合外力 $F_合$；按式（3）计算出相应的加速度 a。

（3）以计算出的 a 为横坐标，$F_合$ 为纵坐标，作出 a-$F_合$ 曲线，其结果应为一直线，由图形说明 a 和 $F_合$ 的关系。

（4）求直线斜率。该斜率即滑块的质量 m。用这个实验值 m 与实验室给出的滑块质量标准值相比较，求百分差。

【思考题】

（1）如果导轨没有调节到水平状态就垫上垫块，试分析该种情况对验证 a 和 $F_合$ 的线性关系是否有影响？此时，所得的 a 与 $F_合$ 的图线情况如何？为什么会这样？

（2）根据 $f_s = bv$ 的关系，能否利用实验的方法来测定常数 b？说明其原理和方法。

（3）如果在测定 L_1 和 L_2 时滑块和缓冲弹簧的碰撞不是完全弹性碰撞，试分析，它将对测定结果有何影响？它使 m 的测定值偏大还是偏小？

（4）试分析引起本实验误差的主要因素有哪些？如何改进？

实验 3　验证动量守恒定律

【实验目的】

（1）掌握应用气垫实验装置进行力学实验的技术。

（2）学会应用光电测量系统测定物体运动的瞬时速度。

（3）在完全弹性碰撞和完全非弹性碰撞两种情况下，验证动量守恒定律，并了解两种碰撞的特点。

【仪器用具】

气垫导轨、电脑测时器一台、光电门两个、滑块两个、滑块上的附加骑马若干。

【实验原理】

在水平导轨上放两个滑块。以两个滑块及弹簧作为一个系统。此系统在水平方向上不受外力作用，两滑块在此方向上相碰撞前后的总动量保持不变。

设两滑块的质量分别为 m_1 和 m_2，相碰撞前的速度分别为 $\boldsymbol{v}_1$ 和 $\boldsymbol{v}_2$，相碰撞后的速度

分别为$\boldsymbol{v}_1'$和$\boldsymbol{v}_2'$,根据动量守恒定律有

$$m_1\boldsymbol{v}_1 + m_2\boldsymbol{v}_2 = m_1\boldsymbol{v}_1' + m_2\boldsymbol{v}_2' \tag{1}$$

只要测出两滑块在相碰前后的速度,并测出两滑块的质量,就可以验证动量守恒定律。

下面分两种情况进行讨论。

1. 完全弹性碰撞

把相碰端有缓冲弹簧的两个滑块相对放在导轨上。当它们相碰时,可以看作是完全弹性碰撞,系统的机械能没有变化。即在完全弹性碰撞中,系统的动量守恒、机械能守恒。除了用上面的式(1)外,还可用

$$\frac{1}{2}m_1 v_1^2 + \frac{1}{2}m_2 v_2^2 = \frac{1}{2}m_1 v_1'^2 + \frac{1}{2}m_2 v_2'^2 \tag{2}$$

由式(1)和式(2),可得

$$\begin{cases} v_1' = \dfrac{(m_1 - m_2)v_1 + 2m_2 v_2}{m_1 + m_2} \\ v_2' = \dfrac{(m_2 - m_1)v_2 + 2m_1 v_1}{m_1 + m_2} \end{cases} \tag{3}$$

结论:(1) 如果$m_1 = m_2$,并令$\boldsymbol{v}_1 = \boldsymbol{0}$,则由式(3)可得$\boldsymbol{v}_1' = \boldsymbol{v}_2$,$\boldsymbol{v}_2 = \boldsymbol{0}$。这意味着两滑块交换速度。也就是说,第一个滑块在碰撞后沿第二个滑块在碰撞前的方向前进,而第二个滑块在碰撞后停止下来。

(2) 如果$m_1 \neq m_2$,$v_1 = 0$,则

$$m_2\boldsymbol{v}_2 = m_1\boldsymbol{v}_1' + m_2\boldsymbol{v}_2' \tag{4}$$

2. 完全非弹性碰撞

将两个滑块在导轨上的方向调换一下,使贴有橡皮泥的两端相对。当两个滑块相碰时,两滑块将粘在一起运动。这就实现了完全非弹性碰撞。

结论:(1) 设$m_1 = m_2$,且$\boldsymbol{v}_1 = \boldsymbol{0}$。相碰后$\boldsymbol{v}_1' = \boldsymbol{v}_2'$,则由式(1)得

$$\boldsymbol{v}_1' = \boldsymbol{v}_2' = \boldsymbol{v}_2/2 \tag{5}$$

(2) 若$m_1 = m_2$,而且$\boldsymbol{v}_1$,$\boldsymbol{v}_2$都不为零,且滑块运动方向相同,后面的一块赶上前面的一块而相碰,则由式(1)得

$$\boldsymbol{v}_1 + \boldsymbol{v}_2 = 2\boldsymbol{v}' \tag{6}$$

其中$\boldsymbol{v}_1' = \boldsymbol{v}_2' = \boldsymbol{v}'$。

(3) 设$m_1 \neq m_2$,且$\boldsymbol{v}_1 = \boldsymbol{0}$,则由式(1)得

$$m_2\boldsymbol{v}_2 = (m_1 + m_2)\boldsymbol{v}' \tag{7}$$

3. 恢复系数 e

相互碰撞的两物体,在碰撞前后相对速度之比叫做恢复系数。如滑块1和滑块2在

碰撞前后的相对速度分别 $v_2 - v_1$ 和 $v_1' - v_2'$，则恢复系数 e 为

$$e = \frac{v_1' - v_2'}{v_2 - v_1} \tag{8}$$

按 e 值大小将碰撞分类，则有：①$e=1$，叫做完全弹性碰撞；②$e=0$，叫做完全非弹性碰撞；③$0 < e < 1$，就是非完全弹性碰撞。

在实验中，若令 $v_1 = 0$，则

$$e = \frac{v_1' - v_2'}{v_2} \tag{9}$$

根据式(8)，(9)，分别对质量相同、质量不相同的情况，求出恢复系数 e，并和理想情况比较。

【实验内容】

(1) 检查导轨的水平状态，检查滑块的缓冲弹簧的松紧情况，检查开孔挡光片的位置。

(2) 检查光电门是否正常工作。两光电门的位置应选择恰当，能测量碰撞前后滑块的速度，两者相距约 60cm。

(3) 当 $m_1 = m_2$，且 $v_1 = 0$ 时，观察完全弹性碰撞。

测时器功能选择在 S_2 挡。两个开孔挡光片宽度相同。给滑块 2 以一定的初速（约 50cm/s，通过光电门 1 测出 Δt_2），两滑块相碰后，滑块 2 停止而滑块 1 获得 v_1'（可由光电门 2 测出 Δt_1）。按照测时器操作步骤，记取 Δt_1 和 Δt_2。它们是否相等？这说明什么？重复测量三次。

(4) 当 $m_1 \neq m_2$，且 $v_1 = 0$ 时，观察完全弹性碰撞。

在滑块 2 上加上骑马。测时器功能选择在 S_2 挡。给滑块 2 以一定的初速 v_2 通过光电门 K_2，相碰后，两滑块先后通过光电门 K_1，利用测时器测出滑块 2 在碰撞前后通过光电门的时间间隔 Δt_2 和 $\Delta t_2'$ 以及滑块 1 在碰撞后通过光电门的时间间隔 $\Delta t_1'$，记取 Δt_2、$\Delta t_1'$ 和 $\Delta t_2'$。重复测量三次。

(5) 当 $m_1 = m_2$，且 $v_1 = 0$ 时，观察完全非弹性碰撞。

将两滑块有橡皮泥的两端面相对着放在导轨上。测时器选在 S_2 功能挡。给滑块 2 以一定的初速通过光电门 1，测得 Δt_2，相碰后一起通过光电门 2，测得 $\Delta t'$，记取 Δt_2 和 $\Delta t'$。再利用挡光片宽度得出速度 v_2 和 v'。

(6) 当 $m_1 = m_2$，且 $v_1 \neq 0$ 时，观察完全非弹性碰撞。

滑块 1，2 都放在导轨的右端。分别给两滑块以一定的初速 v_1，v_2，使 $v_1 < v_2$，让两滑块在两光电门间相碰，测出两滑块通过光电门 1 的时间 Δt_1 和 Δt_2，相碰后一起通过光电门 2，测得 $\Delta t'$，记取 Δt_1，Δt_2 和 $\Delta t'$。再据挡光片宽度得出速度 v_1，v_2 和 v'。

【数据记录】

(1) 完全弹性碰撞：

根据步骤(3),(4)所得数据列表 4.5。

表 4.5　弹性碰撞情形的验证

		Δt_2 /s	$\Delta t_1'$ /s	$\Delta t_2'$ /s	v_2 /(cm/s)	v_1' /(cm/s)	v_2' /(cm/s)	$m_1 v_1' + m_2 v_2'$ /(g·cm/s)	$m_1 v_1 + m_2 v_2$ /(g·cm/s)	相对误差 E_r	恢复系数 e
$m_1 = m_2$ = __ g $v_1 = 0$	1										
	2										
	3										
$m_1 \neq m_2$ $m_1 =$ __ g $m_2 =$ __ g $v_1 = 0$	1										
	2										
	3										

$$E_r = \frac{|(m_1 v_1 + m_2 v_2) - (m_1 v_1' + m_2 v_2')|}{m_1 v_1 + m_2 v_2} \times 100\%$$

(2) 完全非弹性碰撞：

根据步骤(5),(6)所得的数据列表 4.6。

表 4.6　非弹性碰撞情形的验证

		Δt_1 /s	Δt_2 /s	$\Delta t'$ /s	v_1 /(cm/s)	v_2 /(cm/s)	v' /(cm/s)	$m_1 v_1 + m_2 v_2$ /(g·cm/s)	$(m_1 + m_2) v'$ /(g·cm/s)	相对误差 E_r
$m_1 = m_2$ = __ g $v_1 = 0$	1									
	2									
	3									
$m_1 = m_2$ = __ g $v_1 > 0$	1									
	2									
	3									

(3) 验证式(5),(6)是否成立。

【思考题】

(1) 为什么要求强调滑块作匀速运动？如何操作使它实现？碰撞速度太大或太小对实验结果有何影响？

(2) 怎样操作可以提高实验的准确度？

（3）如果考虑到导轨与滑块间空气层的粘性摩擦,则对实验结果有何影响?

实验 4　简谐振动的研究

【实验目的】

（1）了解简谐振动的规律和特征,测出弹簧振子的振动周期。

（2）测量弹簧的劲度系数和等效质量。

【仪器用具】

气垫导轨、气源、数字毫秒计、滑块、条形挡光片、弹簧、砝码等。

【实验原理】

在水平的气垫导轨上放置一滑块,用两个弹簧分别将滑块和气垫导轨两端连接起来,如图 4.9(a)所示。当弹簧处于原长时,选滑块的平衡位置为坐标原点 O,沿水平方向向右建立 x 轴。

若两个弹簧的劲度系数分别为 k_1,k_2,则滑块受到的弹性力

$$F = -(k_1 + k_2)x \tag{1}$$

式中,负号表示力和位移的方向相反。在竖直方向上滑块所受的重力和支持力平衡,忽略滑块和气轨间的摩擦,则滑块仅受在 x 轴方向的弹性力 F 的作用,将滑块放开后系统将作简谐振动。其运动的动力学方程为

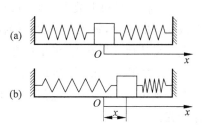

图 4.9　简谐振动示意图

$$-(k_1 + k_2)x = m\frac{\mathrm{d}^2 x}{\mathrm{d}t^2} \tag{2}$$

令 $\omega^2 = (k_1 + k_2)/m$,则方程变为

$$\frac{\mathrm{d}^2 x}{\mathrm{d}t^2} + \omega^2 x = 0 \tag{3}$$

这个常系数二阶微分方程的解为

$$x = A\cos(\omega t + \varphi)$$

式中,ω 为圆频率;A 为振幅;φ 为初相。且圆频率为

$$\omega = \sqrt{\frac{k_1 + k_2}{m}}$$

简谐振动的周期为

$$T = \frac{2\pi}{\omega} = 2\pi \sqrt{\frac{m}{k_1 + k_2}} = 2\pi \sqrt{\frac{m_1 + m_0}{k_1 + k_2}} \tag{4}$$

式中, $m = m_1 + m_0$ 是弹簧振子的有效质量; m_1 为滑块的质量; m_0 为弹簧的等效质量。严格地说,简谐振动的周期与振幅无关,与振子的质量和弹簧的劲度系数有关。当两弹簧劲度系数相同,即 $k_1 = k_2 = k/2$ 时,简谐振动的周期为

$$T = 2\pi \sqrt{\frac{m_1 + m_0}{k}} \tag{5}$$

若在滑块上放质量为 m_i 的砝码,则弹簧振子的有效质量变为 $m = m_1 + m_0 + m_i$,简谐振动的周期为

$$T = 2\pi \sqrt{\frac{m_1 + m_0 + m_i}{k}} \tag{6}$$

【实验内容】

1) 观察简谐振动的周期与振幅的关系并测定周期

(1) 导轨通气后,检查光电计时系统,使之能正常工作,然后调节导轨水平。

(2) 在一滑块上装上条形挡光条(装在中心处),滑块两侧各安装座架。取两条劲度系数相同的弹簧,每条弹簧的一端挂在滑块的座架挂钩上,另一端挂在导轨各一端堵板的孔上。滑块放在导轨上,可组成在导轨上作简谐振动的弹簧振子。

(3) 当滑块静止时,挡光条的位置即为弹簧振子振动的平衡位置。将一光电门 1 固定在平衡位置上,另一光电门 2 置于气轨的某端不用,注意保持光照状态,不能有其他物体挡光。

(4) 计时器功能选择在"T"挡,并清零,用手将滑块拉离平衡位置(距离小于 10cm),松开手,滑块通过平衡位置作简谐振动。

(5) 当挡光条反复通过光电门 1 时,计时器自动测出其振动时间,并自动存储在仪器中。当完成所需要的振动次数后按下停止键,计时器会自动显示出前 10 个周期的振动时间,计算周期。

(6) 改变振幅 5 次,测出其振动周期。

2) 观测简谐振动周期 T 与质量 m 的关系,并计算出弹簧的劲度系数 k 和有效质量 m_0。

(1) 在滑块上加上砝码以改变滑块的质量 m,并测出相应的周期 T,根据式(5),有

$$T^2 = \frac{4\pi^2}{k}(m + m_0) \tag{7}$$

取不同的 m 值 4(分别取 $m = 0, 50, 100, 150$g),测出相应的周期 T,验证式(7)。

(2) 利用物理天平称出滑块的净质量 m_1,测量 4 次。

(3) 利用上述测量结果作出 T^2-m 图线,计算出斜率 a 和截距 b。由此得出弹簧的劲

度系数 k 和有效质量 m_0。

【数据记录】

数据记录及处理见表 4.7 和表 4.8。

表 4.7　测简谐振动周期数据表

周期 振幅/cm	T_1/s	T_2/s	T_3/s	平均值 $\overline{T}/\text{s}$	$\overline{T_\text{总}}/\text{s}$	相对误差 E_T
$A_1=6.00$						
$A_2=8.00$						
$A_3=10.00$						
$A_4=12.00$						
$A_5=14.00$						

表 4.8　测弹簧劲度系数和等效质量数据表

周期 砝码质量 m_i/g	T/s			$\overline{T}/\text{s}$	$\overline{T}^2/\text{s}^2$
	1	2	3		
0					
50					
100					
150					

作图法处理数据：

$$k = \frac{4\pi^2}{a} = \underline{\quad\quad}(\text{N/m})$$

$$m_0 = \frac{kT_0^2}{4\pi^2} - m_1 = \underline{\quad\quad}(\text{g})$$

【注意事项】

用条形挡光片。测量过程中，弹簧振幅不可太大，以免超出其弹性范围。

【思考题】

(1) 利用提供的弹簧振子的周期公式，设计出一种实验方法，能测出一根弹簧的劲度系数 k_1。

(2) 对于弹簧的质量，用什么方法测较好？为什么？

(3) 在实验中除了被测弹簧外，其他弹簧如何选择？为什么？

实验 5　扭摆法测定物体转动惯量

转动惯量是刚体转动时惯性大小的量度,是表明刚体特性的一个物理量。刚体的转动惯量除了与物体质量有关外,还与转轴的位置和质量分布(即形状、大小和密度分布)有关。如果刚体形状简单,且质量分布均匀,可以直接计算出它绕特定转轴的转动惯量。对于形状复杂、质量分布不均匀的刚体,计算将极为复杂,通常采用实验方法来测定,例如机械部件、电动机转子和枪炮的弹丸等。

转动惯量的测量,一般都是使刚体以一定形式运动,通过表征这种运动特征的物理量与转动惯量的关系,进行转换测量。本实验使物体作扭转摆,由摆动周期及其他参数的测定计算出物体的转动惯量。

【实验目的】

(1) 用扭摆测定几种不同形状物体的转动惯量和弹簧的扭转常数,并与理论值进行比较。

(2) 验证转动惯量平行轴定理。

【实验原理】

扭摆的构造如图 4.10 所示,在垂直轴 1 上装有一根薄片状的螺旋弹簧 2,用以产生恢复力矩。在轴的上方可以装上各种待测物体。垂直轴与支座间装有轴承,以降低摩擦力矩。3 为水平仪,用来调整系统平衡。

将物体在水平面内转过一个角度 θ 后,在弹簧的恢复力矩作用下物体就开始绕垂直轴作往返扭转运动。根据胡克定律,弹簧受扭转而产生的恢复力矩 M 与所转过的角度 θ 成正比,即

$$M = -K\theta \tag{1}$$

式中,K 为弹簧的扭转常数,根据转动定律

$$M = I\beta$$

式中,I 为物体绕转轴的转动惯量;β 为角加速度,由上式得

$$\beta = \frac{M}{I} \tag{2}$$

令 $\omega^2 = \dfrac{K}{I}$,忽略轴承的摩擦阻力矩,由式(1),式(2)得

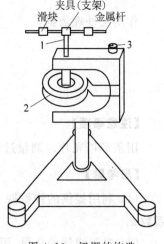

图 4.10　扭摆的构造

$$\beta = \frac{\mathrm{d}^2\theta}{\mathrm{d}t^2} = -\frac{K}{I}\theta = -\omega^2\theta$$

上述方程表示扭摆运动具有角简谐振动的特性,角加速度与角位移成正比,且方向相反。此方程的解为

$$\theta = A\cos(\omega t + \varphi)$$

式中,A 为简谐振动的角振幅;φ 为初相位角;ω 为角速度。此简谐振动的周期为

$$T = \frac{2\pi}{\omega} = 2\pi\sqrt{\frac{I}{K}} \tag{3}$$

由式(3)可知,只要实验测得物体扭摆的摆动周期,并在 I 和 K 中任何一个量已知时即可计算出另一个量。

本实验用一个几何形状规则的物体,它的转动惯量可以根据它的质量和几何尺寸用理论公式直接计算得到,再算出本仪器弹簧的 K 值。若要测定其他形状物体的转动惯量,只需将待测物体安放在本仪器顶部的各种夹具上,测定其摆动周期,由式(3)即可算出该物体绕转动轴的转动惯量。

理论分析证明:若质量为 m 的物体绕质心轴的转动惯量为 I_0,当转轴平行移动距离 X 时,则此物体对新轴线的转动惯量变为 $I_0 + mX^2$,称为转动惯量的平行轴定理。

【仪器用具】

1. 扭摆及几种待测转动惯量的物体

空心金属圆柱体、实心塑料圆柱体、木球以及验证转动惯量平行轴定理用的细金属杆,杆上有两块可以自由移动的金属滑块。

2. 转动惯量测试仪

本测试仪由主机和光电传感器两部分组成。

主机采用新型的单片机作控制系统,用于测量物体转动和摆动的周期,以及旋转体的转速,能自动记录、存储多组实验数据并能够精确地计算多组实验数据的平均值。

光电传感器主要由红外发射管和红外接收管组成,将光信号转换为脉冲电信号,送入主机工作。因人眼无法直接观察仪器工作是否正常,但可用遮光物体往返遮挡光电探头发射光束通路,检查计时器是否开始计数和到预定周期数时是否停止计数。为防止过强光线对光探头的影响,光电探头不能置放在强光下,实验时采用窗帘遮光,确保计时的准确。

3. 仪器使用方法

(1)调节光电传感器在固定支架上的高度,使被测物体上的挡光杆能自由往返地通

过光电门,再将光电传感器的信号传输线插入主机输入端(位于测试仪背面)。

(2) 开启主机电源,摆动指示灯亮,参量指示为 P_1,数据显示为"————"。

(3) 本机默认扭摆的周期数为 10,如要更改,可参照仪器使用说明附录,重新设定。更改后的周期数不具有记忆功能,一旦切断电源或按"复位"键,便恢复原来的默认周期数。

(4) 按"执行"键,数据显示为"000.0",表示仪器已处在等待测量状态,此时,当被测的往复摆动物体上的挡光杆第一次通过光电门时,由"数据显示"给出累计的时间,同时仪器自行计算周期 C_1 予以存储,以供查询和作多次测量求平均值,至此,P_1(第一次测量)测量完毕。

(5) 按"执行"键,使 P_1 变为 P_2,数据显示又回到"000.0",仪器处在第二次待测状态,本机设定重复测量的最多次数为 5 次,即($P_1,P_2,\cdots,P_5$)。通过"查询"键可知各次测量的周期值 $C_I(I=1,2,\cdots,5)$ 以及它们的平均值 C_A。

【实验内容】

(1) 测出塑料圆柱体的外径,金属圆筒的内、外径,木球直径,金属细长杆长度及各物体质量(各测量 3 次)。

(2) 调整扭摆基座底脚螺丝,使水平仪的气泡位于中心。

(3) 装上金属载物盘,并调整光电探头的位置使载物盘上的挡光杆处于其缺口中央且能遮住发射、接收红外光线的小孔,测定摆动周期 T_0。

(4) 将塑料圆柱体垂直放在载物盘上,测定摆动周期 T_1。

(5) 用金属圆筒代替塑料圆柱体,测定摆动周期 T_2。

(6) 取下载物金属盘、装上木球,测定摆动周期 T_3(在计算木球的转动惯量时,应扣除支架的转动惯量 $I_支=0.187\times10^{-4}\mathrm{kg\cdot m^2}$)。

(7) 取下木球,装上金属细杆(金属细杆中心必须与转轴重合),测定摆动周期 T_4(在计算金属细杆的转动惯量时,应扣除夹具的转动惯量,$I_夹=0.321\times10^{-4}\mathrm{kg\cdot m^2}$)。

(8) 将滑块对称放置在细杆两边的凹槽内(见图 4.10),此时滑块质心离转轴的距离分别为 5.00,10.00,15.00,20.00,25.00cm,测定摆动周期 T。验证转动惯量平行轴定理(在计算转动惯量时,应扣除夹具的转动惯量 $I_滑=0.377\times10^{-4}\mathrm{kg\cdot m^2}$)。

以塑料圆柱为标准,计算弹簧劲度系数,可表示为

$$K=4\pi^2\frac{I_1'}{T_1^2-T_0^2}=\underline{\qquad}(\mathrm{N\cdot m})$$

【数据记录】

(1) 将各个物体的摆动周期填入表 4.9 中,并计算出各个物体的转动惯量;

(2) 验证平行轴定理,将相关数据填入表 4.10 中。

表 4.9 测定各个物体的转动惯量

物体名称	质量/kg	几何尺寸 /10^{-2} m	周期 /s	转动惯量理论值 /(kg·m²)	转动惯量实验值 /(kg·m²)	百分差
金属载物盘			T_0 $\overline{T}_0$		$I_0 = \dfrac{I'_1 T_0^2}{T_1^2 - T_0^2}$	
塑料圆柱	D_1 $\overline{D}_1$		T_1 $\overline{T}_1$	$I'_1 = \dfrac{1}{8} m D_1^2$	$I_1 = \dfrac{K T_1^2}{4\pi^2} - I_0$	
金属圆筒	$D_外$ $\overline{D}_外$ $D_内$ $\overline{D}_内$		T_2 $\overline{T}_2$	$I'_2 = \dfrac{1}{8} m(D_外^2 + D_内^2)$	$I_2 = \dfrac{K T_2^2}{4\pi^2} - I_0$	
木球	$D_直$ $\overline{D}_直$		T_3 $\overline{T}_3$	$I'_3 = \dfrac{1}{10} m D_直^2$	$I_3 = \dfrac{K}{4\pi^2} T_3^2 - I_支座$	
金属细杆	L $\overline{L}$		T_4 $\overline{T}_4$	$I'_4 = \dfrac{1}{12} m L^2$	$I_4 = \dfrac{K}{4\pi^2} T_4^2 - I_夹具$	

表 4.10 验证平行轴定理

$X/10^{-2}$ m	5.00	10.00	15.00	20.00	25.00
摆动周期 T/s					
$\overline{T}$/s					
转动惯量实验值/ (10^{-4} kg·m²) $I = \dfrac{K T^2}{4\pi^2} - I_夹具$					
转动惯量理论值/ (10^{-4} kg·m²) $I' = I'_4 + 2mX^2 + 2I_滑$					
百分差					

【注意事项】

(1) 由于弹簧的扭转常数 K 值不是固定常数,它与摆动角度略有关系,摆角在 $90°$ 左右基本相同,在小角度时变小。

(2) 为了降低实验时由于摆角变化过大带来的系统误差,在测定各种物体的摆动周期时,摆角不宜过小,摆幅也不宜变化过大。

(3) 光电探头宜放置在挡光杆平衡位置处,挡光杆不能和它相接触,以免增大摩擦力矩。

(4) 机座应保持水平状态。

(5) 在安装待测物体时,其支架必须全部套入扭摆主轴,并将止动螺丝旋紧,否则扭摆不能正常工作。

(6) 在称金属细杆与木球的质量时,必须将支架取下,否则会带来极大误差。

【思考题】

(1) 数字计时仪的仪器误差为 0.001s,实验中为什么要测量 10 个周期?

(2) 如何用转动惯量测试仪测定任意形状物体绕特定轴的转动惯量?

附录　TH-2 型智能转动惯量测试仪使用说明

1. 产品简介

TH-2 型智能转动惯量测试仪能自动记录、存储、处理多组实验数据,并能精确计算出多组实验数据的平均值。

TH-2 型智能转动惯量测试仪采用新型的单片机作控制系统,具有精度高、功能强、产品性能稳定、可靠等优点。

2. 性能指标

(1) 供电电源	AC220V$\pm$10% 50Hz
(2) 信号输入方式	光电传感器信号输入或 TTL、CMOS 的脉冲电平
(3) 显示方式	参量、数据通过数码管显示,状态指示由发光二极管指示
(4) 操作方法	键盘操作
(5) 计时精度	0.001s
(6) 最大计时	1000.000s
(7) 功耗	$<$1W
(8) 环境温度	$-5\sim40℃$
(9) 体积	220mm$\times$204mm$\times$100mm ($L\times W\times H$)

3. 使用说明

TH-2 型智能转动惯量测试面板图如图 4.11 所示。

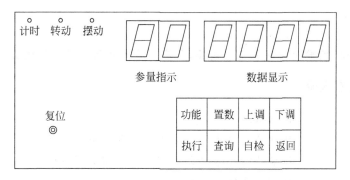

图 4.11　TH-2 型智能转动惯量测试面板

（1）开机后扭摆指示灯亮，显示"P_1 ——"，若情况异常（死机），可按复位键，即可恢复正常。按键"功能"、"置数"、"执行"、"查询"、"自检"、"返回"有效。开机默认状态为"扭摆"，默认周期数为 10，执行数据皆空，为 0。

（2）功能选择

按"功能"键，可以选择扭摆、转动两种功能（开机及复位默认值为扭摆）。

（3）置数

按"置数"键，显示"$n=10$"；按"上调"键，周期数依次加 1；按"下调"键，周期数依次减 1。周期数能在 1～20 范围内任意设定。再按"置数"键确认，显示"F_1 end"或"F_2 end"。周期数一旦预置完毕，除复位和再次置数外，其他操作均不改变预置的周期数。

（4）执行（以扭摆为例）

将刚体水平旋转约 90° 后让其自由摆动，按"执行"键，仪器显示"P_1 000.0"。当被测物体上的挡光杆第一次通过光电门时开始计时，同时，状态指示的计时灯点亮。随着刚体的摆动，仪器开始连续计时，直到周期数等于设定值时，停止计时，计时指示灯随之熄灭，此时仪器显示第一次测量的总时间。重复上述步骤，可进行多次测量。本机设定重复测量的最多次数为 5 次，即（P_1, P_2, P_3, P_4, P_5）。执行键还具有修改功能，例如要修改第三组数据，按执行键直到出现"P_3 000.0"后，重新测量第三组数据。

（5）查询

按"查询"键，可知每次测量的周期（C_1～C_5）以及多次测量的周期平均值 C_A，及当前的周期数 n，若显示"NO"表示没有数据。

（6）自检

按"自检"键，仪器应依次显示"$n=N-1$"，"$2n=N-1$"，"SC GOOD"，并自动复位到

"P_1－－",表示单片机工作正常。

(7) 返回

按"返回"键,系统将无条件地回到最初状态,清除当前状态的所有执行数据,但预置周期数不改变。

(8) 复位

按"复位"键,实验所得数据全部清除,所有参量恢复初始时的默认值。

4. 显示信息说明

P_1－－－	初始状态
$n=N-1$	转动计时的脉冲次数 N 与周期数 n 的关系
$2n=N-1$	扭摆计时的脉冲次数 N 与周期数 n 的关系
$n=10$	当前状态的预置周期数
F_1 end	扭摆周期预置确定
F_2 end	转动周期预置确定
P_x 000.0	执行第 x 次测量(x 为 1～5)
C_x ×××.×	查询第 x 次测量(x 为 1～5,A)
SC Good	自检正常

5. 注意事项

(1) 在使用过程中,若遇强磁场等原因而使系统死机,请按"复位"键或关闭电源重新启动。但以前的一切数据都将丢失。

(2) 为提高测量精度,应先让扭摆自由摆动,然后按"执行"键进行计时。

实验 6　伸长法测定杨氏弹性模量

【实验目的】

(1) 学会用金属丝伸长法测金属的杨氏弹性模量。

(2) 掌握用光杠杆系统测微小长度变化的原理及望远镜的调节技术。

(3) 学会用逐差法和作图法处理数据。

【仪器用具】

杨氏弹性模量仪一套(含光杠杆、望远镜、标尺、千克砝码组等),米尺、游标尺、螺旋测微计各一支。

【仪器描述】

杨氏弹性模量仪装置如图 4.12 所示,仪器由 H 形支架和一底角螺丝可调的三脚架组成。支架上端有带夹头的横梁,被测金属丝一段被夹紧在夹头中。支架中间有一上下可调的平台,平台中间开有一圆孔以便让能上下自由移动的圆柱形夹头穿过。被测金属丝的另一端穿过该夹并在夹头的下端被夹紧。夹头下端悬挂砝码托,以备放置砝码。光杠杆镜架的尖足 C_1,C_2 放在平台的沟槽内,尖足 C_3 放在圆柱形夹头上端面的一凹洞中。当增加(或减少)砝码后,金属丝伸长(或缩短)ΔL,光杠杆镜架的尖足 C_3 也随圆柱形夹头下降(或上升)使平面镜转过一角度 θ,用望远镜和标尺可测出偏转量 N,由此可算出 ΔL。

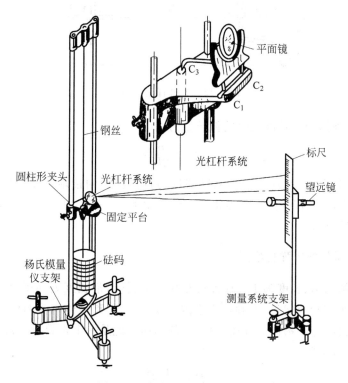

图 4.12　杨氏弹性模量仪装置

【实验原理】

1. 光杠杆系统测量微小长度变化

光杠杆测量系统包括两部分。一是平面镜及光杠杆镜架。镜架由三个尖足 C_1,C_2 和 C_3 支撑,形成一个等腰三角形,C_3 到 C_1,C_2 两足之间的垂直距离 b 可以调整。另一部分是镜尺系统,由一个与被测长度变化方向平行的标尺与尺旁的测量望远镜组成。望远镜水平地对准平面镜,标尺到平面镜的距离为 D,调节望远镜可看清平面镜内反射的标尺像,并由望远镜中的叉丝横线读出标尺上相应的刻度值。如图 4.13 所示,设长度变化前刻度值为 x_0,当长度变化时,C_3 足将随被测长度的变化而升降,平面反射镜也将绕 C_1,C_2 两足的连线转过 θ 角,此时从望远镜中的叉丝横线读出标尺上相应的刻度值为 x_i,令 $N = x_i - x_0$。在长度变化 ΔL 很小的情况下($\Delta L \ll b$),转角 θ 甚小,故 $\theta \approx \Delta L / b$。同时,由光学反射定律可知 $\angle x_0 O x_i = 2\theta = N/D$。

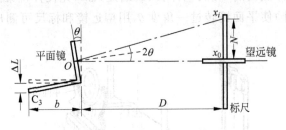

图 4.13　光杠杆测量系统

综上所述,被测微小长度变化的伸长量为

$$\Delta L = \frac{b}{2D} N \tag{1}$$

这样,就可以通过 b,D,N 这些较易测准的量,利用式(1)间接地测量长度的微小变化量 ΔL。由式(1)可见,光杠杆的作用是将微小的长度量 ΔL 放大为标尺上相应偏转量 N,即 ΔL 被放大了 $2D/b$ 倍。

2. 测定金属丝杨氏弹性模量

设一根粗细均匀、长度为 L_0、截面积为 S 的金属丝,沿长度方向受外力 $F = mg$ 的作用伸长了 ΔL,根据胡克定律,在弹性限度内应变 $\Delta L/L_0$ 和物体所受的应力 F/S 成正比,它的比例系数仅决定于物体的性质,对一定的物体来说是一个常数,称为该材料的杨氏弹性模量,用 E 表示,即

$$E = \frac{F/S}{\Delta L/L} \tag{2}$$

当应变 $\Delta L/L_0 = 1$ 时,$E = F/S$,故杨氏弹性模量的数值等于将物体拉到两倍长时的应力。实际上对大多数物体,在它们被拉到两倍之前早就断裂。所以通常施与物体上的应力的数值,应远远低于杨氏模量 E。在国际单位制中,杨氏模量的单位为 N/m^2。

根据式(2)可知,测出等号右边各量后,便可算出杨氏模量,其中外力 F、长度 L 和面积 S 均可用常用的方法和仪器测得,因为伸长量值 ΔL 很小,用一般仪器和方法不易测准,为此采用光杠杆法来测量伸长量 ΔL。将式(1)代入式(2)中得

$$E = \frac{2DL_0}{Sb} \frac{F}{N} \tag{3}$$

金属丝面积 S、外力 F 分别用 $S = \frac{1}{4}\pi d^2$，$F = mg$ 表示，并代入式(2)得

$$E = \frac{8DL_0 g}{\pi d^2 b} \frac{m}{N} \tag{4}$$

式中，$\frac{8DL_0 g}{\pi d^2 b}$ 在本实验中可以认为是常量。因此，当改变砝码质量 m，得相应的偏转量 N，N 与 m 成正比，由其比例常数即可计算杨氏弹性模量。

【实验内容】

（1）仪器调整

① 仪器的垂直调整。调整杨氏弹性模量仪的三个底角螺丝，使其两支柱铅直。此时，被测金属丝处于铅直位置，圆柱形夹头在平台圆孔中能自由升降，不受阻力作用。

② 将平台上的光杠杆镜架调成水平，并使平面镜的镜面大致铅直。注意，光杠杆镜架的尖足 C_3 应放在圆柱形夹头上端面的一凹洞内，且不能与金属丝相碰。

③ 镜尺调整。把测量系统放在光杠杆镜架正前方约 1.4m 处，调节标尺铅直状态，望远镜筒成水平状态且与光杠杆平面镜大约在同一高度。

④ 望远镜的调节。图 4.14 和图 4.15 分别为望远镜结构示意图及光路图。先调节目镜与十字叉丝的间距，使叉丝在目镜焦平面内，经目镜放大后，在观察者的明视距离处成一放大的虚像，这时叉丝成像很清晰。然后沿望远镜筒外边缘观察，是否能从平面镜中看到标尺的像，若看不到，则应左右移动测量系统支架，直到能看到为止。最后通过望远镜进行观察，这时若标尺像不清晰，则可旋转外筒改变目镜（内含目镜及叉丝）与物镜间的距离，直到看清标尺像。

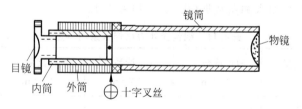

图 4.14　望远镜结构示意图

⑤ 消除视差。视差是由于叉丝与标尺经物镜形成的像不在同一平面上，观察者视线方向改变而引起叉丝与标尺像之间的相对移动的现象。有视差存在时，观察者视线方向改变，望远镜中标尺的读数会发生偏差。这时应进一步仔细调节望远镜外筒，直到标尺像与叉丝重合。当二者完全重合，则无视差，观察者视线方向改变，标尺读数不变，且标尺像

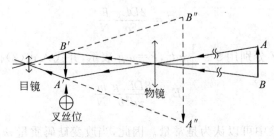

图 4.15　望远镜光路图

及叉丝都很清晰。

(2) 测定钢丝受外力后的伸长量

① 未加砝码前记下望远镜中叉丝所对准的标尺读数 x_0(这时钢丝上挂有砝码托)。

② 将 2kg 砝码逐次加于砝码托上,设加上 2kg 时钢丝伸长后望远镜中叉丝对准的读数变为 x_1',加上 4kg 时,变为 x_2',……,依此类推,一直加到 8kg。为了消除弹性滞后效应引起的系统误差,再自砝码托上依次移去 2kg,钢丝缩短,直至只剩下砝码托为止。设缩短过程中与砝码质量相对应的读数为 x_i'',取 x_i' 与 x_i'' 的平均值。

(3) 用米尺测量镜面到标尺的距离 D 及钢丝的原长 L(自上夹头的中点至下夹头的下端面)。

(4) 用游标卡尺测量光杠杆镜架的长度 b(方法是将镜架平放在纸上轻压一下,印出三个尖足的位置,再作三尖足的等腰三角形的高,即为 T 形架的长度 b)。

(5) 用螺旋测微计测量钢丝的直径 d:要求分别加 2kg 和 8kg 砝码时,在钢丝的上、中、下三个不同的位置测钢丝的直径,取其平均值作为钢丝的直径。

【数据记录】

(1) 列出数据表,填入测量数据(表 4.11 和表 4.12)。

表 4.11　钢丝受外力后伸长量的测量

次数	砝码质量 m/kg	增重读数 x_i' /10^{-2} m	减重读数 x_i'' /10^{-2} m	平均读数 x_i /10^{-2} m	偏转量 $N_i = x_i - x_0$ /10^{-2} m
1	0.00				
2	2.00				
3	4.00				
4	6.00				
5	8.00				

表 4.12 钢丝的直径的测量

砝码为 2kg 时的直径 $d/10^{-2}$ m			砝码为 8kg 时的直径 $d/10^{-2}$ m			平均值 $d/10^{-2}$ m	钢丝的截面积 $S/10^{-2}$ m
$d''_{上}$	$d''_{中}$	$d''_{下}$	$d''_{上}$	$d''_{中}$	$d''_{下}$		

(2) 用作图法求杨氏弹性模量 E。以 m_i 为横坐标,以偏转量 $N_i(=x_i-x_0)$ 为纵坐标,作 N-m 图,由图中直线的斜率 k 求 E,即将式(4)改写为

$$N = \frac{8DL_0 g}{\pi d^2 bE} \cdot m = k \cdot m$$

$$E = \frac{8DL_0 g}{\pi d^2 bk}$$

(3) 将测量所得结果与理论值比较,得出百分差。

本实验中所测材料为一般钢线,其杨氏模量公认值 $E_0 = 2.10 \times 10^{11}$ N/m^2。

【注意事项】

(1) 调整好实验仪器装置,记录下读数 x_0 后,千万不能再碰实验装置。

(2) 每次增减砝码时,必须小心操作,不可使砝码与支架相碰,尽量不使钢丝及模量仪发生轻微振动,特别勿使光杠杆镜架尖足发生位移。

(3) 在增减钢丝的负荷、测量钢丝伸长量的过程中,不要中途停顿而改测其他物理量,因为钢丝在增减负荷时,如果中途受到另外的干扰,则钢丝的伸长(缩短)量将产生变化,导致误差增大。其他量应在测量钢丝之后(或之前)进行测量。

【思考题】

(1) 根据误差传递理论,试写出杨氏弹性模量 E 的相对误差 $\Delta E/E$ 的表达式,并用本实验的数据为依据指出哪一测量影响最大。

(2) 调节测量系统时,如遇到下列现象,你将如何处理(调节)?

① 通过望远镜找标尺的像时,看到了光杠杆的平面镜,而看不到标尺像。

② 某同学已调整好测量系统,但你去看时,感到标尺的像很不清晰。

(3) 在本实验中,为什么测量不同的长度要用不同的测量仪器进行?

(4) 若将 $2D/b$ 作为光杠杆的"放大倍率",根据你所测得的数据计算 $2D/b$ 的值,如何增大"放大倍率"?

(5) 光杠杆法有何优点?能否用光杠杆法测量一块薄金属片的厚度,如何测量?能否用光杠杆测量微小角度?其关系式如何?

实验7 弦线上波的传播规律的研究

【实验目的】

(1) 观察在弦线上形成的驻波,并通过实验验证弦线振动时驻波波长与张力的关系。

(2) 在弦线张力不变时,用实验验证弦线振动时驻波波长与振动频率的关系。

(3) 学习对数作图或利用最小二乘法进行数据处理。

【仪器用具】

可调频率数显机械振动源、可动刀口支架、可动滑轮支架、弦线、固定滑轮、砝码与砝码盘、电子天平。

【仪器描述】

实验装置如图4.16所示,金属弦线的一端系在能作水平方向振动的可调频率数显机械振动源的振簧片上,频率变化范围为0~200Hz,弦线一端通过定滑轮悬挂一砝码盘;在振动簧片的附近有可动刀口,在实验装置上还有一个可沿弦线方向左右移动并撑住弦线的动滑轮5。这两个滑轮固定在实验平台上,其产生的摩擦力很小,可以忽略不计。

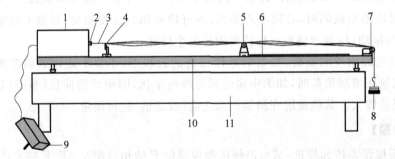

图4.16 仪器结构图

1—可调频率数显机械振动源;2—振动簧片;3—弦线;4—可动支架;5—动滑轮支架;
6—标尺;7—固定滑轮;8—砝码与砝码盘;9—变压器;10—实验平台;11—实验桌

【实验原理】

正弦波沿着拉紧的弦传播,可用等式 $y_1 = y_m \sin 2\pi(x/\lambda - ft)$ 来描述。如果弦的一端被固定,那么当波到达端点时会反射回来,此放射波可表示为 $y_2 = y_m \sin 2\pi(x/\lambda + ft)$。在保证这些波的振幅不超过弦所能承受的最大振幅时,两束波叠加后的波方程为

$$y_1 + y_2 = y_m \sin 2\pi(x/\lambda - ft) + y_m \sin 2\pi(x/\lambda + ft)$$

利用三角公式可求得

$$y = 2y_{\mathrm{m}} \sin \frac{2\pi x}{\lambda} \cos 2\pi ft$$

此等式的特点：当时间固定为 t_0，弦的形状是振幅为 $2y_{\mathrm{m}} \cos 2\pi ft_0$ 的正弦波形。在位置固定为 x_0 时，弦作简谐振动，振幅为 $2y_{\mathrm{m}} \sin 2\pi x_0 / \lambda$。因此，当 $x_0 = l/4, 3l/4, 5l/4, \cdots$ 时，振幅达到最大；当 $x_0 = l/2, l, 3l/2, \cdots$ 时，振幅为零。这种波形叫驻波。

实验中由可调频率数显机械振动源振动，使拉紧的弦线形成向右传播的横波，当波传播到可动滑轮与弦线相切点时，由于弦线在该点受到滑轮两壁阻挡而不能振动，波在切点被反射形成了向左传播的反射波。这两列传播方向相反的波相叠加即形成驻波。只要当均匀弦线的两个固定端之间的距离等于弦线中横波的半波长的整数倍时，就会产生振幅很大而稳定的驻波。即有

$$x = n\lambda/2 \tag{1}$$

式中，x 为弦线两个固定端之间的距离；λ 为驻波波长；n 为波腹数。利用式(1)，即可测量弦上横波波长。

下面就振动频率、波长、张力、线密度之间的关系进行分析。

在一根拉紧的弦线上，其中张力为 T，线密度为 μ，则沿弦线传播的横波应满足下述运动方程：

$$\frac{\partial^2 y}{\partial t^2} = \frac{T \partial^2 y}{\mu \partial x^2} \tag{2}$$

式中，x 为波在传播方向(与弦线平行)的位置坐标；y 为振动位移。将式(1)与典型的波动方程 $\frac{\partial^2 y}{\partial t^2} = v^2 \frac{\partial^2 y}{\partial x^2}$ 相比较，即可得到波的传播速度

$$v = \sqrt{T/\mu}$$

再根据 $v = f\lambda$ 这个普遍公式可得

$$\lambda = \frac{1}{f} \sqrt{\frac{T}{\mu}} \tag{3}$$

为了用实验证明公式(3)成立，将该式两边取对数，得

$$\lg \lambda = \frac{1}{2} \lg T - \frac{1}{2} \lg \mu - \lg f$$

固定频率 f 及线密度 μ，而改变张力 T，并测出各相应波长，作 $\lg\lambda$-$\lg T$ 图，若是一条直线，计算其斜率值$\left(如为 \frac{1}{2}\right)$，则证明了 $\lambda \propto T^{\frac{1}{2}}$ 的关系成立。同理，也可验证 $\lambda \propto f^{-1}$ 成立。

【实验内容】

1. 必做内容

1）验证横波的波长与弦线中张力的关系

（1）实验时，将变压器输入插头与 220V 交流电源接通，输出端与主机上的航空座相

连接。打开数显振动源面板上的电源开关1(振动源面板如图4.17所示)。面板上数码管5显示振动源振动频率×××．×××Hz。根据需要按频率调节2中▲(增加频率)或▼(减小频率)键,改变振动源的振动频率,调节面板上幅度调节旋钮4,使振动源有振动输出;当不需要振动源振动时,可按复位键3复位。

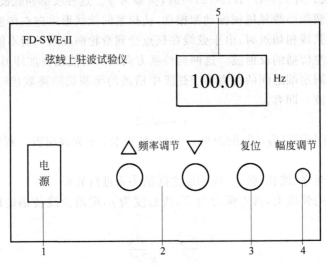

图4.17　振动源面板图

(2) 在某些频率(60Hz)附近,由于振动簧片共振使振幅过大,此时应逆时针调节幅度旋钮4减小振幅,便于实验进行。不在共振频率点工作时,可调节幅度旋钮4到输出最大。

(3) 固定一个波源振动的频率,在砝码盘上连续添加5次不同质量的砝码,以改变同一弦上的张力T。每改变一次均要左右移动可动刀口支架和可动滑轮的位置,使弦线出现振幅较大而稳定的驻波。用驻波法测量各相应的波长。

2) 验证横波的波长与波源振动频率的关系

在砝码盘上放上3块质量为45g的砝码,以固定弦线上所受的张力T,改变波源振动的频率f5次,用驻波法测量各相应的波长。

2. 选做内容

在砝码盘上放上固定质量的砝码,以固定弦线上所受的张力,固定波源振动频率,通过改变弦线的粗细来改变弦线的线密度,用驻波法测量各相应的波长。作$\lg\lambda$-$\lg\mu$图,求其斜率。

【数据记录】

(1) 验证横波的波长与弦线中张力的关系(数据填入表 4.13)：作 $\lg\lambda$-$\lg T$ 图,求其斜率。(各砝码质量不一定严格等于 45g,需分别用电子天平测量,m_0 为挂钩的质量。)

表 4.13　波长与张力的测量数据表

m/g					
$(m+m_0)/\mathrm{g}$					
L/cm					
n					
λ/cm					
T/N					
$\lg\lambda$					

(2) 验证横波的波长与波源振动频率的关系(数据填入表 4.14)：作 $\lg\lambda$-$\lg f$ 图,求其斜率。

表 4.14　波长与振动频率的测量数据表

f/Hz				
L/cm				
n				
λ/cm				
$\lg\lambda$				
$\lg f$				

【注意事项】

(1) 须在弦线上出现振幅较大而稳定的驻波时,再测量驻波波长。

(2) 当实验时,发现波源发生机械共振时,应减小振幅或改变波源频率,便于调节出振幅大且稳定的驻波。

(3) 对于所悬挂的重物应轻拿轻放,以免使弦线崩断。

【思考题】

(1) 求 λ 时为何要测几个半波长的总长?

(2) 为了使 $\lg\lambda$-$\lg T$ 直线图上的数据分布比较均匀,砝码盘中的砝码质量应如何改变?

(3) 为何波源的簧片振动频率尽可能避开振动源的机械共振频率?

实验8　落球法测量液体粘滞系数

实验表明,固态物体在气体或液体中运动时,要受到阻力的作用,这种阻力称粘滞力(或内摩擦力)。气体或液体对固态物体的运动产生阻力的性质叫做粘滞性,常用粘滞系数 η 反映。粘滞力是交通、运载工具外形设计必须考虑的因素之一,因而粘滞系数的测量具有实际的应用价值。

【实验目的】

(1) 了解用斯托克斯公式测定液体粘滞系数的原理,掌握其适用条件。

(2) 学习用落球法测定液体的粘滞系数。

【仪器用具】

液体粘滞系数测定仪(参见图4.18)、激光光电计时仪、温度计、液体密度计、读数显微镜、游标卡尺、电子天平、钢卷尺、蓖麻油。

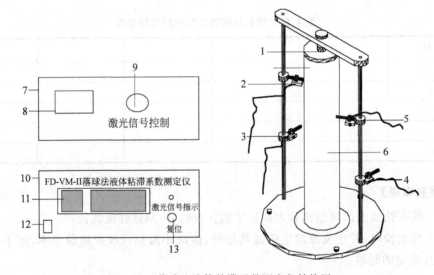

图 4.18　落球法液体粘滞系数测定仪结构图

1—导管;2—激光发射器A;3—激光发射器B;4—激光接收器A;5—激光接收器B;6—量筒;7—主机后面板;8—电源插座;9—激光信号控制;10—主机前面板;11—计时器;12—电源开关;13—计时器复位端

【实验原理】

由于液体具有流动性和粘滞性,当物体球在液体中运动时会受到粘滞阻力作用。这一阻力是由附着在物体表面并随物体一起运动的液体层与附近液体间的摩擦而产生的。

该力的大小与液体的性质、物体的形状和运动速度等因素有关。

根据斯托克斯定律,光滑的小球在无限广延的液体中运动时,若液体的粘滞性较大,小球的半径很小,且在运动中不产生旋涡时,小球所受到的粘滞阻力 f 为

$$f = -3\pi\eta vd \tag{1}$$

式中,d 是小球的直径;v 是小球的速度;η 为液体粘滞系数。η 就是液体粘滞性的度量,国际单位是 $N \cdot s/m^2$,即 $Pa \cdot s$,它与温度有密切的关系:对液体来说,η 随温度的升高而减小。

本实验应用落球法来测量液体的粘滞系数。小球的受力如图 4.19(a)所示。

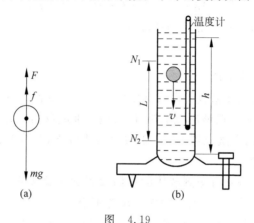

图 4.19

(a) 小球的受力分析;(b) 小球在均匀液体中的下落过程

密度为 ρ_0 的小球在密度为 ρ 的液体中,所受的重力向下,为 $\frac{1}{6}\pi d^3\rho_0 g$;浮力向上,为 $-\frac{1}{6}\pi d^3\rho g$;阻力向上,为 $-3\pi\eta vd$。开始下落时小球运动的速度较小,相应的阻力也小,重力大于粘滞阻力和浮力,所以小球作加速运动。由于粘滞阻力随小球的运动速度增加而逐渐增加,加速度也越来越小,当小球所受合外力为零时,趋于匀速运动,此时的速度称为收尾速度,记为 v_0:

$$v_0 = \frac{L}{t} \tag{2}$$

其中,L 为小球匀速下落的距离;t 为小球匀速下落 L 距离所需时间。

根据受力分析,此时对小球有

$$\frac{1}{6}\pi d^3(\rho_0 - \rho)g = 3\pi\eta v_0 d \tag{3}$$

经计算可得液体的粘滞系数为

$$\eta = \frac{(\rho_0 - \rho)gd^2}{18v_0} \tag{4}$$

上式成立的条件是小球在无限宽广的均匀液体中下落,但实验中小球是在内直径为 d 的玻璃圆筒中下落,如图 4.19(b)所示。

筒的直径和液体深度都是有限的,故实验时作用在小球上的粘滞阻力将与斯托克斯公式给出的不同。当圆筒直径比小球直径大很多,液体高度远远大于小球直径时,其差异是微小的。为此,在斯托克斯公式后面加一项修正值,式(3)将变成

$$\eta = \frac{(\rho_0 - \rho)gd^2}{18v_0(1 + 2.4d/D)(1 + 1.6d/h)} \tag{5}$$

式中,D 为玻璃圆筒的内半径;h 为液体深度。

【实验内容】

(1) 调整粘滞系数测定仪。

① 调节底盘水平、立柱铅直。在仪器横梁中心部位放置重锤部件,放线,使重锤尖端靠近底盘,并留一小间隙。调整底盘旋钮,使重锤对准底盘的中心圆点。

② 接通实验架上两个激光器电源。激光器发出红光,调节上、下两个激光器,使其红色激光束平行地对准锤线。

③ 收回重锤部件,将盛有被测液体的量筒放置到实验架底盘中央,使量筒底部外围与底座面上环形刻线对准,并在实验中保持位置不变。

④ 在实验架上放钢球导管。小球用乙醚、酒精混合液清洗干净,并用滤纸吸干残液,备用。

⑤ 调节激光接收器接收孔的位置,使其对准激光束。将小球放入铜质球导管,看其在下落过程中是否能阻挡光线;若不能,则适当调整激光器位置。

(2) 用温度计测量油温,在全部小球下落完后再测量一次油温,取平均值作为实际油温。

(3) 用电子天平测量 10～20 颗小钢球的质量 m,用比重瓶法测其体积,计算小钢球的密度 ρ_0。用液体密度计测量蓖麻油的密度 ρ,用游标卡尺测量筒的内径 D,用钢尺测量油柱深度 H。

(4) 测量下落小球的匀速运动速度。

① 测量上、下两个激光束之间的距离 L,用读数显微镜分别测量不同小球直径 d_1,d_2,d_3。

② 将小球放入导管,当小球落下,阻挡上面的红色激光束时,光线受阻,光电计时器开始计时,到小球下落到阻挡下面的红色激光束时,计时停止,读出下落时间。重复测量 5 次。

(5) 重复测量不同直径小球的匀速下落速度。

【数据记录】

计算出蓖麻油的粘滞系数 $\overline{\eta}$，再和以下公认值 η_0 比较，计算百分误差，分析实验结果。

量筒内径 $D=$＿＿＿＿ cm，蓖麻油温度 $T_初=$＿＿＿＿ ℃，$T_末=$＿＿＿＿ ℃，蓖麻油密度 $\rho=$＿＿＿＿ g/cm³，两激光束间距 $l=$＿＿＿＿ cm，油深 $H=$＿＿＿＿ cm，小球质量 m_1 ＿＿＿＿ g，$m_2=$＿＿＿＿ g，$m_3=$＿＿＿＿ g。

有关参数：钢球的密度为 $7.79\times10^3\,\text{kg/m}^3$，重庆地区重力加速度为 $9.791\,\text{m/s}^2$。

液体粘滞系数的测定表见表 4.15。

表 4.15　液体粘滞系数的测定表

小球直径 d /mm	下落时间 t/s	收尾速度 v_0 /(cm/s)	粘滞系数 η /(Pa·s)	$\overline{\eta}$/(Pa·s)	百分误差/%
	t_1				
	$\overline{t_1}$				
	t_2				
	$\overline{t_2}$				
	t_3				
	$\overline{t_3}$				

【注意事项】

(1) 圆筒内的液体应无气泡，小球表面应光滑无油污。

(2) 测量液体温度时，须用精确度较高的温度计，若使用水银温度计，则必须定时校准。

(3) 实验时，可用手控秒表与激光开关同时计数，以增加实验内容，增强动手能力及误差分析的训练。

(4) 激光束不能直射人的眼睛，以免损伤眼睛。

【思考题】

(1) 用激光光电开关测量小球下落时间的方法测量液体粘滞系数有何优点?

(2) 本实验是如何满足"无限广延"实验条件的?

(3) 如何判断小球在作匀速运动?

实验9　电热当量的测定

【实验目的】

(1) 用电热法测电热当量。

(2) 学会一种热量散失的修正方法——修正终温。

【仪器用具】

量热器、电子温度计、直流稳压电源、秒表、电子天平、烧杯、毛巾和导线等。

【仪器描述】

量热器的种类很多,随测量目的、精度要求不同而异。最简单的一种如图4.20所示,a,b分别为量热器的内、外筒,c为绝热塑料垫圈,d为绝热盖,e为两根金属电极,f是连接在e上的电阻丝,g是搅拌器,h为温度计。通常在内筒中加水,插入温度计和搅拌器,它们共同构成实验系统,内筒、水、温度计和搅拌器的热容量都是可以计算出来的。

内筒置于绝热塑料垫圈上与外筒相连,外筒用绝热盖盖住,因此内、外界的对流很小;又因空气是不良导体,内、外筒之间传导传递的热量可以减至很小;同时由于内、外筒的外壁都电镀得十分光亮,使得它们发射或吸收热辐射的本领变得很小,实验系统和环境之间因辐射而产生热量的传递也是很少的。这样的量热器已经可以使实验系统粗略地接近于一个孤立的系统了。

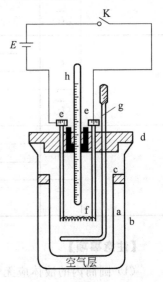

图4.20　电热当量测量装置图

【实验原理】

1. 电热法测电热当量

强度为 I(A)的电流在 t(s)内通过电热丝,电热丝两端的电位差为 U(V),则电场力做功为

$$E = IUt(\mathrm{J}) \tag{1}$$

若这些功全部转化为热量 Q，此热量可以用量热器来测量，则电热当量 $J = \dfrac{E}{Q}$。设 m_1 表示量热器内筒和搅拌器以及电极（三者材质相同，否则应分别考虑）的质量，c_1 表示其比热容；m_2 表示量热器内筒中水的质量，c_2 表示水的比热容，m_3 表示温度计的等效质量（本实验视为与金属内筒相同材质）；T_0 和 T_f 表示量热器内筒及筒中的水等的初温和终温。那么，量热器内筒及筒中的水等所吸收的热量为

$$Q = (m_1 c_1 + m_2 c_2 + m_3 c_1)(T_f - T_0) \tag{2}$$

电热当量

$$J = \frac{E}{Q} = \frac{IUt}{(m_1 c_1 + m_2 c_2 + m_3 c_1)(T_f - T_0)} \quad (\mathrm{J/cal}) \tag{3}$$

2. 散热修正

当系统（量热器内筒、搅拌器、电极、温度计及筒中的水）的温度与环境的温度平衡后，对电阻丝通电，系统加热后的温度就高于室温 θ。实验整个过程将同时伴随有散热，这样，由温度计测得的终温 T_2 必定比真正的温度 T_f 低，为了修正温度测量的误差有两种方法：作图法和计算法。

（1）作图法：实验时在一定的时间间隔内，记下相对应的温度，然后以时间为横坐标，温度为纵坐标作散热修正图，如图 4.21 所示。图 4.21 中 AB 段为通电前系统与此环境达到热平衡后的稳定阶段，也就是水的初温 T_0；BC 段表示在通电时间 t 内，系统温度的变化情况。由于温度变化存在滞后现象，电阻丝还有余热的存在，因而断电后系统的温度还将略为上升，如图中 CD 段，而 DE 段则表示系统的自然冷却的过程。如图 4.21 所示，将 DE 线段往左外延长，再通过 P 点 $\left(\dfrac{1}{2}t_1\right)$ 作横坐标的垂线与 DE 的外延长线相交于 F 点，则 F 点对应的温度就是系统修正的终温 T_f。

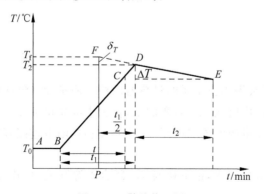

图 4.21 散热修正图

（2）计算法：根据牛顿冷却定律，当系统的温度 T 与环境的温度 θ 相差不大（$\pm 15^\circ\text{C}$）时，由于散热，系统的冷却速率为

$$\frac{\mathrm{d}T}{\mathrm{d}t} = K(T - \theta) \tag{4}$$

当 $T - \theta$ 不大时，K 是一个常量，K 与系统的表面状况及热容有关，即冷却速率 $v = \dfrac{\mathrm{d}T}{\mathrm{d}t}$ 与系统的温度 T 成线性关系。

当系统自 T_0（$T_0 \approx \theta$）升温到 T_2 时，其冷却速率相应从 0 增大到 $v = \dfrac{\Delta T}{t_2}$（参看图 4.20），其中 v 为终温 T_2 时的冷却速率。所以在 BD 升温过程中，系统的平均冷却速率 $\bar{v} = \dfrac{1}{2}v = \dfrac{1}{2}\dfrac{\Delta T}{t_2}$，在此过程中由于散热而使系统终温产生的误差为

$$\delta_T = \bar{v}t_1 = \frac{t_1}{2}\frac{\Delta T}{t_2} \tag{5}$$

系统的真正终温为

$$T_\mathrm{f} = T_2 + \delta_T = T_2 + \frac{t_1}{2}\frac{\Delta T}{t_2} \tag{6}$$

如果系统加热前的温度 T_0 不等于室温 θ，由于开始时的温度冷却速率不为零，系统的温度修正就不能用式（5）。这时开始加热时的冷却速率为 $v_0 = \dfrac{T_0 - \theta}{T_2 - \theta}v$。所以在 BD 升温过程中系统的平均冷却速率为

$$\bar{v} = \frac{1}{2}(v_0 + v) = \frac{1}{2}\left(\frac{T_0 - \theta}{T_2 - \theta}v + v\right) = \frac{T_0 + T_2 - 2\theta}{2(T_2 - \theta)}v$$

系统的真正终温为

$$T_\mathrm{f} = T_2 + \bar{v}t_1 = T_2 + \frac{T_0 + T_2 - 2\theta}{2(T_2 - \theta)}vt_1 = T_2 + \frac{T_0 + T_2 - 2\theta}{2(T_2 - \theta)}\frac{\Delta T}{t_2} \cdot t_1 \tag{7}$$

【实验内容】

1. 计算法

（1）拆下电极，用天平称出干燥的量热器内筒的质量 m_1（包括内筒、搅拌器和电极）。

（2）在量热器内筒中盛入 2/3 容积的水，称出水的质量 m_2。

（3）调节直流稳压电源的输出电压 $U = 20\text{V}$ 左右，断电连接好电路，装好量热器并插入电子温度计。

（4）待温度计读数稳定后，记下初温 T_0，闭合电源开关，并开启秒表计时。

（5）上下缓慢搅动量热器内的水,当水温度超过初温 T_0 约 7℃ 左右后关闭电源,记下通电时间 t（此时不能停表）,继续搅拌量热器中的水,仔细观察并记录系统达到的最高温度 T_2（断电后 30s 内达到）,停表记录所经历的时间 t_1。

（6）再次开表计时,经过 $t_2=12\text{min}$ 后,测出自然冷却后系统最后的温度 T_E。

（7）重新打开电源,从电流表、电压表上读出电流 I、电压 U 的值后关闭电源。

（8）整理好仪器,用毛巾将量热器内、外筒及电极擦干。

（9）将测量数据代入式（6）或式（7）计算系统修正后的温度 T_f,再代入式（3）计算出电热当量 J。

（10）用给定的理论值计算绝对误差和相对误差,分析实验中产生误差的原因。

2. 作图法

（1）拆下电极,用天平称出干燥的量热器内筒的质量 m_1（包括内筒、搅拌器和电极）。

（2）在量热器内筒中盛入 2/3 容积的水,称出水的质量 m_2。

（3）调节直流稳压电源的输出电压 $U=20\text{V}$ 左右,断电连接好电路,装好量热器并插入电子温度计。

（4）待温度计读数稳定后,记下初温 T_0,闭合电源开关,并开启秒表计时。

（5）上下缓慢搅动量热器内的水,每隔 30s 测量一次水温,实验过程中必须连续上下缓慢搅动量热器内的水,直到水温超过初温约 7℃ 左右关闭电源,记下通电时间 t（此时不能停表）,继续搅拌量热器中的水,仔细观察记下系统达到的最高温度 T_2（断电后 30s 以内达到）,停表记录所经历的时间 t_1。

（6）再次开表计时,并继续搅拌,每隔 2min 测量一次水温,共测量 6 次,获得自然冷却的数据。

（7）重新打开电源,从电流表、电压表上读出电流 I、电压 U 的值后关闭电源。

（8）整理好仪器,用毛巾将量热器内、外筒及电极擦干。

（9）用测得的数据作 T-t 曲线,从图上求出系统的真正终温 T_f。

（10）自行设计数据记录表,将 T_0,T_f 等实验数据代入式（3）计算电热当量,用给定的理论值计算绝对误差和相对误差,分析实验中产生误差的原因。

【数据记录】

室温 $\theta=$ _____ ℃,　　　　　　　　内筒＋搅拌器＋电极 $m_1=$ _____ g,

水的质量 $m_2=$ _____ g,　　　　　　　水的初温 $T_0=$ _____ ℃,

通电时间 $t=$ _____ s,　　　　　　　　系统的最高温度 $T_2=$ _____ ℃,

达到最高温度的时间 $t_1=$ _____ s,　　自然冷却时间 $t_2=$ _____ min,

自然冷却后最终温度 $T_E=$ _____ ℃,　　电流 $I=$ _____ A,

电压 $U=$ _____ V。

【实验参数】

金属铜比热 $C_1=0.092\text{cal}/(\text{g}\cdot\text{℃})$，水的比热 $C_2=1.00\text{cal}/(\text{g}\cdot\text{℃})$，

J 的标准值 $J_0=4.1868\text{J/cal}$，温度计的等效质量 $m_3=5\text{g}$。

【注意事项】

(1) 电路连接好后，注意电子温度计的正负极性，电阻丝是否完全浸入水中，检查无误后才能接通电源。

(2) 要确保温度计浸入水中，但又不能触及电阻丝。

(3) 实验过程中，要充分搅拌，但要注意不要将内筒的水溅出。

(4) 拆装电极时切勿将电阻丝缠绕在电极上，称量质量时不包含塑料部件和绝热盖上面接线柱。

(5) 实验结束后应关闭温度计、电源等仪器电源开关，擦干量热器。

【思考题】

(1) 试用误差传递公式估算本实验的相对误差 $\dfrac{\Delta J}{J}$，代入测量值作具体数值计算，判断哪一个测量结果的影响最大。

(2) 为什么要限制加热的温升速率？过大或过小的温升速率对实验结果有什么影响？

实验 10   液体表面张力系数的测定

【实验目的】

(1) 观察拉脱法测液体表面张力的物理过程和物理现象，并用物理学基本概念和定律进行分析和研究，加深对物理规律的认识。

(2) 学习对硅压阻力敏传感器定标的方法，计算传感器的灵敏度。

(3) 测量纯水或其他液体的表面张力系数。

(4) 测量液体的浓度与表面张力系数的关系。

【仪器描述】

图 4.22 所示为 FD-NST-Ⅰ型液体表面张力系数测定仪。液体表面张力测定仪包括硅扩散电阻非平衡电桥的电源和测量电桥失去平衡时输出电压大小的数字电压表。其他

装置包括铁架台、微调升降台、装有力敏传感器的固定杆、盛液体的玻璃皿和圆环形吊片。实验证明,当环的直径在 3cm 左右而液体和金属环接触的接触角近似为零时,测量各种液体的表面张力系数的结果较为准确。

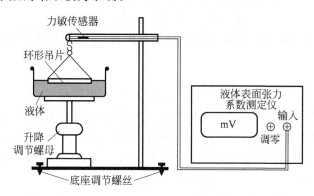

图 4.22　FD-NST-Ⅰ液体表面张力系数测定装置

【实验原理】

　　液体的表面张力是表征液体性质的一个重要参数。测量液体的表面张力系数有多种方法,拉脱法是测量液体表面张力系数常用的方法之一。该方法的特点是,用称量仪器直接测量液体的表面张力,测量方法直观,概念清楚。用拉脱法测量液体表面张力,对测量力的仪器要求较高。由于用拉脱法测量液体表面的张力为 $1\times10^{-3}\sim1\times10^{-2}$N,因此需要有一种量程范围较小、灵敏度高,且稳定性好的测量力的仪器。近年来,新发展的硅压阻式力敏传感器张力测定仪正好能满足测量液体表面张力的需要,它比传统的焦利秤、扭秤等灵敏度高,稳定性好,且可数字信号显示,利于计算机实时测量。

　　液体具有尽量缩小其表面的趋势,好像液体表面是一张拉紧了的橡皮薄膜一样。我们把这种沿着表面的、收缩液面的力称为表面张力。利用它能够说明物质的液体状态所特有的许多现象,如泡沫的形成、润湿现象和毛细现象等。

　　液体表面层(其厚度等于分子作用半径,约 10^{-10}m)内的分子所处的环境和液体内部的分子不同。液体内部每一个分子四周都被同类的其他分子所包围,它所受到的周围分子的作用力的合力为零。由于液面上方的气相层的分子数很少,表面层内每一个分子受到的向上的引力比向下的引力小,合力不为零,这个合力垂直于液面并指向液体内部。所以分子有从液面挤入液体内部的倾向,并使得液体表面自然收缩,直到处于动态平衡,即在同一时间内脱离液面挤入液体内部的分子数与因热运动而到达液面的分子数相等为止。

　　通过测量一个已知周长的金属片从待测液体表面脱离时需要的力,来求得该液体表面张力系数的实验方法称为拉脱法。若金属片为环状吊片时,考虑一级近似,可以认为脱离力为表面张力系数乘上脱离表面的周长。实验时,将一个金属圆环固定在传感器上,将圆环下沿浸没于待测液体中,并渐渐拉起圆环,水膜破裂前瞬间拉力为 $F_1 = f + mg$,水膜破裂后拉力为 $F_2 = mg$,圆环从液面拉脱瞬间传感器受到的拉力差值 f 为

$$f = F_1 - F_2 = \pi\sigma(D_1 + D_2) \tag{1}$$

式中,f 为表面张力;D_1,D_2 分别为圆环外径和内径;σ 为液体表面张力系数,所以液体表面张力系数为

$$\sigma = \frac{f}{\pi(D_1 + D_2)} \tag{2}$$

硅压阻式力敏传感器由弹性梁和贴在梁上的传感器芯片组成,其中芯片由 4 个硅扩散电阻集成一个非平衡电桥。当外界压力作用于金属梁时,在压力作用下,电桥失去平衡,此时将有电压信号输出,输出电压大小与所加外力成正比。即 $U = BF$,有

$$\Delta U = U_1 - U_2 = Bf \tag{3}$$

式中,B 为硅压阻式力敏传感器的灵敏度,单位为 V/N;ΔU 为水膜破裂前后的传感器输出电压差。

由式(2),(3)可得液体的表面张力系数的计算公式为

$$\sigma = \frac{\Delta U}{\pi B(D_1 + D_2)} = \frac{U_1 - U_2}{\pi B(D_1 + D_2)} \tag{4}$$

根据以上讨论,要测量表面张力系数 σ,只要测出金属圆环的外径 D_1 和内径 D_2,圆环在拉破水膜前数字电压表最大读数 U_1,拉断后数字电压表的读数 U_2,即可根据式(4)计算出液体的表面张力系数。

实验表明,表面张力系数 σ 与液体的种类、纯度、温度和液面上方的气体成分有关。σ 值是随温度升高而减小的,液体所含杂质越多,σ 值变化也越大。因此,在测定 σ 值时必须注意液体的纯度,测量工具(如金属圆环、盛液体的器皿等)应不沾污渍。

【实验内容】

1. 力敏传感器的定标(每个力敏传感器的灵敏度都有所不同,在实验前,应先将其定标)

(1) 打开仪器的电源开关,将仪器预热 15min 以上。

(2) 将传感器水平地固定在立柱上,在传感器梁端头小钩中挂上砝码盘,调节电子组合仪上的补偿电压旋钮,使数字电压表显示为零。

(3) 在砝码盘上分别加 0,0.5,1.0,1.5,2.0,2.5,3.0,3.5g 等质量的砝码,记录在这些砝码力作用下,数字电压表的读数值 U。在砝码盘上分别递减 0.5g 的砝码,再测出一组 U',计算平均值 $\bar{U}$。

(4) 用最小二乘法作直线拟合,求出传感器灵敏度 B,拟合线性相关系数 r;用作图法求得传感器的灵敏度 B。

2. 环的测量与清洁

（1）用游标卡尺测量金属圆环的外径 D_1 和内径 D_2 各 6 次。

（2）环的表面状况与测量结果有很大的关系。实验前应将金属圆环在 NaOH 溶液中浸泡 20～30s，然后用净水洗净。

3. 测量液体的表面张力系数

（1）将金属圆环挂在传感器的小钩上，调节升降台至最高处，玻璃皿中盛入适量待测液体，将液体升至靠近圆环的下沿，观察圆环下沿与液面是否平行。如果不平行，将金属圆环取下，通过反复调节圆环上的细丝，实现圆环与待测液面平行（提拉水膜观察，当水膜破裂前电压最大值 U_1 与破裂瞬间的电压值 U_1' 差小于 3mV 则可视为平行）。

（2）调节力敏传感器的固定杆，将圆环的下沿 2～3mm 浸没于待测液体中，然后下降升降台使液面逐渐下降，这时，金属圆环和液面间形成一环形液膜。继续下降液面，观察数字电压表上电压值的变化情况，记录环形液膜拉断前数字电压表读数的最大值 U_1，液膜拉断后数字电压表读数值 U_2。

（3）将实验数据代入式（4），求出液体的表面张力系数，并与标准值进行比较，计算相对误差，正确表示实验结果。

4. 选做部分

测定其他待测液体，如乙醇、乙醚、丙酮等在不同浓度时的表面张力系数。

【数据记录】

数据记录及处理见表 4.16～表 4.18。

表 4.16　游标卡尺测量金属圆环外径 D_1、内径 D_2

次　数	1	2	3	4	5	6	平均值/cm
D_1/cm							
D_2/cm							

表 4.17　力敏传感器定标（重庆地区重力加速度 $g=9.79152 \text{m/s}^2$）

砝码质量 m/g	0	0.500	1.000	1.500	2.000	2.500	3.000	3.500
加砝码时输出电压 U/mV								
减砝码时输出电压 U'/mV								
平均电压 $\bar{U}$/mV								

表 4.18　水或其他液体表面张力系数的测量（待测液体的温度 $\theta =$ _____ ℃）

测量次数	U_1/mV	U_2/mV	$\Delta U/\text{mV}$	$f/10^{-3}\text{N}$	$\sigma/(10^{-3}\text{N/m})$
1					
2					
3					
4					
5					
6					
平均值					

【注意事项】

(1) 仪器开机需预热 15min。

(2) 圆环须严格处理干净。可用 NaOH 溶液洗净油污或杂质后,用清洁水冲洗干净。待测液体在实验过程中防止灰尘和油污及其他杂质污染,特别注意手指不要接触被测液体。

(3) 使用力敏传感器时用力不宜大于 0.098N,过大的拉力容易损坏传感器。注意加减砝码和调节时应尽量轻缓,保证砝码盘或圆环静止。

(4) 在旋转升降台时,操作应平稳、缓慢,不可在液体波动的情况下测量。

(5) 工作室不宜风力较大,以免圆环摆动致使零点波动,所测系数不正确。

(6) 圆环水平须调节好,注意偏差 1°,测量结果引入误差为 0.5%;偏差 2°,测量结果引入误差为 1.6%。

(7) 实验结束须将圆环用毛巾擦干,将所有附件放入附件盒内。

【思考题】

(1) 什么是液体表面张力? 什么是表面张力系数?

(2) 试定性分析液体的表面张力系数如何随温度变化。

实验 11　测量冰的熔解热

【目的要求】

(1) 学习用混合法测量冰的熔解热。

(2) 学会用图解法作散热修正的方法。

【仪器用具】

量热器、温度计(0～50.0℃,0～100.0℃各一支)、电子天平、秒表、毛巾和冰块等。

【仪器描述】

本实验用混合法来测量冰的熔解热。基本方法是：把待测的系统 A 和一个已知其热容的系统 B 混合起来，并设法使它们形成一个与外界没有热量交换的孤立系统 C，这样 A（或 B）所放出的热量全部为 B（或 A）所吸收。因为已知热容的系统在实验过程中所传递的热量可以由其温度的改变和热容计算出来，因此待测系统在实验过程中所传递的热量也就知道了。由此可见，保持系统为独立系统是混合法所要求的基本实验条件；这要从仪器装置、测量方法以及实验操作等各方面去保证，如果实验过程中与外界的热交换不能忽略，就要作散热或吸热修正。为使实验系统成为一个孤立系统，我们采用量热器进行实验。

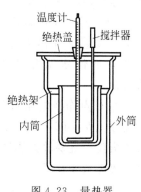

图 4.23　量热器

量热器的种类很多，随测量的目的、测量精度的要求不同而异。最简单的一种如图 4.23 所示。它由内筒和外筒组成，内筒由良导体做成，放在一较大的外筒中。通常在内筒中放水、温度计及搅拌器。它们连同放进的待测物体（如本实验的冰）就构成了我们所考虑的实验系统。内筒、水、温度计和搅拌器的热容量可以计算出来，因此根据前述的混合法就可以进行量热实验了。内筒置于一绝热架上，外筒用绝热盖盖住，因此空气与外界对流很小。又因空气是不良导体，所以内外筒传递的热量可以减至很小。同时由于内筒的外壁及外筒的内外壁都电镀得十分光亮，使得它们发射或吸收热辐射的本领变得很小，于是我们进行实验的系统和环境之间因辐射而产生的热量传递也可以减少。这样的量热器已经可以使实验系统粗略地接近于一个孤立的系统了。

【实验原理】

单位质量的固体物质在熔点时从固态全部变成液态所需的热量叫做该物质的熔解热，以 L 表示熔解热，单位是 cal/g。本实验把一定量的冰放在一定量的水中，由水温的变化来求得冰的熔解热。

将质量为 M、比热容为 c_0、温度为 T_0 的冰，与质量为 m、比热容为 c、温度为 T_1 的热水混合，冰全部熔解为水后的平衡温降为 T_2。设量热器的内筒、搅拌器和温度计等效质量共为 m_1，比热容为 c_1，在不计外界影响视实验系统为孤立系统的条件下，有

$$Mc_0(0 - T_0) + ML + Mc(T_2 - 0) = (mc + m_1c_1)(T_1 - T_2)$$

冰的熔解热

$$L = \frac{(mc + m_1c_1)(T_1 - T_2)}{M} + c_0T_0 - cT_2 \tag{1}$$

必须注意，在冰熔化过程中，由于热辐射到周围介质空间所产生的散热损失是相当大的，

以致使测量所得的温度 T_1 和 T_2 代入式(1)计算熔解热将产生误差,这个误差可用图解法将 T_1 和 T_2 修正为 T_1' 和 T_2',则

$$L = \frac{(mc + m_1 c_1)(T_1' - T_2')}{M} + c_0 T_0 - c T_2' \tag{2}$$

下面介绍确定 T_1 和 T_2 的图解修正法。

在温度-时间坐标图(图 4.24)上,AB 线段表示未投入冰块前,因量热器向周围散热,水的自然冷却曲线,它近似为一直线。B 点的温度是投入冰块时水的初温 T_1,BCD 曲线表示投入冰块后水的温度变化曲线。设 C 点的温度为室温,D 点的温度为冰块熔化完毕量热器中水的终温 T_2,DE 线段表示冰熔化后由于量热器向周围介质吸热而使水温升高的曲线,它也近似为一直线。

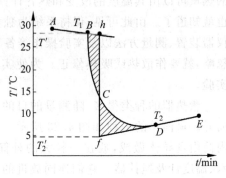

图 4.24　T-t 图

过 C 点作横坐标的垂直线,它和 AB 的延长线交于点 h,和 DE 的反向延长线交于点 f。根据牛顿冷却定律,一个系统的温度 T 高于环境温度 θ 就要散失热量,实验证明:当两者温度差较小时(不超过 $10\sim15℃$),散热速度和温度差成正比,即

$$\frac{dq}{dt} = K(T - \theta) \quad 或 \quad q = \int_B^D K(T - \theta) dt \tag{3}$$

式中,K 为常数,它与量热器表面积、表面情况和周围环境等因素有关。

由式(3)可得,图 4.24 中面积 BCh 与系统向环境散热有关,面积 CDf 与系统自环境吸热量有关。当面积 BCh 等于面积 CDf 时,可以将 h 点对应的温度记为 T_1',f 点对应的温度记为 T_2'。

图解法的解释:图 4.24 中 BCD 表示冰熔化过程系统温度的变化曲线,在 C 点以上的 BC 段,系统向周围外散热,在 C 点以下的 CD 段从系统周围介质吸热。若在 B 点处不投入冰,则由于系统向外散热,水温将沿 ABh 线继续下降,假设在 h 处投入冰,而且假设冰投入后它立即熔化,则水温将从 h 点突然降至 f 点。假设熔化所需时间为无限短,所以在熔化过程的散热损失也就无限小。当面积 $BCh =$ 面积 CDf 时(即系统的散失热量等于吸收的热量),可以认为 hf 的温度差就等于无散热时系统温度的实际温差 $T_1' - T_2'$。即 f 点相当于没有散热损失的熔化终温。此后,熔化后的混合水因吸热的作用,其温度将沿 fDE 线上升(如果作图时面积 BCh 不等于面积 CDf,则 hf 的温度差只能近似等于实际温差 $T_1' - T_2'$)。

【实验内容】

(1) 调整好电子天平,称出干燥的量热器内筒(连同搅拌器)的质量 m_1'。

(2) 测出室温 θ,用量热器内筒从电热水器中取一定质量的热水$\left(\text{水量约为内筒的}\dfrac{1}{2}\text{高度}\right)$,调试水温约比室温高 15℃,称出其质量 m。

(3) 装置好量热器,插入温度计,待稳定后测出热水的温度 T_1,用搅拌器连续搅拌,开启秒表每隔 30s 记一次水温,共测 10 次。

(4) 用干燥的烧杯迅速取出冰块(冰和水的比例大约 1∶3 为宜,每块冰约 12g),打开量热器盖子,迅速将冰块投入量热器内筒。

(5) 投入冰块后,要立即继续搅拌,每隔 15s 测一次水温。在投冰后开始的 1min 内,温度下降很快,测温要及时,待温度达最低点后,再按 30s 的间隔测量水温 10 次。

(6) 取出量热器内筒称出总质量,从而求得熔入水中的冰之质量 M,并从冰箱门上读出冰的初温 T_0。

(7) 根据第一次的测量,选择适当的 T_1 和 T_2 重复上述步骤再测一次。

(8) 根据测量的数据作 $T\text{-}t$ 图,并用图解法修正温度 T_1' 和 T_2'。

(9) 将数据代入式(2)计算冰的熔解热 L 值,并计算相对误差(冰的熔解热的公认值为 79.7cal/g)。

(10) 整理好仪器,一定要用毛巾将量热器内、外筒擦干。

【数据记录】

1. 实验参数

量热器内筒及搅拌器比热容 $c_1 = 0.092\text{cal}/(\text{g}\cdot℃)$,水的比热容 $c = 1.00\text{cal}/(\text{g}\cdot℃)$,冰的比热容 $c_0 = 0.43\text{cal}/(\text{g}\cdot℃)$。

2. 质量及温度测量

量热器内筒＋搅拌器的质量＋5(温度计等效质量)$m_1 =$ _____ g,热水的质量 $m =$ _____ g,环境温度 $\theta =$ _____ ℃,水的初温 $T_1 =$ _____ ℃,冰块的质量 $M =$ _____ g,冰块的初温 $T_0 =$ _____ ℃(从冰箱门上读出),混合后水的终温 $T_2 =$ _____ ℃。

3. 水温测量

水温测量数据见表 4.19。

表 4.19　水温测量数据记录表

投入冰块前	时间 t/s	30	60	90	120	150	180	210	240	270	300
	温度 T/℃										
投入冰块	时间 t/s	15	30	45	60	75	90	105	120	135	…
	温度 T/℃										
温度基本稳定后	时间 t/s	30	60	90	120	150	180	210	240	270	300
	温度 T/℃										

【注意事项】

(1) 投入冰块后的 1min 内,系统温度会急剧下降,因此应做好准备工作,冰块投入热水后及时读数。若投入冰块后的 15s 来不及记下温度,此点可空缺,接着测量以下的温度。

(2) 冰块熔化完毕,系统温度开始上升后至少再继续测读 6 个点的数据方可(为什么)。测温整个过程搅拌器需不断地轻轻搅拌。

(3) 注意保护温度计。

【思考题】

(1) 为什么冰和水的质量要有一定的比例? 如果冰投入太多,会产生什么后果? 熔化后的水温有什么限制?

(2) 为什么实验的温度下降过程要从高于室温变到低于室温? 此两段温降值相等好吗? 如果整个实验过程中温度变化都低于室温,则后果如何?

实验 12　固体比热容的测量

【目的要求】

(1) 掌握基本的测量方法——混合法。

(2) 测定金属的比热容。

(3) 学会一种修正散热的方法——修正温度。

【仪器用具】

量热器及蒸汽发生器、温度计(0~50℃,0~100℃各一支)、电子天平、电炉、秒表、毛巾、待测金属等。

【实验原理】

比热容是单位质量的物质温度改变 1K 时所吸收或放出的热量,常记为 c,单位为 J/(kg·K)。对于同一种物质,特别是气体,比热容的大小又与条件——如温度的高低、压强和体积的变化情况有关,例如气体在体积恒定时和压强恒定时的比热容有很大不同,分别称为定容热容和定压热容。对固体和液体而言,这两者差别很小,一般不再加以区别,但在不同温度下它们的比热容也会有变化。同一物质在不同物态下的比热容也不一样,例如水的比热容约是冰的 2 倍。一般来说,某种物质的比热容只是指在某一温度范围内的平均值。

由于物体间的热交换比较复杂,往往用纯理论方法无法解决,而用实验方法则比较容易解决。目前测量物质比热容的方法有混合法(主要适用于中等温度范围内的比热容测定,也可用于测量不与水或其他物质发生化学反应的液体比热容)、冷却法、物态变化法(该测量方法有两种,即融冰法和冷凝法,可以用来测定金属的比热容)、电流量热法(该方法运用了实验中常用的比较测量法,其优点是能够消除与环境热交换带来的影响,使测量结果准确度较高,是测量液体比热容常使用的好方法)。不管用哪种方法,都必须遵循两条原则:一是保持系统为孤立系统,即系统与外界没有热交换;二是只有当系统达到热平衡时,温度的测量才有意义。严格达到上述两种原则基本上是不可能的,所以如何采取恰当的装置、测量方法和操作技巧,是做好这类实验的关键。如果实验过程中系统与外界之间的热交换不可忽略,则应作相应的修正。

本实验是用混合法测量金属比热容。量热器结构见图 4.23。

混合量热法的基本原理是:将高温物体与低温物体同时放在绝热容器内,各部分温度不等,温度为 T_1 的低温系统与温度为 T_2 的高温系统混合,在此过程中,高温系统放出的热量全部被低温系统所吸收,最后达到稳定的平衡温度 T。

将质量为 m_2、比热容为 c_2、温度为 T_2 的金属球加热后投入到温度为 T_1 的量热器内的冷水中,它会放出热量。量热器(包括搅拌器和温度计插入水中部分等效质量的总质量为 m,其比热容为 c)和其中的水(质量为 m_1,比热容为 c_1)吸收热,待测物体投入水中混合后,稳定后温度为 T,在不计算量热器与外界的热交换的情况下,将存在下列关系:

$$m_2 c_2 (T_2 - T) = (m_1 c_1 + mc)(T - T_1) \tag{1}$$

即

$$c_2 = \frac{(m_1 c_1 + mc)(T - T_1)}{m_2 (T_2 - T)} \tag{2}$$

上述的讨论是在假定量热器与外界没有热交换时的结论,实际上只要有温度差异就必然会有热交换存在,因此,必须考虑如何防止或修正热散失的影响。热散失的主要途径:一是加热后的物体在投入量热器水中之前散失的热量,这部分热量不易修正,应尽量缩短投放时间;二是在投下待测物体后,在混合过程中量热器吸收或散失的热量。本实验中由于测量的是导热良好的金属,从投下物体到达混合温度所需时间较短,可以采用热量出入相互抵消的方法,消除散热的影响。即控制量热器中水的初温 T_1,使 T_1 低于环境温度 θ,混合后的终温 T 则高于 θ,并使 $(\theta - T_1)$ 与 $(T - \theta)$ 大致相等;三是要注意量热器外部不要有水附着,以免由于水的蒸发损失较多的热量。

由于混合过程中量热器与环境有热交换,先是吸热,后是放热,致使由温度计读出的初温 T_1 和混合后温度 T 都与无热交换时的初温和混合温度不同,因此必须对 T_1 和 T 进行校正,用图解法进行。

实验时,投入金属球前 4min 开始测水温,每 30s 测一次,第 4min 末将温度为 T_2 的待测金属球迅速投入量热器中,每 15s 测一次温度,待水温达到最高点后(约 1min),再每隔 30s 测一次水温,测量 4min。如图 4.25 所示,以时间为横坐标,温度为纵坐标作图,过曲线中点 G 作与时间轴垂直的直线 FE。投物前的吸热曲线 AB 与 FE 交于 E 点,混合后的散热曲线 CD 与 FE 交于 F 点。因为水温在达到室温前,量热器一直在吸热,故混合前的初温应是与 E 点对应的 T_1'。同理,水温高于

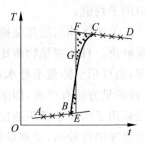

图 4.25　T-t 图

室温后,量热器向外散热,故混合后的最高温度是 F 点对应的温度 T'。根据牛顿冷却定律,当系统的温度与环境的温度差相差不大时($\pm 15\,^\circ\mathrm{C}$ 内),系统的散热速率(或冷却速率)与系统和环境温差成正比,即

$$\frac{\mathrm{d}Q}{\mathrm{d}t} = K(T - \theta) \tag{3}$$

图 4.25 中吸热用面积 BGE 表示,散热用面积 CGF 表示。当这两部分面积相等时,说明实验过程中系统对环境的吸热与放热相抵消,否则实验将受环境影响,因此,实验中力求两面积相等。

修正温度后

$$c_2 = \frac{(m_1 c_1 + mc)(T' - T_1')}{m_2(T_2 - T')} \tag{4}$$

【实验内容】

(1) 在蒸汽发生器中加入 1000mL 左右的水,连接好电炉开始加热。

(2) 用电子天平称出金属球的质量 m_2 后,将金属挡管安装在蒸汽发生器中,将金属球投入金属挡管中加热至 T_2 待用。

(3) 称出量热器、搅拌器及温度计的质量 m(取温度计等效质量为 5g),测出室温 θ。

(4) 从电冰箱中取适当的冰,与水混合后调制出低于室温 2~3℃的水,取 $\frac{1}{2}$ 内筒的水并称出其质量 m_1。

(5) 装置好量热器后,每隔 30s 测温一次,共测 8 次。

(6) 在第 4min 末将金属球迅速投入量热器中,充分搅拌,每 15s 记录一次温度,测量约 4 次,以后每隔 30s 测温一次,再测 8 次。

（7）根据测量数据作 T-t 图，从图上确定修正后的初、终温度 T'、T_1'。

（8）由式（2）计算金属球的比热容 c_2，计算相对误差，分析误差产生的原因。

（9）整理好仪器，用毛巾将量热器内、外筒擦干。

【注意事项】

（1）把金属球投入量热器时，动作要非常迅速。

（2）实验过程中要充分搅拌，不要用手直接去触摸量热器的任何部位。

（3）量热器中温度计位置要适中，要防止有水溅出或量热器内筒下滑。

（4）实验过程计时是连续的，应保证计时与测温同步。

【思考题】

（1）实验方案的选取是否是唯一的？它如何随条件的变化而变化？

（2）减小测量误差的途径有哪些？

（3）本实验中的"热力学系统"是由哪些部分组成的？

（4）金属球、量热器内冷水的多少会对实验结果带来什么样的影响？

实验 13　　用电流量热器法测定液体的比热容

【实验目的】

（1）学会用电流量热器法测定液体的比热容。

（2）熟练掌握电子天平、温度计和量热器的使用方法。

【仪器用具】

量热器、电子天平、温度计、直流稳压电源、电流表、导线、毛巾等。

【实验原理】

比热容是单位质量的物质温度升高（或降低）1℃时所吸收（或放出）的热量，它是物体热学性质的一个特征量。各种物理常数表中给出的比热容数值是指在一定温度范围内的平均值。

测定物质的比热容可归结为测量一定质量的该物质降低一定温度后所放出的热量。测量热量，通常采用的仪器有：利用水的温度升高来测量热量的量热器。一般来说，它们比较适用于测定固体物质（如金属、冰）的比热容。

测定液体的比热容，常用冷却法和电流量热器法。对水和待测液体进行测量时，这两种方法都要求具有完全相同的外界条件（环境）。并且，这两种方法都是用已知比热容的水作为比较对象，运用了实验中常用的比较测量法。因此，它们能够"消除"与环境热交换带来的影响,是测量液体比热的较好的方法。本实验应用的是电流量热器法。

设在两只相同的量热器 1 和 2 中,分别装着质量为 m_1 和 m_2、比热容为 c_1 和 c_2 的两种液体,液体中安置着阻值相等的电阻 R,如果按图 4.26 连接电路,然后闭合开关 K,则有电流通过电阻 R。根据焦耳-楞次定律,每只电阻产生的热量为

$$Q = I^2 Rt$$

其中,I 为电流强度,单位为 A;R 为电阻,单位为 Ω;t 为通电时间,单位为 s;热量 Q 的单位为 J。

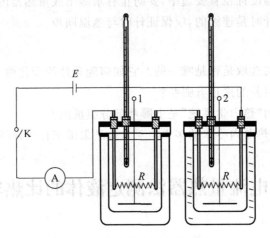

图 4.26   液体比热容测量装置图

液体、量热器内筒、搅拌器、电极和温度计等吸收电阻 R 释放的热量 Q 后,温度升高。

若量热器中两种液体的质量分别为 m_1 和 m_2,比热容为 c_1 和 c_2,初始温度(包括量热器及其附件)分别为 T_1 和 T_2,加热后的终温分别为 T_1' 和 T_2',包括搅拌器、电极、温度计(取电子温度计的热容量与 5g 铜等效)在内的两个量热器的质量分别为 m_1' 和 m_2',本实验所用量热器、搅拌器和电极均为铜制,比热容为 c,则有

$$\begin{cases} Q_1 = (c_1 m_1 + c m_1')(T_1' - T_1) \\ Q_2 = (c_2 m_2 + c m_2')(T_2' - T_2) \end{cases} \tag{1}$$

取电阻 R 相同,且采用串联连接,故 $Q_1 = Q_2$,即

$$(c_1 m_1 + c m_1')(T_1' - T_1) = (c_2 m_2 + c m_2')(T_2' - T_2) \tag{2}$$

由上式得到

$$c_1 = \frac{1}{m_1} \left[(c_2 m_2 + c m_2') \frac{T_2' - T_2}{T_1' - T_1} - c m_1' \right] \tag{3}$$

根据牛顿冷却定律,辐射热与温度差及实验时间成正比,因此实验中常采用下列措施。

（1）设计实验时最好使量热器的始末温度尽量接近环境温度,例如在环境温度上、下 5℃左右。

（2）尽快地取得实验数据。例如,用搅拌器使量热器很快达到平衡,快速而准确地读得所测温度等。

在上述电热法测液体的比热容中,只有当两个量热器系统完全相同,散失的热量相等时,式（2）才成立。但实际上两个量热器系统不可能完全相同,即使相同,量热器与周围环境的热交换,因升温不同,散热也不相同。为了测量准确,可考虑对两系统散热进行修正,其方法之一是用作图法修正终温（修正温度略,方法见本章实验 9）。

【实验内容】

1. 必做部分

（1）用电子天平分别称出两个量热器、搅拌器、电极和温度计的质量 m_1' 和 m_2',待测液体的质量 m_1 和水的质量 m_2。

（2）调节稳压电源的电压为 20V 左右,按照图 4.26 连接电路,装置好量热器,温度计插入量热器中（注意不要接触到电阻丝）,记下未加热前的温度 T_1 和 T_2。

（3）对量热器通电,不断搅拌,使整个量热器内各处的温度均匀。待温度升高 5℃左右,切断电源。切断电源后温度还会有少许上升,应记下上升的最高温度 T_1' 和 T_2'。

（4）实验中的加热电阻与电流导入装置不能做到完全相同,会带来一些误差。为此,在实验时要求将两电阻对调,重复以上步骤,再做一次（注意：对调时应该用清水将电阻丝及电极冲洗干净并擦干）。

（5）将两次测量的数据分别代入式（3）,计算待测液体的比热 c_1,然后取其平均值。将测得的液体比热值与其标准值相比较,估算本次实验的相对误差,分析产生误差的原因。

（6）整理好仪器,一定要用清水将电阻丝及电极冲洗干净并吹干,擦干量热器内、外筒。

2. 选做部分

自行设计实验步骤,自拟数据记录表,对终温进行修正,作 $T\text{-}t$ 图,得出正确的实验结果。

【注意事项】

（1）实验电阻丝应完全浸入水中,温度计要浸入液体中。

（2）实验过程中应不停地搅拌,但不要让电阻丝与电极碰撞,防止短路。

（3）注意测出系统的最高温度。

【思考题】

(1) 如果实验过程中加热电流发生了微小的波动,是否会影响测量的结果？为什么？

(2) 用一只量热器也可以测定液体的比热容,请你设计一下这个实验应如何做？并将它与本次实验进行对比,阐述两者的异同,哪个更准确？

实验 14　气体比热容比的测定

【实验目的】

(1) 测量空气的定压热容与定容热容之比。

(2) 观测热力学过程中空气状态变化及基本规律。

(3) 进一步理解绝热过程的泊松方程和泊松比的含义。

【仪器用具】

大玻璃容器、U 形压强计、打气球、烧杯、滴管等。

【实验原理】

气体的比定压热容 c_p 与比定容热容 c_V 都是热力学过程中的重要参量,其比值 $\dfrac{c_p}{c_V}=\gamma$ 称为气体的绝热指数,它是一个重要的热力学常数,在热力学方程中经常用到,也叫泊松比。比热容比在绝热过程的研究中有许多应用,如气体的突然膨胀或压缩,以及声音在气体中传播等都与比热容比有关。目前对比热容比的测定方法有绝热膨胀和压缩法、振动法、共振法、声速法等,本实验用绝热膨胀和压缩法测定空气比热容比。

如图 4.27 所示,一个带有三通活塞 D 的容器 A 与 U 形压强计 B、打气球 C 相连。容器可由三通管通向大气。本实验的过程如下。

(1) 把原来处于大气压强 p_0 及室温 T_0 下的空气称为状态 $O(p_0,T_0)$。关闭活塞 D,用打气球把空气打入储气瓶内,达到状态 $I'(p_1',T_1')$。打气很快时,可以近似地看作是一个绝热的压缩过程。这过程使瓶内空气的压强增大,温度升高,即 $p_1'>p_0$,$T_1'>T_0$。

(2) 关闭打气开关,待稳定后瓶内空气达到状态 $I(p_1,T_0)$,这是一个等容放热过程,系统温度降至室温 T_0,压强减小,即 $p_1<p_1'$。可测得

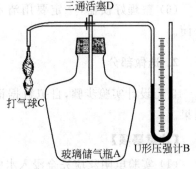

图 4.27　气体比热容比测量装置图

（图中标注：三通活塞 D、打气球 C、玻璃储气瓶 A、U 形压强计 B）

$$p_1 = p_0 + h_1 \tag{1}$$

式中，h_1 是压力计两边液面的高度差，可由压力计读出。

（3）取下打气球，迅速打开三通开关，让瓶内空气与大气相通，容器内气体便迅速膨胀对外做功，由于过程迅速，可以看作是绝热膨胀过程，压强减小，温度降低，到达状态 II（p_0，T_1），当压强到达 p_0 时即关闭三通开关。

（4）由于 $T_1 < T_0$，关上开关后瓶内空气温度慢慢升高，压强增大，待稳定后达到状态 III（p_2，T_0），这是一个等容吸热过程，有

$$p_2 = p_0 + h_2 \tag{2}$$

h_2 是这时压力计两边的高度差。

状态 I 到 II 是绝热过程，我们把绝热膨胀后留在瓶内的这一部分气体当作热力学系统，压强与温度分别是 p_1，T_0，遵守泊松定律：

$$\left(\frac{p_1}{p_0}\right)^{\gamma-1} = \left(\frac{T_0}{T_1}\right)^{\gamma} \tag{3}$$

从状态 II 到 III 近似为等容过程，遵守盖·吕萨克定律：

$$\frac{p_2}{p_0} = \frac{T_0}{T_1} \tag{4}$$

由式（3），（4）得

$$\left(\frac{p_1}{p_0}\right)^{\gamma-1} = \left(\frac{p_2}{p_0}\right)^{\gamma}$$

即

$$\left(1 + \frac{h_1}{p_0}\right)^{\gamma-1} = \left(1 + \frac{h_2}{p_0}\right)^{\gamma} \tag{5}$$

由于 $h_1 \ll p_0$，$h_2 \ll p_0$ 将式（5）用牛顿二项式展开，略去高次项有

$$1 + (\gamma - 1)\frac{h_1}{p_0} = 1 + \gamma\frac{h_2}{p_0}$$

化简得

$$\gamma = \frac{h_1}{h_1 - h_2} \tag{6}$$

所以可通过二次状态变化中压强计的读数 h_1 和 h_2 求得气体的比热容比 γ。由于实验过程不是真正的准静态过程，以及 h 的测量误差等，测量结果是比较粗略的。

【实验内容】

（1）按图将仪器装置好，涂上凡士林，防止漏气。

（2）用打气球将空气迅速打入大玻璃容器中（压强计两管液面高度差控制在 15～30cm 为宜），迅速关闭三通，一段时间后，容器中的空气达到了室温，此时压强计两管液面静止（如不稳定表示还有漏气，须全面检查），读出高度差 h_1。

(3) 打开三通,便听到咝咝的声音,等咝咝声停止立即关闭三通开关,待压强计中液面稳定后,记下高度差 h_2。

(4) 按上述步骤重复 20 次,剔除坏数据,将每次改变 h_1 的值,将测得的 h_1 和 h_2 录入自己设计的表格中,计算 γ 值及不确定度,正确表示出实验结果。

【注意事项】

(1) 实验前应检查储气瓶是否漏气,压强计中液体是否有气泡,若有应作相应的处理。

(2) 打气和放气要迅速、充分。

(3) 要在达到平衡时测量 h_1 和 h_2。

(4) 控制打气量,不要让压强计的液体喷出。

(5) 实验成功的关键是放气的操作,储气瓶与大气的相通要迅速而充分。

【思考题】

(1) 实验中为何在放气声消失时,必须迅速关闭活塞? 如果关闭较晚,会有什么结果?

(2) 怎样把 h_1 和 h_2 读准确? 什么时候读数才是正确的?

(3) h_1 大或 h_1 小对于测量 γ 来说哪个好些? 为什么?

实验 15　气体体膨胀系数的测定

【实验目的】

掌握一种用烧瓶测定气体体膨胀系数的方法。

【仪器用具】

电子天平、烧杯、烧瓶、橡皮管、橡皮塞、玻璃管、管子夹、温度计、电吹风、电炉。

【实验原理】

实验装置如图 4.28 所示,将烧瓶 A 放入沸水槽中,启开管夹 C 使烧瓶与大气相通,保持瓶内压强不变。

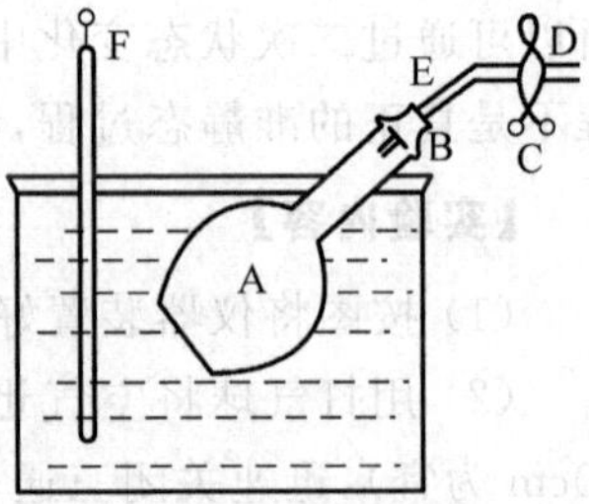

一定质量的气体,在压强不变时,其体积与热力学温度成正比。如果气体在 0℃时体积为 V_0,而在温度 T(℃)时体积为 V,则有

$$V = V_0(1 + \alpha_V T) \tag{1}$$

式中,α_V 叫做气体的体膨胀系数。对于理想气体,α_V 的

图 4.28　气体体膨胀系数测定装置

值均等,即 $\alpha = 1/273℃^{-1}$(对于实际气体,只有在温度不太低和压强不太大时才近似等于上述数值)。当我们测定 α_V 的值时,如果保持气体的压强不变,测得温度为 $T_1(℃)$时体积为 V_1,温度为 $T_2(℃)$时体积 V_2,由式(1)有

$$V_1 = V_0(1 + \alpha_V T_1) \tag{2}$$

$$V_2 = V_0(1 + \alpha_V T_2) \tag{3}$$

由式(2),式(3)得

$$\alpha_V = \frac{V_2 - V_1}{V_1 T_2 - V_2 T_1} \tag{4}$$

由式(4)可计算 α_V 的值。

【实验内容】

(1) 用烧杯盛 800mL 左右的热水后用电炉加热备用,用温度计 F 测出水沸腾时的温度 $T_2(℃)$。

(2) 将烧瓶 A 内、外烘干,用天平称出橡皮塞 B、橡皮管 D、玻璃管 E 及管子夹 C 的总质量 M_1。

(3) 将烧瓶 A 放入沸水的烧杯内,启开管子夹 C,将烧瓶 A 全部压入沸水中沉至颈部,烧瓶 A 在沸水中煮沸 3～4min 后,用管子夹 C 将橡皮管 D 夹紧不再让空气出入。

(4) 将烧瓶 A 立即倒置(瓶口向下)放入冷水槽内,当烧瓶 A 全部沉在水下后,启开管子夹 C,让水进入烧瓶 A 内部,并让整个烧瓶在冷水槽中沉浸几分钟。

(5) 将烧瓶 A 底部提起,使烧瓶内水面恰好和水桶中的水面在同一水平面上,此时用管子夹 C 夹紧橡皮管 D 的同一位置,同时读出水的温度 $T_1(℃)$,然后把烧瓶连同其中的水从水桶中取出,擦干瓶外水滴,用天平称出其质量 M_2。

(6) 在烧瓶 A、玻璃管 E 和橡皮管 D 中装满水,再用管子夹 C 在原处把橡皮管 D 夹紧,除去管子夹 C 上端橡皮管 D 内的水,擦干瓶外水滴,用天平称出其质量 M_3。

(7) 水的密度 ρ 为 $1g/cm^3$(水的密度随温度变化很小,变化可以忽略不计),因此由 M_1,M_2 和 M_3 可计算出在 $T_1(℃)$和 $T_2(℃)$时,空气在烧瓶内所占有的体积:

$$V_1 = \frac{M_3 - M_2}{\rho}, \quad V_2 = \frac{M_3 - M_1}{\rho}$$

又因烧瓶内空气压强两次都与大气压强相等,故由 V_1,V_2,T_1,T_2 可计算 α_V。

(8) 重复上述步骤 3 次,将每次测得值填入自己设计的表格中。

(9) 将实验数据代入式(4)计算 α_V 的值,与标准值比较计算相对误差。

【注意事项】

(1) 橡皮塞 B 必须塞紧。

(2) 烧瓶浸入水中时要全部淹没,但不能进水,浸没的时间要足够。

(3) 烧瓶置于冷水中启开管子夹 C 前一定要铅直。

【思考题】

(1) 怎样在实验中保持压强不变这一条件?

(2) 操作过程中应注意哪些问题?

实验 16　滑线变阻器特性的研究

【实验目的】

(1) 研究滑线变阻器两种接法的性能和特点。

(2) 根据电路中控制和调整的要求,正确选用滑线变阻器。

【仪器用具】

直流稳压电源、直流电压表、直流电流表、滑线变阻器、电阻箱。

【实验原理】

正确地设计或选用电路是做好电磁学实验的基础。测量电路一般由四部分组成:电源、控制电路、测量仪器和负载。每一部分在电路中起着不同的作用。电源主要供给电路电能,维持电路中一定的电压或电流。测量仪器部分主要是为了定量地表示出电路的状态。负载主要是指待测对象,它可能是一个电路,也可能是一个电器或其他。控制电路的任务就是控制负载的电流和电压,使其数值和范围达到预定的要求。常用的是制流电路或分压电路。控制元件主要使用滑线变阻器或电阻箱。

1. 制流电路

图 4.29 中 E 为直流稳压电源,K 为电源开关,R_0 为滑线变阻器,$Ⓐ$ 为电流表,R_Z 为负载(电阻箱)。滑线变阻器的滑动头 c 和任一固定端(如 a 端)串联在电路中,作为一个可变电阻。移动滑动头的位置可以连续改变 ac 间的电阻 R_{ac},从而改变整个电路中的电流 I。

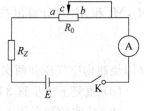
图 4.29　制流电路

当 c 滑至 a 点时:$R_{ac}=0$,$I_{max}=\dfrac{E}{R_Z}$,负载 R_Z 处 $U_{max}=E$;当 c 滑至 b 点时:$R_{ac}=R_0$,$I_{min}=\dfrac{E}{R_Z+R_0}$,负载 R_Z 处 $U_{min}=\dfrac{R_Z}{R_Z+R_0}E$,此点称为"安全位置"。电压调节范围为

$$\frac{R_Z}{R_Z+R_0}E \rightarrow E$$

电流调节范围为

$$\frac{E}{R_Z + R_0} \rightarrow \frac{E}{R_Z}$$

一般情况下负载 R_Z 中的电流为

$$I = \frac{E}{R_Z + R_{ac}} = \frac{\dfrac{E}{R_0}}{\dfrac{R_Z}{R_0} + \dfrac{R_{ac}}{R_0}} = \frac{\dfrac{E}{R_0}}{K + X}$$

式中, $K = \dfrac{R_Z}{R_0}$, $X = \dfrac{R_{ac}}{R_0}$ 。

图 4.30 给出了不同 K 值的制流特性曲线。从曲线中可以看到制流电路有以下几个特点:

（1） K 越大电流的调节范围越小,但调节的线性较好;

（2）不论 R_0 的大小如何,负载 R_Z 上通过的电流都不可能为零;

（3） K 较小时 $(R_0 \gg R_Z)$, X 接近 1 时电流变化很大,细调程度较差。

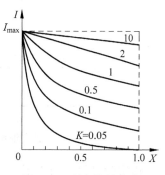

图 4.30　制流特性曲线

由以上讨论可知,选择变阻器的原则,一是电流的调节范围必须满足实验的要求,二是安全,三是使调节的均匀性良好。具体步骤如下:

（1）由实验要求的最大电流 I_{max} 和负载 R_Z 的大小,根据 $I_{max} = \dfrac{E}{R_Z}$,选定所需电源 $E \geqslant I_{max}R_Z$ 。

（2）由实验要求的最小电流 I_{min} , R_Z 和 E 的值,根据 $I_{min} = \dfrac{E}{R_Z + R_0}$,选择变阻器的全电阻

$$R_0 \geqslant \frac{E}{I_{min}} = \frac{I_{max}}{I_{min}} R_Z$$

（3）变阻器的额定电流必须大于实验要求的最大电流,以免变阻器过流而烧坏。

（4）考虑调节的均匀程度。变阻器调节的均匀性与调节范围有时不一致,这时,可在电路中串入一个较小的变阻器 R_0' 作为二级限流。二级限流变阻器的电阻值一般选择为 $R_0' = (0.1 \sim 0.2)R_0$,以便于细调。一种两级制流电路如图 4.31 所示。

2. 分压电路

图 4.32 中滑线变阻器的两个固定端 a,b 与电源 E 相接,负载 R_Z 接滑动端 c 和固定端 a ,当滑动头 c 由 a 端滑至 b 端的过程中,负载 R_Z 上的电压由 $0 \rightarrow E$,调节的范围与滑阻器的阻值无关。当滑动头 c 在任一位置时, a,c 两端的分压值为

$$U = \frac{E}{\dfrac{R_Z R_{ac}}{R_Z + R_{ac}} + R_{bc}} \cdot \frac{R_Z R_{ac}}{R_Z + R_{ac}} = \frac{\dfrac{R_Z R_{ac}}{R_Z + R_{ac}}}{R_0 - R_{ac} + \dfrac{R_Z R_{ac}}{R_Z + R_{ac}}} E$$

$$= \frac{\dfrac{R_Z}{R_0} \cdot \dfrac{R_{ac}}{R_0}}{\dfrac{R_Z}{R_0} + \dfrac{R_{ac}}{R_0} - \left(\dfrac{R_{ac}}{R_0}\right)^2} E = \frac{KX}{K + X - X^2} E$$

式中，$R_0 = R_{ac} + R_{bc}$，$K = \dfrac{R_Z}{R_0}$，$X = \dfrac{R_{ac}}{R_0}$。

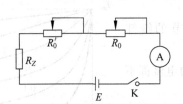

图 4.31　一种有细调的制流电路

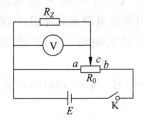

图 4.32　分压电路

由实验可得不同 K 值的分压特性曲线，如图 4.33 所示。

从分压特性曲线可以看出分压电路有以下特点：

(1) 不论 R_0 的大小，负载 R_Z 上的电压调节范围均可从 $0 \to E$；

(2) K 越小电压调节越不均匀，K 越大电压调节越均匀。

由以上的讨论可知，变阻器 R_0 越小，调节的均匀性就越好，但是 R_0 小了，则 R_0 上消耗的功率就大，所以 R_0 也不宜过小。在选择变阻器时，还必须使变阻器的额定电流大于 $\left(\dfrac{E}{R_0} + \dfrac{E}{R_Z}\right)$，以免变阻器过流而烧坏。

在实际工作中，有时会选择不到合适的分压变阻器，达不到细调要求，这时，可以再串一个阻值较小的变阻器 R_0' 作细调，如图 4.34 所示。

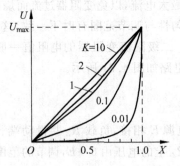

图 4.33　分压特性曲线

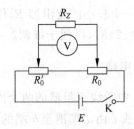

图 4.34　一种有细调的分压电路

【实验内容】

（1）制流电路特性的研究：

按图 4.29 所示电路进行实验。取 $K=0.2$，移动滑动头 c 使电流从最小到最大测 10 个点，记下滑动头 c 在标尺上的位置 l 和对应的电流值。以 $X=\dfrac{l}{l_0}\left(\text{即}\dfrac{R_{ac}}{R_0}\right)$ 为横坐标、电流 I 为纵坐标作图。取 $K=1$ 重复上述实验。

（2）分压电路特性的研究：

按图 4.32 所示电路进行实验。取 $K=0.2$，移动滑动头 c 使电压从 0V 到电源电压 E 测 10 个点，记下滑动头 c 在标尺上的位置 l 和对应的电压值。以 $X=\dfrac{l}{l_0}\left(\text{即}\dfrac{R_{ac}}{R_0}\right)$ 为横坐标、电压 U 为纵坐标作图。取 $K=1$ 重复上述实验。

（3）根据所作图形分析制流电路和分压电路的特点

【思考题】

（1）什么是制流电路和分压电路的安全位置？

（2）为什么在接通电源前滑线变阻器必须处于安全位置？

（3）制流电路和分压电路在调节性能上有何差异？

实验 17　伏安法测电阻

【实验目的】

（1）测绘电阻的伏安特性曲线，学会用图线法表示实验结果。

（2）学会正确使用伏安法测电阻的两种线路。

【仪器用具】

直流稳压电源、直流电流表、直流电压表、滑线变阻器。

【实验原理】

1. 伏安法测电阻的原理

伏安法测电阻的原理遵守欧姆定律：

$$R=\frac{U}{I} \tag{1}$$

即用电压表测出电阻两端的电压 U，用电流表测出流经电阻的电流 I，就可以求出电阻 R（图 4.35），这种测电阻的方法称为伏安法。通过一个电阻的电流随外加电压的变化关系曲线,称为伏安特性曲线。即测出一组电压 U 和对应的电流 I 后,以电压 U 为横坐标、以电流 I 为纵坐标作图,所得的曲线就是伏安特性曲线。

2. 电阻元件的分类

电阻元件可分为线性电阻和非线性电阻两类。线性电阻两端的电压与流经它的电流成正比,其伏安特性曲线为一条直线(图4.36);非线性电阻两端的电压与流经它的电流不成正比,其伏安特性曲线为一条曲线(图4.37)。

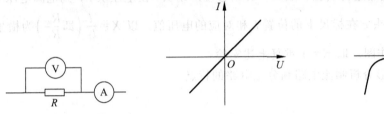

图 4.35　伏安法测电阻　　　图 4.36　线性电阻的伏安特性　　　图 4.37　晶体二极管的伏安特性

3. 电表的连接方法和接入误差

用伏安法测电阻,通常采用两种电路:图4.38为电流表内接法,图4.39为电流表外接法。但是,由于电表有内阻,无论采用内接法或是外接法,均会给测量带来系统误差。

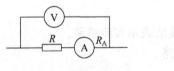
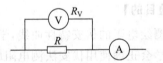

图 4.38　电流表内接法　　　　　　　图 4.39　电流表外接法

在图4.38中,设电流表的内阻为 R_A,电压表的指示值为 U,则

$$U = U_R + IR_A$$

若将 U 作为待测电阻 R 两端的电压 U_R,给测量带来的系统误差为

$$\Delta U_R = U - U_R = IR_A = \frac{U_R}{R}R_A$$

$$\frac{\Delta U_R}{U_R} = \frac{R_A}{R} \tag{2}$$

所以,只有当电流表的内阻 R_A 远小于待测电阻 R 时,能使 $\dfrac{\Delta U_R}{U_R} \to 0$,即用内接法测电阻不

会带来明显的系统误差。如果要修正,设待测电阻的测量值为 R',有

$$R' = \frac{U}{I} = \frac{U_R + U_A}{I} = R + R_A$$

则待测电阻的修正值为

$$R = R' - R_A \tag{3}$$

待测电阻的相对误差为

$$\frac{\Delta R}{R} = \frac{R' - R}{R} = \frac{R_A}{R' - R_A} \tag{4}$$

在图 4.39 中,设电压表的内阻为 R_V,电流表的指示值为 I,则

$$I = I_R + I_V$$

若将 I 作为流经待测电阻 R 的电流 I_R,给测量带来的系统误差为

$$\Delta I_R = I - I_R = I_V = \frac{R}{R_V} I_R$$

$$\frac{\Delta I_R}{I_R} = \frac{R}{R_V} \tag{5}$$

所以,只有当电压表的内阻 R_V 远大于待测电阻 R 时,能使 $\dfrac{R}{R_V} \to 0$,即用外接法测电阻不会带来明显的系统误差。如果要修正,设待测电阻的测量值为 R',有

$$R' = \frac{U}{I} = \frac{U}{I_R + I_V} = \frac{1}{\dfrac{I_R + I_V}{U}} = \frac{1}{\dfrac{1}{R} + \dfrac{1}{R_V}} = \frac{RR_V}{R + R_V}$$

则待测电阻的修正值为

$$R = \frac{R_V R'}{R_V - R'} \tag{6}$$

待测电阻的相对误差为

$$\frac{\Delta R}{R} = \frac{R' - R}{R} = -\frac{R'}{R_V} \tag{7}$$

综上所述,可得:当 $R > \sqrt{R_A R_V}$ 时,用内接法系统误差小;当 $R < \sqrt{R_A R_V}$ 时,用外接法系统误差小;当 $R = \sqrt{R_A R_V}$ 时,两种接法均可。

【实验内容】

1. 测绘线性电阻的伏安特性曲线

根据条件选择适当接法连接线路(图 4.40),电表量程要选择适当,通电前滑线变阻器应处于安全位置。从零开始逐步增加电压(如取电压 0.00V,0.20V,0.40V,0.60V,…),读

出相应的电流值。以电压为横坐标、电流为纵坐标,绘出线性电阻的伏安特性曲线。根据伏安特性曲线求出电阻值并进行修正和计算相对误差。

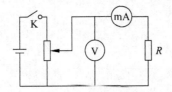 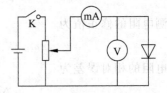

图 4.40　测量电阻伏安特性的电路　　　　图 4.41　测量二极管正向伏安特性的电路

2. 测绘晶体二极管的伏安特性曲线

为了测绘晶体二极管的正向伏安特性曲线,可按照图 4.41 连接线路。从零开始逐步增加电压(如取电压 0.00V,0.10V,0.20V,…,1.00V),读出相应的电流值。

为了测绘晶体二极管的反向伏安特性曲线,可按照图 4.42 连接线路。这时应将电流表换成微安表,电压表的量程应增大。从零开始逐步增加电压(如取电压 0.00V,1.00V,2.00V,3.00V,…),读出相应的电流值。

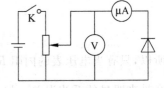

图 4.42　测量二极管反向伏安特性的电路

以电压为横坐标、电流为纵坐标,绘出晶体二极管的伏安特性曲线。根据二极管正向伏安特性曲线求出电压为 0.550V 时的静态电阻 R 和动态电阻 r。由于正向电流读数为毫安,反向电流读数为微安,在坐标纸上每小格所代表的电流(电压)值可以不同,应分别标注清楚。

【注意事项】

(1) 滑线变阻器应采用分压接法。

(2) 测二极管正向伏安特性时,毫安表读数不得超过二极管允许通过的最大正向电流值。

(3) 测二极管反向伏安特性时,加在二极管上的电压不得超过二极管允许的最大反向电压。

【思考题】

(1) 本实验中滑线变阻器能不能采用限流接法? 为什么?

(2) 用伏安法测电阻时,根据什么原则确定电路采用内接法还是外接法?

(3) 测二极管正向伏安特性时,电路为何采用电流表外接法?

(4) 测二极管反向伏安特性时,电路为何采用电流表内接法?

实验 18　惠斯通电桥

【实验目的】

（1）掌握用惠斯通电桥测电阻的原理。

（2）了解电桥灵敏度对测量结果的影响，掌握电桥灵敏度的测量方法。

（3）正确使用自组电桥和箱式电桥测电阻。

【仪器用具】

直流稳压电源、电阻箱、检流计、QJ23 型箱式电桥。

【实验原理】

1. 电桥原理

惠斯通电桥也叫单臂电桥，是一种用比较法进行测量的仪器。用它来测量电阻的范围一般是 $10 \sim 10^6\,\Omega$ 的中值电阻。其原理电路如图 4.43 所示。

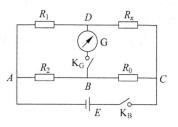

图 4.43　惠斯通电桥原理图

待测电阻 R_x 和三个已知电阻 R_1, R_2, R_0 构成了电桥的四个臂，相互串联组成一个封闭的四边形。对角 A 和 C 之间加上电源 E，对角 B 和 D 之间连接检流计 G，所谓"桥"是指 BD 这条对角线而言，它的作用是将"桥"的两个端点的电位直接进行比较。当调节 R_1, R_2, R_0 到一定数值时，BD 两点的电位相等，检流计中无电流通过，称为电桥达到平衡。计算表明，电桥平衡时，一对对边电阻的乘积等于另一对对边电阻的乘积，即

$$R_1 R_0 = R_2 R_x$$

或

$$R_x = \frac{R_1}{R_2} R_0 \tag{1}$$

式（1）称为电桥的平衡条件。

令 $C = \dfrac{R_1}{R_2}$，有 $R_x = C R_0$。式中 C 称为比率系数。当电桥达到平衡后，待测电阻的阻值就可以通过三个已知电阻表示出来。调节电桥达到平衡的一般方法是：先选定 $\dfrac{R_1}{R_2}$ 的数值，再调节电阻 R_0 使电桥达到平衡。由上可知，调换电源 E 的极性以及电源 E 和检流计 G 的位置，电桥的平衡条件和平衡状态不变。

2. 电桥的灵敏度

式(1)是在电桥平衡的条件下推导出来的,而电桥是否平衡,实际上是看检流计有无偏转来判断。检流计的灵敏度总是有限的。当我们选取电桥的 $R_1 = R_2$,在检流计指针指零时,有 $R_x = R_0$。如果此时将 R_0 改变微小量 ΔR_0(改变 R_x 的效果相同,但实际上 R_x 是不能变的),电桥应失去平衡,从而有电流 I_g 流过检流计。但如果 I_g 小到使检流计觉察不出来(比如指针偏转小于 0.1 格,就很难觉察出来),我们还是认为电桥是平衡的,因而得出 $R_x = R_0 + \Delta R_0$,ΔR_0 就是由于检流计灵敏度不够而带来的测量误差 ΔR_x。对此,我们引入电桥灵敏度 S 的概念(此处 S 实际上是电桥的相对灵敏度),它定义为

$$S = \frac{\Delta n}{\dfrac{\Delta R_0}{R_0}} \tag{2}$$

式中,ΔR_0 是在电桥平衡后 R_0 的微小改变量;而 Δn 是由于电桥偏离平衡而引起检流计的偏转格数。S 的单位是格,它表示 R 改变百分之几可使检流计指针偏转 1 格。S 值越大,说明电桥的灵敏度越高。可以证明,改变任何一个桥臂的电阻所得电桥的灵敏度 S 都是相同的。

由灵敏度的定义式(2)解基尔霍夫方程组,可以得到电桥灵敏度与桥路参数的关系为

$$S = \frac{S_i E}{R_1 + R_2 + R_0 + R_x + R_g \left(2 + \dfrac{R_1}{R_x} + \dfrac{R_0}{R_2} \right)}$$

式中,S_i 为检流计的电流灵敏度;R_g 为检流计内阻;E 为电源电压;其他电阻为电桥的四个桥臂电阻。由此可见,电桥的灵敏度与检流计的灵敏度 S_i 和内阻 R_g,电源电压 E,桥臂的总电阻、桥臂电阻的比值都有关。

(1) 选用 S_i 大、R_g 小的检流计,可以提高电桥的灵敏度。

(2) 提高电桥的工作电压 E,可以提高电桥的灵敏度。但电源电压不能过高,不能使流过各桥臂的电流超过其额定值。

(3) 同一电桥测量不同电阻,或用不同比率测量同一电阻,电桥的灵敏度不一样。选用适当的桥臂比率,可以提高电桥的灵敏度。

由电桥灵敏度引入待测电阻 R_x 的相对误差为

$$\frac{\Delta R_x}{R_x} = \frac{\Delta n}{S} \tag{3}$$

通常我们可以觉察出 $\Delta n \geqslant 0.1$ 格的偏转,所以在求待测电阻的测量误差 ΔR_x 时,式(3)中使 $\Delta n \approx 0.1$ 格。

【实验内容】

(1) 自装电桥测量待测电阻数据表(见表 4.20):

表　4.20

项目 数值 电阻	R_1/Ω	R_2/Ω	R_0/Ω	R_x/Ω
R_{x1}				
R_{x2}				

误差数据表：

项目 数值 电阻	测量灵敏度			灵敏度误差
	$\Delta R_0/\Omega$	$\Delta n/$格	$S/$格	$\Delta R_x/\Omega$
R_{x1}				
R_{x2}				

（2）用 QJ23 型电桥测量待测电阻数据表（见表 4.21）：

表　4.21　　　　　　　　　　　　　　　　　　　　　　　　　电桥等级：

项目 数值 电阻	比率 C	R_0/Ω	R_x/Ω	电桥灵敏度			灵敏度误差
				$\Delta R_0/\Omega$	$\Delta n/$格	$S/$格	$\Delta R_x/\Omega$
R_{x1}							
R_{x2}							

【注意事项】

（1）在用箱式电桥测量电阻时，特别是测量有感电阻时，应先闭合电源开关 K_B，后闭合检流计开关 K_G。断开时，应先断开 K_G，后断开 K_B，避免因反电动势使检流计损坏。

（2）在平衡电桥的过程中，当通过检流计的电流较大（电桥偏离平衡较远）时，跃触开关 K_G（闭合后马上断开），可以保护检流计。

（3）电桥通电时间要尽量短，以免因电阻发热而变质。

（4）实验中，若发现接通电源后，无论桥臂电阻如何变化，检流计指针始终不偏转（没有电流通过检流计），其原因是检流计支路或电源支路不通。若桥臂电阻无论如何改变，检流计指针始终偏向一边，其原因是某一桥臂支路不通或短路。发现故障后，应先断开电源，排出故障后，再合上电源开关进行测量。

（5）用箱式电桥测量电阻实验完毕，须将电源开关 K_B 和检流计开关 K_G 断开。

【思考题】

（1）试比较用"伏安法"和"惠斯通电桥"测电阻的优缺点。

（2）在电桥实验操作中,应注意哪些问题？ 总结使用电桥较快达到平衡的方法。

（3）以下哪些因素会使电桥的测量误差增大？

电源电压大幅度下降；电源电压稍有波动；检流计灵敏度不够高；检流计零点没有调准；在测量低电阻时,导线电阻不可忽略。

实验 19 用电位差计测量电池的电动势和内阻

【实验目的】

（1）掌握电位差计的工作原理和结构特点。

（2）学习用线式电位差计测量电动势和内阻。

【仪器用具】

十一线电位差计、直流稳压电源、标准电池、检流计、滑线变阻器、电阻箱。

【实验原理】

如图 4.44 所示,若将电压表并联到电池两端,由于电压表的内阻不是无限大,就有电流 I 通过电池内部,而电池有内阻 r,在电池内部不可避免地存在电压降 Ir,所以电压表的指示值只是电池的端电压 $V = E_x - Ir$。显然,只有当 $I = 0$ 时,电池两端的电压 U 才等于电动势 E_x。

怎样才能使电池内部没有电流通过而又能测量电池的电动势 E_x 呢？ 这就需要采用补偿法。

图 4.45 中 U_x 为待测电压,U_0 为可调的已知电压。调节 U_0 使检流计的指针不偏转,这时我们称电路达到平衡,即 U_0 与 U_x 相互补偿。补偿时,$U_x = U_0$,而且回路中的电流为零。这种测量电压的方法称为补偿法。

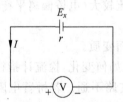

图 4.44 用电压表测量电池的端电压

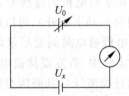

图 4.45 电压补偿法

直流电位差计就是应用电压补偿法原理制造的一种测量电位差的仪器。

如图 4.46 所示,接通 K_1 后,有电流 I 通过电阻丝 AB,并在电阻丝上产生电压降 IR。如果再接通 K_2,可能出现三种情况：

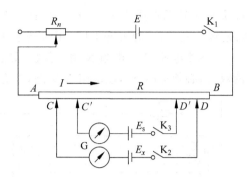

图 4.46 电位差计原理图

E—稳压电源；E_s—标准电池；E_x—待测电池；G—检流计；AB—粗细均匀的电阻丝

(1) 当 $E_x > V_{CD}$ 时,检流计 G 中有自右向左流动的电流(指针偏向一侧)。

(2) 当 $E_x < V_{CD}$ 时,检流计 G 中有自左向右流动的电流(指针偏向另一侧)。

(3) 当 $E_x = V_{CD}$ 时,检流计 G 中无电流(指针不偏转)。我们称电位差计处于补偿状态,或者说待测电路得到了补偿。

当调节滑线变阻器 R_n 使待测电路得到补偿后,有 $E_x = IR_{CD}$。设每单位长度电阻丝的电阻为 r_0,CD 段电阻丝的长度为 L_x,于是

$$E_x = Ir_0L_x \tag{1}$$

将可变电阻 R_n 的滑动端固定,即保持工作电流 I 不变,再用一个电动势为 E_s 的标准电池替换图中的 E_x,适当地将 C,D 的位置调至 C',D',同样可使检流计的指针不偏转,达到补偿状态。设这时 C',D' 段电阻丝的长度为 L_s,则

$$E_s = IR_{C'D'} = Ir_0L_s \tag{2}$$

将式(1)和式(2)相比得到

$$E_x = E_s \frac{L_x}{L_s} \tag{3}$$

式(3)表明,待测电池的电动势 E_x 可用标准电池的电动势 E_s 和在同一工作电流下电位差计处于补偿状态时测得的 L_x 和 L_s 值来确定。

用十一线电位差计测电池的电动势。

【装置介绍】

1. 十一线电位差计

线式电位差计具有结构简单、直观、便于分析讨论等优点,而且测量结果也较准确,具体结构见图 4.47。图中的电阻丝 AB 长 11m,往复绕在木板的十一个接线插孔 $0,1,2,\cdots,$ 10 上,每两个插孔间电阻丝长为 1m。最后 1m 电阻丝下面附有带毫米刻度的米尺,接头

D 可以在它上面滑动。插头 C 可选插在插孔 $0,1,\cdots,10$ 中任一个位置。插头 CD 间的电阻丝长度可在 $0\sim11\mathrm{m}$ 间连续变化。R_n 为可变电阻,用来调节工作电流。转换开关 K_2 用来选择接通标准电池 E_s 和待测电池 E_x。电阻 R 用来保护标准电池和检流计。在电位差计处于补偿状态进行读数时,必须关闭 K_3,使电阻 R 短路,以提高测量的灵敏度。

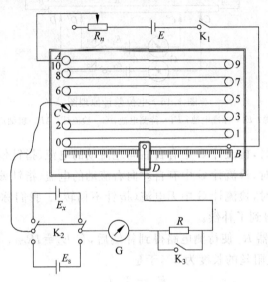

图 4.47　十一线板式电位差计实验线路图

2. 标准电池

这是一种用来作电动势标准的原电池。由于内电阻高,在充放电情况下会极化,不能用它来供电。当温度恒定时,它的电动势稳定。在不同温度($0\sim40℃$)时,标准电池的电动势 $E_s(t)$ 可按下述公式换算:

$$E_s(t) = E_s(20) - 39.94 \times 10^{-6}(t-20) - 0.929 \times 10^{-6}(t-20)^2$$
$$+ 0.009 \times 10^{-6}(t-20)^3$$

其中 $E_s(20)$ 是 $+20℃$ 时标准电池的电动势,其值应根据所用标准电池的型号确定。

使用标准电池时要注意:

(1) 必须在温度波动小的条件下保存,应远离热源。

(2) 正负极不能接错,通入或取自标准电池的电流不应大于 $10^{-6}\sim10^{-5}\mathrm{A}$,不允许将两电极短路连接或用指针式电压表去测量它的电压。

(3) 标准电池内是装有化学物质溶液的玻璃仪器,要防止振动和摔坏。一般不可倒置。

【实验内容】

(1) 按图 4.47 连接电路。接线时需断开所有的开关,并特别注意工作电源 E 的正、负极,应与标准电池 E_s 和待测电池 E_x 的正、负极相对。否则,检流计 G 的指针总不会指零。

(2) 校准电位差计,即固定 R_{CD},调节工作电流 I 的大小使得 E_s 被补偿。首先选定电阻丝单位长度上的电压降为 $A(V/m)$,记下室温 t,换算出室温下标准电池的电动势 $E_s(t)(V)$,调节 C, D 两活动接头,使 C, D 间电阻丝的长度为

$$L_s = \frac{E_s(t)}{A}(m)$$

例如,若 $E_s(t) = 1.01866V$,选定 $A = 0.2000V/m$,则 $L_s = 5.0933m$。然后接通 K_1,将 K_2 倒向 E_s,调节 R_n,同时断续按下滑动接头 D,直到 G 的指针不偏转。去掉保护电阻(按下 K_3),再次微调 R_n 使 G 的指针无偏转。此时电阻丝上每米的电压降为 $A(V/m)$。

(3) 断开 K_3,固定 R_n,即保持工作电流 I 不变。将 K_2 倒向 E_x,调节 C, D 两活动接头间电阻丝的长度,同时断续按下滑动接头 D,直到 G 的指针不偏转,去掉保护电阻(按下 K_3),再次微调 C, D 两活动接头间电阻丝的长度,使 G 的指针无偏转。记下此时 C, D 间电阻丝的长度 L_x,则待测电池的电动势为 $E_x = AL_x(V)$。

(4) 确定测量结果的误差。测得 G 的指针开始向左偏转时 CD 间电阻丝的长度为 L',开始向右偏转时为 L'',则 L_x 的最大误差为 $\Delta L_x = |(L' - L'')/2|$。由于检流计指针本身的惯性,在通过的电流小于某一电流值时指针不能反映出来,使得电阻丝上每米的电压降 A 存在误差 ΔA,而且 $\Delta A/A \approx \Delta L_x/L_x$。因此

$$\Delta E_x = \left(\frac{\Delta A}{A} + \frac{\Delta L_x}{L_x}\right)E_x = 2\frac{\Delta L_x}{L_x}E_x = A|L' - L''|$$

(5) 测量待测电池的内阻 r。如图 4.48 所示,R 为一个精密电阻箱。在保持工作电流 I 不变的情况下,L_1 和 L_2 分别是 K_2 断开和接通时电位差计处于补偿状态时电阻丝的长度。可以证明,待测电池的内阻为

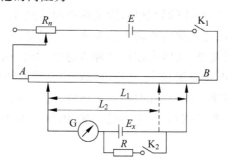

图 4.48 测量电池内阻的一种线路

$$r = R\left(\frac{L_1 - L_2}{L_2}\right)$$

【注意事项】

(1) 测量时,应先接通工作回路,然后接通补偿回路。测量完毕后,应先断开补偿回路,然后断开工作回路。

(2) 标准电池和待测电池的正负极一定不能接错。

(3) 标准电池只能短时间通过几微安的电流,所以不能用指针式电压表测量它的电压。

【思考题】

(1) 说明补偿法测电压有何优点。

(2) 实验中如果发现检流计指针总往一边偏,无法调平衡,试分析可能有哪些原因。

(3) 为了使电路较快达到平衡,应该如何进行调节?

(4) 如果定标 $A = 0.1000\text{V/m}$,能否用十一线电位差计来测量干电池的电动势?

(5) 如何使用电位差计测量电流和电阻?

实验 20 用模拟法测绘静电场

【实验目的】

(1) 学习用模拟法描述和研究静电场分布的概念和方法。

(2) 加深对电场和电位概念的理解。

【仪器用具】

静电场测绘仪、功率信号发生器、数字万用表。

【实验原理】

带电导体(电极)在空间形成的静电场,除极简单的情况外,大都不能求出它的数学表达式。为了实用的目的,往往借助实验的方法来测定。但是,直接测量静电场会遇到很大的困难。这不仅因为设备复杂,还因为把探针伸入静电场时,探针上产生感应电荷,这些电荷又产生电场,与原静电场叠加起来,使原电场产生显著的畸变。但有时可用一种间接的测量方法(模拟法)来解决。模拟法的特点是,仿造另一个电场(模拟场),使它与原静电场完全一样。当用探针去测模拟场时,它不受干扰,因此可间接测出被模拟的静电场。

1. 静电场

现以同轴带电圆柱为例,对模拟法作进一步说明。设同轴圆柱面是"无限长"的,内、

外半径分别为 R_1 和 R_2，电荷线密度为 $+\lambda$ 和 $-\lambda$，柱面间介质的介电常数为 ε（图 4.49）。若取外柱面的电位为零，则内柱面的电位 V_1 就是两柱面间的电位差：

$$V_1 = \int_{R_1}^{R_2} E \mathrm{d}r = \int_{R_1}^{R_2} \frac{\lambda}{2\pi\varepsilon} \frac{\mathrm{d}r}{r} = \frac{\lambda}{2\pi\varepsilon} \ln \frac{R_2}{R_1}$$

在两柱面间任一点 $r(R_1 \leqslant r \leqslant R_2)$ 的电位 V_r 是

$$V_r = \frac{\lambda}{2\pi\varepsilon} \ln \frac{R_2}{r}$$

比较以上两式，并应用边界条件：$r=R_1$ 时，$V_r=V_1$；$r=R_2$ 时，$V_r=0$，可得

$$V_r = V_1 \frac{\ln \dfrac{R_2}{r}}{\ln \dfrac{R_2}{R_1}} \tag{1}$$

式(1)表明柱面之间的电位 V_r 和 r 的函数关系。可以看出 $V_r \propto \ln r$，即 V_r 和 $\ln r$ 是直线关系，并且相对电位 V_r/V_1 仅仅是坐标 r 的函数。

2. 模拟场

在电极 A 和 B 间有电场的整个空间内填充电阻率为 ρ 的不良导体，并在两导体柱面之间维持恒定的电势差 V_1，在导体内就形成了稳恒电流场。下面我们来计算电流场中任一点的电位 V_r（图 4.50）。

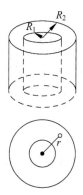
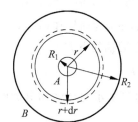

图 4.49　同轴圆柱面静电场　　　　图 4.50　同轴圆柱面模拟场

设导体厚度为 t，在半径 r 处取一薄圆环，宽度为 $\mathrm{d}r$，这个薄圆环的电阻 $\mathrm{d}R$ 为

$$\mathrm{d}R = \rho \frac{\mathrm{d}r}{S} = \rho \frac{\mathrm{d}r}{2\pi rt}$$

导体的总电阻 R_0 是这些圆环电阻的总和：

$$R_0 = \int \mathrm{d}R = \int_{R_1}^{R_2} \frac{\rho \mathrm{d}r}{2\pi rt} = \frac{\rho}{2\pi t} \ln \frac{R_2}{R_1}$$

导体中的径向电流为

$$I = \frac{V_1}{R_0} = \frac{V_1}{\rho \ln \dfrac{R_2}{R_1}} 2\pi t$$

半径 r 到 R_2 之间导体的电阻为

$$R' = \int_r^{R_2} \mathrm{d}R = \frac{\rho}{2\pi t} \ln \frac{R_2}{r}$$

则导体 r 处 $(R_1 \leqslant r \leqslant R_2)$ 的电位为

$$V_r = IR' = \frac{V_1}{\rho \ln \dfrac{R_2}{R_1}} 2\pi t \cdot \frac{\rho}{2\pi t} \ln \frac{R_2}{r} = V_1 \frac{\ln \dfrac{R_2}{r}}{\ln \dfrac{R_2}{R_1}} \tag{2}$$

比较式(1)和式(2)可知,静电场和模拟场的电位分布相同,而 $E = -\dfrac{\mathrm{d}V_r}{\mathrm{d}r}$,因此不良导体内的电流强度和原真空中的电流强度也是相同的。这就是用稳恒电流场来模拟静电场的依据。

【实验内容】

(1) 调节信号发生器,使之输出频率为 300Hz 的正弦波电压加到两电极上,用数字万用表测两电极电压为 5V。

(2) 作等位线 5V,4V,3V,2V,1V,0V。

(3) 以相对电位 (V_r/V_1) 为纵轴,半径 $\bar{r}$ 为横轴,在坐标纸上作 $(V_r/V_1)\text{-}\bar{r}$(包括 R_1 和 R_2)关系曲线。将 $\bar{r}$ 及坐标刻度数值和单位(cm)写在横轴的上方。在同一张坐标纸上,以 (V_r/V_1) 为纵轴,$\ln \bar{r}$ 为横轴作 $(V_r/V_1)\text{-}\ln \bar{r}$(包括 $\ln R_1$ 和 $\ln R_2$)关系曲线。将 $\ln \bar{r}$ 及坐标刻度数值写在横轴的下方。

【注意事项】

(1) 水槽里自来水的高度和电极的高度相当。在测量等位线的整个过程中,水槽不能移动。

(2) 一条等位线上相邻两个记录点间的距离约 1cm 为宜,曲线急转弯或两条曲线靠近处,记录点应取密一些。

【思考题】

(1) 如果两电极间电压增加一倍,等位线和电力线的形状是否变化? 电场强度和电位分布是否变化?

(2) 如果两电极间用纯净水,实验效果如何?

(3) 如果水槽里自来水高度超过电极高度许多,对实验结果是否有影响?

实验 21　示波器的原理和使用

【实验目的】

（1）了解示波器的主要组成部分及工作原理，学会使用示波器和信号发生器。

（2）学会利用示波器观察波形、测量电压和频率的方法。

（3）通过观察李萨如图形，加深对于相互垂直振动合成理论的理解，并学会一种测量正弦振动频率的方法。

【仪器用具】

示波器、信号发生器。

【实验原理】

示波器由示波管和与其配合的电子线路组成。

1. 示波管的结构

示波管如图 4.51 所示，它由电子枪、偏转板和荧光屏三部分组成。其中，电子枪是示波管的核心部件。

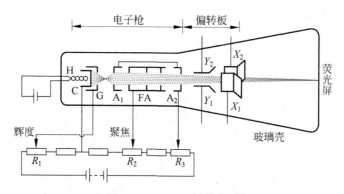

图 4.51　示波管的基本结构

H—钨丝加热电极；C—阴极；G—控制栅极；A_1—第一加速阳极；FA—聚焦电极；

A_2—第二加速阳极；X_1, X_2—水平偏转板；Y_1, Y_2—垂直偏转板

电子枪：由阴极 C、控制栅极 G、第一加速阳极 A_1、聚集电极 FA 和第二加速阳极 A_2 等同轴金属圆筒（筒内膜片的中心有限制小孔）组成。当加热电流从 H 通过钨丝，阴极 C 被加热后，筒端的钡与锶氧化物涂层内的自由电子获得较高的动能，从表面逸出。因为第

一加速阳极 A_1 具有(相对于阴极 C)很高的电压(例如 1500V),在 C—G—A_1 之间形成强电场,故从阴极逸出的电子在电场中被电力加速,穿过 G 的小孔(直径约 1mm),以高速度(数量级 10^7 m/s)穿过 A_1,FA 及 A_2 筒内的限制孔,形成一束电子射线。电子最后打击在屏的荧光物质上,发出可见光,在屏背可以看见一个亮点。

控制栅极 G 相对于阴极 C 为负电位,其间形成的电场对电子有排斥作用。当栅极 G 负的电位不很大(几十伏)时就足以把电子斥回,使电子束截止。用电位器 R_1 调节 G 对 C 的电压,可以控制电子枪射出电子的数目,从而连续改变屏上光点的亮度。增大加速电极的电压,电子获得更大的轰击动能,荧光屏上的亮度可以提高,但加速电压一经确定,就不宜随时改变它来调节亮度。聚焦电极 FA 和第二加速阳极 A_2 组成一个电子透镜,调节电位器 R_2 可实现电子束的聚焦。

偏转板:X_1,X_2 和 Y_1,Y_2 是两对相互垂直放置的金属板,称为偏转板。两对板上加以直流电压,可以控制电子束的位置,适当调节这个电压值可以把光点或波形移到荧光屏的中间部位。偏转板上除了直流电压外,还可以加待测物理量的信号电压,在信号电压作用下,光点将随信号电压的变化而变化,形成一个反映信号电压的波形。

荧光屏:在示波管顶部的玻璃内壁,涂有一层荧光剂而成荧光屏。荧光剂受到一定能量的电子束轰击后,在被轰击的部位产生发亮的光点。

所有电极都封装在高真空的玻璃壳内,各有导线引出接到管脚,以便和外电路相连。

2. 电压放大和衰减系统

如图 4.52 所示,该系统包括 X 轴衰减、X 轴放大、Y 轴衰减、Y 轴放大。

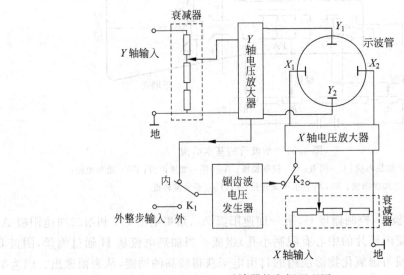

图 4.52　示波器的方框原理图

由于示波管本身的 X 和 Y 偏转板的灵敏度不高(为 $0.1\sim1\mathrm{mm/V}$),当加于偏转板上的信号电压较小时,电子束不能发生足够的偏转,以致屏上的光点位移较小,不便观察。这就需要预先把小的信号电压放大后再加到偏转板上,为此设置 X 轴和 Y 轴放大器。

衰减器的作用是使过大的输入信号电压减小,以适应放大器的要求,否则放大器不能正常工作,甚至受损。

3. 同步与扫描系统

同步与扫描系统包括扫描波发生器和同步(又称整步)装置两部分。

扫描波发生器产生一个如图 4.53 所示的锯齿波电压,它经 X 轴放大器后,送至 X 轴偏转板上。电子束在这样周期性锯齿波电压的作用下沿水平方向反复从左向右偏转,即光点在荧光屏上自左向右往复运动。如果锯齿波频率较高,则在屏上呈现一条水平亮线,这一过程叫"扫描",这一水平线叫扫描线。扫描电压的频率由"扫描范围"和"扫描微调"两个旋钮调节。

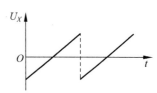

图 4.53　锯齿波扫描电压波形

同步装置的作用是使扫描电压与 Y 轴输入的被观察的电压保持确定的频率关系和相位关系,即保持同步关系,使荧光屏上的图形稳定。但是,两个独立发生的电振荡频率在技术上难以调节成准确的整数倍,这会使屏上的波形横向移动而不能稳定,造成观测困难。克服的办法是,用被测信号的频率去控制扫描发生器的频率,使被测信号的频率准确地等于扫描频率的整数倍。电路的这个控制作用称为"同步"。如果屏上的图形不稳定,可通过调节示波器面板上的"同步"旋钮来完成。

4. 波形显示原理

如果在示波器的 Y 偏转板上加正弦电压信号,又在 X 偏转板上加锯齿波电压信号,则荧光屏上光点的运动将是两个相互垂直振动的合成,荧光屏上将显示出正弦图形,如图 4.54 所示。当锯齿波电压和输入的正弦电压的周期完全一致时,荧光屏上将显示出一个完整的正弦波图形。当锯齿波电压的周期正好是正弦电压周期的两倍时,荧光屏上将显示出两个完整的正弦波图形,依此类推。

综上所述,在荧光屏上构成简单、稳定的示波图形的条件是,X 偏转电压的周期 T_X 等于 Y 偏转电压周期 T_Y 的整数倍,即

$$\frac{T_X}{T_Y} = n, \quad n = 1, 2, 3, \cdots$$

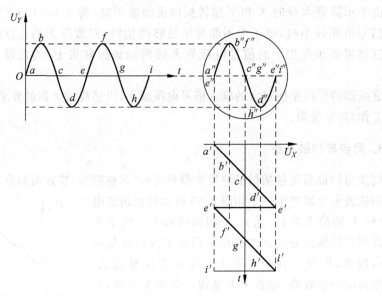

图 4.54　示波器波形显示原理

5. 显示李萨如图形

在示波器的 X 偏转板和 Y 偏转板各加上正弦电压,荧光屏上亮点的运动是两个相互垂直简谐振动的合成。当两个正弦电压的频率相等或成简单整数比时,荧光屏上亮点的合成轨迹为一比较稳定的闭合曲线,即李萨如图形,如图 4.55 所示。

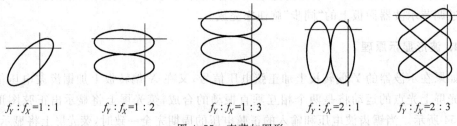

$f_Y : f_X = 1 : 1$　　$f_Y : f_X = 1 : 2$　　$f_Y : f_X = 1 : 3$　　$f_Y : f_X = 2 : 1$　　$f_Y : f_X = 2 : 3$

图 4.55　李萨如图形

李萨如图形可用来测定信号频率。设 f_Y 和 f_X 分别为 Y 偏转板和 X 偏转板电压的频率,n_Y 为垂直割线与图形的最多交点数,n_X 为水平割线与图形的最多交点数,由理论分析可得频率和最多割点数的比例关系为

$$f_Y : f_X = n_X : n_Y$$

如果已知频率 f_X,测出 n_X 和 n_Y,则可求出 f_Y。

【实验内容】

（1）熟悉示波器和信号发生器面板上相关旋钮的作用及调试方法。

（2）示波器的校准：示波器面板上的校准信号为 $V_{P-P}=2.0V,f=1000Hz$ 的方波，用示波器测量该校准信号并比较，记录校准误差供处理数据时用。

（3）由信号发生器输出频率在 1000Hz 以上、幅度任意的正弦波，通过示波器测出该信号的幅度和周期。改变信号的频率和幅度测三次。

（4）观察李萨如图形：$f_Y:f_X=1:1,1:2,1:3,2:1,2:3$。已知 $f_X=50Hz$，通过图形求出 f_Y。

【数据记录】

（1）示波器的校准（见表 4.22 和表 4.23）：

表 4.22　幅度校准

标准值	峰-峰电压长度/格	衰减器挡/(V/div)	测量值/V	误差系数
2.0V				

表 4.23　时间校准

标准值	一个完整波长度/格	扫描时间挡/(ms/div)	测量值/ms	误差系数
$T=1ms$				

（2）测量未知信号（见表 4.24～表 4.26）：

表　4.24

	峰峰电压长度/格	衰减器挡/(电压/格)	测量值/电压	准确值/电压
信号 1				
	一个完整波长度/格	扫描时间挡/(时间/格)	测量值/时间	准确值/时间

表　4.25

	峰峰电压长度/格	衰减器挡/(电压/格)	测量值/电压	准确值/电压
信号 2				
	一个完整波长度/格	扫描时间挡/(时间/格)	测量值/时间	准确值/时间

表　4.26

	峰峰电压长度/格	衰减器挡/(电压/格)	测量值/电压	准确值/电压
信号3	一个完整波长度/格	扫描时间挡/(时间/格)	测量值/时间	准确值/时间

注意：测量未知信号时，衰减器/(电压/格)和扫描时间/(时间/格)用旋钮对应的具体的单位。如 mV/格或 μs/格等。

(3) 观察李萨如图形(已知 $f_X = 50\,\mathrm{Hz}$，见表 4.27)：

表　4.27

频　率　比	李萨如图形	割点数 n_Y	割点数 n_X
$f_Y : f_X = 1 : 1$			
$f_Y : f_X = 1 : 2$			
$f_Y : f_X = 1 : 3$			
$f_Y : f_X = 2 : 1$			
$f_Y : f_X = 2 : 3$			

【注意事项】

(1) 在整个观察波形过程中，注意每个旋钮的作用。

(2) 荧光屏上光点不能太亮，不能久留一处，以免损坏荧光屏。

(3) 示波器所有开关及旋钮都有一定的转动范围限制，不可用力硬旋，否则会损坏仪器。

【思考题】

(1) 示波器由哪几部分组成？各部分的主要功能是什么？

(2) 示波器是良好的，但开机后看不到扫描亮线，这可能是哪些旋钮位置不对？

(3) 若示波器上观察到的波形不断向左移动，这时扫描波的频率是偏高了还是偏低了？要使荧光屏上出现的波数目增多，扫描波的频率应该增加还是减小？

(4) 合成李萨如图形时，能否用示波器的整步装置使图形稳定？

实验 22　灵敏电流计

【实验目的】

(1) 了解灵敏电流计的结构及运动状态。

(2) 学习一种测定电流计的灵敏度和内阻的方法。

【仪器用具】

直流稳压电源、光点反射式灵敏电流计、滑线变阻器、直流电压表、电阻箱、换向开关。

【实验原理】

灵敏电流计是一种灵敏度较高的动圈磁电式电流表，可用来测量微弱电流（$10^{-10} \sim 10^{-6}$ A）或微小电压（$10^{-8} \sim 10^{-3}$ V），但更多的是用作检流计，在要求较高的精密测量中作指零仪表。它分指针式和光点反射式两种，一般来讲，光点反射式比指针式的灵敏度高。下面以光点反射式灵敏电流计为例进行介绍。

1. 灵敏电流计的结构及工作原理

灵敏电流计的工作原理与普通磁电式仪表相同，都是载流线圈在磁场中受力矩作用而偏转的。灵敏电流计具有较高灵敏度的原因只是因其在结构上与一般磁电式仪表有些区别。灵敏电流计的结构如图 4.56 所示。

它主要由以下三部分组成：

（1）磁场部分。永久磁铁 N-S 产生磁场，圆柱形铁芯使磁场呈均匀辐射状。

（2）偏转部分。线圈可以在磁场内转动，上下两端用金属丝绷紧（张丝），线圈以张丝为轴，可以在磁场内绕铁芯自由转动，张丝同时作

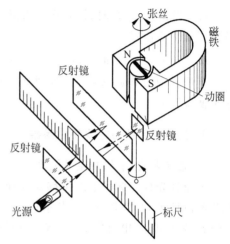

图 4.56　灵敏电流计原理图

为线圈的电流引线。由于用张丝代替一般磁电式电表的轴承，减小了机械摩擦，因此灵敏度较高。

（3）读数部分。小反射镜固定在线圈的张丝上，它把光源射来的光反射到圆弧标尺上，形成光标。当电流通过线圈时，小镜随线圈转动 α 角，因而反射光线相对于入射光线转动 2α 角，光标在圆弧标尺上的位移为 $d = 2\alpha l$，其中 l 为小镜与标尺间的光路距离。由电磁理论可知，线圈的转角 α 正比于流过它的电流 I，所以由光标的位移 d 可以测出通过线圈的电流值。

2. 灵敏电流计线圈的运动特性

当电流 I 通过电流计而偏转时，电流计中的线圈将受到电磁转动力矩 $BNSI$、张丝的反力矩 $-D\alpha$ 及阻尼力矩 $-\rho \dfrac{\mathrm{d}\alpha}{\mathrm{d}t}$ 的作用，因此线圈的运动方程为

$$J \frac{\mathrm{d}^2 \alpha}{\mathrm{d}t^2} + \rho \frac{\mathrm{d}\alpha}{\mathrm{d}t} + D\alpha = BNSI \tag{1}$$

式中,α 是线圈转动的角度;B 是线圈所在位置的磁感应强度;J 是线圈的转动惯量;N,S 分别是线圈的匝数和面积;D 是张丝的扭转系数;ρ 是阻力系数,它包括空气阻力系数和电磁阻力系数。

线圈的运动状态,按照阻尼的大小可分为三种(图 4.57):

(1) 当 $\rho=2\sqrt{JD}$ 时,线圈作临界阻尼运动,即光标较快回到平衡位置;

(2) 当 $\rho>2\sqrt{JD}$ 时,线圈作过阻尼运动,即光标较慢回到平衡位置;

(3) 当 $\rho<2\sqrt{JD}$ 时,线圈作欠阻尼运动,即光标在平衡位置附近作减幅振荡,经过较长时间才静止在平衡位置上。

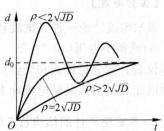

图 4.57　线圈的三种运动状态

d—光标偏离零位的距离;

d_0—光标静止时的平衡位置;

t—时间

3. 灵敏电流计的主要特性参数

1) 电流常数 C_I 和电流灵敏度 S_I

电流计光标在标尺上的位移 d 与通过线圈的电流 I 成正比,即 $I=C_I d$,比例系数 C_I 称为电流计的电流常数,它表示电流计光标偏转单位格数对应的电流值,其单位是 A/mm 或 A/div。电流常数 C_I 越小,电流计越灵敏。电流常数又称为电流计的分度值。

电流常数 C_I 的倒数称为电流灵敏度 S_I,即 $S_I=\dfrac{1}{C_I}=\dfrac{d}{I}$,电流灵敏度的单位是 mm/A 或 div/A。$S_I$ 表示单位电流作用下光标偏转的格数。S_I 越大,电流计越灵敏。

2) 内阻 R_g

它是偏转线圈电阻和张丝电阻之和,而主要是线圈的电阻。

3) 临界电阻 R_c

它是一个与电流计线圈运动状态有关的参量。

4) 自由振动周期 T_0 和临界阻尼时间 t_c

自由振动周期是电流计外电路开路时线圈振动的周期。

临界阻尼时间是电流计在临界状态下工作时,线圈在最大偏转位置处切断电流,由此算起到光标回至零位所需的时间。

4. 灵敏电流计的电流灵敏度 S_I 和内阻 R_g 的测量方法

测量电路如图 4.58 所示,图中 K_2 为换向开关。

由于灵敏电流计允许通过的电流很小,工作电源需经二次分压后再加于电流计。电路中 R_0 为变阻器,它将电源 E 分压,分得的电压 U 由电压表测量,电压 U 再由 R_1 和 R_2

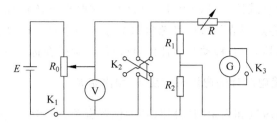

图 4.58　灵敏电流计 S_I 和 R_g 的测量电路

进行第二次分压，R_1 较小，而 R_2 较大（例如 $R_1 = 1\Omega$，$R_2 = 10000\Omega$），二次分压后很小的电压 U_0 再通过限流电阻 R 加于电流计。

$$U_0 = \frac{R_1 /\!/ (R + R_g)}{R_2 + R_1 /\!/ (R + R_g)} U$$

由于 $R_1 \ll R_2$，所以 $R_1 /\!/ (R + R_g) \ll R_2$，上式可简化为

$$U_0 = \frac{R_1 /\!/ (R + R_g)}{R_2} U = \frac{R_1 (R + R_g)}{R_2 (R_1 + R + R_g)} U \tag{2}$$

设这时流经电流计的电流为 I_g，电流计光标偏移 d 分度，则

$$U_0 = I_g (R + R_g) = (R + R_g) C_I d \tag{3}$$

解式（2）和式（3），得电阻 R 与电压 U 之间的关系为

$$R = \frac{1}{C_I d} \frac{R_1}{R_2} U - (R_g + R_1) = aU + b \tag{4}$$

式（4）中，令

$$a = \frac{1}{C_I d} \frac{R_1}{R_2}, \quad b = -(R_g + R_1)$$

由式（4）可知，固定 R_1 和 R_2 不变，并维持电流计光标等偏（d 为恒定值）的条件下，R 与 U 具有线性关系，作 R-U 直线，直线在 R 轴上的截距为 b，所以有

$$R_g = -b - R_1 \tag{5}$$

直线的斜率为 a，所以有

$$S_I = \frac{1}{C_I} = \frac{adR_2}{R_1} \tag{6}$$

【实验内容】

1. 灵敏电流计的调节使用

（1）将灵敏电流计在实验桌上放置水平。将电源插头插在电流计背后的"220V"插口上，接通电源后，将电源开关拨向 220V 一侧，此时照明灯泡亮。

（2）寻找光标，调节零点。在电流计接通电源后，将电流计的"分流器"旋钮从"短路"

挡拨至"直接"或其他衰减挡(×1,×0.1,×0.01),这时在电流计标尺上应出现光标。调节电流计面板上的"零点调节"旋钮,将光标调至标尺的中央。标尺上的一个金属小圆柱体为零点的辅助调节器,左右移动小圆柱体,可以使光标落在标尺的零刻度线上。

2. 用等偏法测量电流计的电流灵敏度 S_I 和内阻 R_g

电流计的电流灵敏度和内阻与"分流器"的位置有关,本实验只测量"×1"挡的电流灵敏度和内阻。

(1) 实验电路按图4.58连接。连接线路时先将阻尼开关 K_3 接上并闭合,电源开关 K_1 断开,变阻器 R_0 的滑动头调至 U 值最小位置,取分压电阻 $R_1=1\Omega$, $R_2=10000\Omega$,切忌弄反! 限流电阻 R 先取大些,例如取 $R=2000\Omega$,电路连接后,经指导教师检查,允许后再接通电源,合上 K_1 和 K_2,断开 K_3,进行测量。

(2) 在等偏条件下,测定 R-U 的变化关系。调节滑线变阻器 R_0,改变 U 的值为 0.2V,调节 R 使光标偏转 $d=50$mm,记录电压表的读数 U 及对应的 R 值(用换向开关 K_2 使向左右各偏转一次,R 的读数分别为 R' 和 R'',取平均值),增大 U(间隔0.2V)重复上述测量,直到 $U=2$V 为止。作 R-U 关系曲线,最后确定 S_I 和 R_g 的值。

【注意事项】

(1) 灵敏电流计允许通过的电流很小(约 10^{-7}A),不允许用万用表或欧姆表去检测其内阻。

(2) 灵敏电流计内部装有"分流器"(×1,×0.1,×0.01三挡),如图4.59所示。当电流计接入电路时,为防止过大电流流经电流计线圈,应先将"分流器"拨至灵敏度最低的×0.01挡,确定通过的电流不会超过容许值后,才逐渐调至灵敏度较高的×1挡或直接挡。用直接挡时,电路不经分流电阻而直接与电流计线圈相连接,所以灵敏度最高,在作平衡指示器时,常用此挡。但这一挡不能读数,除

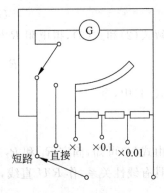

图4.59　灵敏电流计的分流器

非对该挡的电流常数进行测定,这是因为铭牌上的电流常数是分流器在×1挡时测定的。

电流计测量电流的读数为

$$I = 电流常数 \times 刻度读数 \div 倍率$$

(3) 灵敏电流计使用完毕或需要搬动时,必须将电流计短路,搬动时须轻拿轻放。

【思考题】

(1) 灵敏电流计在不使用时,为何要将分流器拨至短路挡?

(2) 你所使用的 AC15/× 型电流计能测量的最小电流和最大电流各是多少?

实验 23　电子束线的偏转

【实验目的】

(1) 了解电子束线管的结构和原理。

(2) 研究带电粒子在电场中偏转的规律。

(3) 研究带电粒子在磁场中偏转的规律。

【仪器用具】

电子束测试仪、电压表。

【实验原理】

示波器中用来显示电信号波形的示波管和电视机里显示图像的显像管都属于电子束线管,尽管它们的型号和结构不完全相同,但都有产生电子束的系统和对电子加速的系统;为了使电子束在屏上清晰地成像,还要有聚焦、偏转和强度控制等系统。本实验仅讨论电子束线的偏转特性及其测量方法。

1. 电子束在电场中偏转

假定由阴极发射出来的电子其平均初速近似为零,在阳极电压作用下,沿 z 方向作加速运动,则其最后速度 v_z 可根据功能原理求出来,即

$$eU_A = \frac{1}{2}mv_z^2$$

$$v_z^2 = \frac{2eU_A}{m} \tag{1}$$

式中,U_A 为加速阳极相对于阴极的电势;e/m 为电子的电荷与质量之比(荷质比)。如果在垂直于 z 轴的 y 方向上设置一个匀强电场,那么以 v_z 速度飞行的电子将在 y 方向上发生偏转,如图 4.60 所示。若偏转电场由一个平行板电容器构成,板间距离为 d,极间电势差为 U,则电子在电容器中所受到的偏转力为

$$F_y = eE = \frac{eU}{d} \tag{2}$$

根据牛顿定律,有

$$F_y = ma = \frac{eU}{d}$$

$$a = \frac{e}{m}\frac{U}{d} \tag{3}$$

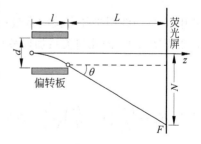

图 4.60　电场偏转

即电子在电容器的 y 方向上作匀加速运动,而在 z 方向上作匀速运动,电子穿越电容器的时间为

$$t = \frac{l}{v_z} \tag{4}$$

当电子飞出电容器后,由于电子束受到的合外力近似为零,于是电子几乎作匀速直线运动,一直打到荧光屏上,如图 4.60 中的 F 点。整理以上各式可得电子偏离 z 轴的距离为

$$N = K_E \frac{U}{U_A} \tag{5}$$

式中,$K_E = \dfrac{Ll}{2d}\left(1 + \dfrac{l}{2L}\right)$ 是一个与偏转系统的几何尺寸相关的常量。

电场偏转的特点是:电子束偏离 z 轴(即荧光屏中心)的距离与偏转板两端的电压成正比,与加速极的加速电压成反比。

2. 电子束在磁场中的偏转

如果在垂直于 z 轴的方向上设置一个亥姆霍兹线圈所产生的恒定均匀磁场,那么以 v_z 速度飞行的电子在 y 方向上也将发生偏转,如图 4.61 所示。假定使电子偏转的磁场在 l 范围内均匀分布,则电子受到的洛伦兹力 $ev_z B$ 大小不变,方向与速度垂直,因而电子作半径为 R 的匀速圆周运动,洛伦兹力就是向心力,根据牛顿第二定律有

$$f = ev_z B = m\frac{v_z^2}{R}$$

$$R = \frac{mv_z}{eB} \tag{6}$$

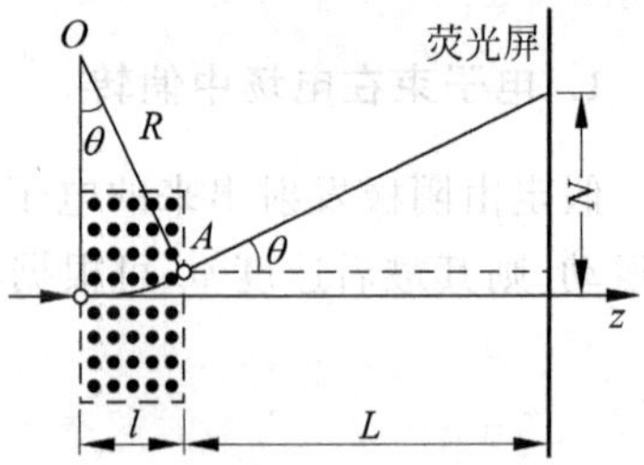

图 4.61　磁场偏转

当电子飞到 A 点时将沿着切线方向飞出,直射荧光屏,由于磁场由亥姆霍兹线圈产生,因而磁场强度

$$B = kI \tag{7}$$

式中,k 是与线圈半径有关的常量;I 为通过线圈的电流值。将式(1)和式(7)代入式(6),再根据图 4.61 的几何关系加以整理和简化,可得到电子偏离 z 轴的距离为

$$N = K_m \frac{I}{\sqrt{U_A}} \tag{8}$$

式中,$K_m = \dfrac{Llk}{\sqrt{2}}\left(1 + \dfrac{l}{2L}\right)\sqrt{\dfrac{e}{m}}$,也是一个与偏转系统几何尺寸有关的常量。

磁场偏转的特点是:电子束的偏转距离与加速电压的平方根成反比,与偏转电流成正比。

【实验内容】

1. 验证电偏转规律

验证：(1)加速电压不变时，偏转距离与偏转电压成正比；

(2)偏转电压不变时，偏转距离与加速电压成反比。

取加速电压 $U_A = 1000\text{V}$，调节仪器使荧光屏上呈现清晰的亮点。在偏转电压(U_Y 或 U_X)为零的情况下调节"y(或 x)调零"旋钮，使亮点在屏上坐标刻度的中心。在 y(或 x)方向上测量偏转为 $N = -10$ 格～$+10$ 格(间隔 1 格)的偏转电压 U_Y(或 U_X)；再取几个 U_A 值重复做。作 U_Y(或 U_X)-N 的关系曲线，验证其规律。

2. 验证磁偏转规律

验证：(1)加速电压不变时，偏转距离与偏转电流成正比；

(2)偏转电流不变时，偏转距离与加速电压的平方根成反比。

取加速电压 $U_A = 1000\text{V}$，测量偏转 1.0,2.0,3.0,…格对应的电流 I，再取几个 U_A 值重复做。以偏转格数 N 为横坐标，电流 I 为纵坐标，作各种 U_A 时的 I-N 图线，验证其规律。

【注意事项】

(1)电路有高压，注意安全，切勿用手触摸仪器面板接线柱及插孔的金属裸露部分。

(2)在用电压表测量电压时，电压表的挡位应随着测量电压的高低而及时转换，以免损坏电压表。

【思考题】

(1)电子束偏转的方法有几种？它们的规律各是什么？

(2)试比较两种偏转法的优缺点。

实验 24　电子束线的聚焦

【实验目的】

(1)了解电子束线管的结构和原理。

(2)研究带电粒子在电场中聚焦的规律。

(3)研究带电粒子在磁场中聚焦的规律。

【仪器用具】

电子束测试仪、电压表。

【实验原理】

1. 电子束线的电场聚焦

阴极发射出来的电子在电场的作用下,会聚于控制栅极小孔附近一点。在这里,电子束具有最小的截面,往后,电子束又散射开来。为了在屏上得到一个又小又亮的光点,必须把散射开来的电子束会聚起来。

像光束通过凸透镜(或透镜组)时,因玻璃的折射作用,使光束聚焦成一个又小又亮的光点一样,也能使电子束通过一个聚焦电场,在电场力的作用下,电子运动轨道改变而会合于一点,结果在荧光屏上得到一个又小又亮的光点。产生这个聚焦的静电场装置,在电子光学里称为静电电子透镜。

电子枪内的聚焦电极 FA 与第二加速电极 A_2 组成一个静电透镜,它的作用原理如下:

图 4.62 是 FA 与 A_2 之间电场分布的截面图。虚线为等位线,实线为电力线,电场对 z 轴是对称分布的。电子束中某个散离轴线的电子沿轨道 S 进入聚焦电场。在电场的前半区(左边),这个电子受到与电力线相切方向的作用力 f。f 可分解为垂直指向轴线的分力 f_r 与平行于轴线的分力 f_z(图中 A 区)。f_r 的作用使电子运动向轴线靠拢,起聚焦作用;f_z 的作用使电子沿 z 轴线方向得到加速度。电子到达电场的后半区(右边)时,受到的作用力 f' 可分解为相应的 f_r' 和 f_z' 两个分量。f_r' 使电子离开轴线,起散焦作用。但因为在整个电场区域里电子都受到同方向的沿 z 轴的作用力(f_z 和 f_z'),电子在后半区的轴向速度比在前半区大得多。因此,在后半区,电子受 f_r' 的作用时间短得多,获得的离轴速度比在前半区获得的向轴速度小。总的效果是,电子向轴线靠拢,整个电场起聚焦作用。改变 FA 与 A_2 之间的电位差,从而改变其间的电场强度可实现聚焦作用的强弱。这样,电子到达荧光屏时会聚于一小点。

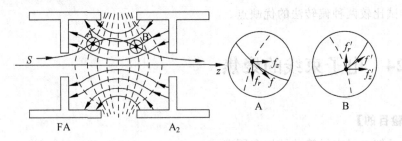

图 4.62　静电透镜

理论与实践证明,不管光点亮度如何,聚焦的条件都是

$$G = \frac{U_{A_2}}{U_{FA}} \approx 常数 \tag{1}$$

由于 $U_{A_2}>U_{FA}$，因此 $G>1$，这样的聚焦称为正向聚焦；若 $U_{A_2}<U_{FA}$，即 $G<1$，U_{A_2} 与 U_{FA} 调节恰当也可以聚焦，称为反向聚焦，但是光点较暗。

2. 电子束线的磁聚焦

将示波管放在螺线管磁场中，并将示波管的第一阳极、第二阳极、X 和 Y 偏转板都连在一起，使电子在进入第一阳极后在等电势的空间运动。由于栅极和第一阳极之间的距离较短，只有 1mm 左右，又由于电子从阴极发射出来的初速度很小(仅相当于 $0\sim1.5\mathrm{V}$ 下获得的速度)，而阳极加速电压高达 $800\sim1200\mathrm{V}$，所以可以认为各电子进入第一阳极时的轴向速度 $v_{/\!/}$ 是相同的，其大小由阳极电压 U_A 决定，即

$$\frac{1}{2}mv_{/\!/}^2 = eU_A$$

$$v_{/\!/} = \sqrt{\frac{2eU_A}{m}} \tag{2}$$

式中，m 为电子质量；e 为电子电荷。

进入第一阳极的各电子的径向速度 $v_\perp$ 则有明显差异，在洛伦兹力 $F=ev_\perp B$(B 为磁感应强度)的作用下，使电子在垂直于 B 的平面内作匀速圆周运动，其向心力就是洛伦兹力，即

$$\frac{mv_\perp^2}{R} = ev_\perp B \tag{3}$$

所以圆周轨道半径 R 为

$$R = \frac{mv_\perp}{eB} \tag{4}$$

其作圆运动一周的时间为

$$T = \frac{2\pi R}{v_\perp} = \frac{2\pi m}{eB} \tag{5}$$

上式表明，无论电子的径向速度 $v_\perp$ 的大小如何，它们完成一次圆运动的时间都相同。另外，由于它们同是从轴线上一点出发作圆运动的，因而在经过时间 T 后又会都回到轴线上，不过由于轴向速度为 $v_{/\!/}$，再次回到轴线上时，已前进了距离 $v_{/\!/}T$，如图 4.63 所示。电子的运动轨迹是因 $v_\perp$ 而异的螺线，但螺距都为

$$h = v_{/\!/}T = \frac{2\pi m}{eB}v_{/\!/} \tag{6}$$

这就是说，由一点 A 出发的电子束(在本实验中就是从第一个交叉点出发)，虽然各个电子的径向速度 $v_\perp$ 不相同，但由于轴向速度 $v_{/\!/}$ 相同，各个电子将沿不同的螺旋线前进，如果调节磁场 B 使螺距 h 等于第一个交叉点到屏的距离 l，则电子束又重新会聚到 A' 点，如图 4.63 所示，这就是磁聚焦。

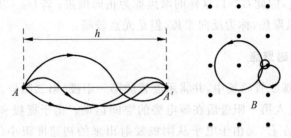

图 4.63　电子在磁场中的运动轨迹

【实验内容】

1. 电场聚焦

(1) 加速电压调最小,调节栅压和聚焦电压使屏上呈现清晰的较暗的光点,记下此时的栅压 U_G、加速电压 U_{A_2} 和聚焦电压 U_{FA}。然后加速电压间隔 50V 改变 4 次,同时每次都调节聚焦使光点最小,分别测出对应的聚焦电压 U_{FA}。

(2) 栅压 U_G 间隔 2V 降低重复(1)再做两次。

(3) 通过实验结果验证电聚焦规律。

2. 磁场聚焦

将螺线管和直流电源相接,并将电流表串联其中去测量励磁电流 I。使加速电压 U_A 取某一值(如 1000V),由小到大调励磁电流,测出第一、二、三次聚焦的电流 I_1, I_2, I_3。

将加速电压间隔 50V 改变 4 次,重复测量聚焦电流。通过实验结果验证磁聚焦规律。

【注意事项】

(1) 电路有高压,注意安全,切勿用手触摸仪器面板接线柱及插孔的金属裸露部分。

(2) 在用电压表测量电压时,电压表的挡位应随着测量电压的高低而及时转换,以免损坏电压表。

(3) 聚焦点的亮度太强会损坏荧光屏,因此实验时应尽可能适当降低亮度,减少光点停留时间。

【思考题】

(1) 电场聚焦的条件是什么? 磁场聚焦的条件是什么?

(2) 为什么反向电场聚焦的光点亮度很暗?

(3) 荧光屏上光点的亮度变化为什么会影响聚焦?

实验 25　用双臂电桥测低电阻

【实验目的】

(1) 体会双臂电桥的设计思想,理解用双臂电桥测低电阻的原理。
(2) 学会用双臂电桥测低电阻的方法。

【仪器用具】

直流稳压电源、双臂电桥。

【实验原理】

1. 低电阻测量中的困难与处理

在测量 1Ω 以下的低电阻时,由于接线电阻和接触电阻(数量级为 $10^{-2}\sim 10^{-5}\,\Omega$)可能和被测电阻同数量级,甚至更大,结果会产生很大的误差。要消除或减小接线电阻和接触电阻对测量的影响,先要清楚它们是怎样影响测量结果的。

图 4.64 是用伏安法测金属棒两端电阻的电路,考虑到接线电阻和接触电阻的影响,其等效电路如图 4.65 所示。其中 r_1 为安培表与金属棒接头处的接触电阻,r_2 为变阻器与金属棒接头处的接触电阻,r_3 为毫伏表与金属棒、安培表之间的接触电阻和接线电阻,r_4 为毫伏表与金属棒、变阻器之间的接触电阻和接线电阻。由图 4.65 可知,此时毫伏表所测的是 r_1+R+r_2 的电压,由于 r_1 和 r_2 的阻值与 R 具有相同的数量级或更大,因此,将毫伏表的读数当作 R 上的电压值来计算电阻,其误差会很大。

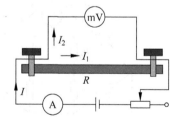

图 4.64　用伏安法测金属棒两端的电阻

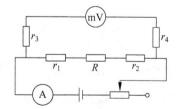
图 4.65　图 4.64 的等效电路

为了减小 r_1,r_2,r_3 和 r_4 引入的误差,对低电阻采用四个端子接头,将通电流的接头(简称电流接头)AD 和测量电压的接头(简称电压接头)BC 分开,并且把电压接头放在里面,如图 4.66 所示。其等效电路见图 4.67。其中 r_1,r_2,r_3 和 r_4 的意义同前,但它们在电路中的位置不同。由于毫伏表的内阻远大于 r_3,r_4 和 R,所以毫伏表和安培表的读数可以相当准确地反映电阻 R 上的电压降和通过它的电流,这样,利用 $R=\dfrac{U}{I}$ 即可解出 R。

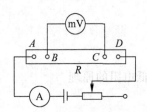

图 4.66　低电阻四个端子连接电路

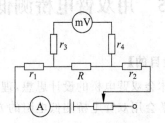

图 4.67　图 4.66 的等效电路

同样,为了避免接触电阻的影响,一些级别较高的标准电阻上都有两对接线端子,一对较粗的为电流接头,一对较细的为电压接头。

2. 直流双臂电桥的原理

把电阻的四端子接法应用到惠斯通电桥电路中,就构成双臂电桥,如图 4.68 所示。图中 R_x 和 R_s 是待测电阻和标准电阻,R_x 和 R_s 都是四端子结构。R_x 和 R_s 之间的电流接头 C_{x2} 和 C_{s1} 用粗导线连接起来,电压接头 P_{x2} 和 P_{s1} 分别接上电阻 R_B 和 R_2 后再和检流计相接,从而构成"双桥",这样的桥路称为双电桥(又称开尔文电桥)。对图 4.68 的桥路分析可知,电压接头 P_{x1} 处的接触电阻和接线电阻 r_1 应算作与 R_A 串联,P_{s2} 处的接触电阻和接线电阻 r_2 应算作与 R_1 串联,P_{x2} 处的接触电阻和接线电阻 r_3 应算与 R_B 串联,P_{s1} 处的接触电阻和接线电阻 r_4 应算与 R_2 串联,这样,图 4.68 的等效电路如图 4.69 所示,其中 r 为电流接头 C_{x2} 和 C_{s1} 之间的接触电阻和接线电阻。

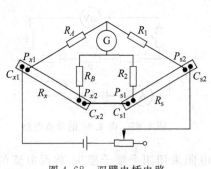

图 4.68　双臂电桥电路

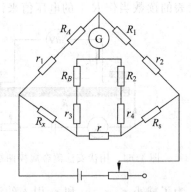

图 4.69　图 4.68 的等效电路

下面我们推导双臂电桥的平衡条件,从这个过程中可以看出,在一定条件下,接触电阻和接线电阻 r_1,r_2,r_3,r_4 及 r 对测量的影响可以完全消除掉。当电桥平衡时,检流计指针指零,设这时流过 R_A 和 R_1 的电流为 I,流过 R_x 和 R_s 的电流为 I_0,流过 R_B 和 R_2 的电流为 i,则由检流计两端的电位相等可得

$$\begin{cases} (R_A + r_1)I = R_x I_0 + (R_B + r_3)i \\ (R_1 + r_2)I = R_s I_0 + (R_2 + r_4)i \\ (R_B + r_3 + R_2 + r_4)i = r(I_0 - i) \end{cases} \tag{1}$$

一般 R_A,R_1,R_B 和 R_2 均取几十欧或几百欧,而接触电阻和接线电阻 r_1,r_2,r_3 和 r_4 均在 0.1Ω 以下,即 $R_A \gg r_1$,$R_1 \gg r_2$,$R_B \gg r_3$,$R_2 \gg r_4$,因此式(1)可简化为

$$\begin{cases} R_A I = R_x I_0 + R_B i \\ R_1 I = R_s I_0 + R_2 i \\ (R_B + R_2)i = r(I_0 - i) \end{cases} \tag{2}$$

解方程组(2)得

$$R_x = \frac{R_A}{R_1} R_s + \frac{R_2 r}{R_B + R_2 + r} \left(\frac{R_A}{R_1} - \frac{R_B}{R_2} \right) \tag{3}$$

由式(3)知,用双臂电桥测电阻时,R_x 由两项决定,其中第一项与惠斯通电桥相同,第二项为校正项。

当电桥平衡时,若满足条件

$$\frac{R_A}{R_1} = \frac{R_B}{R_2} \tag{4}$$

并且在整个测量调节过程中保持不变(设计电桥时,通常使 $R_A = R_B$,$R_1 = R_2$),则式(3)的校正项为零,在这种条件下,双臂电桥的平衡条件为

$$R_x = \frac{R_A}{R_1} R_s \tag{5}$$

从以上的讨论可知,采用低电阻四端子接法的双桥结构,可以把各部分的接触电阻和接线电阻分别引入到电流回路、电源回路中,使它们与电桥平衡无关,或者引入到大电阻支路中,使它们的影响可以忽略。这就是双臂电桥减小或消除接触电阻和接线电阻影响的设计思想。

3. 双臂电桥的灵敏度

当电桥平衡时,将电阻 R_s 调偏一个量 ΔR_s,由于电桥偏离平衡引起检流计偏转 Δn 格,则双臂电桥的灵敏度为

$$S = \frac{\Delta n}{\dfrac{\Delta R_s}{R_s}} \tag{6}$$

【实验内容】

(1) 熟悉双臂电桥面板各旋钮的作用。

(2) 测量金属铜棒的电阻,要求测量三次取平均值。

(3) 测量双臂电桥的灵敏度。

【注意事项】

(1) 被测电阻要按电流接头、电压接头分开的原则正确连接。

(2) 连接用导线应该粗而短,各接头必须干净、接牢,避免接触不良。

(3) 由于通过待测电阻的电流较大,在测量的过程中,通电时间应尽量短暂。

【思考题】

(1) 双臂电桥和惠斯通电桥有何异同?

(2) 在双臂电桥电路中,是怎样消除导线的接线电阻和接触电阻的影响的?

(3) 若测量金属棒的电阻率,其有效长度 L 应该是哪两点间的距离?

实验 26　薄透镜焦距的测定

透镜是构成显微镜、望远镜和照相机等各种光学仪器最基本的光学元件,焦距是透镜的重要参量之一,透镜的成像位置及性质(大小、虚实)均与其有关。了解透镜成像的规律,测量透镜的焦距,是最基本的光学实验。

【实验目的】

(1) 学习光具座上各元件的共轴调节方法。

(2) 熟悉透镜成像的规律。

(3) 掌握几种测量薄透镜焦距的基本方法。

【仪器用具】

光具座、凸透镜、凹透镜、平面反射镜、光源、物屏、像屏。

【实验原理】

透镜分凸透镜和凹透镜两类。凸透镜又称正透镜或会聚透镜,光线因折射起会聚作用,焦距越短,会聚本领越大;凹透镜又称负透镜或发散透镜,光线因折射起发散作用,焦距越短,发散本领越大。

薄透镜是指厚度远小于两折射面的曲率半径的透镜,近光束条件是指入射光与光轴的夹角小于 5°,通过透镜中心并垂直于镜面的几何直线称做透镜的主光轴。平行于主光轴的平行光经凸透镜折射后会聚于主光轴上的一点 F,如图 4.70(a)所示,F 点就是该透镜的焦点。一束平行于凹透镜主光轴的平行光,经凹透镜折射后成为发散光,将发散光束反向延长交于主光轴上的一点 F,如图 4.70(b)所示,该点称为凹透镜的焦点。在近轴光束条件下,透镜成像的高斯公式为

$$\frac{1}{s'} - \frac{1}{s} = \frac{1}{f'} \tag{1}$$

式中,s' 和 s 分别为像距和物距;f' 为像方焦距。

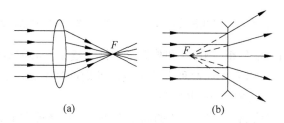

图 4.70　平行光经过透镜会聚或发散光路图

对于式(1)中各物理量的符号规则:以薄透镜中心为原点量起,与光线进行方向一致时为正、反之为负。运算时已知量需加符号,未知量则以求得结果的符号判断其物理意义。

测量薄透镜焦距的方法有多种,它们均可以由式(1)导出,至于选择什么方法和仪器,应根据测量所要求的精度来确定。

1. 凸透镜焦距的测量

(1)用物距、像距法求焦距

当实物经凸透镜成实像于像屏上时,通过测量物距 s 及像距 s'(图 4.71),利用式(1)可求出焦距 f',即

$$f' = \frac{ss'}{s - s'} = \frac{-s's}{s' - s} \tag{2}$$

(2)用自准直法求焦距

由 $\frac{1}{s'} - \frac{1}{s} = \frac{1}{f'}$ 可知,当 $s' \to \infty$ 时,$s = -f'$,即物体正好处于透镜的物方焦平面处(图 4.72),物体上各点发出的光束经透镜折射后成为不同方向的平行光,然后被反射镜反射回来,再经透镜折射后,成一与原物大小相同的、倒立的实像 $A'B'$,且与原物在同一平面,即成像于该透镜的物方焦平面上,此时物距即为透镜的焦距,其数值可由光具座导轨标尺直接读出,此法迅速。该方法利用调节实验装置本身产生平行光以达到调焦的目的,故称为自准直法。它不仅用于测透镜焦距,还常常用于光学仪器的调节,如平行光管的调节和分光计中望远镜的调节等。

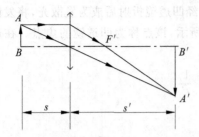

图 4.71　物距、像距法测凸透镜焦距光路图

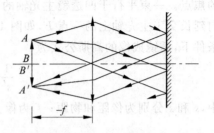

图 4.72　自准直法测凸透镜焦距光路图

以上两种方法测透镜焦距,物距 s 和像距 s' 都涉及透镜光心的确定,而一般透镜的光心并不一定在透镜中心,因而上述两种方法测量的准确度都不高。

(3) 用贝塞尔法(二次成像法)求焦距

如图 4.73 所示,当物 AB 与像屏 P 的间距 $L>4f'$ 时,透镜在 L 间移动,可在屏 P 上两次成像:一次放大的像 $A'B'$,一次缩小的像 $A''B''$。由式(2)及成像的几何关系可得

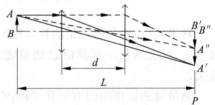

$$f' = \frac{L^2 - d^2}{4L} \qquad (3)$$

式中,L 为物与像屏的间距;d 为透镜移动的距离。只要测出 L 与 d,就可计算出 f'。此方法测量透镜的焦距避免了确定光心位置的困难和误差,测量的准确度较高。

图 4.73　二次成像法则凸透镜焦距光路图

2. 凹透镜焦距的测量方法

因实物经凹透镜后,不能在屏上生成实像,因此在测量凹透镜焦距时须借助一个凸透镜作为辅助透镜。先让凸透镜给凹透镜生成一个虚物,最后再由凹透镜生成一个实像。

(1) 物距、像距法

如图 4.74 所示,O 处的物经凸透镜 L_1 后将成像于 O_1,在 L_1 和 O_1 之间插入凹透镜 L_2 后,则 O_1 便成为凹透镜 L_2 的虚物,对 L_2 而言,物距 $s=BO_1$,该虚物经凹透镜 L_2 再成实像于 O_2,像距 $s'=BO_2$。由式(2)得

$$f' = \frac{ss'}{s - s'}$$

注意:这时 s 与 s' 均为正值,且 $s'>s$,故上式的计算结果必有 $f'<0$。

(2) 自准直法

如图 4.75 所示,凸透镜成实像于 O_1 时,在 L_1 和 O_1 之间插入凹透镜 L_2 及平面镜

M,移动 L_2,当 O_1 位于 L_2 的物方焦平面时,则自 L_2 出射的光线为平行光。据光路可逆原理,该平行光经平面反射镜反射后最后必定在 O 点形成一个与原物等高、倒立的实像。这时 $f_2' = -BO_1$。

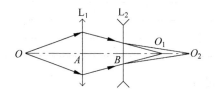
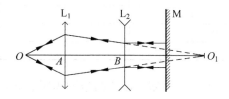

图 4.74　物距、像距法则凹透镜焦距光路图　　图 4.75　自准直法则凹透镜焦距光路图

【实验内容】

1. 学习光学系统的共轴调节

粗调:将光源、物屏、待测透镜及像屏依次放在光具座上,并将它们尽量靠拢,进行目测,使所有元件中心大致在同一直线上且与导轨平行,同时使各光学元件面基本垂直于光具座导轨。

细调:利用光学系统本身进一步调整,使之达到移动光学元件,成像没有上下左右偏移。在凸透镜成像系统中,当物和像屏之间的距离大于 $4f'$ 时,移动透镜可分别产生放大和缩小的实像,当成小像时,调节光屏高低,使像 B'' 的底端与光屏中心重合;而在成大像时,则调节透镜的高低,使像 B' 底端与光屏中心重合。依次反复调节即可。

2. 测量凸透镜的焦距

(1) 用自准法测 f' 五次,求其平均值计算不确定度。

(2) 用物距、像距法测 f':取 $s>f'$,$s=2f'$,$s>2f'$ 各测一次,求其平均值。

(3) 用贝塞尔法(二次成像法)测 f'。在 L 不变的条件下,测 d 三次,求其平均值,代入式(3)计算 f'。

3. 测凹透镜的焦距

(1) 用物距、像距测量 f' 三次,求其平均值。

(2) 用自准直法测量 f' 五次,求其平均值。

【数据记录】

除自准直法外,其他的方法都用列表法进行数据记录。

(1) 物距、像距法测凸透镜焦距数据表(见表 4.28):

表 4.28   cm

次数	物屏位置 x_A	透镜位置 x_O	像屏位置 $x_{A'}$	s	s'	f	成像情况	$\bar{f'}$
1								
2								
3								

(2) 用贝塞尔法测凸透镜焦距数据表(自行设计)。

(3) 物距、像距法测凹透镜焦距数据表(自行设计)。

【思考题】

(1) 已知一凸透镜的焦距为 f,要用此透镜成一放大的像,物体应放在离透镜中心多远的地方? 成缩小的像时,物体又应放在离透镜中心多远的地方?

(2) 用贝塞尔法测凸透镜焦距时,为什么 d 应略大于 $4f$?

实验 27 用牛顿环测定透镜的曲率半径

牛顿环是波动光学中研究等厚干涉现象的典型实验之一,它为光的波动性提供了重要的实验证据。该实验通常可用于测量透镜的曲率半径,检验被测物体平面或球面的质量和其表面的粗糙度。

【实验目的】

(1) 通过实验加深对等厚干涉原理及定域干涉概念的理解。

(2) 学习用等厚干涉测量透镜曲率半径的方法。

(3) 学会读数显微镜的正确使用。

【仪器用具】

牛顿环仪、钠光灯、JXD-B$_b$ 型读数显微镜。

【实验原理】

如图 4.76 所示,一个曲率半径很大的平凸透镜,以其凸面朝下,放在一块平面玻璃上,除接触点外,二者之间形成一层空气薄膜,其厚度由中心接触点向四周逐渐增加,离接触点等距离的地方,厚度相同。当入射光 I 垂直入射平凸透镜时,入射光将在空气薄膜上、下两表面反射,产生具有一定光程差的两束相干光①,②,从而在薄膜表面附近产生等厚干涉条纹。在反射方向观察时,将看到一组以接触点为中心的亮暗相间的同心圆环,而且中心是一暗斑;如果在透射方向观察,则看到的干涉环纹与反射光的干涉环纹的光强分布恰成互补,中心是亮斑,原来的亮环处变为暗环,暗环处变为亮环,这种干涉现象最早为牛顿所发现,故称为牛顿环。

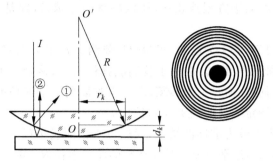

图 4.76　牛顿环

设单色光的波长为 λ,与接触点 O 距离为 r_k 的空气间隙厚度为 d_k,由空气间隙上下表面反射的光所产生的光程差(从图 4.76 中可知,是由几何路程所产生)为

$$\Delta l = 2d_k + \frac{\lambda}{2} \tag{1}$$

式中,d_k 为空气薄层的厚度;$\frac{\lambda}{2}$ 是光在空气层下表面和平玻璃的分界面上反射时的半波损失引起的附加光程差。由于这一光程差由空气薄层的厚度决定,所以由干涉产生的牛顿环也是一种等厚干涉条纹。又由于空气层的等厚线是以 O 为圆心的同心圆,所以干涉条纹成为明暗相间的同心圆环。

在中心处,$d_k=0$,由于有半波损失,两相干光光程差为 $\frac{\lambda}{2}$,所以形成一暗斑。从图 4.76 中的几何关系可求得环半径 r_k 与透镜曲率半径 R 的关系,在 r_k 和 R 为两边的直角三角形中,

$$R^2 = (R - d_k)^2 + r_k^2 = R^2 - 2Rd_k + d_k^2 + r_k^2$$

因为 $R \gg d_k$,此式中可略去 d_k^2,于是得

$$d_k = \frac{r_k^2}{2R} \tag{2}$$

当

$$\Delta l = (2k + 1)\frac{\lambda}{2} \tag{3}$$

时满足相消条件,产生暗条纹,其中 k 为干涉条纹的级数。由式(1)~式(3)得第 k 级暗条纹的半径为

$$r_k = \sqrt{kR\lambda} \tag{4}$$

同样可以推出第 k 级亮条纹的半径为

$$r'_k = \sqrt{(2k-1)R\frac{\lambda}{2}} \tag{5}$$

由于半径 r 与环的级次的平方根成正比,所以环越向外越密,即是一组内疏外密的同心圆环。

由式(4),式(5)可知,若 λ 为已知,实验中只要测出 r_k 和 r'_k 就可算出透镜的曲率半径 R;相反,若 R 已知,则可算出 λ。但由于玻璃的弹性形变、接触处不干净等原因,因而接触处不可能是一个几何点,而是一个圆斑,以至于难以判定干涉环的中心和级次,因此要利用式(4)或式(5)来测定 R 实际上是不可能的。

为了减少误差,得到较为准确的结果,我们可直接测量第 $(k+m)$ 级暗条纹与第 k 级暗条纹的直径 d_{k+m} 和 d_k,用平方差来计算透镜的曲率半径 R。由式(4)可得

$$\frac{d_{k+m}^2}{4} = (k+m)R\lambda \quad \text{和} \quad \frac{d_k^2}{4} = kR\lambda$$

两式相减得

$$R = \frac{d_{k+m}^2 - d_k^2}{4m\lambda} \tag{6}$$

式中,d_{k+m} 和 d_k 分别为第 $k+m$ 级和第 k 级暗环的直径;m 为各环的环序差。式(6)表明,R 只与干涉的级次差有关,而与干涉级次本身无关。

【实验内容】

(1) 实验装置如图 4.77 所示。将牛顿环仪放置在读数显微镜的载物台上,让钠光光源入射到玻璃片 G 上,使一部分光由 G 反射后垂直入射到平凸透镜上。调节 G 的高低及方位(约与水平方向成 45°)和钠光灯的位置,使显微镜视场亮度最大并且均匀。

(2) 调节读数显微镜 M 的目镜,使目镜视场中十字叉丝最清晰,然后由下而上移动镜筒对空气的上表面调焦,以找到清晰的干涉圆环。

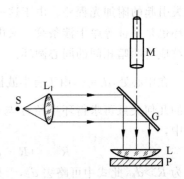

图 4.77   牛顿环干涉实验装置图

(3) 测量前还应调节读数显微镜十字叉丝竖线与显微镜筒的移动方向垂直(亦即十字叉丝横线与显微镜的主尺方向平行),如何调节?(请思考)

(4) 调节显微镜并调节牛顿环仪的位置,使叉丝交点与干涉圆环的中心重合,然后使叉丝的交点由中心向右移到干涉圆环的较外层,再反向左移过中心到较外层,观察整个视场中干涉条纹的清晰度,以选择干涉圆环合适的测量范围。

(5) 测量。取 $m=10$,并选相继 5 组直径平方差 $d_{k+m}^2 - d_k^2$,然后求平均值。具体方法是:如选择的测量范围为距中心的第 11 个暗环到第 25 个暗环时,则转动显微镜的测微

螺旋,使镜筒向左(或向右)移动到叉丝交点对准第 30 环,再反转使叉丝竖线依次与第 25,24,…,21 及第 15,14,…,至 11 个暗环相切,并依次记下相应的读数 $x_{25}, x_{24}, \cdots, x_{21}$ 及 $x_{15}, x_{14}, \cdots, x_{11}$;再将镜筒继续沿原方向移动,使叉丝竖线越过中心暗斑,与另一方的 11,12,…,15 及 21,22,…,至第 25 个暗环相切,记下相应的读数 $x'_{11}, x'_{12}, \cdots, x'_{15}$ 及 $x'_{21}, x'_{22}, \cdots, x'_{25}$;再将同一暗环的两次读数相减算出各环的直径 $d_{11}, d_{12}, d_{13}, d_{14}, d_{15}$ 及 $d_{21}, d_{22}, d_{23}, d_{24}, d_{25}$。测量时要注意干涉环的序数不能数错。

【数据记录】

(1)用逐差法处理数据。用逐差法可求得 5 个 $d_{k+10}^2 - d_k^2$ 的值,求平均值,利用式(6)计算透镜凸面的曲率半径。

(2)计算测量结果 R 并估算不确定度 u_R。计算时把波长 λ 和 $m=10$ 看做常数,仪器误差可取显微镜的示值误差限,即 $\Delta_1 = 0.01\text{mm}$。

数据表格见表 4.29。

表 4.29   mm

环序 k	显微镜读数		直径 d_k $(d_k = x_k - x'_k)$	$d_{k+m}^2 - d_k^2$	R_i	$\bar{R}$
	x_k	x'_k				
25						
24						
23						
22						
21						
15						
14						
13						
12						
11						

【注意事项】

(1)干涉环两侧的序数不要数错。

(2)防止读数显微镜的回程误差。

【思考题】

(1)你所观察到的全部牛顿环是否都在同一平面上?为什么?能否利用本实验设备,通过实验检验你的回答正确与否?

(2)若用白光代替单色光照射,则所观察的牛顿环将变成怎样?

实验 28　分光计的调节及棱镜顶角的测量

分光计是一种精密测量角度的典型光学仪器,不仅可在利用光的反射、折射、衍射原理的各项实验中测量角度,还可用作多种光学现象的定性观察,如光波的衍射和干涉现象。分光计装置精密,结构复杂,调节起来比较困难,是学习中的一个难点,因此要求同学们必须了解其基本结构,明确调节要求,实验过程中注意观察现象,并运用已有的理论知识去分析、指导操作。

【实验目的】

(1) 熟悉分光计的结构及各部分的作用。

(2) 掌握分光计的调节要求和方法。

(3) 掌握角游标读数及校正偏心差的方法。

(4) 会用分光计测定棱镜顶角。

【仪器用具】

JJY1′-A 型分光计、平行平面反射镜、钠光灯、三棱镜。

【实验原理】

1. 仪器结构

JJY1′-A 型分光计的外形结构如图 4.78 所示,该仪器主要由准直光管、望远镜、刻度盘、载物平台和底座五个部件组成。其中除准直光管被固定外,其他部分均可绕仪器的中心竖轴转动。

(1) 准直光管。准直光管 3 是用来产生平行光的。它一端装有一个消色差复合正透镜,另一端装有狭缝。调节螺丝 26 可改变狭缝的宽度,狭缝的宽度可在 0.02~2mm 内调节,松开狭缝锁紧手轮 2,调节狭缝在准直光管套筒中的前后位置,使狭缝清晰地成像在望远镜分划板平面上,则从狭缝发出的光经透镜后成为平行光。

(2) 准直望远镜。望远镜 8 是用来确定准直光管方位的。它由消色差物镜和阿贝式目镜组成,其结构如图 4.79(a)所示。透镜由 A 筒、B 筒及目镜 C 组成,A 筒的一端固定着物镜,另一端套有可伸缩的 B 筒,而 B 筒中安装有分划板、小棱镜及目镜 C。旋转目镜 11 可改变目镜与分划板的间距,使分划板通过目镜在观察者的明视距离生成放大虚像。旋转物镜调焦手轮 10 可移动 B 筒改变分划板与物镜的距离,使分划板位于物镜的焦平面上。图 4.79(b)为适当调节目镜 C 与分划板间距后,自目镜中看到的视场。

分划板上刻有双十字叉丝和透光小"十"字刻线,并且上十字叉丝和透光小"十"字刻

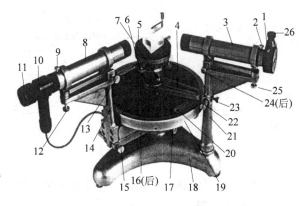

图 4.78　JJY1′-A 型分光计的外形结构

1—狭缝；2—狭缝锁紧手轮；3—准直光管；4—游标盘锁紧螺钉；5—载物台；6—载物台调平螺钉(3 只)；7—载物台锁紧螺钉；8—望远镜；9—目镜锁紧螺钉；10—物镜调焦手轮；11—阿贝式自准直目镜；12—望远镜光轴高低调节螺钉；13—望远镜水平调节螺钉；14—望远镜支架；15—望远镜微调螺钉；16—转座与度盘止动螺钉；17—望远镜止动螺钉；18—底座；19—度盘；20—游标盘；21—立柱；22—游标盘微调螺钉；23—游标盘止动螺钉；24—准直管水平调节螺钉；25—准直管垂直调节螺钉；26—狭缝调节螺丝

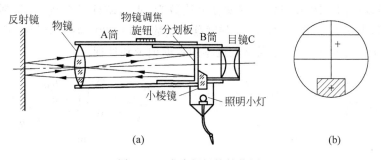

图 4.79　准直望远镜结构图

线对称于中心叉丝如图 4.80(a)所示,小棱镜(全反射)的一直角边紧贴在小"十"字刻线上。开启照明灯,光线经小棱镜透过"十"字刻线。当分划板在物镜的焦平面上时,经物镜出射的光即为一束平行光。如有一平面反射镜如图 4.79(a)所示将这束平行光反射回来,再经物镜成像于分划板上,于是从目镜中可同时清晰地看到分划板叉丝和小"十"刻线的反射像,且无视差,如图 4.80(b)所示。若望远镜光轴垂直于平面反射镜,则小"十"叉丝反射像将与分划板上叉丝重合,如图 4.80(c)所示。

　(3) 载物台。载物台 5 是放置光学元件的平台,台下有 B_1,B_2 及 B_3 三颗螺钉,调节这三颗螺钉可使载物台平面与仪器旋转中心线垂直,载物台的高度可通过螺钉 7 进行升降调节。

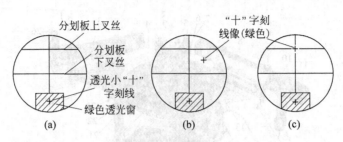

图 4.80   分划板观察示意图

（4）底座。底座 18 中央有一固定轴（即主轴），刻度盘和游标盘套在主轴上，可绕主轴转动，载物台在主轴上端，可以升降。

（5）游标读数装置。套在主轴上的刻度盘和游标盘为分光计的读数装置。

① 角游标的读数

JJY1'-A 型分光计刻度盘分为 360°，共刻有 720 等分的刻线，最小分格值为 30'。游标盘上相隔 180° 处有两个游标读数刻度，它们各有 30 个分格对应于刻度盘上 29 个分格值。因此通过游标能读出 1' 的角值。读数方法按游标原理读取，以游标零线为准，在刻度盘上读出度数和分值，再找游标盘上刚好和刻度刻线对齐的那条线，得到分值，然后二者相加。读数示例见图 4.81(a)，刻度盘上读数为 149°，游标上刻线 20 与刻度盘刻线重合，故读数为 149°20'。图 4.81(b) 中刻度盘上读数为 149°30'，游标上刻线 15 与刻度盘刻线重合，故读数为 149°45'。注意读数过零的数据记录和处理。

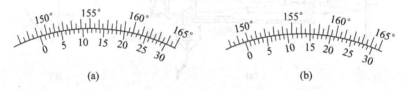

图 4.81   角游标读数示意图

② 消除偏心差

为了提高读数精度，每次读数必须读取两个游标刻度所指示的角度值，然后求平均数。目的是为了消除由于刻度盘刻划中心 O 与仪器旋转中心 O'（即仪器主轴）不会严格重合所引起的偏心差。如图 4.82 所示，望远镜实际转过 φ，由于偏心，从刻度盘上读出的角度是 φ_1 和 φ_2，由几何关系可得

$$\varphi = \frac{1}{2}(\varphi_1 + \varphi_2)$$

即

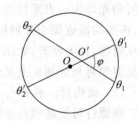

图 4.82   偏心角度示意图

$$\varphi = \frac{1}{2}(\mid \theta_1 - \theta_2 \mid + \mid \theta'_1 - \theta'_2 \mid) \tag{1}$$

式中，θ_1，θ'_1 分别是望远镜初始位置的游标"1"和游标"2"的读数；θ_2，θ'_2 分别是望远镜转过 φ 角后游标"1"和游标"2"的读数。

2. 测量三棱镜顶角

测量三棱镜顶角通常采用自准直法和反射法。

（1）自准直法

如图 4.83 所示，用三角形 ABC 表示三棱镜的主截面，两光学表面 AB 和 AC 称为折射面，两折射面之间的夹角 A 称为三棱镜的顶角（即棱镜角），BC 面为毛玻璃面，称为底面。

利用望远镜自身产生的平行光用自准直方法测出两折射面法线之间的夹角 φ，由图 4.83 中几何关系可算出顶角 $A=180°-\varphi$，即

$$A = 180° - \frac{1}{2}(\mid \theta_1 - \theta_2 \mid + \mid \theta'_1 - \theta'_2 \mid) \tag{2}$$

（2）反射法（棱脊分束法）

如图 4.84 所示，由准直光管出射的平行光束被棱镜的两个折射面分成两部分，图 4.84 中 i_1，i_2 分别为入射光线与两个折射面的夹角。设两个折射面的夹角为 φ，由几何关系可得

$$A = \frac{\varphi}{2} \tag{3}$$

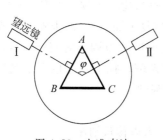

图 4.83　自准直法

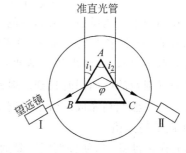

图 4.84　反射法

实验时，用已聚焦于无穷远的望远镜确定反射光的方位，从而测出 φ 角，求出顶角 A。

【实验内容】

1. 分光计的调节

（1）望远镜聚焦于无穷远。

（2）同时使准直管及望远镜的光轴在同一平面，即与仪器转轴垂直。

(3) 准直管发射平行光。

2. 测量三棱镜的顶角 A

(1) 三棱镜的调节。

(2) 自准直法：按实验原理测量五次取平均值。

(3) 反射法：按实验原理测量五次取平均值。

【实验步骤】

1. 分光计的调节(严格按照步骤进行,先后次序绝不能颠倒)

1) 粗调(目测)

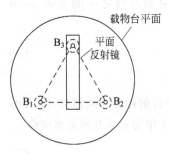

图 4.85　平面镜的效置位置

(1) 调节载物台平面。调节载物台下面的三颗调平螺钉,观察载物台平面与仪器内盘是否平行;将平面反射镜垂直放在载物台上,如图 4.85 所示,且使平面反射镜的底边压住平台下任意一颗调平螺钉(此螺钉就认作是 B₃),使平面反射镜与平台下的另外两颗调平螺钉 B₁,B₂ 的连线垂直。

(2) 望远镜水平调节。调节望远镜光轴高低调节螺钉12(图 4.78),目测望远镜光轴与仪器内盘是否平行。

(3) 转动载物台,从望远镜中找到由平面镜反射回来的绿色十字光斑,然后转动载物台,使平面镜转 180°,同样从望远镜中找到由平面镜反射回来的绿色十字光斑。若两面都能看见绿色光斑,就可进行下一步的调节;若只能看见一面,则说明粗调没有调好,重复上面(1),(2)步骤的调节。

在粗调中(1),(2)两步的调节非常关键。调好了,可以缩短调节时间;调不好,则很难在平面反射镜的两面同时找到反射回来的绿色十字光斑。找不到绿色十字光斑,后面调节步骤就无法顺利完成。所以粗调是进一步细调的基础。

2) 调节望远镜

(1) 旋转目镜11,使分划板叉丝通过目镜形成的放大虚像最清晰。

(2) 望远镜聚焦于无穷远。在粗调(3)的基础上,旋转物镜调焦手轮10(注意此时不能再调目镜),调节物镜和分划板叉丝(即 B 筒)相对物镜的距离,使反射回来的绿色十字(即十字叉丝窗的反射像)刚好落在黑十字叉丝平面上(即绿色十字像与黑十字叉丝同时清晰),如图 4.86 所示。

(3) 望远镜光轴垂直于仪器中心旋转轴的调节。

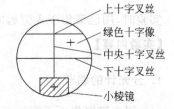

图 4.86　物镜和分划板调节示意图

经望远镜(1),(2)两步的调节,虽已看到清晰的绿色亮十字,但并不等于望远镜光轴就垂直于仪器转轴。还须采用各半调节的方法来调节望远镜光轴与仪器中心旋转轴相垂直:设反射像绿十字叉丝与分划板上十字叉丝距离为 h,如图 4.87(a)所示;调节载物平台下与平面反射镜面相垂直的两颗螺丝中的 B_1,使绿十字叉丝与分划板上十字叉丝距离减少一半,即为 $h/2$,如图 4.87(b)所示;调节望远镜垂直螺丝,使绿十字叉丝与分划板上十字叉丝水平线重合,如图 4.87(c)所示。旋转载物台 180°,用同样的方法调节 B_2 及望远镜垂直螺丝,使另一反射面的绿十字叉丝与上十字叉丝水平线重合,如此反复调节几次,直到所有螺丝都不动,旋转载物台,正反 B_1,B_2 两面的反射绿十字叉丝都与分划板上十字叉丝水平线重合。再将平面反射镜转 90°使镜面与 B_3 螺丝垂直,调节 B_3 螺丝(注意:此时望远镜的垂直调节螺丝不能动)使绿十字叉丝与分划板上十字叉丝水平线重合。

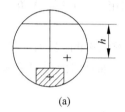 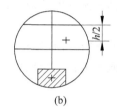 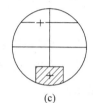

(a)　　　　　　　　(b)　　　　　　　　(c)

图 4.87　各半调节法

3) 准直管的调节

(1) 点燃钠光灯,均匀照亮狭缝,改变狭缝与准直光管物镜间的距离,使狭缝在视场中清晰成像。

(2) 调整狭缝宽度通过望远镜观察,使狭缝宽约 0.3mm。

(3) 将狭缝旋转至水平位置。

(4) 调节准直光管下的垂直调节螺钉使狭缝像与分划板下十字叉丝水平重合。

(5) 将狭缝旋转至垂直位置,转动望远镜使望远镜分划板的十字叉丝竖线与狭缝像竖直重合。

至此,分光计的调节完成。分光计调节的重点是望远镜光轴垂直于分光计的中心旋转轴的调节,而粗调是调节的关键,准直光管的调节则是以望远镜为基准来调节。

2. 测量三棱镜的顶角

1) 调三棱镜

调节三棱镜,使其主截面垂直于分光计主轴。

将待测棱镜放置在已调好的分光计载物台上,为了利于调节,应使其三边垂直于载物台下三个螺钉的连线,如图 4.88

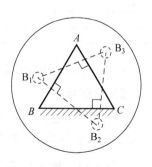

图　4.88

所示。借助于调好的望远镜,用自准直法调节三棱镜的主截面的位置:转动载物台使 AB 面正对望远镜,仅调 B_1 使 AB 面反射十字叉丝像与望远镜目镜分划板上十字重合,也就是使 AB 面垂直于望远镜的光轴;再转动载物台使 AC 面正对望远镜,仅调 B_3 使 AC 面垂直于望远镜的光轴。如此反复调节几次,直到两光学面(和顶角 A 相关的两侧面)反射回来的十字像都与望远镜目镜分划板上十字叉丝重合为止。这样三棱镜的光学面 AB 和 AC 都与仪器主轴平行,因而三棱镜的主截面与仪器主轴垂直。

2) 测顶角 A

(1) 自准直法。如图 4.83 所示,固定载物台(与游标盘相连),转动望远镜(与刻度盘相连),使 AB 面反射回来的十字像与分划板上十字叉丝完全重合,如图 4.87(c)所示,记录两游标的读数 θ_1,θ_1';然后再转动望远镜使 AC 面反射回来的十字像都与望远镜分划板目镜上十字叉丝完全重合,记录两个游标的读数 θ_2,θ_2',利用式(2)计算 A 角。重复测量五次,计算 $\bar{A}$。

(2) 反射法。装置如图 4.84 所示,自行设计实验表格,测量两反射光线之间的夹角 φ,利用(3)式计算顶角 A。重复测量五次,计算 $\bar{A}$。并与自准直法测得的结果进行比较。

【数据记录】

(1) 用列表法分别计算 $\bar{A}$。

(2) 计算 A 的不确定度。

(3) 用不确定度正确表示 A 的结果。

【数据表格】

(1) 自准法测顶角(见表 4.30):

表　4.30

测量次数	望远镜位置 1		$\varphi_1 = \theta_1 - \theta_2$	望远镜位置 2		$\varphi_2 = \theta_1' - \theta_2'$	$\varphi = \frac{1}{2}(\varphi_1 + \varphi_2)$	$A = 180° - \varphi$	$\bar{A}$
	θ_1	θ_1'		θ_2	θ_2'				
1									
2									
3									
4									
5									

(2) 反射法测顶角(表格自行设计)。

【注意事项】

(1) 用反射法测顶角时,顶角 A 不要放得太靠前,应靠近载物台中心处,否则从棱镜两光学面反射的光线不能进入望远镜。

(2) φ 角的测量均应由两个游标读数,并按 $\varphi = \frac{1}{2}(|\theta_1 - \theta_2| + |\theta_1' - \theta_2'|)$ 计算。

【思考题】

(1) 已调好的分光计应处于何种状态？为什么要处于这种状态？

(2) 调节光学仪器的一般要领是先粗调后细调,本实验中分光计的调节是如何体现这一要领的？

(3) 用自准直法将望远镜调焦于无穷远的主要步骤是什么？用什么方法判断望远镜已聚焦于无穷远？

(4) 借助平面镜调节望远镜光轴与分光计主轴垂直时,为什么要旋转载物台 180°使平面反射镜两面的十字反射像均与目镜叉丝上十字线重合？只调一面行吗？

(5) 读取两游标读数为什么能消除仪器的偏心差？计算角度时,应特别注意什么？

(6) 转动望远镜时,如果游标由 θ_1 转到 θ_1',中间经过了刻度盘中 0°(360°),那么该如何利用式(1)计算 φ 值？

实验 29　单缝衍射光强分布及单缝宽度的测量

【实验目的】

(1) 观察单缝夫琅禾费衍射现象及其随单缝宽度变化的规律,加深对光衍射理论的理解。

(2) 学习光强分布的光电测量方法。

(3) 利用衍射花样测定单缝的宽度。

(4) 验证夫琅禾费单缝衍射条纹的宽度和缝宽的关系。

【仪器用具】

WGZ-Ⅱ型光强分布测试仪、导轨、可调狭缝、小孔屏、一维光强测量装置、WJF 型数字检流计、激光电源、激光器等。

【实验原理】

夫琅禾费衍射是平行光的衍射,即要求光源及接收屏到衍射屏的距离都是无限远(或相当于无限远)。在实验中,它可借助两个透镜来实现。如图 4.89 所示就是单缝夫琅禾费衍射实验装置。

置于 L_1 焦平面上的光源 S_1 发出的光经 L_1 形成平行光束垂直照射在狭缝 AB 上,根据惠更斯-菲涅耳原理,狭缝上各点可以看成是新的次波波源,新波源向各方向发出的球面次波向前传播,这些次波在 L_2 的第二焦平面的屏幕上叠加形成一组平行于狭缝 AB 的明暗相间的衍射条纹。中央条纹最亮最宽,并且中央亮条纹的宽度是其他亮条纹宽度的

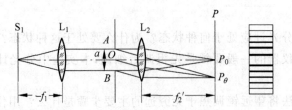

图 4.89　单缝夫琅禾费衍射示意图

两倍,中央亮条纹的强度比其他亮条纹的强度要大得多。与光轴平行的衍射光束会聚于屏幕上 P_0 处,是中央亮条纹的中心,其光强为 I_0。与光轴 OP 成 θ 角的衍射光束则会聚于 P_θ 处,可以证明,P_θ 处的光强为

$$I_\theta = I_0 \frac{\sin^2 u}{u^2}, \quad u = \frac{\pi a \sin\theta}{\lambda} \tag{1}$$

式(1)为夫琅禾费单缝衍射的光强公式。式中,a 为狭缝宽度;λ 为单色光波长。由式(1)可以得到:

(1) 当 $u=0$(即 $\theta=0$)时,$\dfrac{\sin u}{u}=1$,$I_\theta = I_0$,衍射光强有最大值。此光强对应于屏上 P_0 点,称为主极大。I_0 大小决定于光源的亮度,并和缝宽 a 的平方成正比。

(2) 当 $u=m\pi(m=\pm 1,\pm 2,\pm 3,\cdots)$,即 $a\sin\theta=m\lambda$ 时,$I_\theta=0$,衍射光强有极小值,对应于屏上暗纹。由于实际上 θ 值很小,因此可近似地认为暗条纹所对应的衍射角为 $\theta \approx \dfrac{m\lambda}{a}$。显然,主极大两侧暗纹之间的角宽度 $\Delta\theta=\dfrac{2\lambda}{a}$,其他相邻暗纹之间的角宽度 $\Delta\theta=\dfrac{\lambda}{a}$,即中央亮纹的宽度为其他亮纹宽度的两倍。

(3) 除了中央主极大以外,两相邻暗纹之间都有一个次极大。令 $\dfrac{\mathrm{d}}{\mathrm{d}u}\left(\dfrac{\sin u}{u}\right)^2=0$,可求得次极大的条件为

$$\tan u = u$$

用图解法可求得和各次极大相应的 u 值为

$$u = \pm 1.43\pi, \pm 2.46\pi, \pm 3.47\pi, \cdots$$

相应地有

$$a\sin\theta = \pm 1.43\lambda, \pm 2.46\lambda, \pm 3.47\lambda, \cdots$$

即次极大位置出现在 $\theta \approx \sin\theta = \pm 1.43\dfrac{\lambda}{a}, \pm 2.46\dfrac{\lambda}{a}, \pm 3.47\dfrac{\lambda}{a}, \cdots$ 处。其相对光强度依次为 $\dfrac{I_\theta}{I_0}=0.047, 0.017, 0.008, 0.005, \cdots$。夫琅禾费单缝衍射光强分布曲线如图 4.90 所示。从图 4.90 中可见,条纹亮度的分布并不是均匀的,中央亮条纹最亮且最宽(约为其他

亮条纹宽度的两倍）。在中央亮条纹的两则，亮
度迅速减小，直至第一个暗纹；其后亮度逐渐增
大而形成第一级明条纹；依此类推，各级明条纹
的亮度随级数的增大而减小。第一级次极大的
光强还不到主极大光强的 5%。

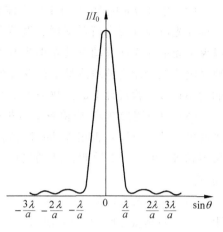

图 4.90　夫琅禾费单缝衍射光强分布曲线

　　本实验采用 He-Ne 激光作光源，因为 He-
Ne 激光束具有良好的方向性（远场发散角为
1mrad 左右），光束细锐、能量集中，加之一般衍
射狭缝宽度 a 很小，故透镜 L_1 可省略不用；如
果将观察屏放置在离单缝较远处，即 $D \gg a$ 时，
聚焦透镜 L_2 也可省略，如图 4.91 所示。实验
中，使屏到单缝之间的距离 D 为 80cm 左右，单
缝的宽度 a 为 0.1～0.3mm。

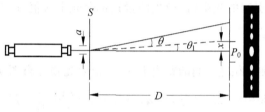

图 4.91　单缝衍射花样观察

【实验内容】

1. 测量夫琅禾费单缝衍射光强分布

　　(1) 按图 4.92 在导轨上依次放置激光管、单缝、光电池和 WJF 型数字检流计。光电
池（带有进孔狭缝）装在一个横向测距的支架上，可以沿水平方向（x 方向）移动，即相当于
改变衍射角 θ，并使单缝到光电池的距离 D 为 80cm 左右，数字检流计与光电池连接。

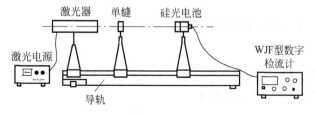

图　4.92

（2）开启激光电源，调节工作电流在5mA左右，使激光束垂直照射在单缝上，可先用光屏在光电池处观察衍射图样。调节狭缝成垂直状态，使衍射图样平行于 x 方向展开，以保证光电池横向移动时进光小孔不离开衍射花样。调节狭缝宽度和测距支架的位置，使光电池至少能完整地测量衍射花样的主极大和±1级次极大，并使主极大处光电流 i_0 的大小在数字检流计上的读数为100左右（检流计选3挡）。

（3）为使测量准确，应检查衍射花样的光强分布是否对称。方法是用光电池检查±1级次极大的光电流是否相等，同时粗测一下它们相对主极大的距离是否相等来判断。如果不相等，可进一步微调狭缝的横向位置和缝宽（注意将缝宽控制在 $0.1\sim0.3$mm之间）等。

（4）测量光强分布（应在激光器点燃半小时后做测量，以保证光强的稳定）。旋转测距支架上的测微螺旋，使光电池的进光狭缝从衍射图样左边（或右边）的第二个极小位置到右边（或左边）的第二个极小位置，进行逐点扫描，每隔0.5mm，记录一次光电流值 i（即检流计上的读数）。并注意记录主极大、各次极大和极小值（测量时，还应注意探测器的暗电流和周围杂散光所引起的光电流，应先测量这部分光电流值，以对测量数据作出修正）。

2. 测量单缝宽度 a

（1）测量硅光电池至狭缝之间的距离 D，并求衍射光强分布图从左到右（或右到左）第二个光强极小位置之间距离 $2d$，因为 $D>d$，衍射角 $\theta=\dfrac{m\lambda}{a}\approx\dfrac{d}{D}$，可得公式 $a=m\dfrac{\lambda D}{d}(m=2)$，把测得数据代入该式，求 a。

（2）用测量显微镜直接测量 a。

【数据记录】

（1）将所测量数据列入表格中（自行设计表格）。

（2）根据测量数据，在坐标纸上作出相对光电流 i/i_0（在光电池线性条件下即相对光强 I/I_0）与位置 x 的关系曲线，即衍射光强分布曲线，并与理论结果进行比较。

（3）作光强分布曲线。从图求得缝宽，并与显微镜直接测量的缝宽比较计算相对误差。

（4）分别改变 a 和 D，观察并记录衍射图样的变化。

【注意事项】

（1）不准用眼直接对着激光束观察，以避免灼伤眼睛。

（2）不准用手指触及激光管电极。

【思考题】

（1）改变缝宽，观察衍射花样的变化，试讨论当单缝宽度增加一倍时，衍射花样的光强条纹宽度将会怎样改变；如缝宽减半，又将怎样改变。

（2）什么叫夫琅禾费衍射？用 He-Ne 激光做光源的实验装置（图 4.91）是否满足夫琅禾费衍射条件，为什么？

实验 30　光栅衍射

衍射光栅是根据多缝原理制成的一种重要的分光元件。它不仅用于光谱学，还广泛用于计量、光通信、信息处理等方面。光栅分为透射光栅和反射光栅两类，本实验使用的是透射光栅，它相当于一组数目极多的等宽、等间距的平行排列的狭缝。

目前使用的光栅主要通过以下方式获得：①用精密的刻线机在玻璃或镀在玻璃上的铝膜上直接刻划得到；②用树脂在优质母光栅上复制；③采用全息照相的方法制作全息光栅。实验室通常使用复制光栅或全息光栅。

【实验目的】

（1）观察光栅衍射现象，了解衍射光栅的主要特征。

（2）学会在分光计上用衍射光栅测定光栅常数、光波波长及色散率的方法。

（3）进一步熟悉分光计的调整和使用方法。

【仪器用具】

分光计、平行平面反射镜、汞灯、透射光栅、直尺、三棱镜。

【实验原理】

1. 光栅分光原理

如图 4.93 所示为光栅衍射示意图，其中 G 为光栅，光栅刻线方向垂直于纸面。L_1 及 L_2 分别为分光计的准直管的会聚透镜和望远镜的物镜，而 S 为准直管的狭缝。

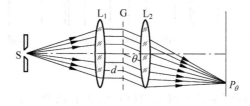

图 4.93　光栅衍射示意图

若以平行光垂直照射到光栅上，通过每个狭缝的光都将发生衍射。这些衍射光在一些特殊方向上因干涉加强而形成各级亮线，如图 4.94 所示。按夫琅禾费衍射理论，衍射

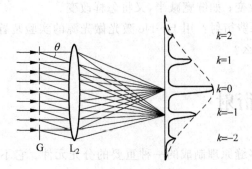

图 4.94　汞灯光谱示意图

角为 θ 的光束经透镜 L_2 会聚后,在透镜第二焦平面上形成一组亮条纹(又称光谱线)。各级亮条纹产生的条件为

$$d(\sin\theta \pm \sin i) = k\lambda, \quad k = 0, \pm 1, \pm 2, \cdots \tag{1}$$

式(1)称为光栅方程。式中,d 是光栅常数;θ 为衍射角;i 是入射光线与光栅法线的夹角;k 是光谱级次;λ 是光波波长。括号中的正号表示入射光和衍射光在法线的同侧,而负号表示它们在法线的异侧。如果入射光不是单色光,则由式(1)可知,除 $k=0$ 外,其余各级谱线将按波长的次序排开。

当平行光垂直入射时,$i=0$,光栅方程简化为

$$d\sin\theta = k\lambda, \quad k = 0, \pm 1, \pm 2, \cdots \tag{2}$$

这时在 $\theta=0$ 的方向上可以观察到中央谱线极强(称为零级谱线),其他级次的谱线则对称地分布在零级谱线的两侧。图 4.95 所示为汞灯光谱示意图。

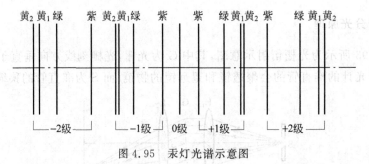

图 4.95　汞灯光谱示意图

依据式(2),用分光计测出各条谱线的衍射角 θ,若已知入射光波波长,则可以求得光栅常数 d;若已知光栅常数 d,则可以求得入射光波波长 λ。由于衍射角 θ 最大不得超过 $90°$,由式(2)可知某光栅能够测定的最大波长 λ_m 不能超过光栅常数 d,即 $\lambda_m < d$。

2. 光栅的基本特性

衍射光栅的基本特性有两个：一是角色散率，二是分辨本领。

（1）角色散率。光栅的角色散率 D 定义为同级中两谱线衍射角之差 $\Delta\theta$ 与两波长差 $\Delta\lambda$ 之比，即

$$D = \frac{\Delta\theta}{\Delta\lambda} \tag{3}$$

将式（3）微分得角色散的理论值

$$D' = \frac{\mathrm{d}\theta}{\mathrm{d}\lambda} = \frac{k}{d\cos\theta} \tag{4}$$

由式（4）可知，光栅的角色散率与光栅常数 d 成反比，与级次 k 成正比。光栅常数 d 愈小，衍射级 k 愈大，则角色散愈大，单位波长差的两谱线分得愈开。但角色散率与光栅中衍射单元的总数 N 无关，它只反映两条谱线中心分开的程度，而不涉及它们是否能分辨。当衍射角 θ 很小时，式（4）中的 $\cos\theta\approx1$，角色散率 D 可以近似看做常数，此时 $\Delta\theta$ 与 $\Delta\lambda$ 成正比，故光栅光谱称为匀排光谱。

（2）分辨本领。光栅的分辨本领 R 是表征光栅分辨光谱细节的能力。其定义为两条刚可被分开的谱线的波长差 $\Delta\lambda$ 除该波长的平均波长 $\bar{\lambda}$，即

$$R = \frac{\bar{\lambda}}{\Delta\lambda} \tag{5}$$

根据瑞利判据，两条刚能被分辨的谱线被规定为：一条谱线的强度极大值落在另一条谱线强度极小值上，由此可导出，光栅的分辨本领

$$R = \frac{kL}{d} = kN \tag{6}$$

式中，$\frac{1}{d}$ 为光栅常数的倒数；L 为光栅的有效长度；N 为光栅的总刻线数；k 取 1。光栅的分辨本领主要取决于狭缝数目 N。

【实验内容】

1. 分光计的调节

按照"分光计的调节"方法，使望远镜聚焦于无穷远；使望远镜的光轴垂直仪器的转轴；调节准直管产生平行光，使准直管轴与仪器转轴垂直。由于光栅面会反射光线，可以直接用光栅代替反射镜进行调节。光栅在载物台上的位置应如图 4.96 所示，使光栅面与两个调平螺钉（如 B_1 及 B_2）的连线垂直，且通过第三个螺钉（B_3）。

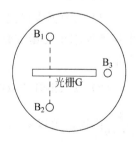

图 4.96　光栅放置位置图

2．光栅的调节

实验时要求透射光栅的刻线平行于仪器转轴。经过上面分光计调节后，光栅的两个平面对准望远镜时，绿色十字均能与分划板中上十字叉丝重合，这只表明望远镜光轴垂直仪器的转轴，且光栅面平行于仪器转轴，而光栅刻线还未必平行于仪器转轴。这时可点燃准直管前的低压水银灯，固定内转盘，转动望远镜，观察分列于零级两边的 ±1 级、±2 级谱线，看谱线的中心是否都在分划板中间水平叉丝上。若不满足，应调节与光栅平面平行的螺钉（B_3），使所有光谱线高度一致。

本实验还要求入射光束垂直照射衍射光栅，为此应先转动望远镜，使准直管狭缝的像（零级）对准望远镜的垂直叉丝，然后再转动分光计内转盘，使从光栅平面反射回来的绿色十字像与分划板上十字叉丝重合，以保证自准直管射出的平行光垂直入射于衍射光栅，然后锁紧内盘螺钉。

3．测量光栅常数

以汞灯发出的 546.07nm 的绿光为已知波长，测出其 $k = \pm 1$ 级的衍射角，重复三次，求 $\bar{d}$。注意 +1 级与 −1 级的衍射角相差不能超过几分（′），否则应重新检查入射角是否为零。

4．测定未知光波波长及角色散率

以汞灯其他谱线（例如选其中的两条黄线）为未知波长，测出各条谱线所对应的衍射角 θ，重复测量三次，取平均值。将结果及前面所得的 $\bar{d}$ 值代入式（2），计算各谱线波长，查表与公认值比较，计算相对误差。再利用式（3）计算两条黄线的一级谱线的角色散率 D（D 的单位为 rad/nm）。

5．用直尺测光栅的有效长度 L

【数据记录】

（1）用数据表格记录绿谱线、两条黄谱线 ±1 级的位置，分别求出它们的衍射角。先由绿谱线求出光栅常数，再求两条黄谱线的光波波长（自行设计计算黄谱线波长的数据表格）。

（2）以水银灯黄双线 λ_2 及 λ_3 的夹角计算光栅的角色散 $D = \dfrac{\Delta\theta}{\Delta\lambda}$，并与理论值 $D' = \dfrac{k}{d\cos\theta}$ 比较（θ 值以 λ_2，λ_3 衍射角的平均值代）。计算相对误差。

（3）计算光栅的分辨本领 R。

数据处理见表 4.31 所列。

表 4.31　数据处理表格

| 谱线 | 实验次数 | 衍射角位置读数 | | | 2θ | θ_i | $\bar{\theta}$ | d_i | $\bar{d}$ |
		位置	+1 级	−1 级					
绿光	1	Ⅰ（左）							
		Ⅱ（右）							
	2	Ⅰ（左）							
		Ⅱ（右）							
	3	Ⅰ（左）							
		Ⅱ（右）							

【思考题】

（1）与棱镜光谱相比，光栅光谱有什么特点？

（2）转动望远镜观察各级谱线时，若发现光谱倾斜，这是由什么引起的？应如何调整？

实验 31　棱镜折射率的测量

折射率是物质的重要特性参数，也是光学材料品质的重要指标之一。材料的折射率与入射光的波长有关。棱镜玻璃的折射率，可用测定最小偏向角的方法求得。

【实验目的】

（1）进一步熟悉分光计的调节和使用。

（2）用最小偏向角法测量三棱镜的折射率。

【仪器用具】

JJY1'-A 型分光计、低压汞灯、三棱镜、平面反射镜。

【实验原理】

如图 4.97 所示，△ABC 是棱镜主截面，波长为 λ 的光线 SD 以入射角 i_1 投射到 AB 面上，经 AB 和 AC 两个折射面后以 i_4 角从 AC 面沿 ER 方向射出，出射光线与入射光线的夹角 δ 称为偏向角。由图 4.97 中的几何关系可得

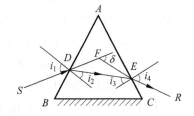

图 4.97　三棱镜偏向角计算原理图

$$\delta = \angle FDE + \angle FED = (i_1 - i_2) + (i_4 - i_3)$$

因为

$$A = i_2 + i_3$$

所以

$$\delta = (i_1 + i_4) - A$$

对于给定的棱镜来说,顶角 A 和折射率 n 都有一定值,偏向角 δ 随入射角 i_1 而改变。在入射线和出射线处于光路对称的情况下,即 $i_1 = i_4$ 时,偏向角有极小值,记为 δ_{min}。可以证明,棱镜玻璃的折射率 n 与棱镜顶角 A、最小偏向角 δ_{min} 的关系为

$$n = \frac{\sin i_1}{\sin i_2} = \frac{\sin \dfrac{A + \delta_{min}}{2}}{\sin \dfrac{A}{2}} \tag{1}$$

式中,A 为棱镜顶角;δ_{min} 为最小偏向角。

若入射光为非单色光,则经棱镜折射后,不同波长的光将产生不同的偏向而被分散开来,这就是色散现象。因此,最小偏向角 δ_{min} 与入射光的波长有关,折射率也随不同波长而变化。折射率 n 与波长 λ 之间的关系曲线称为色散曲线。实验时,只要测出 A 和 $\delta_{min}(\lambda)$,由式(1)计算相应的折射率 $n(\lambda)$ 值,就可作出该棱镜材料的色散曲线。

【实验内容】

(1) 调节分光计到使用状态(参看实验 28"分光计的调节及棱镜顶角的测量")。

(2) 调节三棱镜的两个光学表面与望远镜光轴相垂直。

用调整好的望远镜,运用自准直原理进行调节。如图 4.98 所示放置三棱镜,使棱镜的三个边分别垂直于载物台下面的三颗螺丝(B_1,B_2 和 B_3)的三条连线。转动载物台使 AB 面对准望远镜,调节 B_1 或 B_3 螺丝,使从 AB 面反射

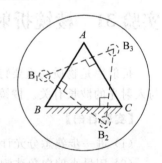

图 4.98　三棱镜放置位置图

回来的绿色十字与望远镜中分划板上的上黑十字叉丝重合;转动载物台使 AC 面对准望远镜,调节 B_2 螺丝,又使绿色十字与望远镜中分划板上的上黑十字叉丝重合。反复调节,直到 AB 及 AC 面绿色十字叉丝均与望远镜中分划板上的上十字叉丝重合,三棱镜 AB 面及 AC 面均与望远镜光轴垂直。

(3) 测量三棱镜的最小偏向角 δ_{min}。

① 确定出射光线的方位

用汞灯照亮准直光管狭缝,将三棱镜放置在如图 4.99 所示的位置:入射光与 AB 面的法线的夹角大约为 $60°$,固定游标盘,转动望远镜,找到经棱镜折射后的狭缝像,此时可

在望远镜中观察到汞灯经棱镜 AB 和 AC 面折射后形成的光谱(即按不同波长依次排列的狭缝的单色像)。将望远镜对准其中的某一条谱线(如绿色谱线,$\lambda = 546.1\text{nm}$),固定望远镜,松开游标盘,慢慢转动游标盘,以改变入射角 i_1,使绿色谱线往偏向角逐渐减小的方向移动,同时转动望远镜跟踪谱线,直到游标盘继续沿原方向转动时,绿色谱线不再向前移动反而向相反的方向移动(偏向角反而增大)为止。这条谱线移动的反向转折位置就是棱镜对该谱线的最小偏向角的位置。固定游标盘,然后转动望远镜使其叉丝竖线大致对准绿色谱线,固定望远镜,微调游标盘,找出绿色谱线反向转折的确切位置。再固定游标盘,转动望远镜,使其叉丝竖线与绿色谱线中心对准,记下两游标的读数 θ_1, θ_2。

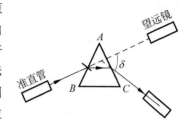

图 4.99 出射光线方向位置确定图

② 确定入射光线的方位

取下棱镜,仍使游标盘固定,转动望远镜直接对准平行光管,使叉丝竖线对准狭缝中心,记下此时两游标的读数位置 θ_1', θ_2',则

$$\delta = \frac{1}{2}(|\theta_1' - \theta_1| + |\theta_2' - \theta_2|) \tag{2}$$

即为绿色谱线所对应的最小偏向角。

③ 重复步骤①,②测量 2 次,记录在表 4.32 中,计算 $\overline{\delta_{\min}}$。

(4) 测定汞灯其他几条谱线对应的最小偏向角 $\overline{\delta_{\min}}(\lambda)$。

【数据记录】

(1) 由式(1)推导出折射率 n 的不确定度 u_n 的表达式,并根据仪器的测量精度(分光计的读数误差可取它的分度值 $1'$)估计出 u_A 和 u_δ,据此决定 n 应取几位有效数字。

(2) 计算棱镜材料对各波长的折射率 $n(\lambda)$,并画出色散曲线。

(3) 与给定的折射率比较计算相对误差。

表 4.32 $A = 60°$

汞谱波长/nm	测量序号	出射光方位读数		入射光方位读数		$\delta_{\min}$	$\overline{\delta_{\min}}$	n
		θ_1	θ_2	θ_1'	θ_2'			
435.83	1							
	2							
491.60	1							
	2							

续表

汞谱波长/nm	测量序号	出射光方位读数		入射光方位读数		$\delta_{\min}$	$\overline{\delta_{\min}}$	n
		θ_1	θ_2	θ_1'	θ_2'			
546.07	1							
	2							
576.96	1							
	2							
579.07	1							
	2							
632.44	1							
	2							

【思考题】

(1) 对同一种材料来说,红光和紫光中哪个波长的折射率小? 哪个的偏向角小? 当转动棱镜找最小偏向角时,应使谱线向着红光移动,还是向着紫光移动?

(2) 一束非单色平行光以某一角度入射到三棱镜上,若出射光束某一谱线处于最小偏向角的位置,此时其他谱线是否也处于最小偏向角的位置? 为什么? 实验中可否先测出入射光线的方位(θ_1', θ_2'),然后再分别测出各条谱线的出射光的方位(θ_1, θ_2)? 为什么?

实验 32　双棱镜干涉测光波波长

菲涅耳双棱镜是由两个折射角很小(小于 1°)的直角棱镜构成,用它可实现分波前干涉。通过对其产生的干涉条纹间距等长度量(毫米量级)的测量,可算出光波波长。

【实验目的】

(1) 观察用菲涅耳双棱镜产生光的干涉现象。

(2) 熟悉干涉装置的光路调节技术,进一步掌握在光具座上多元件的等高共轴调节方法。

(3) 学会用菲涅耳双棱镜测定钠光光波波长。

(4) 掌握干涉条纹的调节和测微目镜的正确使用。

【仪器用具】

菲涅耳双棱镜、测微目镜、可调狭缝、凸透镜(两块)、光具座、钠光灯、光屏。

【实验原理】

如图 4.100 所示,双棱镜 AB 的棱脊(即两直角棱镜底边的交线)与狭缝 S 的长度方向平行,P 为观察屏,且三者都与纸面垂直放置。用单色光(钠光)照亮狭缝 S,由狭缝射出的光波投射到双棱镜上,经折射后形成两束光,这两束光可以看成是由两个符合相干条件的虚光源 S_1,S_2 所发出的,在两束光相互交叠区域内,可在观察屏 P 上看到明暗交替的、与狭缝平行的、等间距的直线条纹。中心 O 处因两束光的光程差为零而形成中央亮纹,其余的各级条纹则分别排列在零级的两侧。

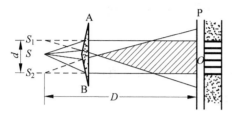 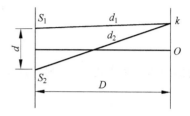

图 4.100　双棱镜干涉现象示意图　　　图 4.101　双缝干涉示意图

设两虚光源 S_1 和 S_2 之间的距离为 d,虚光源平面中心到观察屏 P 的中心之间的距离为 D,如图 4.101 所示,若观察屏 P 上第 k(k 为整数)级亮纹与中心 O 相距为 x_k,因为 $x_k < D$,$d \ll D$,故有

$$x_k = \frac{D}{d}k\lambda$$

而暗条纹的位置 x'_k 则由下式决定:

$$x'_k = \frac{D}{d}\left(k + \frac{1}{2}\right)\lambda$$

任何两条相邻的亮纹(或暗纹)之间的距离 Δl 为

$$\Delta l = x_{k+1} - x_k = \frac{D\lambda}{d}$$

故

$$\lambda = \frac{d}{D}\Delta l \tag{1}$$

上式表明,只要测出 d,D 和 Δl,就可算出光波波长 λ。

本实验在光具座上进行。Δl 的大小由测微目镜来测量;D 的大小直接在光具座上读出;d 的值可用凸透镜成像法求得。

如图 4.102 所示,在双棱镜 AB 和观察屏(测微目镜的叉丝面)之间插入一焦距为 f_2 的凸透镜 L_2,当 $D > 4f_2$ 时,移动 L_2 使虚光源 S_1,S_2 两次成像于屏上,一次成放大实像 $S'_1 S'_2$,间距为 d',一次成缩小实像 $S''_1 S''_2$,间距为 d''。用测微目镜分别测出 d',d'' 后,用下式就可算出 d 值:

$$d = \sqrt{d'd''} \tag{2}$$

若在实验中只看到一次虚光源的像,则测出两虚光源成像的间距 d',记下透镜 L_2 与

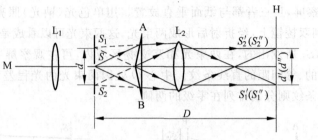

图 4.102   双棱镜干涉原理

狭缝的距离 a 和透镜 L_2 与测微目镜的距离 b。由下式可算出 d 值:

$$d = \frac{a}{b}d' \tag{3}$$

【实验内容】

如图 4.103 所示,单色光源(钠光灯)M 经透镜 L_1 会聚在狭缝 S 上,使狭缝成为一线光源,在其右边放一双棱镜 AB 及测微目镜 H,H 的焦平面 P 相当于图 4.100 中的观察屏。为了便于调节,将实验所用仪器按次序放置在光具座上。

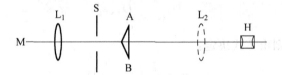

图 4.103   双棱镜干涉现象实验装置图

1. 棱镜干涉装置的共轴调节与干涉现象的观察

为了获得清晰的干涉条纹,保证有关物理量的测量精度,实验装置应调节到如下状态。

(1) 光具座上各元件等高共轴。

(2) 双棱镜的棱脊严格平行于狭缝,且狭缝宽度适当,以获得清晰的干涉条纹。

具体调节方法如下:

(1) 将光源 M、透镜 L_1、狭缝 S、双棱镜 AB、透镜 L_2 按图 4.103 所示依次放置于光具座上。用目视法粗调各元件中心等高,且使中心线平行于光具座,双棱镜的底面与中心线垂直。

(2) 点亮光源,使其均匀照亮狭缝。调节双棱镜或狭缝,使由狭缝射出的光束能对称地照射在双棱镜棱脊的两侧。

(3) 在双棱镜的后面(并靠近双棱镜)放一白屏,从屏上光斑中可找到一条亮光带(此光带就是两相干光束的交叠区),以测微目镜代替白屏,调节目镜的上下和左右位置,使其光带进入目镜视场。

(4) 调出干涉条纹。通过测微目镜观察,调节狭缝宽度,并微调狭缝的方位使其与双棱镜的棱脊平行直到出现清晰的干涉条纹。转动目镜读数鼓轮,使叉丝交点对准零级条纹,设此时目镜在光具座上的位置为 Ⅰ。

(5) 沿光具座后移测微目镜(保证干涉条纹不移出目镜视场),使之处于另一位置 Ⅱ,调节双棱镜左右的位置,使零级条纹仍对准目镜叉丝交点;再使目镜移至位置 Ⅰ,转动目镜读数鼓轮,用叉丝交点对准零级条纹……,如此反复调节,直到测微目镜沿光具座前后移动时,零级条纹始终与叉丝交点对准。

(6) 在双棱镜与测微目镜之间插入透镜 L_2,并使 D 稍大于 $4f_2$,调节 L_2,使之与系统共轴。此外,要求狭缝与双棱镜之间的距离既要满足两虚光源能经 L_2 成像于测微目镜中,也要满足干涉条纹宽度适当。

至此,整个实验装置已调好,在以后的测量过程中,单缝、双棱镜的位置不再移动。

2. 调节过程中应注意观察的现象

(1) 双棱镜的棱脊与狭缝平行和不平行时,干涉现象有何变化?
(2) 干涉条纹的宽度随哪些因素变化?
(3) 改变狭缝宽度,干涉条纹的可见度如何变化?

3. 测定未知光波波长

(1) 测量 Δl
取下透镜 L_2,用测微目镜测量 $m(m=10)$ 条暗条纹的位置($a_1,a_2,\cdots,a_{10}$),重复测量两次。

(2) 测量 D
直接在光具座上读出狭缝 S 至测微目镜的距离 D。重复五次求平均值。

(3) 测量 d
保持狭缝与双棱镜原来的位置不变,在双棱镜与测微目镜之间插入透镜 L_2,并使测微目镜与狭缝的距离约大于 $4f_2$。

方法一:前后移动透镜 L_2,使虚光源的放大像、缩小像成像于测微目镜的叉丝平面,用测微目镜分别测出放大像间距 d' 和缩小像 d'',各测五次,取平均值。

方法二:移动透镜 L_2,只看到一次虚光源的像,用测微目镜测出两实像间的距离 d',记下透镜 L_2 与狭缝的距离 a 和透镜 L_2 与测微目镜的距离 b,测量五次求平均值。

【数据记录】

(1) 记录内容 2 的观察结果,并予以解释。

(2) 用列表法进行数据处理(自行设计表格)

① 用逐差法计算干涉条纹间的距离 Δl 及 $\overline{\Delta l}$。由式(2)或式(3)计算 $\overline{d}$。

② 将 $\overline{d}, \overline{\Delta l}, \overline{D}$ 值代入式(1),求出待测光波波长 λ。

(3) 已知钠光波长的标准值为 $\lambda = 589.3\text{nm}$,求相对误差。

【注意事项】

(1) 使用测微目镜时,注意测微目镜叉丝的移动方向与干涉条纹的取向及虚光源像的取向垂直,并沿一个方向转动测微目镜鼓轮,以避免引入螺距隙差(回程误差);旋转读数鼓轮时动作要平稳、缓慢;测量装置要保持稳定。

(2) 在测量光源狭缝 S 至观察屏的距离 D 时,因为狭缝平面和测微目镜的分划板平面均不和光具座滑块的读数准线共面,必须引入相应的修正(狭缝平面位置的修正量为 42.5mm,测微目镜分划板平面的修正值为 27.0mm),否则将引进较大的系统误差。

实验 33　透镜组基点的测定

实际的光学系统至少都有两个折射面(如透镜)或两个以上的折射面(如透镜组)。如果所有折射面的球面中心在一直线上,则这组球面称为共轴球面系统,而该直线称为系统的主光轴。通常把共轴球面系统作为一个整体来研究,可用几个特别的点和面来表征系统在成像上的性质,这些特别的点和面称为该系统的基点和基面。

【实验目的】

(1) 了解共轴球面系统基点及性质,学会光学系统的共轴调节。

(2) 掌握用测节仪测定透镜组基点的方法。

(3) 验证单个薄透镜与透镜组基点的关系,证明成像公式的一致性。

【仪器用具】

光具座、凸透镜两个、测节仪、准直透镜、光源、平面反射镜、1 字物屏、像屏。

【实验原理】

1. 共轴球面系统基点和基面特性

(1) 主点和主平面。如图 4.104 所示,若将物体垂直于系统的光轴放置在系统的第一主点 H 处,必有一个与物体同样大小的正立像位于第二主点 H' 处,即主点是系统中横向放大率 $\beta = +1$ 的一对共轭点。过主点 H 和 H' 垂直于光轴的平面分别称第一主平面和第二主平面。

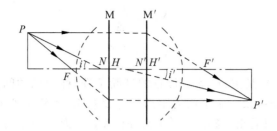

图 4.104　共轴球面系统基点和基面示意图

（2）节点和节平面。如图 4.104 所示,当入射光线(或其延长线)通过第一节点 N 时,出射光线(或其延长线)必通过第二节点 N' 并与入射光线平行,即节点是角放大率 $\gamma = +1$ 的一对共轭点。过节点 N 和 N' 垂直于光轴的平面分别称为第一节平面和第二节平面。

（3）焦点和焦平面。平行于系统光轴的平行光线,经系统折射后与光轴的交点 F' 称为第二焦点。过 F' 垂直于光轴的平面称为第二焦平面。从 H' 至第二焦点 F' 的距离,称为系统的第二焦距。此外,系统还有第一焦点、第一焦平面和第一焦距。

由几何光学理论可知,确定简单的共轴球面系统(薄透镜)的物和像的位置可由高斯公式

$$\frac{1}{s'} - \frac{1}{s} = \frac{1}{f'} \tag{1}$$

来决定。式中,f' 为系统的第二焦距;s' 是像距,为第二主平面到像的距离;s 是物距,为第一主平面到物的距离。各量的符号从相应主面,沿光线行进方向测量为正,反向为负。

当光学系统位于同一介质中时,因 $\beta\gamma = \dfrac{n}{n} = 1$,故对具有 $\beta = 1$ 特性的主点,同时 $\gamma = 1$,即主点与节点重合,第一和第二焦距绝对值相等。这时主点兼有节点的性质,光学系统的基点和基面就由六个减为四个。

光学系统的另一个十分重要的特征是它的主焦距。主焦距定义为:主点到主焦点的距离。对于单个薄透镜来说,两主点与透镜的光心重合,而共轴球面系统两主点的位置,将随各组合透镜或折射面的焦距和系统的空间特性而定。

2. 透镜组的基点公式

设两薄透镜的第二焦距分别为 f'_1 和 f'_2,第一焦距分别为 f_1 和 f_2,两透镜光心间距为 d,则透镜组的焦距 f' 可由下式求出:

$$f' = -\frac{f'_1 f'_2}{\Delta}, \quad f = -f' = \frac{f_1 f_2}{\Delta} \tag{2}$$

两主点的位置为

$$X_H = \frac{f_1 d}{\Delta} \tag{3}$$

$$X_{H'} = \frac{f_2' d}{\Delta} \tag{4}$$

式中,$\Delta = d - (f_1' + f_2')$,是主点、焦点位置的判断条件,称为光学间隔。计算时注意 X_H 是从 L_1 透镜光心到系统第一主平面的距离,$X_{H'}$ 是从 L_2 透镜光心到系统第二主平面的距离。从式(2)~(4)可看出,当 $d < (f_1' + f_2')$ 时,X_H,f' 为正,$X_{H'}$,f 为负,两焦点在两主点之外。当 $d > (f_1' + f_2')$ 时,X_H,f' 为负,$X_{H'}$,f 为正,两焦点在两主点之内。

3. 用测节仪测量透镜组的基点

设有一束平行光入射于由两片薄透镜组成的透镜组,透镜组与平行光束共轴,光线通过透镜组后,会聚于白屏上的 Q 点,如图 4.105 所示,此 Q 点即透镜组的像方焦点 F'。以垂直于平行光的某一方向为轴,将透镜组转动一小角度,可有如下两种情况。

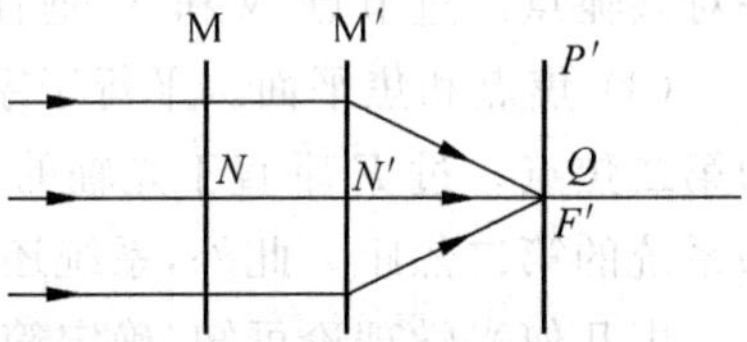

(1) 回转轴恰好通过透镜组的第二节点 N'

图 4.105　透镜组基点测量光路图

因为入射第一节点 N 的光线必从第二节点 N' 射出,而且出射光平行于入射光,若 N' 未动,入射光方向未变,则通过透镜组的光束,仍然会聚于焦平面上的 Q 点处,如图 4.106 所示,但是此时透镜组的像方焦点 F' 已离开 Q 点。严格来讲,回转后像的清晰度稍差。

(2) 回转轴未通过透镜组的第二节点 N'

由于第二节点 N' 未在回转轴上,所以透镜组转动后,N' 出现移动,但由 N' 出射的光仍然平行于入射光,所以由 N' 出射的光线和前一情况相比将出现平移,光束的会聚点将从 Q 点移到 Q' 点,如图 4.107 所示。(问:分析 Q' 相对 Q 的移动方向和远近,能判断 N' 在回转轴 O 的哪个方位吗?)

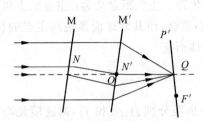

图 4.106　入射光经透镜组会聚 Q 点

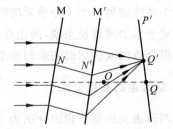

图 4.107　入射光经透镜组会聚 Q' 点

测节器是一可绕铅直轴 OO' 转动的水平滑槽 R,待测基点的透镜组 L_x(由薄透镜组成的共轴系统)可放置在滑槽上,位置可调,并由槽上的刻度尺指示 L_x 的位置,如图 4.108 所示。测量时轻轻地转动一点滑槽,观察白屏 P' 上的像是否移动,参照上述分析去判断 N' 是否位于 OO' 轴上,如果 N' 未在 OO' 轴上,就调整 L_x 在槽中位置,直至 N' 在 OO' 轴上,则从轴的位置可求出 N' 对 L_x 的位置。

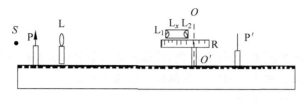

图 4.108　实验装置图

【实验内容】

(1) 分别测量透镜 L_1 和 L_2 的焦距 f_1',f_2'(L_1,L_2 为组成透镜组的二薄透镜,测量方法参照实验 26)。

(2) 在节点测节仪上分别测出透镜组在 d 最小,$d<f_1'+f_2',d>f_1'+f_2'$ 三种情况下的基点。

① 按图 4.108 所示,将各仪器置于光具座上,调节各元件的共轴等高。

② 用自准法调节物屏 P 位于准直透镜 L 的物方焦平面上,固定 P 和 L 位置不动。

③ 将两透镜靠拢置于导轨 R 上,并使转轴 OO' 在两透镜之间,移动像屏 P',使屏上成一清晰像,然后使 R 绕 OO' 轴作一小角度转动,这时屏上的像可能发生横向移动,再适当改变透镜组 L_x 相对于转轴 OO' 的位置,直到微转 R,像在屏上的位置固定不动为止,记下 OO',L_1,L_2 和 P' 的位置,重复三次取平均值。

④ 将透镜组转 180°,此时原来节点 N 成为 N',重复③的测量。

⑤ 按③,④的步骤分别测出 $d<f_1'+f_2',d>f_1'+f_2'$ 两种情况下透镜组的基点。

(3) 将光源放在透镜组第一主平面外一侧,移动像屏找到透镜组所成的像,分别测出物距和像距。

【数据记录】

(1) 在坐标纸上,按比例作三种不同组合时透镜组的基点位置图。

(2) 由式(2)~式(4)计算出光具组在三种不同组合时的 f,f' 及 $X_H,X_{H'}$ 的值,由此确定光具组基点位置,并与实验结果比较。

(3) 将实验内容(3)所测数据代入式(1),验证成像公式。

【思考题】

(1) 给你一架已调焦于无穷远的望远镜,你能否用它来测定一会聚光学系统的主焦点的位置?

(2) 用来调节平行光的透镜 L 的位置未调准,对实验结果会带来什么影响?

实验 34　偏振现象的观察

【实验目的】

(1) 观察光的偏振现象,理解自然光、线偏振光与部分偏振光的区别。

(2) 掌握利用偏振片产生和检验线偏振光的原理和方法。

(3) 理解布儒斯特定律和马吕斯定律。

(4) 验证马吕斯定律。

【仪器用具】

氦氖激光器、偏振片两块(N_1,N_2)、偏振镜(内装 N_1 和 N_2 两块偏振片,N_1 固定不动、N_2 可随装置上的读数鼓转动)、扩束镜、数字检流计、一维光强测量装置(硅光电池)、光屏等。

【实验原理】

1. 偏振光的基本概念

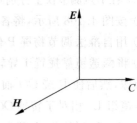

光波是一种横波,光波中光矢量(E)的振动方向总和光的传播方向(C)相互垂直,如图 4.109 所示。光矢量(E)和光的传播方向(C)所构成的平面称为振动面。H 表示磁矢量。

图 4.109　光波传播方向示意图

在垂直于光传播方向的平面内,光矢量可能有各种不同的振动状态,这种振动状态通常称为光的偏振态。最常见的偏振态大体上可分为五种:自然光、部分偏振光、线偏振光、圆偏振光和椭圆偏振光。

自然光:光矢量的方向是任意的,且各方向上光矢量大小的时间平均值是相等的,即各方向光振动的振幅相同,如图 4.110(b)所示。

部分偏振光:光矢量可采取任何方向,但不同的方向其振幅不同,某一方向振动的振幅最强,而与该方向垂直的方向振动最弱,如图 4.110(c)所示。

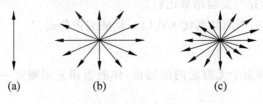

(a)　　　　(b)　　　　(c)

图 4.110　光的偏振态

线偏振光(或平面偏振光)：光矢量的方向始终不变,只是它的振幅随位相改变,光矢量的末端轨迹是一条直线,如图 4.110(a)所示。

圆偏振光和椭圆偏振光：光矢量的方向和大小随时间作有规律的变化,其末端在垂直于传播方向的平面内的轨迹呈圆或椭圆。

2. 获得偏振光的常用方法

将非偏振光变成偏振光的过程称为起偏,起偏的装置称为起偏器。常用的起偏方法有如下几种。

1)反射和折射起偏

当自然光由空气入射到各向同性介质(如玻璃)的表面时,反射光和折射光一般为部分偏振光。改变入射角,反射光的偏振程度可以改变。设介质的折射率为 n,当入射角为

$$i = i_B = \arctan n, \quad n = \frac{n_2}{n_1} \tag{1}$$

时,反射光为线偏振光,其振动面垂直于入射面,而透射光为部分偏振光,如图 4.111 所示,其中黑点"·"表示光振动面垂直于入射面,短线"—"表示光振动面平行于入射面,式(1)称为布儒斯特定律,i_B 为布儒斯特角。

如果自然光是以布儒斯特角 i_B 入射到一叠互相平行的玻璃片堆上,则经过多次反射,最后从玻璃片堆射出的光也近于线偏振光。玻璃片的数目越多,透射光的偏振度越高。

2)晶体的双折射起偏

如图 4.112 所示,当自然光入射于某些各向异性晶体(如方解石)时,经晶体的双折射所产生的寻常光(o 光)和非常光(e 光)都是线偏振光。

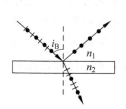

图 4.111　偏振光的获得

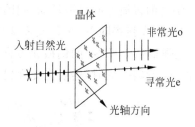

图 4.112　晶体双折射

3)偏振片

偏振片是利用一些有机化合物的二向色性制成的,如将硫酸碘奎宁晶粒涂于透明薄片上并使晶粒定向排列,就可制成偏振片。它具有强烈的选择吸收,当自然光通过偏振片时,它能吸收某方向振动的光而仅让与此方向垂直振动的光通过,如图 4.113 所示。偏振

片所允许通过的光振动方向称为该偏振片的偏振化方向。利用它可获得截面积较大的偏振光束,而且出射偏振光的偏振程度可达 98%。

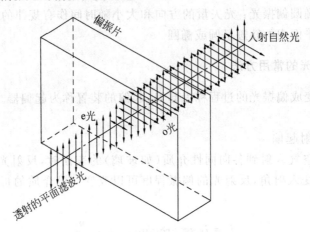

图 4.113　偏振片的二向色性

3. 偏振光的检测

鉴别光的偏振状态的过程称为检偏,它所用的装置称为检偏器。实际上,起偏器和检偏器是通用的。用于起偏的偏振片称为起偏器,把它用于检偏就成为了检偏器。图 4.114 是两个平行放置的偏振片 N_1 和 N_2,它们的偏振化方向分别用它们上面的虚平行线表示。当自然光垂直入射于 N_1 时,透过的光将成为线偏振光。由于自然光中光矢量对称均匀,所以将 N_1 绕光的传播方向慢慢转动时,透过 N_1 的光强不随 N_1 的转动而变化,但它只是入射光强的一半。N_1 叫起偏器。再使透过 N_1 形成的线偏振光入射于偏振片 N_2,这时如果将 N_2 绕光的传播方向慢慢转动,则因为只有平行于 N_2 偏振化方向的光振动才允许通过,透过 N_2 的光强将随 N_2 的转动而变化。当 N_2 的偏振化方向平行于入射光的光矢量方向时,光强最强。当 N_2 的偏振化方向垂直于入射光的光矢量方向时,光强为零,称为消光。将 N_2 旋转一周时,透射光光强出现两次最强,两次消光。这种情况只有在入射到

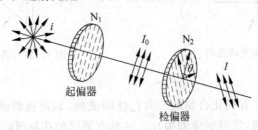

图 4.114　偏振光的检验

N_2 上的光是线偏振光时才会发生,因而这也就成为鉴别线偏振光的依据。N_2 叫做检偏器。

由起偏器产生的偏振光通过检偏器后,其光强的变化有什么规律呢? 如图 4.115 所示,若以 A_0 表示线偏振光的光矢量的振幅,当入射的线偏振光的光矢量振动方向与检偏器的偏振化方向成 α 角时,透过检偏器的光矢量振幅 A 只是 A_0 在偏振化方向的投影,即 $A = A_0 \cos\alpha$。因此,若以 I_0 表示入射线偏振光的光强,则透过检偏器后的光强为 I,因为光强与振幅的平方成正比,故有

$$\frac{I}{I_0} = \frac{A^2}{A_0^2} = \frac{A_0^2 \cos^2\alpha}{A_0^2} = \cos^2\alpha$$

即

$$I = I_0 \cos^2\alpha \tag{2}$$

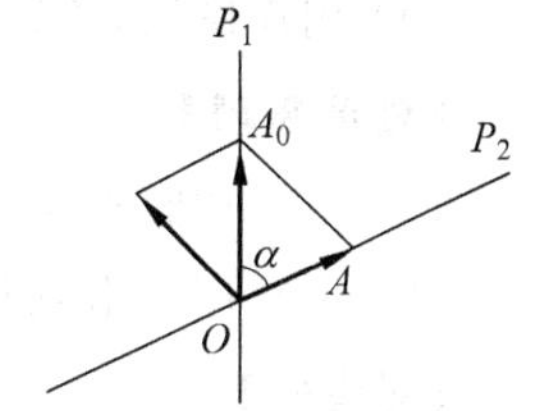

式(2)称为马吕斯定律。由此式可见,当 $\alpha = 0°$ 或 $180°$ 时,$I = I_0$,光强最大;$\alpha = 90°$ 或 $270°$ 时,$I = 0$,没有光从检偏器射出,这就是两个消光位置。当 α 为其他值时,光强介于 0 和 I_0 之间。因此,根据透射光强度变化的情况,可以区别自然光、线偏振光和部分偏振光。

图 4.115　偏振光的获得

【实验内容】

(1) 如图 4.116 放置仪器。将偏振镜 5 换成偏振片 9,在 9 和 7 之间插入小孔屏 6,转动偏振片 9 一周,观察屏幕 6 上光斑强度的变化情况。

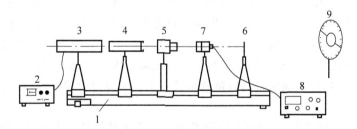

图 4.116　测量偏振光光强示意图

1—导轨；2—激光电源；3—激光器；4—扩束镜；5—偏振镜；6—小孔屏；
7—硅光电池；8—WJF 型数字式检流计；9—偏振片

(2) 将偏振片 9 取下,换上偏振镜 5,转动鼓轮(实际上只有 N_1 随鼓轮转动,N_2 不动),即改变 α 值,在小孔屏 6 上观察光斑强度的变化情况。

(3) 取下小孔屏 6,使扩束后的激光通过偏振镜 5 后进入硅光电池 7 中,转动偏振镜 5 的读数鼓轮,找到光强的最大值 $I(\alpha = 0)$,以该位置为测量起点($0°$),从 $0° \sim 360°$ 转动读数鼓轮一周,每转动 $10°$ 从数字检流计上记录一次相应的光电流值 I。

【数据记录】

(1) 写出用一块偏振片(N_1)时,光斑强度的变化情况,出射光 I 与入射自然光 I_0 之间的光强关系式,并说明出射光 I 的偏振态。为什么?

(2) 写出用两块偏振片时,光斑强度的变化情况,出射光 I 与入射光 I_0 之间的光强关系式,并说明出射光 I 的偏振态。为什么?

(3) 用列表法表示 α-I(光电流)的对应值。

(4) 用作图法,验证马吕斯定律,作出 $0°\sim90°$ 的 I-$\cos^2\alpha$ 曲线。

【注意事项】

(1) 不准用眼直接对着激光束观察,以免灼伤眼睛。

(2) 不准用手指触及激光管电极。

【思考题】

强度为 I 的自然光通过偏振片后,其强度 $I_0 < \dfrac{1}{2}I$,为什么?

实验 35   密立根油滴实验

油滴实验是美国物理学家密立根(R. A. Millikan)在 1909 年至 1917 年所做的测量微小油滴上带电荷的实验。该实验在全世界享负盛名,实验设备简单而有效,构思和方法巧妙而简洁,采用宏观的力学模式来研究微观世界的量子特性,所得数据结果稳定精确,堪称物理实验的典范。密立根在这一实验工作中花费了近 10 年的心血,通过对不同油滴所带电量的测量,总结出油滴所带的电量总是某一个最小固定值的整数倍,从而取得具有重大意义的结果。

(1) 证明了电荷的不连续性(具有颗粒性),所有电荷都是基本电荷 e 的整数倍。

(2) 测量并得到了基本电荷即为电子电荷,其值为 $e=1.602\times10^{-19}$ C。现公认 e 是基本电荷,对其值的测量精度不断提高,目前给出的最好结果为:$e=(1.60217733\pm0.00000049)\times10^{-19}$ C。

正是由于这一实验成就,密立根荣获了 1932 年诺贝尔物理学奖。近年来,根据这一实验的设计思想改进的用磁漂浮的方法测量分数电荷的实验,使古老的实验又焕发青春,也就更说明,密立根油滴实验是富有巨大生命力的实验。

【实验目的】

(1) 学习密立根油滴实验的设计思想。

(2) 通过对带电油滴在重力场和静电场中运动的测量,验证电荷的不连续性,并测定

基本电荷电量 e。

（3）通过对实验仪器的调整、油滴的选择、跟踪和测量，以及实验数据处理等，培养学生严谨的科学实验态度。

【实验仪器】

ZKY-MLG-5 CCD 显微密立根油滴仪、喷雾器、电子秒表等。

【实验原理】

两块平行电极板组成一个电容器，用喷雾器将油滴喷入电容器两块水平的平行极板之间，油滴经喷射后，因摩擦一般都带电，带电荷的微小油滴在均匀电场中将受到重力、电场力、空气阻力的作用，通过对带电油滴在两极板间运动的受力分析，可将油滴所带的微观电荷量 q 的测量转化为油滴宏观运动速度的测量。

实验中可用两种方法测量。

（1）平衡测量法：带电油滴在静电场、重力场共同作用下处于静止状态，从而测量其电量的方法。

（2）动态非平衡测量法：带电油滴在重力、静电力、空气阻力共同作用下匀速运动，从而测量其电量的方法。（注：关于动态测量法，自行查阅资料。）

1. 实验方法

本次实验采用平衡测量法。

极板间未加电场，油滴受重力而加速下降，又由于粘滞阻力、空气浮力作用，如图 4.117 所示，一段时间后油滴所受到的重力与粘滞阻力、空气浮力达到平衡，油滴将作匀速运动。设此时速度为 v_g，则有

图 4.117　未加电场时油滴
受力分析

$$mg - F_浮 = F_阻 \tag{1}$$

$$mg = \frac{4}{3}\pi a^3 \rho_油\, g, \quad F_浮 = \frac{4}{3}\pi a^3 \rho_空\, g \tag{2}$$

式中，a 为油滴半径；$\rho_油$ 为油滴密度；$\rho_空$ 为空气密度。

根据流体力学中的斯托克斯公式，油滴匀速下降时有

$$F_阻 = 6\pi a \eta v_g \tag{3}$$

式中，η 为粘滞系数。将式（1）～式（3）联立求解，得油滴半径为

$$a = \left[\frac{9\eta v_g}{2(\rho_油 - \rho_空)g}\right]^{\frac{1}{2}} \tag{4}$$

因为油滴很小，空气不能视为连续媒质，故要将粘滞系数 η 修正为

$$\eta' = \frac{\eta}{1 + \dfrac{b}{pa}} \tag{5}$$

式中,修正系数 $b=8.226\times10^{-3}\,\mathrm{m\cdot Pa}$; p 为空气压强(单位 Pa); a 为未修正过的油滴半径。

将式(5)代入式(4),则可得修正后的油滴半径为

$$a'=\left[\frac{9\eta'v_g}{2(\rho_{油}-\rho_{空})g}\right]^{\frac{1}{2}}=\left[\frac{9\eta v_g}{2(\rho_{油}-\rho_{空})g\left(1+\dfrac{b}{pa}\right)}\right]^{\frac{1}{2}} \tag{6}$$

当两极板间加上电压后,极板间产生一均匀电场,电场强度 $E=U/d$,油滴将受到电场力作用,通过改变极间电压的大小可使油滴受到的电场力、重力和浮力达到平衡,并静止在某一位置,其受力情况如图 4.118 所示。此时有

$$F_e=mg-F_{浮},\quad F_e=Eq \tag{7}$$

将式(2)代入式(7),得

图 4.118　加电场时油滴
受力分析

$$qE=\frac{4}{3}\pi a'^3(\rho_{油}-\rho_{空})g \tag{8}$$

由上述各式,可推导得

$$q=\frac{18\pi}{\sqrt{2\rho g}}\left[\frac{\eta v_g}{1+\dfrac{b}{pa}}\right]^{\frac{3}{2}}\cdot\frac{d}{U} \tag{9}$$

若油滴下降 l 的距离所用时间为 t_g,则油滴下降速度 $v_g=l/t_g$,代入式(9)得

$$q=\frac{18\pi}{\sqrt{2\rho g}}\left[\frac{\eta l}{t_g\left(1+\dfrac{b}{pa}\right)}\right]^{\frac{3}{2}}\cdot\frac{d}{U} \tag{10}$$

式中, η 为空气粘滞系数($1.83\times10^{-5}\,\mathrm{kg/(m\cdot s)}$); g 为重力加速度(重庆:$9.791\,\mathrm{m/s^2}$); $\rho=\rho_{油}-\rho_{空}$, $\rho_{空}=1.294\,\mathrm{kg/m^3}$; b 为修正常数($8.226\times10^{-3}\,\mathrm{m\cdot Pa}$); P 为标准大气压强($101325\,\mathrm{Pa}$); a 为油滴半径(m); d 为极板间距(实验中取为 $5\times10^{-3}\,\mathrm{m}$); l 为油滴下落距离; t_g 为油滴自由下落时间(s); U 为极板间平衡电压(V)。

可见,只要测得 U,t_g 即可求得油滴电量。

注:(1)因油的密度远大于空气的密度,故可不考虑空气浮力。

(2)标准状况指大气压强 $P=101325\,\mathrm{Pa}$,温度 $T=20\,℃$,相对湿度 $\Phi=50\%$ 的空气状况。

(3)油的密度随温度变化关系见表 4.33。

表　4.33

$T/℃$	0	10	20	30	40
$\rho_{油}/(\mathrm{kg/m^3})$	991	986	981	976	971

2. 基本电荷 e 的测量方法

测量油滴上带的电荷的目的是找出电荷的最小单位 e,证明电荷的不连续性。为此,可以对不同的油滴分别测出其所带的电荷值 q_i,它们应近似为某一最小单位的整数倍,这一最小单位就是油滴所带电荷量的最大公约数,或油滴带电量之差的最大公约数,即为基本电荷。但由于存在测量误差,要求出各个电荷量 q 的最大公约数比较困难。通常采用"逆向验证法"进行数据处理。设已求出所测 n 个油滴电量 $q_1,q_2,\cdots,q_i,\cdots,q_n$,同一油滴重复测量值应作为独立数据,不取平均。用基本电荷公认值 $e=1.602\times10^{-19}\mathrm{C}$ 遍除 q_i,得到 n 个商值 $N_1',N_2',\cdots,N_i',\cdots,N_n'$。按 $N_i=\mathrm{INT}(N_i'+0.5)$ 的方法将 N_i' 取整,得到 n 个整数 $N_1,N_2,\cdots,N_i,\cdots,N_n$。用 q_i 除以对应 N_i,得到 n 个基本电荷测量值 $e_1,e_2,\cdots,e_i,\cdots,e_n$。将 e_i 取平均,即得基本电荷电量的实验值 $\bar{e}$。

实验中也可采用紫外线、X 射线或放射源等改变同一油滴所带的电荷,测量油滴上所带电荷的改变值 Δq_i,而 Δq_i 值应是基本电荷的整数倍。即

$$\Delta q_i = n_i e,\qquad \text{其中 } i \text{ 为整数}$$

也可用作图法求 e 值,由上式,e 为直线的斜率,通过拟合直线,即可求得 e 值。

【仪器描述】

CCD 显微油滴实验装置:

如图 4.119 所示,实验仪主要由主机、CCD 成像系统、油滴盒、监视器等部件组成。其中,主机包括可控高压电源、计时装置、A/D 采样、视频处理等单元模块。CCD 成像系统包括 CCD 传感器、光学成像部件等。油滴盒包括高压电极、照明装置、防风罩等部件。监视器是视频信号输出设备。

图 4.119　密立根油滴实验装置图

CCD 模块及光学成像系统用来捕捉油滴室中油滴的像,同时将图像信息传给主机的视频处理模块。实验过程中可以通过调焦旋钮来改变物距,使油滴的像清晰地呈现在CCD 传感器的窗口内。

实验仪器面板上的调节旋钮可以调整极板之间的电压,用来控制油滴的平衡、下落及

提升。定时开始、结束按键用来计时。0V、工作按键用来切换仪器工作状态；平衡、提升按键可以切换油滴平衡或提升状态；平衡电压控制油滴的运动状态，提升电压控制油滴在油滴室内上下的位置。在控制油滴的运动和测量时，提升电压应为零。确认按键可以将测量数据显示在屏幕上，从而省去了每次测量完成后手工记录数据的过程，我们可把更多的注意力集中到实验本质上来。

　　油滴实验装置的关键部件是油滴盒，如图4.120所示。上、下极板之间通过胶木圆环支撑，三者之间的接触面经过机械精加工后可以将极板间的不平行度、间距误差控制在0.01mm以下(电容器两极板不水平对测量有何影响)。这种结构基本上消除了极板间的"势垒效应"及"边缘效应"，较好地保证了油滴室处在匀强电场之中，从而有效地减小了实验误差。上极板中心处有落油孔，使微小油滴可以进入电容器中间的电场空间，胶木圆环上有两个进光孔和一个观察孔，光源通过进光孔给油滴室提供照明。油滴盒防风罩前装有测量显微镜，目镜头中装有分划板，成像系统接在显微镜上，通过观察孔捕捉油滴的像。照明由带聚光的高亮发光二极管提供，其使用寿命长，不易损坏。油滴盒通过实验仪底部的旋钮调水平(顺时针仪器升高，逆时针仪器下降)，用水准仪检查。油雾杯可以暂存油雾，使油雾不至于过早地散逸；进油量开关可以控制落油量；防风罩可以避免外界空气流动对油滴的影响。

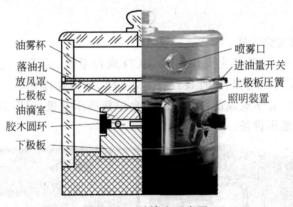

油雾杯　　　　　　　　喷雾口
落油孔　　　　　　　　进油量开关
放风罩　　　　　　　　上极板压簧
上极板　　　　　　　　照明装置
油滴室
胶木圆环
下极板

图4.120　油滴盒示意图

　　实验中，监视器所显示实验界面图如下：

		(极板电压)
		(经历时间)
		(电压保存提示栏)
		(保存结果显示区)(共5格)
		(下落距离设置栏)
(距离标志)		(实验方法栏)
		(仪器生产厂家)

其中,极板电压:实际加到极板的电压,显示范围为 0～9999V。经历时间:定时开始到定时结束所经历的时间,显示范围为 0～99.99s。电压保存提示:将要作为结果保存的电压,每次完整的实验后显示,显示范围为 0～9999V。保存结果显示:显示每次保存的实验结果,共 5 次。当需要删除当前保存的实验结果时,按下确认键 2s 以上,当前结果被清除(不能连续删)。下落距离设置:显示当前设置的油滴下落距离。当需要更改下落距离的时候,按住平衡、提升键 2s 以上,此时距离设置栏被激活,通过＋键(即平衡、提升键)修改油滴下落的距离,然后按确认键修改。距离标志相应变化,其变化范围为 0.2～1.8mm。

【实验内容】

1. 调整油滴实验装置

油滴实验是一个对操作技巧要求较高的实验,为了得到满意的实验结果,必须仔细地调整油滴仪。

(1) 水平调整

调节调平螺丝,将平行电极板调到水平,使平衡电场方向与重力方向平行以免引起实验误差。极板平面是否水平决定了油滴在下落或提升过程中是否发生前后、左右的漂移。

(2) 喷雾器调整

将少量钟表油缓慢倒入喷雾器中。注意,油不宜倒得太多。

喷雾器是用来快速向油滴仪内喷油雾的,在喷射过程中,由于摩擦作用使油滴带电,为了在视场中获得足够供挑选的油滴,在喷射油雾时,一定要将油滴仪两极板短路(请思考,若不短路,对实验有何影响)。

(3) 仪器硬件接口连接

主机接线:电源线接交流 220V/50Hz;Q9 视频输出接监视器视频输入(IN)。

监视器:输入阻抗开关拨至 75Ω,Q9 视频线缆接 IN 输入插座。电源线接 220V/50Hz 交流电压。前面板调整旋钮从左至右依次为左右调整、上下调整、亮度调整、对比度调整。

(4) 实验仪器联机使用

打开实验仪和监视器电源,按任意键进入实验参数设置界面。根据实验要求设置实验参数("←"表示左移键、"→"表示右移键、"＋"表示数据设置键)。设置好后按"确认"键,选择"工作"状态,电压设为"平衡",调为 150～400V。

(5) 调整 CCD 成像系统

用喷雾器喷入油雾,应在监视器上看到大量运动油滴的像。若没有看到油滴的像,则调整显微镜焦距或检查喷雾器是否有油雾喷出,直至得到油滴清晰的图像。

2. 选择合适的油滴并练习控制

(1) 平衡电压调至 250V 左右。

(2) 喷入油雾,调节显微镜焦距。注意,寻找上下运动较缓慢的油滴。

(3) 选择其中一颗运动较缓慢的油滴,仔细调节平衡电压使其静止。

(4) 练习控制油滴的运动。

① 电压切换为"提升",使油滴上升到"0"标记刻线上,电压切换为"平衡",油滴静止。

② 工作状态切换为"0V",油滴下落,当油滴刚好落到"0"刻线时,立刻按下计时"开始"键,此时计时器开始计时。

③ 当油滴下落到所设定距离刻线(如 1.6mm)时,立即按下计时"结束"键,计时器记下停止时间。很短时间内,工作状态自动从"0V"切换为"工作",电压切换为"平衡",油滴静止。

④ 按下"确认"键,监视器右边方格内存下此次油滴下落的时间及平衡电压(可存5 次)。

⑤ 再次将电压切换至"提升",油滴上升。

重复步骤①~⑤,进行第二次练习。

3. 正式测量

(1) 按上述方法选择适当油滴。

要做好油滴实验,所选的油滴体积要适中,大的油滴虽然比较亮,但一般带的电荷多,下降速度太快,不容易测准确;太小则受布朗运动的影响明显,测量结果涨落很大,也不容易测准确。因此应该选择质量适中,而带电不多的油滴。通常选择平衡电压为 150~300V 左右,以下落 2mm 所用时间约 20s(即每下落 0.2mm 约 2s)的油滴为宜。

(2) 选择 5 个油滴,每个油滴下落距离在 1.0~1.6mm 内选择,测量其下落时间及平衡电压。每个油滴测量 5 次。记录下每个油滴每次下落的时间和每次实验的平衡电压。

4. 整理实验仪器

【数据记录】

(1) 设计实验表格,将所测量实验数据整理于表格中,采用逆向验证法处理数据,计算电荷的基本单位(有兴趣的同学可编写一段程序进行数据处理,以使计算更快捷)。

(2) 计算基本电荷电量的平均值,并与公认值($e = 1.602 \times 10^{-19}$ C)比较,计算相对误差。

(3) 讨论系统误差的可能来源,并对该次实验进行总结。

【注意事项】

(1) 喷油时,两极板间要短路,油雾喷射不能太多。

(2) 仪器内有高压,避免用手接触电极。

【思考题】

(1) 平衡电压、提升电压的作用是什么?

(2) 若油滴室内两容器极板不平行,对实验结果有何影响?

(3) 为何每次重复测量时,要适当调节平衡电压?

(4) 重复测量同一油滴,各次求出的电量并不一致,试分析误差来源。

实验 36　弗兰克-赫兹实验

1913 年,丹麦物理学家玻尔根据光谱学研究的成就和普朗克、爱因斯坦的量子理论,提出了一个氢原子模型,并指出原子存在能级。该模型在预言氢光谱的观察中取得了显著的成功。根据玻尔的原子理论,原子光谱中的每根谱线表示原子从某一个较高能态向另一个较低能态跃迁时的辐射。

1914 年,德国物理学家弗兰克和赫兹对勒纳用来测量电离电位的实验装置做了改进,他们同样采取慢电子(几个到几十个电子伏特)与单元素气体原子碰撞的办法,但着重观察碰撞后电子发生什么变化(勒纳则观察碰撞后离子流的情况)。通过实验测量,电子和原子碰撞时会交换某一定值的能量,且可以使原子从低能级激发到高能级,直接证明了原子发生跃迁时吸收和发射的能量是分立的,不连续的;证明了原子能级的存在,从而证明了玻尔原子理论的正确。弗兰克和赫兹也因此获得了 1925 年诺贝尔物理学奖。

【实验目的】

(1) 了解弗兰克-赫兹实验的原理和方法。

(2) 通过测定氩原子等元素的第一激发电位,证明原子能级的存在。

(3) 研究 I_A-U_{G_2K} 曲线的影响因素。

【实验仪器】

ZKY-FH 型智能弗兰克-赫兹实验仪、扫描示波器等。

【实验原理】

根据玻尔理论的基本假设,原子只能处于一系列稳定状态(简称定态)中,每一稳定状态对应一定的能量值 $E_n(n=1,2,\cdots)$,这些能量值是彼此分立不连续的。原子从一个稳定态过渡到另一个稳定态时,就吸收或放出一定频率的电磁辐射。如果用 E_m 和 E_n 代表两定态的能量,辐射频率 ν 取决于两定态能量之差 $h\nu = E_n - E_m$。式中,普朗克常数 $h = 6.63 \times 10^{-34}$ J·s。

为了使原子从低能级向高能级跃迁,可以通过具有一定能量的电子与原子相碰撞进行能量交换的办法来实现。

设初速度为零的电子在电位差为 U 的加速电场作用下,获得能量 eU,当具有这种能量的电子与稀薄气体的原子(比如十几个 Torr 的汞原子)发生碰撞时,就会发生能量交换。如以 E_1 代表氩原子的基态能量,E_2 代表氩原子的第一激发态能量,那么当氩原子与电子碰撞后获得的能量恰好为 $eU_0 = E_2 - E_1$ 时,氩原子就会从基态跃迁到第一激发态。而且相应的电位差 U_0 称为氩的第一激发电位。测定出这个电位差 U_0,就可以根据 $eU_0 = E_2 - E_1$ 求出氩原子的基态和第一激发态之间的能量差了(其他元素气体原子的第一激发电位也可依此法求得)。弗兰克-赫兹实验就是通过直接测量出电子碰撞时传递的能量值来证实原子能级的存在。

实验的原理如图 4.121 所示。电子和原子的碰撞是在弗兰克-赫兹实验管中进行的,弗兰克-赫兹管是在抽成真空的电子管中充以某种气体,电子由电阴极发出,阴极 K 与控制栅极 G_1 之间的电压 U_{G_1K} 可控制管内电子流的大小,消除空间电荷造成的电场对阴极发射电子的影响。电极 K 与加速栅极 G_2 之间的电压 U_{G_2K} 使电子加速。在板极 A 与栅极 G_2 之间加的是反向拒斥电压 U_{G_2A},它使电子减速,用于探测电子通过 KG_2 空间后的状态。当电子通过 KG_2 空间进入 G_2A 空间时,如果能量大于 eU_{G_2A} 就能到达板极 A 形成板极电流 I_A。电子在 KG_2 空间被加速时将会与被测气体原子发生碰撞。电子与原子碰撞过程可以用以下方程表示:

$$\frac{1}{2}m_e v^2 + \frac{1}{2}MV^2 = \frac{1}{2}m_e v' + \frac{1}{2}MV' + \Delta E$$

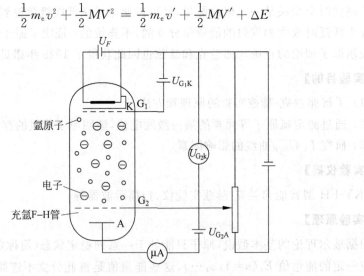

图 4.121 弗兰克-赫兹实验原理图

其中，m_e 是电子质量；M 是原子质量；v 是电子的碰撞前速度；v' 是电子碰撞后速度；V 是原子碰撞前的速度；V' 是原子碰撞后的速度；ΔE 为内能项。

实验时，当给灯丝加上电压时灯丝发热，使阴极 K 发射出热电子。热电子在电压 U_{G_1K} 作用下被加速，由于阴极 K 到控制栅极 G_1 之间的空间距离小，此区间内氩原子数量很少，电子的动能也比较小，在此区间几乎不与氩原子发生碰撞。电子通过控制栅极 G_1 进入 G_1G_2 区间，此区间内存在许多氩原子。电子在加速电压 U_{G_2K} 下继续被加速。在起始阶段，由于电压 U_{G_2K} 较小，电子所获得的动能不够大，小于氩原子第一激发态与基态之间的能量差，按玻尔理论，原子的内能是不连续的，被测气体原子只能接收与其各能级之间能量差相等的能量，而不能接收其他量值的能量。因此，此时电子与原子只发生弹性碰撞，$\Delta E = 0$，电子几乎不损失能量，因而可能穿过反向电压 U_{G_2A} 达到板极 A，被电流计 μA 检出，即形成板极电流 I_A。

随着电压 U_{G_2K} 增大，电子的动能增大，能够越过反向电压区 G_2A 而到达板极 A 的电子数目增多，因此随着 U_{G_2K} 增大，板极电流 I_A 增大（如图 4.122 中曲线 oa 段）。

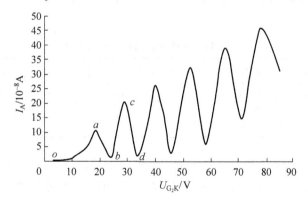

图 4.122　Ar 原子的 I_A-U_{G_2K} 特性曲线

当电压 U_{G_2K} 增大到一定程度且与氩原子的第一激发电位 U_0 相当时，电子被加速后获得足够大的动能，它与氩原子发生非弹性碰撞，将自己从加速电场中获得的全部能量交给氩原子，使氩原子从基态激发到第一激发态。而电子本身由于把全部能量给了氩原子，即使穿过了栅极也不能克服反向拒斥电场而被折回栅极（被筛选掉）。所以板极电流 I_A 将显著减小（如图 4.122 中曲线 ab 段）。随着栅极电压的增加，电子又重新获得能量，其动能又开始增加，在能量不够大时又与氩原子发生弹性碰撞，碰撞后还留下足够的能量，可以克服反向拒斥电场而达到板极 A，这时电流又开始上升（如图 4.122 中曲线 bc 段）。直到 KG_2 间电压是二倍氩原子的第一激发电位 U_0 时，电子在 KG_2 间又会因二次碰撞而失去能量，因而又造成了第二次板极电流的下降（cd 段）。同理，随着电压 U_{G_2K} 增大，凡在 $U_{G_2K} = nU_0 (n = 1, 2, 3, \cdots)$ 的地方，电子与氩原子非弹性碰撞，使氩原子被激发，同时，板

极电流 I_A 都会相应下跌,形成规则起伏变化的 I_A-U_{G_2K} 曲线。而各次板极电流 I_A 下降相对应的阴、栅极电压差 $U_{n+1}-U_n$ 就是氩原子的第一激发电位 U_0,即 I_A-U_{G_2K} 曲线两相邻峰值之间的电位差就是被测气体原子的第一激发电位。实验观察到的 I_A-U_{G_2K} 曲线如图 4.122 所示,它反映了在 KG_2 空间中气体原子与电子间进行能量交换的情况。

实际实验所测得的 I_A-U_{G_2K} 曲线并不如图 4.122 平滑,氩原子的第一激发电位实际测量值为 11.5～12V,且曲线上两个极大值(或极小值)之间还有些小的峰谷(峰尖),也即有多处电流下降,其原因是原子能级结构中有亚稳态。对氩原子而言,基态与第一激发态之间有两个亚稳态,这两个亚稳态与基态的能量差别分别为 11.55eV 和 11.72eV。原子被激发到不同状态时吸收一定数量的能量,这些数值不连续,可见原子内部能量是量子化的,也证实了原子能级的存在。

弗兰克-赫兹管内还可充入其他惰性气体(如氖、汞蒸气等)进行测量。本实验测量氩气,由于氩气常温是气体,不必加热,温度变化对实验结果影响不大,如果测量汞的第一激发电位,就需要考虑温度对实验结果的影响(为什么)。表 4.34 所示为几种常用元素第一激发电位表。

表 4.34 几种元素的第一激发电位

元素	钠(Na)	钾(K)	锂(Li)	镁(Mg)	氦(He)	氖(Ne)	氩(Ar)
U_0/V	2.12	1.63	1.84	3.2	21.2	18.6	13.1
λ/Å	5890 5896	7664 7699	6707.8	4571	584.3	6402.2	8115.5

另外,原子处于激发态时是不稳定的。在实验中被慢电子轰击到第一激发态的原子要跳回基态,进行这种反跃迁时,就应该有 eU_0(eV)的能量发射出来。反跃迁时,原子以放出光量子的形式向外辐射能量。这种光辐射的波长可通过 $eU_0=h\nu=h\dfrac{c}{\lambda}$ 计算。

对于氩原子

$$\lambda = \frac{hc}{eU_0} = \frac{6.63 \times 10^{-34} \times 3.00 \times 10^8}{1.6 \times 10^{-19} \times 13.1} = 9.49 \times 10^{-8}(\text{m}) = 94.9(\text{nm})$$

从光谱学的研究中确实观测到了这根波长为 $\lambda=94.9$nm 的紫外线。

该实验还可用于测量原子的第一电离电位。假如电子在被加速过程中获得的动能 eU_{G_2K} 足以补偿原子束缚其电子的势能 eU_Z,当这样的电子与原子碰撞时,就能从原子中分离出一个电子,使原子变成离子。由于板极电位为负,电子在碰撞后到不了板极,而正的离子才能到达板极形成板极电流 I_A 而被电流计检出。通过测量这个电流的变化就可测出该原子的第一电离电位。表 4.35 给出的是在碱金属蒸气和稀有气体中观察到的第一电离电位 U_Z 值。

原 子	铯 (Cs)	铷 (Rb)	钾 (K)	钠 (Na)	锂 (Li)	氙 (Xe)	氪 (Kr)	氩 (Ar)	氖 (Ne)	氦 (He)
电离电位 U_Z/V	3.89	4.18	4.34	5.14	5.39	12.1	14.0	15.8	21.6	24.6

表 4.35　几种元素的电离电位

【仪器描述】

ZKY-FH 型智能弗兰克-赫兹实验仪,管内充以氩气,如图 4.123 所示。

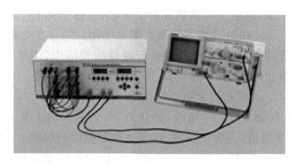

图 4.123　ZKY-FH 型智能弗兰克-赫兹实验仪

仪器面板上根据功能可划分为八个区(见 ZKY-FH 实验仪器说明书):

① 区为弗兰克-赫兹管各输入电压连接插孔和板极电流输出插座;

② 区为弗兰克-赫兹管所需激励电压的输出连接插孔,左侧为正极,右侧为负极;

③ 区为测试电流指示区,有四个电流量程挡,每一个量程选择同时备有一个选择指示灯指示当前电流量程挡位;

④ 区为测试电压指示区,四个电压源选择按键用于选择不同的电压源,每个电压源选择都备有一个指示灯指示当前的选择;

⑤ 区为测试信号输入输出区,电流输入插座输入弗兰克-赫兹管板极电流,信号输出和同步输出插座可将信号送示波器显示;

⑥ 区为调整按键区,用于改变当前电压源电压设定值,设置查选电压点;

⑦ 区为工作状态指示区,通信指示灯指示实验仪与计算机的通信状态,启动按键与工作方式按键共同完成多种操作,详细说明见相关栏目;

⑧ 区为电源开关。

【实验内容】

(1) 根据 ZKY-FH 实验仪器说明书上的电路图连接好线路,经检查后才能接通电源。

(2) 开机预热 10min。

① 电流量程、灯丝电压、U_{G_1K} 及 U_{G_2K} 电压设置参数见机箱盖标牌数;

② U_{G_2K} 设为 30V,10min 后再做相应实验。

(3) 测定氩原子的第一激发电位。

① 手动测试 I_A-U_{G_2K} 曲线,计算氩原子的第一激发电位。

a. 设定好电压值(参看仪器提供参数)。

b. 将弗兰克-赫兹仪器与示波器相连;将弗兰克-赫兹仪器上的"信号输出"、"同步输出"分别与示波器的"信号通道 1 或 2"和"外接输入通道"相连接。

c. 调节 U_{G_2K} 电压值,从电流有读数开始记录,U_{G_2K} 每变化 1V 记录一次 I_A 的读数。

d. 用表格方式记录。同时观察示波器上图形变化。U_{G_2K} 变化范围为 0～80V。

e. 根据所测数据,将各峰值电压填入自行设计的表格中,用逐差法计算氩原子第一激发电位,并与理论值比较,计算相对误差。

② 自动测试 I_A-U_{G_2K} 曲线,计算氩原子的第一激发电位。

采用自动测试方法测 I_A-U_{G_2K} 曲线,并读取 U_{G_2K} 在 10～60V 之间所对应的 I_A 值,U_{G_2K} 每隔 1V 读取一个数值,为方便作图,建议在峰谷值附近每隔 0.5V 读取数据。

根据所测数据,画出 I_A-U_{G_2K} 曲线(注:图中应标出各峰值坐标),计算氩原子的第一激发电位,求相对误差。

(4) 研究 I_A-U_{G_2K} 曲线的影响因素。

① 将灯丝电压 U_F 分别增大和减小 0.3V,其他参数与机箱盖标牌数一致,利用手动测试方法分别测定相应的 I_A-U_{G_2K} 曲线,U_{G_2K} 电压值变化范围为 0～45V,每隔 1V 取一个数值;在同一坐标上作出这两条 I_A-U_{G_2K} 曲线,根据图形,分析灯丝电压对 I_A-U_{G_2K} 曲线的影响。

② 将 U_{G_1K} 分别增大和减小 0.3V,其他参数与机箱盖标牌数一致,同①,分析 U_{G_1K} 对 I_A-U_{G_2K} 曲线的影响。

③ 将 U_{G_2A} 分别增大和减小 0.3V,其他参数与机箱盖标牌数一致,同①,分析 U_{G_2A} 对 I_A-U_{G_2K} 曲线的影响。

④ 总结 I_A-U_{G_2K} 曲线的影响因素。

(5) 实验完毕整理仪器。

【注意事项】

(1) 必须在确定连线无误时方能开启电源;

(2) 各参数必须按实验室提供数据设置;

(3) U_{G_2K} 应小于 85V,否则会损坏仪器;

(4) 灯丝电压不要过高,否则会加快弗兰克-赫兹管的衰老。

【思考题】

(1) 电流相邻峰值之间的距离反映出什么问题?

（2）电流峰值突变的原因是什么？

（3）若实验是测试汞的第一激发电位，温度对 I_A-U_{G_2K} 曲线有何影响？

（4）为什么 I_A 峰值具有一定宽度？

（5）极小电流为什么会逐渐增加？为什么不为零？

（6）实验中哪些因素对 I_A-U_{G_2K} 曲线有影响？并作简要分析。

实验 37　原子光谱实验——小型棱镜读（摄）谱仪测汞原子光谱

　　原子光谱中每级谱线是原子跃迁辐射形成的，它是研究物质微观结构的重要方法，广泛应用于化学分析、医药、生物、地质、冶金和考古等部门。常见的光谱有吸收光谱、发射光谱和散射光谱，涉及的波段从 X 射线、紫外光、可见光、红外光到微波和射频波段。光谱实验是研究探索原子内部电子的分布及运动情况的一个重要手段，也是原子量子化能级的一个证据。本实验通过测量汞原子在可见波段的发射光谱，使大家了解光谱和原子能级间的关系和光谱测量的方法。

【实验目的】

（1）掌握小型棱镜摄谱仪的构造、原理及使用方法；

（2）掌握摄谱技术；

（3）掌握测定谱线波长的方法。

【实验仪器】

小型棱镜摄谱仪、汞光源、铁棒、电弧发生器、底片冲洗液、读数显微镜等。

【预习思考题】

（1）小型棱镜摄谱仪由哪几部分组成？

（2）简述恒偏棱镜的分光原理。

（3）简述线性插入法求待测波长的原理。

【实验原理】

1. 光谱的形成

　　光谱线波长是由产生这种光谱的原子能级结构所决定的。每一种元素都有自己特定的光谱，称之为原子的标识光谱。通常情况下，原子处于基态，当原子受到激发（如热激发、电场引起碰撞的激发以及共振吸收激发等），原子获得足够的能量，外层电子可由基态跃迁到较高的能级状态即激发态。处于激发态的原子是不稳定的,其寿命小于 10^{-8} s,外层电子能较容易地从高能级向较低能级或基态跃迁,多余能量以电磁辐射的形式发射出去,这样就得到了原子的发射光谱。原子发射光谱是线状光谱(光谱分为线状光谱、带状光谱和连续光谱)。谱线波长与能量的关系如下: $\lambda = hc/(E_2 - E_1)$。式中 E_2,E_1 分别为高能级与低能级的能量,λ 为波长,h 为普朗克常数,c 为光速。处于高能级的电子经过几个中间能级跃迁回到原能级,可产生几种不同波长的光,在光谱中形成几条谱线。一种元素可以产生不同波长的谱线,它们组成该元素的原子光谱。不同元素的电子结构不同,其原子发射光谱也不同,具有明显的特征,据此可对样品进行定性分析;而元素原子的浓度不同,发射强度不同,故可实现样品中元素的定量测定。

　　原子的光谱,除少数元素(如氢)光谱较简单外,大部分元素的原子光谱均有数百条至千条谱线,如铁元素就有 4600 多条谱线分布在 2400~6000Å 的波长范围,光谱分析工作者已准确地测出每条谱线的波长,并印制成放大 20 倍的铁谱图。若将样品的光谱与铁谱并列拍摄,可用线性插入方法测出样品谱线的波长,因此铁谱可作为波长尺使用。本实验就是利用该方法来标定汞原子在可见光内的谱线波长。

　　原子发射光谱的测定包括了三个主要的过程:①由光源提供能量使样品蒸发、形成气态原子,并进一步使气态原子激发而产生光辐射;②将光源发出的复合光经单色器分解成按波长顺序排列的谱线,形成光谱;③用检测器检测光谱中谱线的波长和强度。

2. 摄谱仪的构造及原理

　　(1) 仪器结构:小型棱镜摄谱仪主要由准直管、恒偏棱镜、看谱镜、摄谱箱、哈特曼光阑、聚光镜、可调狭缝、电弧发生器、汞灯、纯铁电极、准直物镜、照相物镜等组成,如图 4.124 所示。

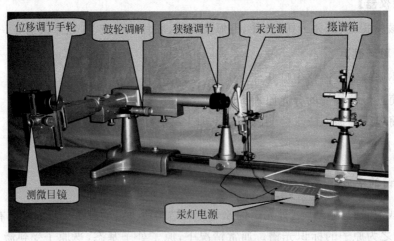

图 4.124　小型棱镜摄谱仪结构图

（2）恒偏棱镜的分光原理

恒偏棱镜的作用是将不同波长的入射平行光经棱镜折射后分解为不同方向的平行光，其结构如图 4.125 所示。其中 $A'BD'$ 是三棱镜，光线以 i 角入射。在三棱镜中作一正方形 $AC'EC$，同时形成了一个包含在原三棱镜内的四边形 $AC'D'E$。以 AE 为对称轴，得到与 $AC'D'E$ 对称的四边形 $ACDE$。$ABCDE$ 是一五边棱镜。入射光在 AE 面上发生全发射。这样原经 $HI'J'$ 出射的光线现经 HIJ 出射，$i_0 = i'_0$。当满足三棱镜的最小偏向角条件时，$i = i_0$，所以入射光和折射光偏转角度恒为 $90°$。

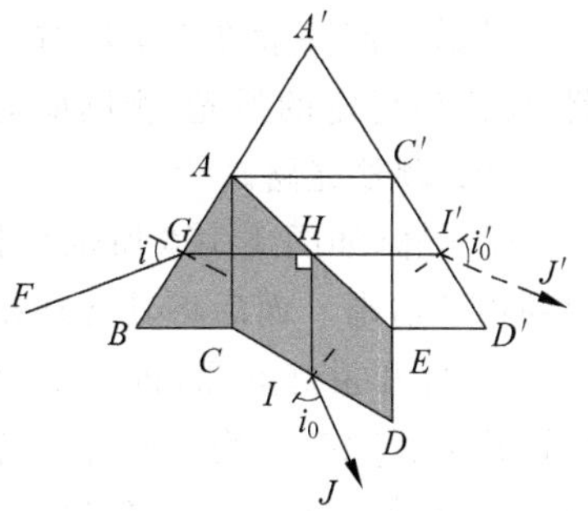

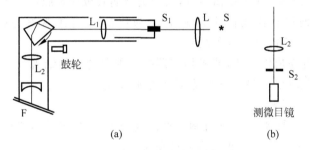

图 4.125　恒偏棱镜分光原理

（3）小型棱镜读（摄）谱仪光路

本实验选用小型棱镜摄谱仪，通过照相法测定光谱线的波长。如果不用照相机拍片，而是在输出端用测微目镜读数，则此装置称为"读谱仪"。小型棱镜摄谱仪的光路如图 4.126 所示。

图 4.126　棱镜读（摄）谱仪光路图

（a）摄谱仪光路；（b）读谱部分

L—聚光透镜；L_1—平行光管透镜；L_2—暗箱物镜；S—光源；
S_1—平行光管狭缝；S_2—暗箱狭缝（读谱用）；F—底片（摄谱用）

被分析物质所激发的光束经聚光透镜 L 聚焦在狭缝 S_1 上，并以发射光束射到平行光管透镜 L_1 上，因为 S_1 位于 L_1 的焦平面上，故光束通过 L_1 后变成平行光束并投射到恒偏棱镜上。因恒偏棱镜的分光作用，平行光束被分解成不同方向的单色光，又由于以最小偏向角入射恒偏棱镜的光束可以偏转其入射方向 $90°$ 折射出，因此光束经过恒偏棱镜后将沿着暗箱物镜 L_2 方向出射。暗箱物镜 L_2 将光束的每种单色光会聚到它的焦平面上的不同位置，结果得到入射狭缝的不连续或连续的依照波长长短依次排列的单色光像，这就是对应于分析物质的光谱。对于不同波长的光，其相对于透镜 L_1 的焦距也不同，故不同波长光经暗箱物镜 L_2 后，并不会聚在与光轴垂直的同一平面，所以应适当调整感光底板的倾角，以使记录的各波长谱线清晰。

【实验内容】

(1) 调整电弧。

铁谱电流一般在 3A 左右,将两电极对正,两电极的间隙为 3～5mm,打开电弧发生器,应产生稳定的弧光,否则应对电极进行调整。

(2) 调整光路。

① 光路如图 4.126 所示。将看谱用的望远镜对着窗外或其他方向,调焦,使望远镜中的指针清晰。而后将其装在摄谱仪的出射光管上。

② 打开汞灯电源,将鼓轮刻线调在 4358Å 处,调节好 S 与 L 的位置,使它们与平行光管共轴、等高,并均匀照亮整个狭缝,使通过摄谱仪的光通量能达到最大值(即调节光源,使光斑均匀照亮入射狭缝)。

③ 从望远镜目镜中观察谱线,此时可看见一条蓝光。调节狭缝 S_1 宽度(0.01～0.015mm 为宜)及其与透镜 L_1 的相对位置,使 S_1 在 L_1 的焦平面上,产生平行光(调节后,蓝光应该是一条细的、清晰的光线)。

④ 将望远镜取下来,换上摄谱装置,先用毛玻璃底板代替照片底板,调节底片暗箱的倾角(5°左右),以便得到各波长的清晰谱线(为什么)。仔细观察毛玻璃上的汞灯谱线(注:此时观察谱线,应能分清双黄线)。

⑤ 将汞灯电源换成铁电弧,使光均匀照亮入射狭缝。仔细观察毛玻璃,直到看见大量谱线为止(注:此时谱线并不很明显,故要细心观察)。

(3) 拍摄铁谱、汞谱。

将照片底板装在摄谱仪上,通过调节哈特曼光阑,选择最佳曝光时间,根据实验要求在一张底片上的不同位置分别拍摄出铁谱和汞谱。

(4) 冲洗底片,步骤为:显影—清水清洗—定影—清水清洗—吹干,注意选择显影、定影时间。

(5) 识谱读谱。

① 将底片放置于读数显微镜下,将波长短的一侧(其背景较强)放在左边,乳胶面向上,从显微镜观察到与照片上谱线相反,波长长的一侧在右边,从左至右,波长依次增大。

② 找出铁谱图 2,3 号片,在 4528.619～4839.54Å 附近有四条很强的排列比较整齐的铁谱线,因为它外形特别而附近没有很强的谱线,易于寻找,所以一般都以它为起点。左右移动谱线照片,可找到上述四条特征谱线,然后依次向左或向右逐段查对。

③ 把在照相底片上位于这些汞光谱线附近的铁光谱与实验室提供的铁光谱图做对比,根据铁光谱线的相对强度和相对间距等特点,在铁光谱图上找出被选定的铁光谱线并读出其波长值。

(6) 采用线性内插法测量汞的各条谱线的波长,并与相应波长的标准值比较,计算相对误差,分析对实验结果造成影响的主要原因。

　　从照相底板上无法直接读出各谱线的波长,为了测量某谱线的波长,我们必须在待测谱线的上方或下方并排拍摄一已知波长的光谱,叫做比较光谱,如图 4.127 所示。比较光谱一般为铁光谱,铁谱通过纯铁电极的电弧放电得到。拍摄上、下两排比较光谱时,应该选择不同的曝光时间,以得到所有波段都较为清晰的谱线。

　　设待测谱线 λ_x 的上方临近两侧有已知波长为 λ_1 和 λ_2 的谱线,λ_1 与 λ_2 之间的距离为 d,λ_x 与 λ_1 之间的距离为 x,且 $\lambda_1<\lambda_2$ 而又相差很小时,波长差与间距满足以下关系:

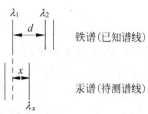

$$(\lambda_2-\lambda_1):d=(\lambda_x-\lambda_1):x$$

由 $\lambda_x=\lambda_1+\dfrac{\lambda_2-\lambda_1}{d}x$ 即可得出待测谱线波长 λ_x。这种求波长的方法叫"线性内插法"。

图 4.127　线性内插法求待测谱线波长

【注意事项】

　　(1) 在拍摄待测谱线与比较谱线时,要注意不要将照相底板盒移动。因为任何微小的移动都会引起两个光谱的相对移动,此时用内插法计算 λ_x 时便失去实际意义。为了保证不移动底板盒就可以并排拍摄两个或两个以上的光谱,在摄谱仪的平行光管的狭缝前面装有一个光阑,叫哈特曼光阑。如图 4.128 所示,在哈特曼光阑上并排有三个小孔,保持底板盒的位置不动,移动哈特曼光阑让光分别通过不同高度的孔,就可以拍摄底片上不同高度的光谱。通常用中间孔拍摄待测光谱,而用上、下两孔拍摄比较光谱。

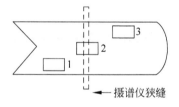

图 4.128　哈特曼光阑

　　(2) 选择谱线时,最好使三根谱线的几何间隔小于 1mm,不过谱线间隔也不宜太近,以免两谱线连成一片而引进测量误差。同时要选用狭细而黑度适中的谱线,使它们的几何位置的测量误差尽可能小一些。

　　(3) 在拍摄过程中,暂停拍摄时一定关上狭缝前光门,以防曝光。同时,改变光源,拍摄不同谱线时,只能移动哈特曼光阑。

　　(4) 拍摄铁谱时,注意人身安全,防止电击,并戴好墨镜。

　　用读谱法时,原理与照相法类似,将暗盒取下,换上测微目镜,调整光路,在目镜内观察到清晰的光谱线,目镜上的刻度能记录下两条光谱线间的距离。

【思考题】

　　(1) 哈特曼光阑的作用是什么?

　　(2) 为什么感光板面必须与照相系统的光轴成一个小夹角?

实验 38　光电效应

光电效应是 19 世纪末(1887 年)赫兹在验证电磁波的存在时意外发现的,它是指当光照射到金属表面时,在一定条件下(电子所获得的能量大于该金属的逸出功),会有电子从金属表面逸出,这个现象称为光电效应。1905 年年仅 26 岁的爱因斯坦应用普朗克的量子论,提出光量子假说,发表了在物理学发展史上具有里程碑意义的光电效应理论,10 年后被具有非凡才能的物理学家密立根用光辉的实验证实。两位物理大师也都因光电效应等方面的杰出贡献分别于 1921 年和 1923 年获得诺贝尔物理学奖。

光电效应实验及其光量子理论的解释在量子理论的确立与发展上,在解释光的波粒二象性等方面都具有划时代的深远意义。如今,光电效应作为信号转换的一种重要方式,已制成光电管、光电倍增管等多种光电器件,并广泛地应用在工农业生产、科教文卫和国防建设等众多领域中。

【实验目的】

(1) 测定光电管的伏安特性曲线,了解光电效应实验规律,加深对光量子理论的理解。

(2) 验证爱因斯坦光电效应方程,求普朗克常数。

(3) 测定光电管的光电特性曲线,验证饱和光电流与照射光强度的关系(光电效应的第一定律)。

【实验仪器】

ZKY-GD-3 光电效应实验仪,由汞灯光源、滤色片、光阑、光电管、测试仪(含光电管电源和微电流放大器)构成。

【预习思考题】

(1) 什么是光电效应? 它具有什么实验规律?

(2) 什么是截止电压? 如何用实验来测定?

(3) 什么是截止频率? 如何用实验来测定?

(4) 本实验中如何测定普朗克常量?

【实验原理】

当一定频率的光照在物体上时,光的能量仅部分地以热的形式被物体吸收,而另一部分则转换为物体中某些电子的能量,使电子逸出物体表面,这种现象称为光电效应,逸出的电子称为光电子。

爱因斯坦利用光子假说对光电效应进行了解释,他指出:入射光其实就是单粒能量 $\varepsilon = h\nu$ 的光子流。这种光子在运动中并不分解,而是在一瞬间整个地被吸收或被发射。

电子吸收光子后,如果动能仍小于金属的逸出功(功函数),即 $h\nu<W$,则不可能脱离金属表面成为光电子;满足 $h\nu=W$ 的光频 ν_0 叫做该种金属的光电效应截止频率(红限),它激发的光电子刚好脱离金属表面而无剩余动能;如果 $h\nu>W$,激发的光电子脱离金属表面后具有剩余动能,即

$$\frac{1}{2}mv_0^2 = h\nu - W \tag{1}$$

上式称为爱因斯坦光电方程。式中 h 为普朗克常数,公认值为 $6.6260755\times10^{-24}\,\text{J}\cdot\text{s}$。

爱因斯坦光电方程成功地解释了光电效应实验规律:

(1) 仅当光频高于某一阈值时,才能从金属表面打出光电子;

(2) 光电子的剩余动能随光频提高而增大,与入射光强无关;

(3) 单位时间内产生光电子的数目仅与入射光强有关,即饱和光电流的大小与入射光的强度成正比,与光频无关;

(4) 光电效应是瞬时完成的,电子吸收光能几乎不需要积累时间,一经光线照射,立即产生光电子。

如图 4.129(a)所示为光电效应实验原理图,其中,S 为真空光电管;图 4.129(b)为光电管实物图。K 为光电阴极(其表面接电源负极),常用锑钯或银氧钯的复杂化合物制成。A 为阳极,与阴极一起封装在抽成真空的玻璃壳内而构成光电管。电位器 R 用来调节加在光电管两极的电压大小和极性。当无光照射阴极时,阳极和阴极断路。当一定波长的单色光照射阴极 K,从 K 发射的光电子向阳极运动,在外回路形成光电流 I_A,I_A 的量值由 μA 表读出。

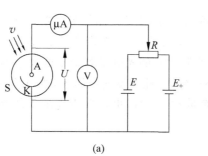
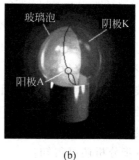

(a)　　　　　　　　(b)

图 4.129　光电效应的实验原理图

(a) 实验原理图;(b) 光电管实物图

在理想光电管中,令光电子在反向电场 U(即极性 K 正 A 负)中前进,当剩余的动能刚好被耗尽时,电子所经历的电势差 U_ν 叫做截止电压,显然 $eU_\nu=\frac{1}{2}mv_0^2$,代入式(1)可得

$$U_\nu = \frac{h}{e}(\nu - \nu_0) \tag{2}$$

式(2)表明,截止电压 U_ν 是入射光频 ν 的线性函数。所以,只要测出不同频率下的 U_ν 值,作出 ν-U_ν 曲线,该曲线为一直线,如图 4.130 所示,直线的斜率即为 h/e,由此可求出普朗克常数 h。

若改变外加电压 U 的大小,测出光电流的大小,即可得出光电管的伏安特性曲线,如图 4.131 所示。

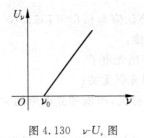

图 4.130 ν-U_ν 图   图 4.131   光电管的伏安特性曲线

图 4.131 中的虚线为理想光电管的伏安特性曲线。当 U 的极性 K 负 A 正时,电场对光电子加速,飞抵 A 的速度加快。如果光强不变,单位时间的入射光子数不变,单位时间产生的光电子数也不变,从而单位时间到达 A 极的电子数不变。即 I_A 不会随着 U 的增加而增加,为一定值。当 K 正 A 负时,电场使光电子减速。$|U|$ 较小时,光电子到达 A 极速度尚不为零,虽然渡越时间变长,但单位时间进入 A 极的光电子数仍等于此间 K 极产生的光电子数,I_A 维持不变,直到 $|U|$ 增大到 U_ν,光电子抵达 A 极前减速为零,剩余动能全部转化为电场势能 $eU_\nu = \frac{1}{2}mv_0^2$,之后电子加速返回 K 极。因无电子进入 A 极,I_A 骤降为零,此时即便增大光强,虽能激发更多的光电子,但不能增加单个光电子动能,故 $I_A \equiv 0$。

但实际测量中,阴极材料的 W 值是不均匀的,有一个带宽 $W \pm \Delta W$;阴极表面浅层电子的初动能也不是一个定值,因而单一光频激发的光电子剩余动能大小不一。当 U 趋负时,各光电子被遏止时所对应的 U 并不一致,因此在反向电压下,光电流逐渐降到零。同时,假如入射光单色性不好,光频也具有带宽 $\nu \pm \Delta \nu$,也将造成光电子的剩余动能大小不一,与理想曲线出现明显的误差。

另外,进一步分析还可得知:

(1) 实验中无法避免少量入射光照到 A 极上,而阳极 A 上往往溅有阴极材料,所以 A 极也会发射少量光电子,构成反向电流。

(2) 爱因斯坦方程仅当绝对零度时严格成立。常温下,即使没有入射光,电极也会发射少量热电子,加上管座和管壳表面的漏电,构成暗电流。

(3) 光电管周围杂散光射入光电管也会产生电流,构成本底电流。

因此在上述各因素影响下,实际光电管的伏安特性曲线应为图 4.131 中的实线。

在实验中,反向电流、暗电流、本底电流都会影响截止电压的测量,另外,由于 K、A 极及导线材料不同而形成电位差,称为接触电压,它也将影响截止电压的测量。但由于接触电压是不随入射光频率变化的常数,因此可通过作图法求 h,消除其影响。

当光电管阳极电压和入射频率一定时,I_A 饱和电流与光电阴极的光通量 Φ(光强)成正比。从伏安特性曲线也可反映出 I_A 饱和电流与光源到光电管的距离 r 的平方成反比,如图 4.132 所示。

因为

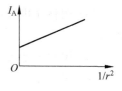

$$\Phi = \frac{E_0 S}{r^2} \propto \frac{1}{r^2}$$

所以

$$I_A \propto \frac{1}{r^2}$$

图 4.132　光电管的光电
特性曲线

此即为光电管的光电特性(光电效应第一定律),式中 E_0 为光源强度,S 为阴极的面积,r 为光源到光电管的距离。

【仪器描述】

ZKY-GD-3 光电效应(普朗克常数)实验仪由汞灯及电源、滤色片、光阑、光电管、测试仪(含光电管电源和微电流放大器)组成,结构如图 4.133 所示。

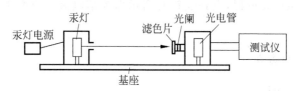

图 4.133　光电效应实验仪

汞灯光源:在 $302\sim872$nm 的谱线范围内有 365.0nm,404.7nm,435.8nm,546.1nm,577.0nm,579.07nm。

滤色片:有 5 种,透射波长与频率的关系见表 4.36。

表　4.36

滤色片/nm	365.0	404.7	435.8	546.1	577.0
频率/10^{14} Hz	8.214	7.408	6.879	5.490	5.196

光阑:3 片,直径分别为 2mm,4mm,8mm。

光电管:光谱相应范围 $320\sim700$nm,暗电流:$I\leqslant2\times10^{-12}A(-2\text{V}\leqslant U_{AK}\leqslant0\text{V})$。

光电管电源:2 挡,电压调节范围 $-2\sim2$V,$-2\sim30$V,三位半数显,稳定度 $\leqslant0.01\%$。

微电流放大器:电流测量范围 $10^{-8}\sim10^{-13}$A,分 6 挡,三位半数显,稳定度 $\leqslant0.02\%$。

【实验内容】

1. 实验准备工作

(1) 把光电管暗箱遮光盖及汞灯出光端盖罩上。

(2) 将测试仪及汞灯电源接通,预热20min。

(3) 调整光电管与汞灯距离约为40cm,将汞灯暗箱光输出口对光电管暗箱光输入口。

(4) 用专用导线将光电管暗箱电压输入端与测试仪电压输入端(后面板上)连接起来(红—红,蓝—蓝)。

(5) 将"电流量程"选择开关置于所选,仪器充分预热后,将电流调零,电流指示为000.0。

(6) 用高频匹配电缆将光电管暗箱电流输出端K与测试仪微电流输入端(后面板上)连接起来。

2. 观察暗电流

从大到小改变μA表量程,直到表针有指示即为暗电流。改变工作电压观察暗电流的变化情况。

3. 测量普朗克常数 h

(1) 截止电压的测量方法

零电流法:阳极反向电流、暗电流和本底电流都很小,且各谱线的U_ν都相差ΔU,对U_ν-ν曲线的斜率无大的影响时,直接将各谱线照射下测得的电流为零时对应的电压U的绝对值作为截止电压U_ν。

补偿法:调节电压U使电流为零后,保持不变,遮挡汞灯电源,此时测得的电流I_1为电压接近截止电压时的暗电流和本底电流。重新让汞灯照射光电管,调节电压U_{AK}使电流值至I_1,将此时对应的电压U的绝对值作为截止电压U_ν。此法可补偿暗电流和本底电流的影响。

(2) 截止电压U_ν的测量

① 电压选择键置于$-2\sim2$V挡,电流量程置于10^{-13}A挡,将测试仪电流输入电缆断开,进行电流调零后重新接上。

② 将直径4mm的光阑及365.0nm的滤色片装在光电管暗箱光输入口上(注意:此过程中汞灯出光口盖不能拿下,以免强光打坏光电管)。

③ 从低到高调节电压,分别用"零电流法"和"补偿法"测量该波长下的U_ν。

④ 依次换上 404.7nm,435.8nm,546.1nm,577.0nm 的滤色片,重复以上测量,并将数据记录在表 4.37 中。

表 4.37 截止电压的测量

波长 λ_i/nm		365.0	404.7	435.8	546.1	577.0
频率 ν_i/10^{14} Hz		8.214	7.408	6.879	5.490	5.196
截止电压 U_{vi}/V	零电位法					
	补偿法					

(3) 根据以上数据,按附录所述方法计算普朗克常数,并与公认值比较求出相对误差。

(4) 改变光阑直径,重新测量各波长的截止电压,并分析改变光阑直径对测量截止电压的影响。

4. 光电管伏安特性的测量

(1) 将电压选择键置于 $-2\sim2$V 挡,电流量程置于 10^{-11}A 挡,将测试仪电流输入电缆断开,重新进行电流调零后再接上电缆线。

(2) 将直径为 2mm 的光阑及 435.8nm 的滤色片安装在光电管暗箱光输入口上。

(3) 从低到高调节电压,记录从零到饱和电流变化的电流值及对应的电压值。

(4) 将 435.8nm 的滤色片换为 577.0nm 的滤色片,重复步骤(3)。

(5) 根据以上数据制作光电管的 I-U 特性曲线,并对所作曲线进行分析说明。

5. 测定光电管的光电特性曲线

(1) 取 $U=30$V,将"电流量程"选择旋钮置于 10^{-10}A 挡,将测试仪电流输入电缆断开,重新进行电流调零后再接上电缆线。

(2) 任选择一种滤色片,在同一入射距离条件下,测量光阑直径分别为 2mm,4mm,8mm 时的电流,对测量结果进行简单的分析说明。

(3) 重复步骤(1),在采用同一滤色片、同一光阑的条件下,改变汞灯距离,测量光电管与不同汞灯距离时所对应的电流值。根据测量数据,作出 I_A-$\dfrac{1}{r^2}$ 图,对测量结果进行简单的分析说明。

【思考题】

(1) 光电流是否随光源强度的变化而变化? 是否随入射光频率的变化而变化?

(2) 截止电压是否随光强的不同而改变? 与入射光频率有何关系?

(3) 当加在光电管两极的电压 $U=0$ 时,为何光电流不为零?

(4) 分析 K 表面和 K-A 空间的物理过程。

(5) 通过实验对光的量子性有了哪些深刻的理解？

附录　普朗克常数的计算方法

方法一：根据线性回归理论，U_ν-ν 直线的斜率 k 的最佳拟合值为

$$k = \frac{\bar{\nu}\ \overline{U_\nu} - \overline{\nu U_\nu}}{\overline{\nu^2}\ \overline{\nu^2}}$$

式中，$\nu = \frac{1}{n}\sum_{i=0}^{n} v_i$，为频率 ν 的平均值；$\overline{\nu^2} = \frac{1}{n}\sum_{i=0}^{n} \nu_i^2$，为频率 ν 的平方的平均值；$\overline{U_\nu} = \frac{1}{n}\sum_{i=0}^{n} U_{\nu i}$，为截止电压的平均值；$\overline{\nu U_\nu} = \frac{1}{n}\sum_{i=0}^{n} \nu_i U_{\nu i}$，为频率 ν 与截止电压 U_ν 的乘积的平均值；

方法二：根据 $k = \dfrac{\Delta U_\nu}{\Delta \nu} = \dfrac{U_{\nu m} - U_{\nu n}}{\nu_m - \nu_n}$，用逐差法从表 4.37 的五组数据中求出三个 k，将其平均值作为所求的 k 值；

方法三：作出 U_ν-ν 曲线，根据曲线斜率求出 h。

实验 39　塞曼效应

塞曼效应是物理学史上的一个著名实验。在 1896 年，塞曼(Zeeman，荷兰物理学家)发现，把产生光谱的光源置于足够强的磁场中，磁场作用于光体，使其光谱发生突变，一条谱线就会分裂成几条，分裂谱线的条数随能级的类别而不同，而且分裂后的谱线成分是偏振的，这种现象称为塞曼效应。塞曼效应是继法拉第效应和克尔效应之后又一项反映光的电磁特性的效应。该实验进一步涉及了光的辐射机理，对光的电磁理论予以有力支持，证实了原子具有磁矩和空间取向量子化，使人们对物质光谱、原子、分子有更多了解，特别是这一效应及时地得到了洛伦兹电子理论的解释，更受到人们的重视，被誉为继 X 射线之后物理学最重要的发现之一。1902 年塞曼也因这一发现与洛伦兹共享了诺贝尔物理学奖。至今，塞曼效应仍是研究原子内部能级结构的重要方法。

【实验目的】

(1) 观察塞曼效应现象，掌握塞曼效应实验原理，学习实验的设计思想和方法。

(2) 掌握法布里-珀罗标准具的原理及使用；学习法布里-珀罗标准具测量微小波长的方法。

(3) 掌握塞曼分裂的裂距测量方法，并测定电子荷质比。

【实验仪器】

YJS-ZB 型直读式塞曼效应实验仪。

【实验原理】

1. 谱线在磁场中的能级分裂

(1) 谱线在磁场中的分裂

根据原子物理知识,原子中的电子一方面绕核作轨道运动(用角动量 P_L 表示),一方面本身作自旋运动(用角动量 P_S 表示),将分别产生轨道磁矩 μ_L 与自旋磁矩 μ_S,它们与角动量的关系是

$$\mu_L = -\frac{e}{2m}P_L$$

$$\mu_S = -\frac{e}{m}P_S$$

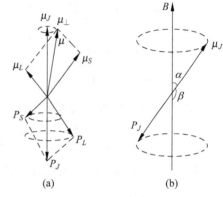

P_L 与 P_S 合成总角动量 P_J 并分别绕 P_J 旋进。μ_L 与 μ_S 合成总磁矩 μ,μ 不在总角动量 P_J 的延长线上,把它分解成两个分量:一个沿 P_J 的延长线,称做 μ_J,这是定向的分量;另一个垂直于 P_J,且绕 P_J 转动,对外平均效果全抵消。因此对外发生效果的 μ_J 就称做原子的总磁矩(如图 4.134(a)所示)。μ_J 与 P_J 的关系是

$$\mu_J = -g\frac{e}{2m}P_J$$

图　4.134

(a) 原子磁矩与角动量的关系;

(b) 原子总磁矩受磁场作用发生旋进

式中,g 称为朗德因子,表征原子的总磁矩和总角动量的关系,在 LS 耦合情形,它与 L,S 和 J 的关系是

$$g = 1 + \frac{J(J+1) + S(S+1) - L(L+1)}{2J(J+1)} \tag{1}$$

其中,L,S 分别表示轨道量子数和自旋量子数;J 为原子的总角动量量子数。L,S 和 J 只能取整数与半整数,所以得出的 g 是一个简分数。

由于原子内部电子的自旋轨道运动使原子具有一总磁矩,总磁矩 μ_J 在外磁场 B 的作用下会绕磁场方向旋进(如图 4.134(b)所示),即总角动量 P_J 绕磁场方向旋进,旋进将引起体系能量的增减,可以证明旋进所引起的体系具有的附加能量为

$$\Delta E = Mg\mu_B B \tag{2}$$

式中,M 为磁量子数;g 为朗道因子;μ_B 为玻尔磁子,$\mu_B = \frac{he}{4\pi m}$;$B$ 为磁感应强度。磁量子

数 M 只能取 $M = J, J-1, J-2, \cdots, -J$，共 $2J+1$ 个分立值，故在稳定磁场下，ΔE 有 $2J+1$ 个可能值。这就是说：①无磁场时的一个能级，因磁场作用将分裂成 $2J+1$ 个能级，且相邻能级间隔为 $g\mu_{\mathrm{B}}B$，正比于外磁场 B 以及 g。②随量子态不同，g 因子也不同，故不同能级分裂的能级个数和间隔也不同。由于能级的跃迁将产生光谱，因此能级分裂必将引起光谱的分裂。通常把一条谱线分裂为三条谱线且裂距(相邻两谱线的波数差)正好等于一个洛伦兹单位的现象称为正常塞曼效应，而把分裂的谱线多于 3 条裂距大小或小于一个洛伦兹单位的现象称为反常塞曼效应。

设一光谱线由能级 E_2 和 E_1 之间跃迁产生，其光谱频率为：$h\nu = E_2 - E_1$，在磁场中，若上、下能级都发生分裂，新谱线的频率 ν' 与能级的关系为

$$
\begin{aligned}
h\nu' &= (E_2 + \Delta E_2) - (E_1 + \Delta E_1) = (E_2 - E_1) + (\Delta E_2 - \Delta E_1) \\
&= h\nu + (M_2 g_2 - M_1 g_1)\mu_{\mathrm{B}}B
\end{aligned}
$$

分裂后谱线与原谱线的频率差为

$$
\Delta \nu = \nu' - \nu = (M_2 g_2 - M_1 g_1)\frac{\mu_{\mathrm{B}}B}{h} = (M_2 g_2 - M_1 g_1)\frac{e}{4\pi m}B \tag{3}
$$

等式两边同除以 c，可将上式表示为波数差的形式：

$$
\Delta \tilde{\nu} = \frac{1}{\lambda'} - \frac{1}{\lambda} = (M_2 g_2 - M_1 g_1)\frac{eB}{4\pi mc} = (M_2 g_2 - M_1 g_1)L \tag{4}
$$

式中，$L = \dfrac{eB}{4\pi mc}$，称为洛伦兹单位，$L = B \times 46.7\,\mathrm{m^{-1} \cdot T^{-1}}$，脚标 2，1 分别代表始、末能级。

本实验的目的之一是测量电子的荷质比 e/m，如果能测得波数差 $\Delta\tilde{\nu}$，则可求得电子的荷质比，而波数差可用法布里-珀罗标准具测量。

塞曼跃迁的选择定则为

$$
\Delta M = M_2 - M_1 = 0, \pm 1 \quad (\text{当 } \Delta J = 0 \text{ 时}, \Delta M = 0 \text{ 的跃迁是禁止的})
$$

$\Delta M = 0$ 时的跃迁谱线为 π 成分，是振动方向平行于磁场的线偏振光，只在垂直于磁场的方向上才能观察到。当平行于磁场方向观察时 π 成分将不出现。

$\Delta M = \pm 1$ 时的跃迁谱线为 σ 成分，垂直于磁场方向观察时为线偏振光；沿磁场方向观察时产生圆偏振光，$\Delta M = +1$ 为右旋圆偏振光(σ^+ 偏振)，$\Delta M = -1$ 为左旋圆偏振光(σ^- 偏振)。

(2) 汞的 546.1nm 谱线的塞曼效应

汞的 546.1nm 谱线是由 $\{6s7s\}^3S_1$ 跃迁到 $\{6s6p\}^3P_2$ 而产生的(图 4.135)，其上下能级有关的量子数见表 4.38。可见，在外磁场作用下，一条 546.1nm 谱线在磁场中分裂成九条线，分裂后，相邻两谱线的波数差为 $L/2$。垂直于磁场观察，中间三条谱线为 π 成分，两边各三条谱线，为 σ 成分。当沿着磁场方向观察时，π 成分不出现，对应的六条 σ 谱线分别为右旋偏振光和左旋偏振光。

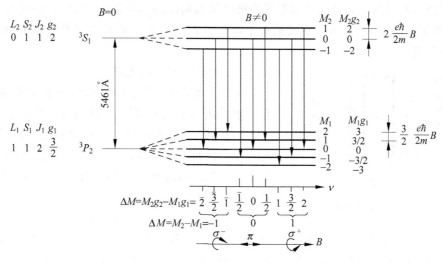

图 4.135 汞绿线的塞曼效应

表 4.38 $^3S_1$ 和 $^3P_2$ 能级各项量子数值

	$^3S_1$			$^3P_2$				
L	0			1				
S	1			1				
J	1			2				
g	2			3/2				
M	1	0	-1	2	1	0	-1	-2
Mg	2	0	-2	3	3/2	0	$-3/2$	-3

塞曼效应反映了原子状态,根据该实验相关数据,可推断能级分裂情况;从能级裂开层数可以知道 J 值,而根据能级间隔 $g\mu_B B$ 可知道 g 值,这样就可获得原子态的重要资料,故塞曼效应是研究原子结构的重要途径。

2. 实验方法

1) 观察塞曼效应分裂的方法

塞曼分裂的波数差很小,波长与波数的关系为 $\Delta\lambda=\lambda^2\Delta\tilde{\nu}$,当 $\lambda=5\times10^{-7}$ m,$B=1$T 时,$\Delta\tilde{\nu}$ 只有 10^{-11} m^{-1}。所以要观察如此小的波长差,一般棱镜摄谱仪是不能实现的,需采用高分辨率仪器。本实验采用了法布里-珀罗标准具(简称 F-P 标准具)。

(1) F-P 标准具的构造

F-P 标准具由平行放置的两块平面玻璃板或石英板组成,在两板相对的平面上镀薄银膜或其他有较高反射系数的薄膜。两平行的镀银平面的间隔是由某些热膨胀系数很小的材料做成的环固定起来。若两平行的镀银平面的间隔不可以改变,则称该仪器为法布里-珀罗干涉仪。F-P标准具的玻璃板上带有三个螺钉,可以精确调节两玻璃板内表面之间的平行度。

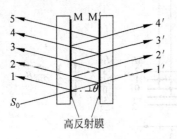

图 4.136　F-P标准具的多光束干涉

(2) F-P标准具的光路

标准具光路如图 4.136 所示,自扩展光源 S_0 上任一点发出的单色光,射到标准具玻璃板的平行平面上,经过 M 和 M′ 表面的多次反射和透射,分别形成相互平行的反射光束 1,2,3,4,5,… 和透射光束 1′,2′,3′,4′,5′,…,这些平行的相邻透射光束之间存在一定的光程差,为

$$\Delta = 2nd\cos\theta \tag{5}$$

式中,n 为两平板之间介质的折射率(标准具在空气中使用,$n=1$);d 为两平板间的间距。这一系列平行并有确定光程差的光束在无穷远处或透镜的焦平面上形成干涉图像,当光程差等于波长的整数倍即 $\Delta = K\lambda$ 时产生干涉极大,K 为整数,称为干涉级。由于标准具的间距 d 是固定的,在波长不变的条件下,不同干涉级次 K 对应不同入射角 θ。在扩展光源照明下,F-P标准具产生等倾干涉,它的干涉花纹是一组同心圆环(如图 4.137 所示)。中心处 $\theta=0$,K 最大,$K_{\max}=2d/\lambda$,其他圆环依次为 $K-1$ 级、$K-2$ 级等。

(3) 标准具的两个特征参量

由于标准具是多光束干涉,干涉花纹的宽度非常细锐,花纹越细锐表示仪器的分辨能力越高。可用下面两个参数来表征 F-P标准具的性能。

① 自由光谱范围

若被研究对象的光谱波长有一微小范围 $\lambda \pm \Delta\lambda$,则各波长都将形成各自的圆环系列,在给定间隔圈厚度为 d 的标准具中,如果谱线波长差过大,形成的两套花纹之间就要发生重叠或错级,给分析带来困难,因此使用 F-P标准具时对谱线的波长差有一定的要求,这一要求用自由光谱范围表征。设入射到 F-P标准具上的光波是具有微小波长差的单色光 λ_1 和 λ_2,它们各自形成一系列干涉圆环。如图 4.137 所示,如果波长 λ_1 和 λ_2 差逐渐增大,使得 λ_1 的第 K 级亮环与 λ_2 的第 $K-1$ 级亮环重叠,则有

$$2d\cos\theta = K\lambda_1 = (K-1)\lambda_2$$

可得

$$\Delta\lambda = \lambda_2 - \lambda_1 = \lambda_2/K$$

对于 F-P标准具,大多数情况下 $\cos\theta \approx 1$,即 $K \approx 2d/\lambda_1$,因此

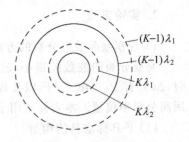

图 4.137　F-P标准具等倾干涉图

$$\Delta\lambda = \frac{\lambda_1\lambda_2}{2d} \tag{6}$$

用波数差表示为

$$\Delta\tilde{\nu}_F = 1/2d \tag{7}$$

$\Delta\lambda_F$ 和 $\Delta\tilde{\nu}_F$ 定义为标准具的自由光谱范围或色散范围,表征标准具所允许的不同波长的干涉条纹不重叠的最大波长差或最大波数差。根据式(6)或式(7)可知,在使用标准具时,应根据被研究对象的光谱波长范围来确定间隔圈的厚度。

② 标准具的精细度 F

标准具的精细度用于表征相邻两个干涉级之间能够分辨的最小波长差。定义为

$$F = \frac{\Delta\lambda_F}{\Delta\lambda} = \frac{\pi\sqrt{R}}{1-R} \tag{8}$$

式中,R 为 F-P 标准具两平板内表面的反射率,可见反射率越高,精细度越高,仪器能够分辨的条纹数越多。为了获得高的分辨率,R 一般在 90% 左右。实际上精细度还与标准具玻璃板的加工精度及平行度的调整有关,因此实际的精细度比理论值要小。

2) 测量塞曼效应分裂谱线波长差的方法

实验中测量各分裂谱线的波长或波长差可通过测量干涉环的直径来实现,可证明干涉环直径与波长差的关系为

$$\Delta\lambda = \frac{\lambda_2(D_b^2 - D_a^2)}{2d\Delta D^2} \tag{9}$$

波数差为

$$\Delta\tilde{\nu} = \frac{D_b^2 - D_a^2}{2d\Delta D^2} \tag{10}$$

式中,$\Delta D^2 = D_{K-1}^2 - D_K^2$;$D_a$,$D_b$ 表示同级相邻波长干涉圆环直径。D_{K-1},D_K 表示相邻两级所对应的圆环直径。

3) 用塞曼分裂计算电子荷质比 e/m

可以用两种方法来测定电子的荷质比。

方法一:

对于正常塞曼效应,利用波数差计算,分裂的波数差为

$$\Delta\tilde{\nu} = L = \frac{eB}{4\pi mc} \tag{11}$$

代入测量波数差的公式可得

$$\frac{e}{m} = \frac{2\pi c}{dB}\frac{D_b^2 - D_a^2}{\Delta D^2} \tag{12}$$

对于反常塞曼效应,因为分裂后同一谱线在同一干涉级内是等间距的且相邻谱线间距为 $1/2$,即

$$\Delta \tilde{\nu} = \frac{L}{2} = \frac{eB}{8\pi mc} \tag{13}$$

所以

$$\frac{e}{m} = \frac{4\pi c}{dB} \frac{D_b^2 - D_a^2}{\Delta D^2} \tag{14}$$

本次实验研究的是汞的 546.1nm 谱线的塞曼效应,其为反常塞曼效应,故求电子的荷质比时应利用反常塞曼效应时的电子荷质比计算公式。

方法二:

利用"错序法"测定电子的荷质比。该方法是通过加大磁感应强度 B,使塞曼分裂的某些子谱线错序,并使其正好与相邻干涉级的另一些子谱线重叠,而进行观测和测量的方法。

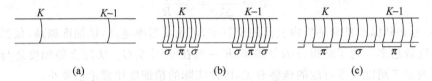

图 4.138　相邻谱线在磁场中的分裂

(a) 无磁场时;(b) 磁场较弱尚未重叠时;(c) 磁场较强重叠一条时

如图 4.138 所示,随着磁场的增大,谱线分裂的裂距会越来越大,当磁场增大到一定程度时谱线开始重叠,图 4.138(c)即表示了第 K 级的外侧的一个干涉圆环与第 $K-1$ 级内侧的一个干涉圆环重叠时的裂距的变化情况。汞的 546.1nm 谱线分裂后的 9 条子谱线的光谱范围用波数表示为 $4L$,其值与磁感应强度 B 成正比。而 F-P 标准具的自由光谱范围为一定值 $1/2d$。当 $4L < 1/2d$ 时,不同干涉的干涉圆环不会发生错序。当 $4L = 1/2d$ 时,第 K 级外侧的一个干涉圆环与第 $K-1$ 级内侧的一个干涉圆环正好重叠,这时相邻两级间的圆环个数为 7 个,间隔数为 $9-1=8$,由于每一间隔的裂距为 $L/2$,因此有:$\left(\frac{L}{2}\right) \times (9-1) = 1/2d$,即 $L = \frac{1}{(9-1)d}$。如果重叠两条时,则相邻两级间的圆环个数为 6 个,间隔数为 $9-2=7$。因此有:$\frac{L}{2} \times (9-2) = \frac{1}{2d}$,即 $L = \frac{1}{(9-2)d}$。以此类推,若有 $x(x \leqslant 8)$ 个圆环重叠,则有

$$L = \frac{1}{(9-x)d} \tag{15}$$

所以波数差为 $\Delta \tilde{\nu} = \frac{L}{2}$。因为 $L = \frac{eB}{4\pi mc}$,所以电子荷质比为

$$\frac{e}{m} = \frac{4\pi Lc}{B} = \frac{8\pi c \Delta \tilde{\nu}}{B} \tag{16}$$

实验中,可根据圆环重叠条数 x 算出洛伦兹单位 L,求出磁感应强度 B;另一方面,也可

根据磁感应强度 B 和条纹重叠条数计算出分裂的裂距以及电子荷质比。

【仪器描述】

实验装置如图 4.139、图 4.140 所示，光源采用笔形汞灯，灯管固定于两磁极之间的灯架上；光从汞灯发出，先经过聚光透镜成一系列平行光束，再经过干涉滤光片使中心波长 $\lambda=546.1\mathrm{nm}$ 的强汞灯谱线透过，射入 F-P 标准具，形成多光束干涉。偏振片用以观察偏振性质不同的 π 成分和 σ 成分。1/4 波片(中心波长 546.1nm)在沿磁场方向观察时和偏振片配合以鉴别 σ 成分的左旋和右旋圆偏振光。

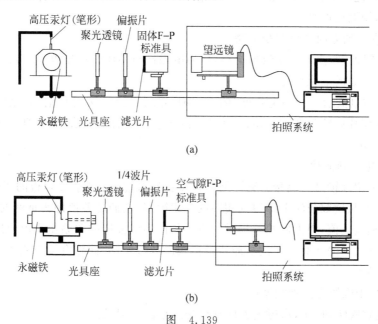

(a)

(b)

图　4.139

(a) 垂直于磁场方向观察塞曼效应；(b) 平行于磁场方向观察塞曼效应

图 4.140　塞曼效应实际装置图

【实验内容】

(1) 调整仪器。

① 调节光路共轴。按图 4.139(a)放置好各仪器(此时不必放偏振片)。接通汞灯电源,调整各部件,使聚光透镜、F-P 标准具和望远镜与光源在同一轴线上。

② 移动聚光透镜,使照到 F-P 标准具上的光最强。

③ 仔细调节 F-P 标准具的三个微调螺丝,使其达到最佳分辨状态,即要求两个镀膜面完全平行。此时,用眼睛直接观察 F-P 标准具,当眼睛上、下、左、右移动时,圆环中心无吞吐现象,说明已调平。

(2) 垂直磁场方向观察塞曼分裂。

① 调节望远镜,使干涉条纹像清晰,接通电磁铁与晶体管稳流电源,缓慢增大激磁电流,观察谱线分裂的变化情况。

② 当激磁电流增大到一定程度(约 3A)时,谱线已经分裂得很清晰、细锐,这时放上偏振片,当偏振片旋转为 0°,45°,90°各位置时,观察谱线的变化情况,认真记录现象,判断 π 成分和 σ 成分。

③ 测定电子荷质比。

利用测量望远镜进行测量:旋转测微目镜读数鼓轮,用测量分划板的铅垂线依次与被测圆环相切,从读数鼓轮上即得到相应的一组数据,它们的差值即为被测的干涉圆环直径 D。记录相应电流,根据实验室提供的电流与磁感应强度的关系得出电磁感应强度值,根据式(14)和式(16)计算电子的荷质比及谱线的波数差,并计算电子荷质比的相对误差,正确表示出结果。

(3) 平行于磁场方向观察塞曼分裂。

① 将电磁铁转动 90°,沿磁场方向观察条纹情况并记录。

② 放上 1/4 波片,转动偏振片方向,观察条纹变化情况,鉴别左旋圆偏振光和右旋圆偏振光。

③ 将激磁电流调制最小值,缓慢增加激磁电流,观察第 K 级圆环与第 K−1 级圆环的重叠交叉现象。继续增加电流,观察条纹重叠现象。分别记录条纹重叠 1 条,2 条,…,5 条时所对应的激磁电流,根据实验室提供的电流与磁感应强度的关系查出磁感应强度大小,利用错序法计算电子的荷质比和谱线的波数差,并计算电子荷质比的相对误差,正确表示出结果。

(4) 利用拍照系统观察、拍摄塞曼分裂现象,并利用测量软件测量电子的荷质比和波长差,并计算电子荷质比的相对误差,正确表示出结果(操作见本章附录 1 和附录 2)。

【思考题】

(1) 如何鉴别 F-P 标准具的两反射面是否严格平行,如发现不平行应如何调节? 如当眼睛从上往下移动,观察到干涉条纹从中心冒出来,应如何调节?

(2) 已知标准具间隔厚度 $d=2mm$,该标准具的自由光谱范围为多大? 根据标准具自由光谱范围及 5461Å 谱线在磁场中的分裂情况,对磁感应强度有何要求? 若磁感应强度达到 2T,分裂谱线中哪几条将会发生重叠?

(3) 实验中如何观察和鉴别塞曼分裂谱线中的 π 成分和 σ 成分? 如何观察和分辨 σ 成分中的左旋和右旋偏振光?

附录 1　图像采集卡使用说明

(1) 单击桌面"10Moons SDK-2000 视频捕捉 5.2"图标,弹出图像采集卡控制面板(如图 4.141 所示)。

(2) 调整图像,然后单击"快照"键,拍下图像。

(3) 单击"保存当前图像"键,保存所拍图像。

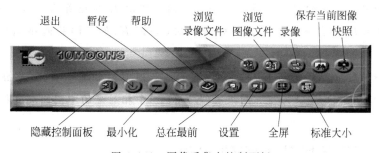

图 4.141　图像采集卡控制面板

附录 2　测量软件使用说明

(1) 双击桌面"Zeeman"图标进入软件主界面。

(2) 按"打开图像"按钮,打开所保存的图像,以便进行测量计算。

(3) 根据实验填写 d,B,λ 的值,单击"确定圆心"按钮。

(4) 按键盘上的"↑、↓、←、→"键调整所画圆的圆心,按 PageUp 键和 PageDown 键调整所画圆的大小(即半径),以此方法使所画的圆与所拍的图像中的任意一个圆重合。

(5) 单击一下"确定圆心"按钮。

(6) 单击"开始选点"按钮,选择"计算 D_1"选项,单击"确定"按钮,在所画出的以圆心为中心的几条直线和所需测量直径的圆的交点上选点,这点与所确定的圆心的距离就是要测的圆环的半径,软件将自动记录此点的坐标并算出来此环的直径。

(7) 再单击"开始选点"按钮,分别选择好三个所需测量计算的直径,按第(6)步的方法可以分别计算出所要测量的直径。

(8) 单击"开始选点"按钮,再单击"计算结果"按钮,再单击"确定"按钮,软件将给出所需测量计算的最终结果。

(9) 单击"保存数据"按钮,可将测量数据保存起来,打开所保存的文档就可打印出所保存的数据。

(10) 单击"打印图像"按钮,可以直接打印出该界面下的图片。

(11) 公式说明。

电子的荷质比公式为

$$\frac{e}{m} = \frac{4\pi c}{dB} \frac{D_1^2 - D_2^2}{D_{k-1}^2 - D_k^2}$$

微小波长差公式为

$$\Delta\lambda = \frac{\lambda^2 eB}{4\pi mc} = \frac{\lambda^2}{2d} \frac{D_1^2 - D_2^2}{D_{k-1}^2 - D_k^2}$$

式中,设入射光包含两种波长 λ_1 和 λ_2, $\lambda_1 < \lambda_2$, 同一级次 K 对应着两个圆环,其直径各为 D_1 和 D_2, $D_2 < D_1$; 单一波长 λ 的相邻两级次(如为 $K, K-1$)的两个圆环直径为 D_K 和 D_{K-1}。

具体地说, D_1 和 D_2 为第 K 级次中被测两波长所对应的圆环直径(此公式中是相邻两圆环直径); D_K 和 D_{K-1} 为相邻两级次($K, K-1$)中相对应的中间圆环直径。

实验 40　　迈克耳孙干涉仪实验

迈克耳孙干涉仪是 1883 年由美国物理学家迈克耳孙和莫雷为研究"以太"漂移而设计制造的精密光学仪器。利用该仪器所做的迈克耳孙-莫雷实验结果否定了"以太"的存在,为爱因斯坦建立狭义相对论奠定了基础。迈克耳孙和莫雷因在这方面的杰出成就获得了 1907 年诺贝尔物理学奖。在近代物理学和近代计量科学中,迈克耳孙干涉仪得到广泛应用,它不仅可以观察光的等厚、等倾干涉现象,精密地测定光波波长、微小长度、光源的相干长度等,还可利用它的原理制成各种专用干涉仪器,广泛应用于生产和科研各领域。

【实验目的】

(1) 了解各类型干涉条纹的形成条件、特点、变化规律及相互间的区别。

(2) 了解迈克耳孙干涉仪的原理、结构,掌握其调节与使用方法。

(3) 掌握使用迈克耳孙干涉仪测量氦-氖激光光波波长的方法。

(4) 掌握测定钠光的相干长度的方法。

【实验仪器】

迈克耳孙干涉仪、氦-氖激光器、钠灯、白炽灯、毛玻璃屏。

【实验原理】

1. 迈克耳孙干涉仪结构原理

迈克耳孙干涉仪实物图与原理图如图 4.142 和图 4.143 所示。其中,S 是光源(点光源或扩展光源),P 是观察屏及有关装置。G_1,G_2 为材料厚度相同的平行板,G_1 为分光板,其后表面为镀银半透半反膜,以便将入射光分成振幅近乎相等的反射光和透射光。G_2 为补偿板,它补偿了反射光和透射光的附加光程差。M_1,M_2 是相互垂直的平面反射

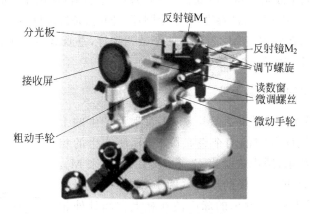

图 4.142　迈克耳孙干涉仪实物图

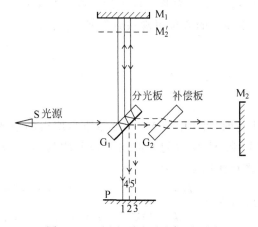

图 4.143　迈克耳孙干涉仪原理图

镜,其背面各有三个调节螺旋,用来调节镜面的方位;M_2 是固定的,M_2' 是 M_2 的虚像。M_1 安装在精密导轨上,调节粗动手轮,可使其在导轨面上滑动实现粗动,移动距离的毫米数可在机体侧面的毫米刻尺上读得;通过仪器前方读数窗口,在刻度盘上读到 10^{-2} mm;转动右侧微动手轮,可实现微动,微动手轮的最小分格值为 10^{-4} mm,可估读至 10^{-5} mm。实验中,从光源 S 射来的光,到达分光板 G_1 后被分成两部分。反射光束 1 在 G_1 处反射后向着 M_1 前进;透射光束 2 透过 G_1 后向着 M_2 前进。这两束光波分别在 M_1,M_2 上反射后逆着各自入射方向返回,最后都到达 P 处。因为 M_2' 是 M_2 的虚像,因而光自 M_2 和 M_1 的反射相当于自 M_2' 和 M_1 的反射,因为这两束光来自同一光源上的同一点,所以在 P 处可看到干涉图样,干涉图样的形状与 M_2' 和 M_1 的相对位置有关。移动 M_1,改变两反射镜之间的距离,可观察到干涉条纹随之改变。二平面反射镜之间的距离增大时,中心就"吐出"一个个圆环;距离减少时,中心就"吞进"一个个圆环。同时,条纹之间的间隔(即条纹的疏密)也发生改变。另外,在固定镜 M_2 附近有两个微调螺钉,垂直螺钉使镜面干涉图像上下微动,水平螺钉则使干涉图像水平移动。

2. 点光源产生的非定域干涉

一个点光源 S 产生的光束经 M_1 和 M_2' 反射后产生的干涉现象,相当于沿轴向分布的两个虚光源 S_1',S_2' 所产生的相干光(如图 4.144 所示,图中未画出 G_2 和 M_2)。若原来 M_1,M_2 之间的距离为 d(即空气膜的厚度),两个虚光源 S_1',S_2' 之间的距离为 $2d$,因从 S_1',S_2' 发出的球面波在相遇空间处处相干,所以观察屏放入光场叠加区的任何位置处,都可观察到形状不同的干涉条纹,称这种条纹为非定域干涉条纹。当 P 垂直于轴线时,调整 M_1 和 M_2 的方位可观察到等倾、等厚干涉条纹。

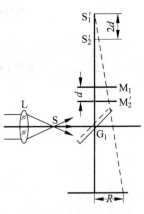

图 4.144　点光源的非
定域干涉

3. 干涉图样

1) 等倾干涉

当 M_1 和 M_2' 严格平行时(即 M_1 和 M_2 相互垂直),所得的干涉为等倾干涉。所有倾角为 θ 的入射光束由 M_1 和 M_2' 反射的光波的光程差均为 $\Delta = 2d\cos\theta$,式中 d 为 M_1 和 M_2' 间的距离。此时,干涉产生的条件为

$$\Delta = 2d\cos\theta = \begin{cases} k\lambda, & k=1,2,\cdots,\text{明条纹} \\ (2k+1)\lambda/2, & k=0,1,2,\cdots,\text{暗条纹} \end{cases} \tag{1}$$

式中,k 称为干涉级次。因为相同入射角的入射光具有相同的光程差,所以干涉图样是由一组同心明暗相间的圆环组成,其特点为:

（1）中心对应 $\theta=0$ 的光线,因为 $\theta=0$,所以中心条纹级次最高,k 值最大,对于明条纹,$k_{max}=2d/\lambda$。

（2）移动 M_1,改变干涉间距,可观察到干涉条纹随之改变。当 M_1 和 M_2' 的间距 d 增大时,对于同一级干涉条纹,如第 k 级,必定以减少其 $\cos\theta_k$ 的值来满足 $2d\cos\theta_k=k\lambda$,故干涉条纹向 θ_k 增大的方向移动,观察时就好像条纹从中心向外涌出,随着 d 的增大,中心就"吐出"一个个圆环。反之,距离减少时,中心就"吞进"一个个圆环,且每吞（或吐）一个圆环,间距改变 $\lambda/2$。同时,条纹之间的间隔（即条纹的疏密）也发生改变。

所以只要读出吞（或吐）的条纹数,即可得到平面镜 M_1 以波长 λ 为单位而移动的距离,即若有 ΔN 个条纹从中心吐出（或吞进）时,则表明 M_1 相对于 M_2' 移远（或移近）了 $\Delta d = \Delta N \cdot \dfrac{\lambda}{2}$。所以如果已知 M_1 移动的距离和干涉条纹的变化数,则可确定光波的波长。反之,如果已知光波的波长和条纹变化数,则可计算出平面镜 M_1 移动的距离,这即是长度干涉计量原理。

2）等厚干涉

当 M_1 和 M_2' 不严格平行而是有一微小夹角 β,且入射角 θ 较小时,一般为等厚干涉。此时由 M_1 和 M_2' 两镜面反射的光波的光程差近似为

$$\Delta = 2d\cos\theta = 2d(1-\theta^2/2) \tag{2}$$

此时条纹特点为:

（1）在两镜面交线附近,$\Delta\approx 2d$,因而在空气膜厚相同的地方光程差均相同,干涉条纹是一组平行于 M_1 和 M_2' 交线的等间隔的直线条纹。

（2）在离两镜面交线较远的地方,因 d 较大,干涉条纹变成弧形,且条纹的弯曲方向是背向两镜面的交线。因为 d 较大时,应考虑 $d\theta^2$ 的作用。对于同一级 k 干涉条纹仍然是等光程差的点的轨迹,为了使 $\Delta=2d(1-\theta^2/2)=k\lambda$ 相同,用扩展光源照明时,当 θ 逐渐增大时,应相应地增大 d,因此干涉条纹在 θ 增大的地方要向 d 增大的方向移动,使条纹变为弧形。

3）白光干涉

因为干涉条纹的明暗决定于干涉条纹的光程差与波长的关系,用白光光源只有在 $d=0$ 附近观察到干涉条纹,这时对各种波长的光来说,其光程差均为 $\lambda/2$,故产生直线黑纹,即中央暗纹,两边是对称分布的彩色花纹（如图 4.145 所示）。因 d 稍大时,对不同波长的光,其产生干涉明暗纹的条件不同,所产生的各色明暗干涉条纹将会相互重叠,结果使照明均匀,彩色消失。所以只有当 d 接近于零时才可看到数目不多的彩色干涉条纹,而较远处,只

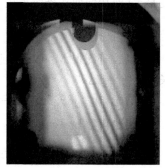

图　4.145

能看到较弱的黑白相间的条纹。

4. 光源的相干长度

实际光源发射的单色光源不是绝对的单色光,而是有一定波长范围。假设光波的中心波长为 λ_0,单色光是由波长 $\lambda_0 \pm \dfrac{\Delta\lambda}{2}$ 的范围的光波所组成。由光的干涉原理可知,每一波长的光对应一套干涉花纹,随着 d 的距离增大,$\lambda_1 = \lambda_0 + \dfrac{\Delta\lambda}{2}$ 和 $\lambda_2 = \lambda_0 - \dfrac{\Delta\lambda}{2}$ 两列光波形成的两套干涉条纹非相干叠加,干涉条纹的视见度将随光程差做周期性变化。光程差逐渐增加时,视场中干涉条纹交替出现"清晰"和"消失"。设 d 为 d_1 时,λ_1 和 λ_2 均为亮条纹,视见度最佳,即

$$d_1 = m\frac{\lambda_1}{2}, \quad d_1 = n\frac{\lambda_2}{2} \tag{3}$$

假设当 d 值增加到 d_2 时,恰好有

$$d_2 = (m+K)\frac{\lambda_1}{2}, \quad d_2 = (n+K+0.5)\frac{\lambda_2}{2}(K\text{ 为整数}) \tag{4}$$

此时,λ_1 是亮条纹,λ_2 则为暗条纹,视见度最差(可能分不清条纹)。从视见度最佳到最差,M_1 移动距离为

$$d_2 - d_1 = K\frac{\lambda_1}{2} = (K+0.5)\frac{\lambda_2}{2} \tag{5}$$

由 $K\dfrac{\lambda_1}{2} = (K+0.5)\dfrac{\lambda_2}{2}$ 和 $d_2 - d_1 = K\dfrac{\lambda_1}{2}$ 消去 K 可得 λ_1 与 λ_2 的波长差:

$$\Delta\lambda = \lambda_1 - \lambda_2 = \frac{\lambda_1\lambda_2}{4(d_2-d_1)} \approx \frac{\bar{\lambda}^2}{4(d_2-d_1)} \tag{6}$$

式中,$\bar{\lambda}^2$ 为 λ_1 和 λ_2 的平均值。

因为视见度最差时,M_1 的位置对称地分布在视见度最佳位置的两侧,所以相邻视见度最差(即相邻两次条纹消失)的 M_1 移动距离 Δd 与 $\Delta\lambda$ 的关系为

$$\Delta\lambda \approx \frac{\bar{\lambda}^2}{2\Delta d}$$

可见,若测得 M_1 移动的距离 Δd,则可测得这两列单色波的波长差 $\Delta\lambda$ 和光源的相干长度:$L_m = 2\Delta d$。

(钠光:$\bar{\lambda} = 589.3\text{nm}$,$\lambda_1 = 589.0\text{nm}$,$\lambda_2 = 589.6\text{nm}$,$\Delta\lambda = 0.6\text{nm}$)

【实验内容】

1. 观察点光源的非定域干涉条纹

(1)如图 4.143 所示,使氦-氖激光大致垂直于 M_2,激光束入射到反光镜上。从接收

屏处观察(此时不放接收屏),可观察到由 M_1 和 M_2 各自反射的两排光点像。若将经 M_1 镜反射光束中的三个光斑记作 1,2,3,将经 M_2 镜反射光束中的光斑记作 4,5。调节 M_2 平面镜的三颗调节螺旋,使最亮的两个光斑 2 与 4 相重合(如图 4.146),这说明 M_2 基本与 M_1 相互垂直。

(2) 放上接收屏,即可在屏上观察到非定域干涉条纹,即明暗相间的圆环型干涉条纹。再轻轻调节 M_2 后的微调螺钉,使圆条纹中心处于接收屏中心。

(3) 转动粗动手轮和微动手轮,使 M_1 在导轨上移动,观察条纹的变化。从条纹的"涌出"或"陷入",判断 d 的变化,并观察分析干涉条纹的粗细、疏密与 d 的关系。

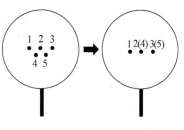

图 4.146　迈克耳孙干涉仪调节

2. 利用非定域干涉测定 He-Ne 激光器的波长

按上述 1 中所述方法调出干涉圆条纹,单向缓慢转动微调手轮移动 M_1,将干涉环中心调至最暗(或最亮),记下此时 M_1 的位置,继续沿着同一个方向转动微调手轮(注意:若此时转动方向相反,会引入回程误差,这将直接给测量结果带来较大误差),当条纹"陷入"或"涌出"变化数为 ΔN 时,再记下 M_1 的位置,设 M_1 位置的变化数为 Δd,根据实验原理,测量 He-Ne 激光的波长。

要求:测量时,每"涌出"或"陷入"30 个条纹记录一次 M_1 的位置读数,"涌出"和"陷入"各测 5 组,求 Δd 的平均值,求出波长,计算相对误差,正确表示测量结果。

3. 测量钠光源的相干长度

(1) 在测量氦-氖激光波长的基础上,换上钠光光源,可直接观察到清晰的干涉条纹。

(2) 慢慢旋转粗动手轮,改变 d 的距离,使视场中心的视见度最小,记录 M_1 镜的位置;沿原方向继续移动 M_1 镜,使视场中心的视见度由最小到最大直至又为最小,再记录 M_1 镜位置,连续测出 4 个视见度最小时 M_1 镜位置。求出 $\Delta d = |d_1 - d_2|$ 的平均值,求出钠光的相干波长,并计算钠黄光双线的波长差,计算相对误差。

4. 观察白光干涉条纹

在测量氦-氖激光波长的基础上,转动粗动手轮移动 M_1 的位置,使圆形干涉条纹变宽,当出现 1~2 条条纹时,即 $d=0$ 附近,此时,将光源换成白光光源,调节微调手轮,继续移动 M_1 的位置,直到视场中出现彩色条纹,再用拉簧螺钉细心调整干涉条纹的亮度、形状和宽度,转动微调手轮,使条纹渐渐平直,直至中央条纹出现在视场中部。从中央条纹向两边观察条纹的色彩分布,记录并分析现象。

【注意事项】

(1) 迈克耳孙干涉仪是精密光学仪器,实验时严禁用手触摸各光学表面。

(2) 测量时要防止引入回程误差而影响测量精度。

(3) 避免激光直接射入眼睛,否则可能会造成视网膜永久性的伤害。

(4) 数条纹变化数目过程中,若因震动出现条纹抖动难以辨认时,应暂停数条纹数,待稳定后再继续数。

【思考题】

(1) 试根据迈克耳孙干涉仪的光路,说明各光学元件的作用,并简要叙述调出等倾干涉、等厚干涉和白光干涉条纹的条件及程序。

(2) 在等倾干涉实验中,如果观察到圆环条纹又细又密是何原因? 如何调节使条纹变得又粗又稀?

(3) 利用钠光的等倾干涉现象测钠光的相干长度和钠双线的波长差时,应将等倾条纹调到何种状态?

实验 41　旋光现象及应用

【实验目的】

(1) 观察了解线偏振光通过旋光物质所发生的旋光现象。

(2) 了解旋光仪的结构、工作原理及其使用方法。

(3) 学会用旋光仪测糖溶液的旋光率和浓度。

【实验仪器】

WXG-4 圆盘旋光仪、烧杯、蔗糖、蒸馏水、毛巾、温度计、电子秤。

【实验原理】

偏振光通过某些晶体或某些物质的溶液,其振动面相对于入射光的振动面旋转了一个角度 φ,这种现象称为旋光现象,如图 4.147 所示。φ 称为旋光角或旋光度。

实验表明:振动面旋转的角度 φ 与其所通过旋光物质的厚度(长度)成正比。

(1) 对固体,旋光度 φ 为

$$\varphi = \alpha l \tag{1}$$

(2) 对溶液或液体,当入射光的波长给定时,旋光度 φ 与偏振光通过溶液的厚度 l 和

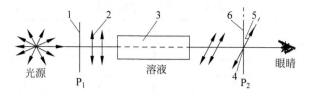

图 4.147 物质的旋光性测量简图

1—起偏器；2—起偏器偏振化方向；3—旋光性溶液；

4—检偏器偏振化方向；5—旋光角 φ；6—检偏器

溶液的浓度 c 成正比，即

$$\varphi = \alpha c l \tag{2}$$

式中，c 为溶液的浓度，单位为 $\mathrm{g/cm^3}$；l 为溶液的厚度，单位为 dm；α 为该溶液的旋光率，单位为 $(°)\cdot\mathrm{cm^3/(dm\cdot g)}$。

（3）同一旋光物质对不同波长的光有不同的旋光率，在一定的温度下，它的旋光率与入射光光波长 λ 的平方成反比：$\alpha \approx \dfrac{1}{\lambda^2}$，即随波长的减少而迅速增大，这现象称为旋光色散。考虑到这一情况，通常采用钠光黄光的 D 线（$\lambda = 589.3\mathrm{nm}$）来测定旋光率。

实验表明，旋光率与入射光的波长及温度有关，因而应当标明测量旋光率时所用波长及测量时的温度即 $[\alpha]_\lambda^t$。

若已知某溶液的旋光率，且测出溶液试管的长度（厚度）l 和旋光度 φ，可根据式(2)求出待测溶液的浓度，即

$$c = \frac{\varphi}{l\,[\alpha]_\lambda^t} \tag{3}$$

通常溶液的浓度用 100mL 溶液中的溶质克数来表示，此时上式改写成

$$c = \frac{\varphi}{l\,[\alpha]_\lambda^t} \times 100 \tag{4}$$

在糖溶液浓度已知的情况下，测出溶液试管的长度 l 和旋光度 φ 就可以计算出该溶液旋光率，即

$$[\alpha]_\lambda^t = \frac{\varphi}{cl} \times 100 \tag{5}$$

在这里，我们忽略了温度和溶液浓度对于旋光率的影响，实际上旋光率 α 与温度和浓度 c 均有关。

表 4.39 给出了一些物质在温度 $t = 20℃$、偏振光波长为钠光（$\lambda \approx 589.3\mathrm{nm}$）时的旋光率。

表 4.39　某些物质的旋光率　　　　　　　　(°)·cm³/(dm·g)

品　名	$[\alpha]_\lambda^{20}$	品　名	$[\alpha]_\lambda^{20}$
果糖	−91.9	桂皮油	−1～1
葡萄糖	52.5～53.0	蓖麻油	50 以上
樟脑(醇溶液)	41～43	维生素	21～22
蔗糖	65.9	氯霉素	−20～−17
山道年(醇溶液)	−175～−170	薄荷脑	−50～−49

【仪器描述】

　　圆盘旋光仪使用于化学工业、医院、高等院校和科研单位,用来测定含有旋光性的有机物质(如糖溶液、松节油、樟脑等几千种活性物质)的比重、纯度、浓度与含量。

　　用 WXG-4 型旋光仪来测量旋光性溶液的旋光角,其结构如图 4.148 所示。

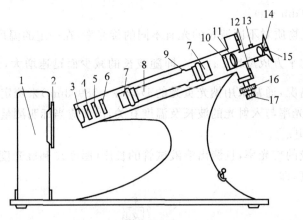

图　4.148

1—钠光灯；2—毛玻璃片；3—会聚透镜；4—滤色镜；5—起偏镜；6—石英片；7—测试管端螺帽；8—测试管；9—测试管凸起部分；10—检偏镜；11—望远镜物镜；12—度盘和游标；13—望远镜调焦手轮；14—望远镜目镜；15—游标读数放大镜；16—度盘转动细调手轮；17—度盘转动粗调手轮

　　因为人的眼睛难以准确地判断视场是否最暗,故多采用半荫法,用比较视场中相邻两光束的强度是否相同来确定旋光角。在起偏镜后面再加一石英体片,此石英片和起偏镜的一部分在视场中重叠,将视场分为三部分,如图 4.149 所示。同时在石英片旁装上一定厚度的玻璃片,以补偿由于石英片产生的光强变化。取石英片的光轴平行于自身表面,并与起偏镜的偏振化方向成一角度 θ(仅几度)。由光源发出的光经起偏镜后成为线偏振光,其中一部分光再经过石英片(其厚

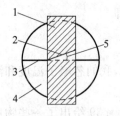

图　4.149

1—石英片；2—石英片光轴；3—起偏镜偏振化方向；4—起偏镜；5—起偏镜偏振化方向与石英片光轴的夹角

度恰使在石英片内分成的 o 光和 e 光的位相差为 π 的奇数倍,出射的合成光仍为线偏振光)其振动面相对于入射光的偏振面转过了 2θ,所以进入旋光物质的光是振动面间的夹角为 2θ 的两束线偏振光。

图 4.150 中,以 OP 和 OA 分别表示起偏镜和检偏镜的偏振轴方向,OP' 表示透过石英片后偏振光的振动方向,β,β' 分别表示 OP、OP' 与 OA 之间的夹角,A_P,A_P' 分别表示通过起偏镜和起偏镜加石英片的偏振光在检偏镜偏振轴方向上的分量。由图 4.150 可知,当转动检偏镜时,A_P,A_P' 的大小将发生变化,反映在目镜视场上,将出现明暗的交替变化(如图 4.150 中下半部分),图中列出了四种显著不同的情形。

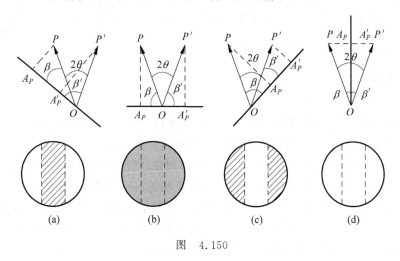

图 4.150

(1) 如图 4.150(a)所示,$\beta'>\beta,OA_P>OA_P'$,通过检偏镜观察时,与石英片对应的部分为暗区,与起偏镜对应的部分为亮区,视场被分为清晰的三部分。当 $\beta'=\pi/2$ 时,亮区与暗区的反差最大。

(2) 如图 4.150(b)所示,$\beta'=\beta,OA_P=OA_P'$,并且 OA_P,OA_P' 较小,通过检偏镜观察时,视场中三部分界线消失,亮度相等,较暗。

(3) 如图 4.150(c)所示,$\beta'<\beta,OA_P<OA_P'$,视场又分为三部分,与石英片对应的部分为亮区,与起偏镜对应的部分为暗区,当 $\beta=\pi/2$ 时,亮区与暗区的反差最大。

(4) 如图 4.150(d)所示,$\beta=\beta',OA_P=OA_P'$,并且 OA_P,OA_P' 较大,视场中三部分界线消失,亮度相等,较亮。

当检偏镜处于图 4.150(b)位置时,如果把检偏镜稍微向左或右偏转,视场马上出现(a)或(c)的情况,(b)情况是介于(a)和(c)情况之间的短暂状态,所以常取图(b)所示的视场作为参考视场,并将此时检偏镜偏振化方向所在的位置取作度盘的零点。

实验时,将旋光性溶液注入已知长度 l 的测试管中,把测试管放入旋光仪的试管筒内,这时 OP 和 OP' 两束线偏振光均通过测试管,它们的振动面都转过相同的角度 φ,并保持两振动面间的夹角为 2θ 不变。转动检偏镜使视场再次回到图 4.150(b)状态,则检偏镜所转过的角度就是被测溶液的旋光角 φ。

为了准确地测定旋光角 φ,仪器的读数装置采用双游标读数窗口,以消除度盘偏心差。度盘分 360 格,每格 1°,游标分 20 格,等于度盘的 19 格,游标可直接读到 0.05°,如图 4.151 所示。度盘和检偏器连为一体,通过度盘可以确定检偏镜的位置。为消除度盘偏心差,采用对称读数,即检偏镜某一位置的读数 $\theta = \frac{1}{2}$ (左侧游标读数+右侧游标读数)。

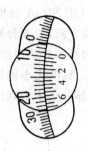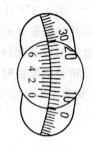

图　4.151

【实验内容】

(1) 测定旋光仪的零点

① 接通电源,开启电源开关,约 5min 后,钠光灯发光正常,便可使用。

② 调节旋光仪调焦手轮,使其能观察到清晰的三分视场。

③ 转动检偏镜,观察并熟悉视场明暗变化的规律,掌握零度视场的特点是测量旋光度的关键。零度视场即三分视界线消失,三部分亮度相等,且视场较暗,如图 4.150(b)所示。

④ 检查仪器零位是否正确。在试管未放入仪器前,掌握双游标的读法,观察零度视场的位置与零位是否一致。若不一致,说明仪器有零位误差,记下此时的读数 φ_0。重复测定零位误差三次,取其平均值 $\overline{\varphi_0}$。注意应在读数中减去(有正负之分)。

(2) 测定旋光溶液的旋光率 $[\alpha]_\lambda^t$

① 将制备好的标准溶液注满试管。

② 将试管放入旋光仪的槽中,转动度盘,再次观察到零度视场时,读取 φ',重复三次求出平均值 $\overline{\varphi'}$。算出旋光度 $\varphi = \overline{\varphi'} - \overline{\varphi_0}$。

③ 将 φ, l, c 的值代入式(5),计算出标准溶液的旋光率 $[\alpha]_\lambda^t$。

(3) 测量糖溶液的浓度

将长度已知、性质和标准溶液相同,而溶液浓度未知的溶液试管放入旋光仪中,测量其旋光度 φ。将测得的旋光度 φ、溶液试管长度 l 和前面测出的旋光率 $[\alpha]_\lambda^t$ 代入式(3),求出该溶液的浓度 c。

(4) 利用已知的 c_1 和测出的 φ_1,以 c_1 为横坐标,作出 c_1-φ_1 曲线图。

(5) 在直线上取两点计算其斜率,并为此得到糖溶液的旋光率 α(不必估计误差),α 单位为 (°)·cm³/(dm·g)。

【数据记录及处理】

(1) 测定旋光仪的零点(将数据记录在表 4.40 中)。

表　4.40

1		2		3		$\overline{\varphi_0}/(°)$
左	右	左	右	左	右	

（2）测定旋光溶液的旋光率 α（将数据记录在表 4.41 中）。

表　4.41

试管长度 l/dm	浓度 c /(g/100mL)	读数			平均值 /(°)	旋光度/(°)	溶液旋光率 α/ (°)·cm^3/(dm·g)
		1	2	3			
		左 右	左 右	左 右			

（3）测量糖溶液的浓度（将数据记录在表 4.42 中）。

表　4.42

试管长度 l/dm	读数			平均值 /(°)	旋光度/(°)	溶液旋光度 c /(g/100mL)
	1	2	3			
	左 右	左 右	左 右			

【注意事项】

（1）测试管应轻拿轻放，以免打碎。溶液注满试管，旋上螺帽，两端不能有气泡，螺帽不宜太紧，以免玻璃窗受力而发生双折射，引起误差。试管和试管两端透明窗均应擦净才可装上旋光仪。

（2）旋光仪是比较精密的光学仪器，使用时，仪器金属部分切勿沾污酸碱，防止腐蚀。光学镜片部分不能与硬物接触，以免损坏镜片。不能随便拆卸仪器，以免影响精度。所有镜片，包括测试管两头的护片玻璃都不能用手直接揩拭，应用柔软的绒布或镜头纸揩拭。

（3）只能在同一方向转动度盘手轮时读取始、末示值，确定旋光角。而不能在来回转动度盘手轮时读取示值，以免产生回程误差。

（4）旋光仪在使用时，需通电预热几分钟，但钠光灯使用时间不宜过长。

【思考题】

（1）旋光仪的最小分度值是多少？

（2）你认为本实验的误差决定于哪些因素，如何减小？

第5章　综合性实验

实验1　声速的测量

【实验目的】

（1）用共振干涉法和相位比较法测量空气中超声波的速度；

（2）了解压电陶瓷换能器的功能、原理和使用方法；

（3）练习示波器的使用和调节；

（4）学会用逐差法处理实验数据。

【仪器用具】

超声声速测量仪、信号发生器、示波器等。

【实验装置】

本实验装置如图 5.1 所示，通过摇手鼓轮移动数显游标卡尺可精密地调节两换能器之间的距离 L。

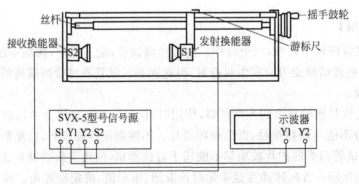

图 5.1　声速测试架、信号源及示波器连接图

超声换能器的头部是用轻金属铝大致做成喇叭的形状，而尾部则用重金属（如铁）制成，螺钉则从压电陶瓷环中穿过。这种结构增加了辐射面积，增强了振子与介质的耦合作用。

【实验原理】

1. 超声波换能器原理

超声波换能器是利用压电体的逆电效应来实现电压和声压之间的转换,即在交变电压下使压电体产生机械振动,而在空气中激发出声波。本实验采用锆钛酸铅制成的压电陶瓷片作为压电换能器。当压电陶瓷片处于交变电场中时,会发生周期性的伸长与缩短,从而发出超声波。压电陶瓷片也可使声压转化为电压,用来接收信号。(注意:实验时应使激励电压的频率与压电陶瓷的固有频率保持一致,产生共振。)

2. 示波器工作原理(见第 4 章实验 21"示波器的原理和使用")

3. 超声波声速的测定原理

声波的传播速度 v 与声频率 f 和波长 λ 的关系为

$$v = f\lambda \tag{1}$$

由上式可知,只要测出波长 λ 和声波的频率 f,就可求出声速 v。本实验频率 f 可由信号发生器直接读出。我们的主要任务是测出 λ。测量 λ 的常用方法有两种:共振干涉法和相位比较法。

1) 共振干涉法(又称驻波法)

由波的振动理论可知,当两列频率、振幅相同,传播方向相反的波——即入射波与反射波——相遇时会产生叠加而形成驻波。设入射波与反射波分别表示为 y_1, y_2,则两波叠加后所形成的波 y 可表示为

$$y = y_1 + y_2 = A\cos 2\pi f\left(t - \frac{x}{v}\right) + A\cos 2\pi f\left(t + \frac{x}{v}\right) = 2A\cos\frac{2\pi x}{\lambda}\cos 2\pi ft$$

显然,当 $x = \frac{n}{2}\lambda (n=0,1,2,3,\cdots)$ 时,y 的振幅最大(称为波腹);当 $x = (2n+1)\frac{\lambda}{4}$ 时,y 的振幅为最小(称为波节)。相邻极大值或极小值之间的距离恰好为半个波长 $\frac{\lambda}{2}$。

如图 5.2 所示,若发射器处为波腹,则只有当发射器 S_1 与接收器 S_2 的距离 x 为半波长的整数倍时(即 $x = n\lambda/2$),S_2 所接收的振动幅度最大,此时在示波器上的波形的振幅为左右相邻处的极大值。因此,如果连续改变 x 的大小,则可在示波器上观察

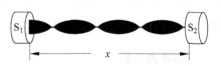

图 5.2　驻波示意图

到极大值(波腹)和极小值(波节)的交替出现。记录下各次极大值出现时的 x_i,则显然有

$$|x_{i+1} - x_i| = \lambda/2, \quad i = 0,1,2,3,\cdots \tag{2}$$

由此,可得波长 λ。

2) 相位比较法

当 S_1 发出的平面超声波通过媒质到达接收器 S_2 时,在发射波和接收波之间所产生的相位差为

$$\Delta\varphi = \varphi_2 - \varphi_1 = 2\pi\frac{x}{\lambda} \tag{3}$$

因此可以通过测量 $\Delta\varphi$ 来求得波长。

设有两列沿互相垂直方向传播的波 y_1,y_2,$y_1 = A_1\cos(\omega t + \varphi_1)$,$y_2 = A_2\cos(\omega t + \varphi_2)$。$y_1$,$y_2$ 在互相垂直的方向上进行叠加时,其合成振动的方程可表示为

$$\frac{x^2}{A_1^2} + \frac{y^2}{A_2^2} - \frac{2xy}{A_1 A_2}\cos(\varphi_2 - \varphi_1) = \sin^2(\varphi_2 - \varphi_1)$$

当相位差 $\Delta\varphi = \varphi_2 - \varphi_1$ 不变时,上式的运动轨迹是一椭圆、圆或直线,如表 5.1 所示(其中,n 为整数)。

表 5.1　相位差及其运动轨迹

$\Delta\varphi$	形　状
$2n\pi$	斜率为 A_2/A_1 的直线
$(2n+1)\pi$	斜率为 $-A_2/A_1$ 的直线
$(2n+1)\pi/2$,且 $A_1 = A_2$	半径为 A_1 的圆
其他	椭圆(两轴长分别为 A_1 和 A_2)

测量时,将信号发生器的振动信号输入到示波器的 X 轴上,同时将 S_2 接收的信号输入到 Y 轴。当 S_1 发出的平面超声波通过媒质到达接收器 S_2 时,在发射波和接收波之间所产生的相位差为

$$\Delta\varphi = \varphi_2 - \varphi_1 = 2\pi\frac{x}{\lambda}$$

因此可以通过测量 $\Delta\varphi$ 来求得波长,而 $\Delta\varphi$ 可以依据示波器上波形的变化情况来判断。当在示波器上观察到直线时,其相位差必为 π 的整数倍,改变 x 直到下一个直线出现为止,相位的变化为 π,则 x 的改变量 Δx 必然是 $\frac{\lambda}{2}$。

【实验内容】

1. 用共振干涉法测量

(1) 按图 5.1 连接好电路。注意:压电声能转换器的两根接线中,黑色接线头必须与信号发生器的接地端相接。

（2）调整示波器的状态。

（3）逆时针旋转信号发生器的"输出调节"旋钮，使输出的电压最低，输出的衰减放在×1挡上，频率范围放在×1000Hz挡上，输出信号的选择为正弦波形。打开电源开关，稍等片刻，调节输出旋钮，使输出工作电压不超过 15V。一般在 10V 左右。

（4）调节两声能转换器的位置，使两端面平行，且与标尺垂直。

（5）调节输出的谐振频率：先将两声能转换器彼此靠近（间距大约为 2cm）调节信号发生器的输出频率（40kHz 左右），使示波器中的信号幅度达到最大，然后调节可移动的声能转换器位置，再使示波器中的信号幅度达到最大。这样反复调整信号源和声能转换器的位置，再使示波器中的信号幅度达到最大。此时信号源输出的频率即为转换器的谐振频率。

（6）改变声能转换器的位置并观察示波器中信号的变化情况。测出在示波器中信号幅度最大时，声能转换器所在的位置。从左到右连续进行 8 次测量。在表 5.2 中记录下相应的位置 x_i 及对应频率 f_i。从右到左重复测量一次。

（7）实验前后各测量一次室温。

2. 相位比较法测量

（1）保持信号源的状态不变。

（2）将示波器调整到 X-Y 状态。同时将信号源的输出信号 X 和声能转换器接收端信号 Y 输入示波器中。

（3）改变声能转换器的位置并观察示波器中李萨如图形的变化情况。测出在示波器中图形变为直线状态时，声能转换器所在的位置。连续进行 8 次测量。在表 5.3 中记录下相应的位置 x_i 及对应频率 f_i。重复测量两次。

注意：直线的方向是一左一右间隔出现。

【数据记录】

（1）频率和温度取其平均值。

（2）波长值采用逐差法处理求得。

（3）由传播速度 v 与声波频率 f 和波长 λ 的关系求得传播速度 v，并与理论值进行比较，计算测量结果的百分差。

（4）声速理论值 $v_s = v_9 \sqrt{\dfrac{T}{T_0}}$，其中 $v_0 = 331\text{m/s}$，$T_0 = 273\text{K}$。

【思考题】

（1）实验中为什么要在超声换能器谐振状态下测量？

（2）实验中怎样找到超声换能器的谐振频率？

（3）实验中怎样才能知道接收换能器接收面的声压为极大值？

（4）实验中信号发生器和示波器各起什么作用？

【数据记录】

表 5.2　用共振干涉法测量波长 λ　　　　　　　　　　　　　　mm

序号	f/kHz	x_i			$\Delta x = \bar{x}_{i+4} - \bar{x}_i$
		x_i(左)	x_i(右)	$\bar{x}_i$	
1					
2					
3					
4					
5					
6					
7					
8					
平均		—	—	$\Delta\bar{x}$	$\lambda = \Delta\bar{x}/2$

注：环境温度：$T=$_____℃。表中的 x 表示测量时测量台上的读数。

表 5.3　用相位比较法测量波长 λ　　　　　　　　　　　　　　mm

序号	f/kHz	x_i			$\Delta x = \bar{x}_{i+4} - \bar{x}_i$
		x_i(左)	x_i(右)	$\bar{x}_i$	
1					
2					
3					
4					
5					
6					
7					
8					
平均		—	—	$\Delta\bar{x}$	$\lambda = \Delta\bar{x}/2$

注：环境温度：$T=$_____℃。表中的 x 表示测量时测量台上的读数。

实验 2　用霍尔位置传感器法测杨氏模量(弯曲法)

【实验目的】

(1) 学会用弯曲法测量固体材料的杨氏模量。

(2) 掌握霍尔位置传感器的构造原理和使用方法。

(3) 了解微小位移的非电量电测新方法。

【仪器用具】

霍尔位置传感器、霍尔位置传感器输出信号测量仪、米尺、游标尺、螺旋测微计、待测样品(铜板和可锻铸铁板)。

【实验原理】

1. 霍尔位置传感器

1879 年霍尔发现:放置于磁场中的载流体,如果电流方向与磁场垂直,运动电荷将会受到洛伦兹力的作用发生偏转,从而在垂直于电流与磁场的方向产生一个附加的横向电场。后来这个发现被称为霍尔效应。利用霍尔效应制作的器件被称为霍尔元件。

将霍尔元件放于磁感应强度为 B 的磁场中,在垂直于磁场方向通以电流 I,则与这二者相垂直的方向上将产生霍尔电势差 U_H:

$$U_H = KIB \tag{1}$$

式中 K 为元件的霍尔灵敏度。如果保持霍尔元件的电流 I 不变,而使其在一个均匀梯度的磁场中移动,则输出的霍尔电势差变化量为

$$\Delta U_H = KI \frac{dB}{dZ} \cdot \Delta Z \tag{2}$$

式中 ΔZ 为位移量,此式说明若 $\frac{dB}{dZ}$ 为常数时,霍尔电势差 ΔU_H 与位移量 ΔZ 之间存在一一对应关系,当 $\Delta Z < 2\text{mm}$ 时,即有

$$\Delta U_H = K \Delta Z \tag{3}$$

式中,K 为比例系数,称为霍尔位置传感器的灵敏度。

为实现均匀梯度的磁场,可以如图 5.3 所示,两块相同的磁铁(磁铁截面积及表面磁感应强度相同)相对放置,即 N 极与 N 极相对,两磁铁之间留一等间距间隙,霍尔元件平行于磁铁放在该间隙的中轴上。间隙大小要根据测量范围和测量灵敏度要求而定,间隙越小,磁场梯度就越大,灵敏度则越高。磁铁截面要远大于霍尔元件,以尽可能地减小边缘效应影响,提高测量精确度。

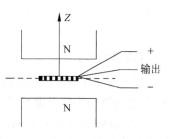

图 5.3　霍尔位置传感器

若磁铁间隙内中心截面处的磁感应强度为零,霍尔元件处于该处时,输出的霍尔电势差应该为零。当霍尔元件偏离中心沿 Z 轴发生位移时,由于磁感应强度不再为零,霍尔元件也就产生相应的电势差输出,其大小可以用数字电压表测量。用读数显微镜测出微小位移量 ΔZ,利用式(3)就可计算霍尔位置传感器的灵敏度 K。这个过程称为对霍尔位置传感器定标。

2. 杨氏模量测定仪

杨氏模量测定仪主体装置如图 5.4 所示。

杨氏模量描述了弹性体材料抵抗外力产生形变的能力,在机械设计和材料性能的测试中,它是一个必须考虑的重要的力学参量。当外力不太大,撤掉外力,形变就会消失,这种形变称为弹性形变。将一段规则的矩形金属横梁放在相距为 d 的一对水平刀刃上,在二刀刃之间的中点处挂上质量为 m 的砝码,横梁将向下弯曲,中点下垂的垂度为 ΔZ,如图5.5所示。若不计横梁的质量,则在其弹性限度内,该金属横梁的杨氏模量可用下式表示:

$$E = \frac{d^3 mg}{4a^3 b\Delta Z} \tag{4}$$

其中,a 为梁的厚度;b 为梁的宽度;d 为两刀口之间的距离;m 为加砝码的质量;ΔZ 为梁中点下弯的垂度。

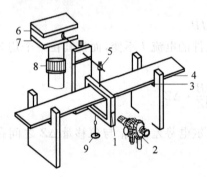

图5.4　杨氏模量测定仪主体装置

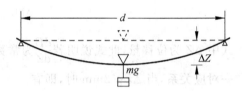

图5.5　实验原理示意图

1—测量的基线;2—显微镜;3—刀口;4—横梁;5—铜杠杆;
6—磁铁盒;7—磁铁;8—调节架;9—砝码

【实验内容】

(1) 打开仪器包装箱,将有调节水平的螺丝旋在底座箱上,然后将实验装置放在底座箱上,并且旋紧固定四只螺丝,以免台面板变形,同时观察水准器是否水平,调节底座螺丝。

(2) 将铜板穿在砝码铜刀口内,安放在两立柱刀口的正中央位置。接着装上铜杠杆,将有传感器的一端插入两立柱刀口中间,该杠杆中间的铜刀口放在刀座上。圆柱型拖尖应放在砝码刀口的小圆洞内,可调节一颗松弛固定螺丝,或调节三维架上的套筒螺母旋钮使磁铁上下移动,使集成霍尔位置传感器探测元件处于磁铁中间,再固定之。

(3) 将铜杠杆上的三眼插座插在立柱的三眼插针上,用仪器电缆一端连接测量仪器,另一端插在立柱另外三眼插针上;接通电源,调节螺丝使磁铁上下移动,当毫伏表数值很小时,停止调节,最后调节调零电位器使毫伏表读数为零。预热10min左右,指示值即可稳定。

(4) 调节读数显微镜目镜,直到眼睛观察镜内的十字线和数字清晰,然后移动读数显微镜的前后距离,使通过其能够看清楚铜刀口上的基线,转动读数显微镜的鼓轮使刀口架的基线与读数显微镜内十字刻线吻合,记下初始读数值。

（5）霍尔位置传感器的定标：逐次增加 10.00g 砝码（共加 7 次），相应从读数显微镜上读出梁的弯曲位移 ΔZ 及数字电压表相应的读数值 ΔU_H（单位 mV）。

（6）测量横梁两刀口间的长度 d（3 次）及测量不同位置横梁宽度 b（3 次）和梁厚度 a（3 次）。

（7）换上可锻铸铁，调整好铜杠杆，重复步骤（4）。然后逐次增加 10.00g 砝码（共加 7 次），记录下相应的读数值。

（8）测量可锻铸铁不同位置的宽度 b'（3 次）和厚度 a'（3 次）。

【数据记录】

（1）列出数据表格（表 5.4、表 5.5），填入数据。

表 5.4　铜板几何尺寸的测量数据表

	1	2	3	平均值
d/cm				
b/cm				
a/mm				

表 5.5　霍尔传感器静态特性测量

m/g	0.00	10.00	20.00	30.00	40.00	50.00	60.00	70.00
$\Delta Z/mm$								
$\Delta U/mV$								

（2）用逐差法计算铜板在 $m=40.00g$ 的作用下产生的位移量 ΔZ，代入式（4），求铜板的 E 值和不确定度。

（3）用逐差法处理数据，利用已定标值 K 计算铁板在 $m=40.00g$ 的作用下产生的位移量 ΔZ，代入式（4），求可锻铸铁的 E 值，并与公认进行比较。

【实验参数】

黄铜的杨氏模量 $E=10.55\times10^{10} \text{N/m}^2$；

可锻铸铁的杨氏模量 $E=18.15\times10^{10} \text{N/m}^2$。

【注意事项】

（1）梁的厚度必须测准确。在用千分尺测量黄铜厚 a 时，旋转千分尺，当将要与金属接触时，必须用微调轮。当听到嗒嗒塔三声时，停止旋转。

（2）读数显微镜的准丝对准铜挂件（有刀口）的标志刻度时，要注意区别是黄铜梁的边沿，还是标志线。

（3）霍尔位置传感器定标前，先调节电磁铁盒下的升降杆上的旋钮，让霍尔位置传感器调到零输出位置;另外,应使霍尔位置传感器的探头处于两块磁铁的正中间稍偏下的位置,这样测量数据更可靠一些。

(4) 加砝码时,应该轻拿轻放,尽量减小砝码架的晃动,这样可以使电压值在较短的时间内达到稳定值,节省实验时间。

(5) 实验开始前,检查横梁是否有弯曲;如有,必须校正。

【思考题】

(1) 实验中误差来源有哪些? 哪一个量的测量误差对结果影响最大? 试以实验结果说明。

(2) 简述均匀梯度磁场的获得。

实验 3　金属线膨胀系数的测定

【实验目的】

(1) 测定固体在一定温度区域内的平均线膨胀系数。

(2) 利用光杠杆原理测量长度的微小变化量。

【仪器用具】

控温式固体线胀系数实验仪、光杠杆、望远镜及标尺测量系统、钢卷尺、直尺等。

【仪器描述】

线膨胀实验器如图 5.6(a),(b)所示,由主机、金属支架、加热筒及待测金属管组成。实验采用电加热法,用电阻丝绕制成加热筒,加热筒内部配有温度传感器,外部有温度数显表,可以实时数显被加热物的温度;并且有温度预置功能,传感器和控制器可使加热筒形成预置温度的恒温室。

【实验原理】

任何物体都具有热胀冷缩的特性,这是由于物体受热后分子间的平均距离增大,冷却后分子间的平均距离缩小。在工程结构的设计以及材料的加工、仪表的制造过程中,都必须考虑物体的"热胀冷缩"现象,因为这些因素直接影响到结构的稳定性和仪表的精度。如铁路铁轨的铺设、桥梁和过江电缆工程设计、精密量具的制造、材料的焊接和加工等。也有利用热胀冷缩有利方面的,如液体温度计、某些利用热胀冷缩的喷墨式打印机。不同固体、液体和气体有不同的热规律,本实验研究固体的线胀系数。

金属的线膨胀是金属材料受热时,在一维方向上伸长的现象。线膨胀系数是选材的重要指标,特别是新材料的研制时,都得对材料的线膨胀系数进行测定。

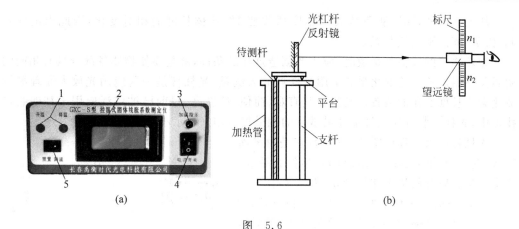

图 5.6

（a）仪器操作面板图；（b）线胀系数的实验装置

1—预置调节；2—数显温度表；3—加温指示灯；4—电源开关；5—预置开关

测定固体线膨胀系数，可归结为测量某一温度范围内的微小伸长量，其测量方法通常有光杠杆法（非接触式光放大法）和螺旋测微法；其他还有微位移测量法等。本实验是用光杠杆法测定加热后的金属杆线膨胀系数。

固体的长度一般是温度的函数，其长度 L 和温度 T 的关系为

$$L = L_0(1 + \alpha T + \beta T^2 + \gamma T^3 + \cdots) \tag{1}$$

式中 L_0 为温度 0℃ 时的长度。精密测量结果表明，α,β,γ 随温度稍有变化，即随温度的升高变大；但对大多数固体来说，在温度变化范围不太大的情况下，α,β,γ 可以看作常数。固体的线胀系数 α 通常很小，其数量级在 $10^{-6} \sim 10^{-5}/℃$。不同材料的 α 不同，一般材料在各个方向的 α 相同，称为各向同性材料；有少数材料，各个方向的 α 不同，称为各向异性材料。由于 β,γ 比 α 更小，在常温下可以忽略，式（1）变为

$$L = L_0(1 + \alpha T) \tag{2}$$

从式（2）可知，如果测得 0℃ 时物体的长度 L_0 及温度 T 时的长度 L，就可求得线胀系数 α，但往往不易得到 0℃ 时物体的长度，为此我们对式（2）作一级近似变换。设在不同温度 T_1 和 T_2 时测得物体的长度为 L_1 和 L_2，则

$$L_1 = L_0(1 + \alpha T_1), \quad L_2 = L_0(1 + \alpha T_2) \tag{3}$$

由式（3）得

$$\alpha = \frac{L_2 - L_1}{L_1\left(T_2 - \dfrac{L_2}{L_1}T_1\right)}$$

由于 L_1 和 L_2 非常接近，所以取 $\dfrac{L_2}{L_1} \approx 1$，上式变为

$$\alpha = \frac{L_2 - L_1}{L_1(T_2 - T_1)} = \frac{\delta}{L_1(T_2 - T_1)} \tag{4}$$

　　从上式可知,线膨胀系数表示温度每改变 1℃ 物体长度的相对变化,因此求出的是 T_1 和 T_2 间的平均线胀系数。

　　测定物体的线膨胀系数时,应当要创造这样的条件,就是要使物体各部分具有相同的初温及终温。长度的变化量 δ 采用光杠杆放大测量,光杠杆是一种应用光放大原理测量被测微小长度变化的装置。其特点是直观、简便、精度高,目前已被广泛应用于其他测量技术中,光杠杆装置还被许多高灵敏度的测量仪器用来显示小角度的变化。

　　光杠杆放大原理如图 5.7 所示,它是由平面镜 M、标尺 S 和望远镜 P 组成的光学放大系统,用来测量金属杆的微小伸长量 $\delta = L_2 - L_1$。

　　假定平面镜 M 的法线 On_1 在水平位置,则标尺上 n_1 点发出的光通过平面镜反射进入望远镜,在望远镜中形成 n_1 的像被观察到。当金属标杆受热膨胀 δ 后,光杠杆的后足尖带动 M 转动一角度 θ 至 M',而平面镜的法线也转至 OC,根据光的可逆性,从 n_2 发出的光线经平面镜反射后进入望远镜而被观察到。由光的反射定律可得

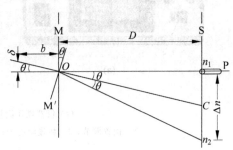

图 5.7　光杠杆放大原理图

$$\tan\theta = \frac{\delta}{b}, \quad \tan2\theta = \frac{n_2 - n_1}{D} = \frac{\Delta n}{D}$$

由于 θ 很小,所以有

$$\tan\theta = \theta, \quad \tan2\theta = 2\theta$$

消去 θ 得

$$\delta = \frac{b\Delta n}{2D} = \frac{b(n_2 - n_1)}{2D} \tag{5}$$

式中 b 为光杠杆前后足尖的垂直距离;D 为光杠杆镜面到标尺的垂直距离;n_1 和 n_2 为温度 T_1 和 T_2 时望远镜中标尺的读数。将式(5)代入式(4)得

$$\alpha = \frac{\delta}{L_1(T_2 - T_1)} = \frac{b(n_2 - n_1)}{2DL_1(T_2 - T_1)} \tag{6}$$

【实验内容】

　　(1) 实验前用米尺测量被测金属棒长度 L_1,然后把被测金属棒慢慢放入加热筒中,直到被测棒末端接触底面。

　　(2) 将光杠杆的两前足放在平台上,后足立于被测杆顶端,并使三足尖在同一水平面上。粗调光杠杆平面镜使法线大致与望远镜同轴,且平行于水平底座,标尺竖直置于望远镜旁。

　　(3) 细调光杠杆系统光路。先用眼睛在望远镜筒外面找到平面镜中标尺的像;然后缓缓地变动平面镜法线方向和眼睛观察的方位,当眼睛能在与望远镜基本一致的方位观察到标尺的像后,再通过望远镜找到标尺的像。

（4）测量望远镜的调整步骤是：①调节目镜看清叉丝；②调节镜筒长度（即改变物镜和目镜间的距离），使标尺成像清晰且像与叉丝之间无视差（眼睛略作上下移动时，标尺像与叉丝没有相对移动）。

（5）打开电源开关 4，数显温度表 2 将显示此时加热筒内的温度，记下加热前标尺的读数 n_1 和此时的温度 T_1。

（6）打开预置开关 5 拨向预置端，用预置调节 1 进行预置温度升温或降温的调节（建议预置较高的温度，这样便于进行多个温度点的测量）。当预置温度高于加热筒温度时，加温指示灯 3 亮起，仪器开始加热。

（7）完成预置后，将预置开关拨到测温端，数显温度表将实时显示加热筒内的温度。选择温度记录点，记录每一测量点被测物的长度值（建议采用温度逐差法进行实验，以减小误差）。

（8）用卷尺测量出光杠杆镜面到标尺的垂直距离 D，取下光杠杆，放在白纸上轻轻按下得到三个点，用直尺量出等腰三角形的高 b。

（9）计算金属棒的线胀系数 α，并求出相对误差，数据处理的表格自己设计。

【注意事项】

（1）在测量过程中系统切勿移动，否则会使测量结果产生较大的误差。

（2）光杠杆是易碎仪器，在安装过程中要小心，特别是防止光杠杆在实验过程中跌落。不能用手去触摸光杠杆、望远镜的镜面。

（3）实验过程中注意不要被加热筒烫伤。

（4）装置仪器时须保证金属棒与底面良好接触。

【思考题】

（1）如果测量过程中金属杆周围温度分布不均匀将会对实验结果带来什么问题？为什么？

（2）用光杠杆法测量线膨胀量时，改变哪些量可以增加光杠杆的放大倍数？

（3）推导出实验的相对不确定度公式，定量分析哪个量是影响实验结果的主要因素？在操作时应注意什么？

实验 4　传感器电阻温度系数的研究

【实验目的】

（1）理解热电阻传感器的工作原理；

（2）了解各类热电阻传感器的电阻-温度特性；

（3）测定负温度系数热敏电阻的电阻-温度特性，并利用直线拟合数据的方法，求其材料系数。

【仪器用具】

传感器温度系数测定仪、数字万用表、磁搅拌子、烧杯、导线等。

【实验原理】

在科学研究、工农业生产、国防建设和日常生活中,人们得到的信息绝大多数是非电量信息,这些信息中有许多难以精确测量,而且即使能被检测出来,也难以放大、处理和传输。为此,需要有一种具备特殊功能的装置来灵敏、精确地检测有关信息并把这些信息变成便于处理的物理量,这就是传感器。传感器是一种能以一定的精确度把被测量转换为与之有确定对应关系的、便于应用某种物理量(主要是电量,如电流、电压、电阻、电容、频率和阻抗等)的器件。传感器也称变送器、变换器、换能器等,其种类繁多,分类方法也很多。电阻式传感器结构简单、应用广泛,在科学技术和非电量测量系统中占有非常重要的地位。其基本原理是利用电阻元件将被测物理量(位移、温度、力和加速度等)的变化,转换为电阻值的变化,再经过相应的测量电路(通常用桥式电路)变成电压或电流输出,最后达到测量该物理量的目的。

电阻式传感器的种类也很多,按其工作原理可分为电阻应变式传感器、压阻式传感器、热电阻传感器等。热电阻传感器是利用电阻随温度变化的特性制成的。它主要用于温度和与温度有关的参量的测量,按热电阻的性质可分为金属热电阻(简称为热电阻)和半导体热电阻(简称为热敏电阻)等类型。

1. 金属电阻传感器

金属的电阻 R 一般随温度 T 的上升而增大,可用

$$R = R_0(1 + \alpha T + \beta T^2 + \gamma T^3 + \cdots)$$

表示,式中 R 和 R_0 是处于温度 T 和 0℃时的电阻值,α, β, γ 是电阻的温度系数。纯金属电阻的相对变化与温度之间的关系如图 5.8 所示,铂的电阻相对变化率与温度的关系在0℃以上近似线性,即 $R = R_0(1 + \alpha T)$。金属铜在 $-50 \sim -150$℃范围内也接近线性,因此铂和铜是常用作热电阻的金属材料。

2. 热敏电阻传感器

热敏电阻是一种由半导体材料制成的新型电阻,它的电阻随温度变化而急剧变化,按半导体电阻随温度变化的典型特性,热敏电阻可分为三种类型:阻值随温度升高而增加的是正温度系数热敏电阻(PTC),阻值随温度升高而减小的是负温度系数热敏电阻(NTC),在某一特定温度下电阻值会发生突变的是临界温度热敏电阻(CTR)。它们的特性曲线如图 5.9 所示。

热敏电阻有如下特点。

(1) 灵敏度高。负温度系数的热敏电阻温度系数很大,1℃阻值变化 1%～6%。

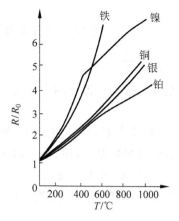

图 5.8 纯金属的电阻相对变化率与温度的关系　　　图 5.9 热敏电阻特性曲线

（2）体积小、热惯性小。例如一个珠形热敏电阻尺寸为 $\phi 0.2 \sim 1 \text{mm}$。因此热容量小，升温、降温迅速，对被测物的温度影响小。可作点温度计及表面温度计的快速测量。

（3）阻值高，一般为 $10^2 \sim 10^5 \, \Omega$，忽略接线电阻的影响。

（4）具有动态性好、寿命长、制造工艺简单、价格便宜等优点。热敏感电阻的缺点是：测量范围狭窄，一致性、稳定性差。

由于 NTC 热敏电阻的体积很小，其温度变化比金属电阻要灵敏得多，因此被广泛用于温度测量、温度控制以及电路中温度的补偿、时间延迟等。

PTC 热敏电阻分为陶瓷 PTC 热敏电阻和有机材料 PTC 热敏电阻两类。PTC 热敏电阻是近年发展出的一种新材料，它的特点是存在一个"突变点温度"，当这种材料的温度超过突变点温度时，其电阻可急剧增加 $5 \sim 6$ 个数量级，因而被广泛用于工业机械、冰箱、电话程控交换机、手提电脑、手机等高科技领域。

如陶瓷 PTC 元件是一种可以调整其居里点的人工陶瓷，这种材料以钛酸钡掺和微量稀土元素采用陶瓷工艺制造而成。其特点是在居里点以下，该元件的阻值很小，而处于居里点以上时，阻值急剧增大几十倍甚至几个数量级，而居里点可以通过掺杂方式按需要加以调整，该元件在自动控制上已广泛应用。

1）负温度系数热敏电阻器的电阻-温度特性

NTC 热敏电阻通常由 Mg，Mn，Ni，Cr，Co，Fe，Cu 等金属氧化物中的 $2 \sim 3$ 种混合压制后，在 $600 \sim 1500 ℃$ 温度下烧结而成。在一定的温度范围内，NTC 热敏电阻的阻值与温度关系满足经验公式

$$R = R_0 e^{B\left(\frac{1}{T} - \frac{1}{T_0}\right)} \tag{1}$$

式中，R 为该热敏电阻在热力学温度 T 时的电阻值；R_0 为热敏电阻处于热力学温度 T_0 时的电阻值；B 是材料常数，它与热敏电阻材料、形状、温度有关，在一个不太大的温度范

围内 B 是常数。

由式(1)可求得 NTC 热敏电阻在热力学温度 T_0 (0℃)时的电阻温度系数 α：

$$\alpha = \frac{1}{R_0}\left(\frac{\mathrm{d}R}{\mathrm{d}T}\right)_{T=T_0} = -\frac{B}{T_0^2} \tag{2}$$

由式(2)可知，NTC 热敏电阻的电阻温度系数是与热力学温度的平方有关的量，在不同温度下 α 值不同。

对一给定的热敏电阻如何测定 R_0 及 B 呢？从数学上看，只要测出 T_1 和 T_2 时的电阻 R_1 和 R_2 代入式(1)即可求解，由于这两组数据均有测量误差，用这两组数据求出的结果误差可能会很大。为此可测出多组关于电阻-温度的数据作曲线，再由曲线形状确定 R_0 及 B 的值，但直接从曲线上确定这两个值仍然很困难。因此，设法将曲线转化为直线，即对式(1)两边取自然对数：

$$\ln R = B\left(\frac{1}{T} - \frac{1}{T_0}\right) + \ln R_0 \tag{3}$$

可以看出，在一定温度范围 $\ln R$ 与 $\frac{1}{T} - \frac{1}{T_0}$ 呈线性关系，可用作图法或最小二乘法求得斜率 B 的值，纵坐标上截距为 $\ln R_0$。由于从直线上求斜率及截距比较容易，所以常数 R_0 及 B 的值也就容易确定，而且这两个常数是从多个实验数据中得到的，含有平均意义也较可靠。

2) 正温度系数热敏电阻器的电阻-温度特性

PTC 热敏电阻具有独特的电阻-温度特性，这一性质是由其微观结构决定的。当温度升高超过 PTC 热敏电阻突变点温度时，其材料的结构发生了变化，它的电阻值有明显的变化，可以从 $10\,\Omega$ 变化到 $10^7\,\Omega$，PTC 热敏电阻的温度大于突变点温度时的阻值随温度变化符合经验公式

$$R = R_0\,\mathrm{e}^{A(T-T_0)} \tag{4}$$

其中，T 为样品的热力学温度；T_0 为初始温度；R 为温度 T 时的电阻值；R_0 为温度 T_0 时的电阻值；A 的值在某一温度范围内近似为常数。

对陶瓷 PTC 热敏电阻，在小于突变点温度时，电阻与温度关系满足式(1)，为负温度系数性质；在大于突变点温度时，满足式(4)，为正温度系数性质。此突变点温度常称为居里点。而对于有机材料 PTC 热敏电阻，在突变点温度上下均为正温度系数性质，但是其常数 A 也在突变点发生了突变，即 A 值在温度高于突变点后明显激增。

【实验内容】

测量 NTC 热敏电阻的电阻-温度关系特性，计算热敏电阻材料常数 B。

(1) 装置好仪器，在烧杯中盛 300 mL 左右水，然后放在电炉上。

(2) 将磁加热搅拌器接上电源，控温传感器和待测电阻传感器放入水中。

（3）选择数字万用表 2K 电阻挡,并连接在待测热敏电阻传感器上,开启电源开关。测出此时的温度 θ 和 NTC 热敏电阻的阻值 R。

（4）先预设一个温度,当温度达到设定温度并保持一段时间(3～5min)后,测出其电阻 R_i 和温度 θ_i(θ_i 可与预设温度不同),重复步骤(4)测出从 30～70℃ 范围内的 8～10 组数据。

（5）为使 θ_i 量测结果更为准确,让烧杯中的水自然冷却,当温度下降到对应温度时再测一次,然后求平均值。利用公式 $T=273.15+\theta_i$,将摄氏温度换算成热力学温度 T。

（6）在坐标纸上绘制出 $\ln R_T$ 与 $\dfrac{1}{T}-\dfrac{1}{T_0}$ 曲线,用最小二乘法求出热敏电阻处于热力学温度 $T_0=0℃$ 时的电阻值 R_0 和材料常数 B。

（7）用公式(2)计算 $\theta=50℃$ 时的电阻温度系数 α。

（8）对实验结果进行分析、讨论和评价。

测量 PTC 热敏电阻的电阻-温度特性,求经验公式和突变点温度(选作,自拟实验步骤)。

【注意事项】

（1）数字万用表置于 2K 电阻挡。

（2）在调节搅拌速率时一定要由低速到高速缓慢调节,以免搅拌子无规则跳动。

（3）最好使用纯净水以防结垢影响搅拌。

（4）升温和降温时应尽可能稳定读数。

【思考题】

（1）若测出的温度与实际温度有差异,对实验结果有什么影响? 应如何保证所测温度值的准确性?

（2）PTC 热敏电阻与 NTC 热敏电阻的电阻-温度特性有哪些区别? 它们各有哪些应用?

实验 5　不良导体导热系数的测定

导热系数是表征物质热传导性质的物理量,其数值的大小与物质本身的性质有关,同时还取决于物质所处的状态,如温度、湿度、压力和密度等。另外,材料结构的变化与所含杂质的不同对材料导热系数数值都有明显的影响,因此材料的导热系数常常需要由实验去具体测定。

测量导热系数的实验方法一般分为稳态法和动态法两类。在稳态法中,先利用热源对样品加热,样品内部的温差使热量从高温向低温处传导,样品内部各点的温度将随加热快慢和传热快慢的影响而变动;适当控制实验条件和实验参数使加热和传热的过程达到平衡状态,则待测样品内部可能形成稳定的温度分布,根据这一温度分布就可以计算出导热系数。而在动态法中,最终在样品内部所形成的温度分布是随时间变化的,如呈周期性的变化,变化的周期和幅度也受实验条件和加热快慢的影响,与导热系数的大小有关。

本实验应用稳态法测量不良导体(橡皮样品)的导热系数。

【实验目的】

(1) 了解热传导的基本原理和规律,掌握用稳态法测定不良导体导热系数的实验方法。

(2) 学习用物体散热速率求热传导速率的实验方法。

(3) 观察和学习达到稳态导热最佳实验条件的方法。

【仪器用具】

FD-TC-B型导热系数测定仪、游标卡尺、秒表。

【仪器描述】

导热系数测定仪装置如图5.10所示,它由电加热器、铜加热盘A、橡皮样品圆盘B、铜散热盘P、支架及调节螺丝、温度传感器以及控温与测温器组成。

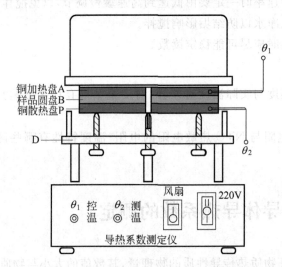

图 5.10　FD-TC-B型导热系数测定仪

【实验原理】

"热传导"也称"导热",它是指物体各部分之间或不同物体直接接触时由于物质分子、原子及自由电子等微观粒子热运动而产生的热量传递现象。热传导的动力是温差。纯粹的导热只发生在密实的固体内部或紧密接触的固体之间,气体和液体中虽然也有导热现象,但往往伴随着自然对流,甚至受迫对流。

物质导热系数的大小反映了物质的导热能力,根据导热系数的大小,可以将材料分为 3 种:①热的良导体;②热的不良导体;③隔热材料。

金属材料属于热的良导体,其导热机理主要是金属材料中自由电子的迁移。从这个意义上讲,电的良导体也是热的良导体。纯金属的导热性能较好,纯金属掺入杂质形成合金后,金属晶格的完整性发生了改变,会阻挠自由电子的移动,所以合金的导热系数比纯金属小。另外,温度升高时,晶格振动的加强也会阻挠自由电子的移动,造成导热系数的下降。各种金属的导热系数一般在 2.2~420W/(m·K)范围内。

不导电的固体材料以晶格振动的方式传递热量,温度升高,晶格振动加快,导热系数增大。这类材料的导热系数一般小于 3.0W/(m·K),导热系数在 0.2~3.0W/(m·K)的材料属于热的不良导体。

导热系数在 0.025~0.2W/(m·K)范围内的材料,常被用作隔热保温材料,如泡沫塑料等。保温材料一般密度较低,这是因为这些材料内含有许多小空隙的缘故,空隙内的空气导热系数($\lambda=0.024W/(m·K)$)很小,大大降低了整体材料的导热系数。这类材料受空气湿度的影响较大,因为一旦水分渗入空隙,由于水的导热系数($\lambda=0.556W/(m·K)$)比空气大得多,导致材料整体导热系数增大。

若热传导过程中,物体各部分的温度不随时间而变化,这样的导热称为"稳态导热"。在稳态导热过程中,对于每一个物质单元,流入和流出的热量均相等,称为"热平衡"。

如图 5.11 给出了一种一维稳态导热的示意图。该系统由三块紧密接触的物体所构成。其中,上面一块物体的温度高于下面一块物体的温度,因此,热量自上往下进行传导。由于该物体的横截面积比侧面积大得多,可以忽略侧面的热量散失,从而可以认为导热过程仅沿上

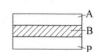

图 5.11　一维稳态导热示意图

下方向进行,为一维导热过程。当达到热平衡状态时,流入 A 板上表面的热量等于流出 P 板下表面的热量,建立起稳态导热。此时,物体各部分的温度不再随时间变化。

1882 年法国数学、物理学家傅里叶给出了一个热传导的基本公式——傅里叶导热方程式。该方程式表明,在物体内部,取上下两个垂直于热传导方向、彼此相距为 h_B、温度分别为 θ_1 和 θ_2 的平面(设 $\theta_1 > \theta_2$),若平面面积均为 S,在 δt 时间内通过面积 S 的热量 δQ 满足表达式

$$\frac{\delta Q}{\delta t} = \lambda S \frac{\theta_1 - \theta_2}{h_B} \tag{1}$$

式中,$\dfrac{\delta Q}{\delta t}$ 为热流量;λ 为样品的导热系数;h_B 为样品的厚度;S 为样品的平面面积,实验中样品为圆盘状,设圆盘样品的直径为 d_B。

实验时,散热盘 P 可以借助底座内的风扇达到稳定有效的散热。散热盘上安放面积相同的圆盘样品 B,样品 B 上放置一个圆盘状加热盘 A,其面积也与样品 B 的面积相同,加热盘 A 是由单片机控制的自适应电加热,可以设定加热盘的温度。

当传热达到稳定状态时,样品上下表面的温度 θ_1 和 θ_2 不变,这时可以认为加热盘 A 通过样品传递的热流量与散热盘 P 向周围环境的散热量相等。因此可以通过散热盘 P 在稳定温度 θ_2 时的散热速率来求出热流量 $\dfrac{\delta Q}{\delta t}$。由式(1)可知,通过 B 盘的传热率为

$$\frac{\Delta Q}{\Delta t} = \lambda \pi d_{\mathrm{B}}^2 \frac{\theta_1 - \theta_2}{4 h_{\mathrm{B}}} \tag{2}$$

λ 在数值上等于相距单位长度的两平面的温度相差 1 个单位时,在单位时间内通过单位面积的热量,其单位为 $W/(m \cdot K)$。

实验时,当测得稳态时的样品上下表面温度 θ_1 和 θ_2 后,将样品 B 抽去,让加热盘 A 与散热盘 P 接触,当散热盘的温度上升到高于稳态时的 θ_2 值 20℃或者 20℃以上后,移开加热盘,让散热盘在电扇作用下冷却,记录散热盘温度 θ 随时间 t 的下降情况,求出散热盘在 θ_2 时的冷却速率 $\dfrac{\Delta \theta}{\Delta t}\Big|_{\theta = \theta_2}$,则散热盘 P 在 θ_2 时的散热速率为

$$\frac{\Delta Q}{\Delta t} = mc \frac{\Delta \theta}{\Delta t}\bigg|_{\theta = \theta_2} \tag{3}$$

其中,m 为散热盘 P 的质量;c 为其比热容。

在达到稳态的过程中,P 盘的侧面也暴露在空气中,而物体的冷却速率与它的散热表面积成正比,为此,稳态时铜盘 P 的散热速率的表达式应作面积修正:

$$\frac{\Delta Q}{\Delta t} = mc \frac{\Delta \theta}{\Delta t}\bigg|_{\theta = \theta_2} \frac{\pi R_{\mathrm{P}}^2 + 2\pi R_{\mathrm{P}} h_{\mathrm{P}}}{2\pi R_{\mathrm{P}}^2 + 2\pi R_{\mathrm{P}} h_{\mathrm{P}}} \tag{4}$$

其中,R_{P} 为散热盘 P 的半径;h_{P} 为其厚度。

由式(2)和式(4)可得

$$\lambda = mc \frac{\Delta \theta}{\Delta t}\bigg|_{\theta = \theta_2} \frac{R_{\mathrm{P}} + 2 h_{\mathrm{P}}}{2 R_{\mathrm{P}} + 2 h_{\mathrm{P}}} \frac{4 h_{\mathrm{B}}}{(\theta_1 - \theta_2) \pi d_{\mathrm{B}}^2} \tag{5}$$

【实验内容】

(1) 用游标卡尺测出橡皮样品盘、散热盘的相关尺寸(记录在表 5.6~表 5.9 中)。将散热盘放在测定仪上,注意使放置传感器的小孔在方便使用的位置。

(2) 将加热盘、散热盘对准,调节底座支架上的 3 个微调螺丝,使加热盘、散热盘接触良好,但注意不宜过紧或过松(注意:以后 3 个微调螺丝不再调节),然后将橡皮样品放入加热盘与散热盘之间。

(3) 将两根温度传感器一端与机壳相连,一端插在加热盘和散热盘小孔中,要求传感

器完全插入小孔中,以确保传感器与加热盘和散热盘接触良好(注意:加热盘和散热盘两个传感器要对应,不可互换)。

(4) 开启测定仪的电源和风扇,测定仪左边显示器首先显示 FDHC,然后显示当时温度,最后转换至 b＝＝.＝。设置加热盘控制温度为 60℃,设置完成按"确定"键,加热盘即开始加热,右边显示器显示散热盘实时的温度。

(5) 当加热盘的温度上升到设定温度值时,开始观察散热盘的温度,待散热盘的温度保持基本不变 10min 以上,可以认为已经达到稳定状态了,记下加热盘和散热盘的温度值 θ_1 和 θ_2。

(6) 取走样品,让加热盘和散热盘直接接触,再设定左边显示器温度到 80℃,待散热盘温度上升到 $\theta_2＋20℃$ 左右的温度即可。

(7) 按复位键停止加热,移开加热盘,将样品盘盖在散热圆盘上,让散热圆盘在风扇作用下冷却,在 $(\theta_2＋10℃)\sim(\theta_2－10℃)$ 的温度范围内,每隔 30s 测量一次散热盘的温度值(记录在表 5.10 中)。

(8) 作 $T\text{-}t$ 冷却曲线,作曲线在 θ_2 点的切线。

(9) 根据测量得到的稳态时的温度值 θ_1 和 θ_2,以及在温度 θ_2 时的冷却速率,由式(5)计算不良导体样品的导热系数。

(10) 根据给定的 λ 计算相对误差,正确表示出实验结果。

【数据记录】

样品:　__橡皮__　,室温:　_____　℃。

橡皮样品盘在 20℃ 的条件下测定导热系数为 $\lambda\approx0.13\text{W}/(\text{m}\cdot\text{K})$。

散热盘比热容(紫铜):$c＝385\text{J}/(\text{kg}\cdot\text{K})$,散热盘质量:$m$ _____ g。

表 5.6　散热盘厚度 h_P(多次测量不同位置取平均值)

h_P/mm							平均值 $\overline{h_P}=$

表 5.7　散热盘直径 d_P(多次测量不同位置取平均值)

d_P/mm							平均值 $\overline{d_P}=$

表 5.8　橡皮样品厚度 h_B(多次测量不同位置取平均值)

h_B/mm							平均值 $\overline{h_B}=$

表 5.9　橡皮样品直径 d_B（多次测量不同位置取平均值）

d_B/mm							平均值 $\overline{d}_B=$

在 $+10℃\sim-10℃$ 温度范围内每隔 30s 记录一次散热盘的温度示值。

表 5.10　散热盘自然冷却时温度记录

t/s	30	60	90	120	150	180	210	240	270	...
$\theta_2/℃$										

作图法：根据测量数据作散热盘 $T\text{-}t$ 冷却曲线，在 $\theta=\theta_2$ 处作切线，求出切线的斜率即散热盘的冷却速率 $\left.\dfrac{\Delta\theta}{\Delta t}\right|_{\theta=\theta_2}$。

计算法：取临近 θ_2 温度的测量数据计算出冷却速率 $\left.\dfrac{\Delta\theta}{\Delta t}\right|_{\theta=\theta_2}=$ _____ ℃/s（写出具体的计算过程）。

将以上数据代入公式(5)计算得到 $\lambda=$ _____ W/(m·K)（写出具体的计算过程）。

【注意事项】

(1) 为了准确测定加热盘和散热盘的温度，实验中应该在两个传感器上涂些导热硅脂或者硅油，以使传感器和加热盘、散热盘充分接触；另外，加热橡皮样品的时候，为达到稳定的传热，调节底部的 3 个微调螺丝，使样品与加热盘、散热盘紧密接触，注意中间不要有空气隙；但也不要将螺丝旋太紧，以免影响样品的厚度。

(2) 导热系数测定仪铜盘下方的风扇做强迫对流换热用，减小样品侧面与底面的放热比，增加样品内部的温度梯度，从而减小实验误差，所以实验过程中风扇一定要打开。

【思考题】

(1) 测量 P 盘的冷却速率时，B 盘不覆盖上去可以吗？为什么？

(2) 什么叫稳定导热状态？如何判定实验达到了稳定导热状态？

(3) 应用稳态法是否可以测量良导体的导热系数？如果可以，对实验样品有什么要求？实验方法与测不良导体有什么区别？

实验 6　RLC 电路特性的研究

电容、电感元件在交流电路中的阻抗是随着电源频率的改变而变化的。将正弦交流电压加到电阻、电容和电感组成的电路中时，各元件上的电压及相位会随着变化，这称做电路的稳态特性；将一个阶跃电压加到 RLC 元件组成的电路中时，电路的状态会由一个平衡态转变到另一个平衡态，各元件上的电压会出现有规律的变化，这称为电路的暂态特性。

【实验目的】

（1）观测 RC 和 RL 串联电路的幅频特性和相频特性；

（2）了解 RLC 串联、并联电路的相频特性和幅频特性；

（3）观察和研究 RLC 电路的串联谐振和并联谐振现象；

（4）观察 RC 和 RL 电路的暂态过程，理解时间常数 τ 的意义；

（5）观察 RLC 串联电路的暂态过程及其阻尼振荡规律；

（6）了解和熟悉半波整流和桥式整流电路以及 RC 低通滤波电路的特性。

【仪器用具】

FB306 型交流电路综合实验仪、双踪示波器。

【实验原理】

1. RC 串联电路的稳态特性

1）RC 串联电路的频率特性

在图 5.12 所示电路中，电阻 R、电容 C 的电压有以下关系式：

$$I = \frac{U}{\sqrt{R^2 + \left(\dfrac{1}{\omega C}\right)^2}}, \quad u_R = iR, \quad u_C = \frac{i}{\omega C}, \quad \phi = -\arctan\frac{1}{\omega CR}$$

其中，ω 为交流电源的角频率；U 为交流电源的电压有效值；ϕ 为电流和电源电压的相位差，它与角频率 ω 的关系见图 5.13。可见当 ω 增加时，I 和 u_R 增加，而 u_C 减小。当 ω 很小时，$\phi \to -\dfrac{\pi}{2}$；ω 很大时，$\phi \to 0$。

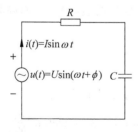

图 5.12　RC 串联电路图

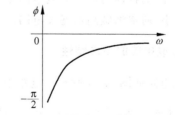

图 5.13　RC 串联电路的相频特性

2）RC 低通滤波电路

电路原理如图 5.14 所示，其中 u_i 为输入电压，u_o 为输出电压，则有

$$\frac{u_\text{o}}{u_\text{i}} = \frac{1}{1 + j\omega RC}$$

它是一个复数,其模为

$$\left|\frac{u_\text{o}}{u_\text{i}}\right| = \frac{1}{\sqrt{1 + (\omega RC)^2}}$$

设 $\omega_0 = \dfrac{1}{RC}$,则由上式可知:$\omega = 0$ 时,$\left|\dfrac{u_\text{o}}{u_\text{i}}\right| = 1$;$\omega = \omega_0$ 时,$\left|\dfrac{u_\text{o}}{u_\text{i}}\right| = \dfrac{1}{\sqrt{2}} = 0.707$;$\omega \to \infty$ 时,

$\left|\dfrac{u_\text{o}}{u_\text{i}}\right| = 0$。可见 $\left|\dfrac{u_\text{o}}{u_\text{i}}\right|$ 随 ω 的变化而变化,并且当 $\omega < \omega_0$ 时,$\left|\dfrac{u_\text{o}}{u_\text{i}}\right|$ 变化较小;$\omega > \omega_0$ 时,

$\left|\dfrac{u_\text{o}}{u_\text{i}}\right|$ 明显下降。这就是低通滤波器的工作原理,它使较低频率的信号容易通过,而阻止较高频率的信号通过。

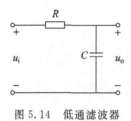 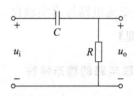

图 5.14　低通滤波器　　　　　图 5.15　高通滤波器

3）RC 高通滤波电路

RC 高通滤波电路的原理图见图 5.15,根据图则有

$$\left|\frac{u_\text{o}}{u_\text{i}}\right| = \frac{1}{\sqrt{1 + \left(\dfrac{1}{\omega RC}\right)^2}}$$

同样令 $\omega_0 = \dfrac{1}{RC}$,则 $\omega = 0$ 时,$\left|\dfrac{u_\text{o}}{u_\text{i}}\right| = 0$;$\omega = \omega_0$ 时,$\left|\dfrac{u_\text{o}}{u_\text{i}}\right| = \dfrac{1}{\sqrt{2}} = 0.707$;$\omega \to \infty$ 时,$\left|\dfrac{u_\text{o}}{u_\text{i}}\right| = 1$。

可见该电路的特性与低通滤波电路相反,它对低频信号的衰减较大,而高频信号容易通过,衰减很小,通常称做高通滤波电路。

2. RL 串联电路的稳态特性

RL 串联电路如图 5.16 所示。电路中 I, U, u_R, u_L 间有以下关系:

$$I = \frac{U}{\sqrt{R^2 + (\omega L)^2}}, \quad u_R = iR, \quad u_L = i\omega L, \quad \phi = \arctan\frac{\omega L}{R}$$

可见 RL 电路的幅频特性与 RC 电路相反,ω 增加时,I 和 u_R 减小,u_L 则增大。它的相频特性见图 5.17。由图 5.17 可知,ω 很小时,$\phi \to 0$;ω 很大时,$\phi \to \dfrac{\pi}{2}$。

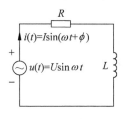

图 5.16　RL 串联电路

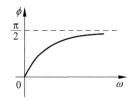

图 5.17　RL 串联电路的相频特性

3. RLC 电路的稳态特性

在电路中如果同时存在电感和电容元件,那么在一定条件下会产生某种特殊状态,能量会在电容和电感元件中产生交换,我们称之为谐振现象。

1) RLC 串联电路

在如图 5.18 所示电路中,电路的总阻抗为 $|Z|$,则

$$| Z | = \sqrt{R^2 + \left(\omega L - \frac{1}{\omega C}\right)^2}, \quad \phi = \arctan \frac{\omega L - \frac{1}{\omega C}}{R},$$

$$i = \frac{U}{\sqrt{R^2 + \left(\omega L - \frac{1}{\omega C}\right)^2}}$$

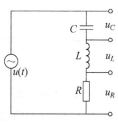

图 5.18　RLC 串联电路

其中 ω 为角频率,可见以上参数均与 ω 有关,它们与频率的关系称为频响特性,见图 5.19。

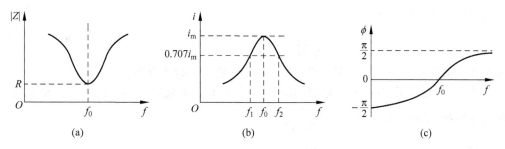

(a)　　　　　　　　　(b)　　　　　　　　　(c)

图 5.19　RLC 串联电路的阻抗特性、幅频特性、相频特性

(a) 阻抗特性;(b) 幅频特性;(c) 相频特性

由图 5.19 可知,在频率 f_0 处阻抗 Z 值最小,且整个电路呈纯电阻性,而电流 i 达到最大值,我们称 f_0 为 RLC 串联电路的谐振频率(ω_0 为谐振角频率)。从图 5.19 还可知,在 $f_1 \sim f_0 \sim f_2$ 的频率范围内 i 值较大,我们称为通频带。

下面我们推导 $f_0(\omega_0)$ 和另一个重要的参数——品质因数 Q。

当 $\omega L = \dfrac{1}{\omega C}$ 时,可知

$$
\begin{cases}
|Z| = R, & \phi = 0, \quad i_{\mathrm{m}} = \dfrac{U}{R} \\[2mm]
\omega = \omega_0 = \dfrac{1}{\sqrt{LC}} \\[2mm]
f = f_0 = \dfrac{1}{2\pi\sqrt{LC}}
\end{cases}
$$

这时电感上的电压

$$
u_L = i_{\mathrm{m}}|Z_L| = \frac{\omega_0 L}{R}U
$$

电容上的电压

$$
u_C = i_{\mathrm{m}}|Z_C| = \frac{1}{R\omega_0 C}U
$$

u_C 或 u_L 与 U 的比值称为品质因数 Q。可以证明

$$
Q = \frac{u_L}{U} = \frac{u_C}{U} = \frac{\omega_0 L}{R} = \frac{1}{R\omega_0 C}, \quad \Delta f = \frac{f_0}{Q}, \quad Q = \frac{f_0}{\Delta f}
$$

2) RLC 并联电路

在图 5.20 所示的电路中,有

$$
|Z| = \sqrt{\frac{R^2 + (\omega L)^2}{(1 - \omega^2 LC)^2 + (\omega CR)^2}}
$$

$$
\phi = \arctan\left(\frac{\omega L - \omega C(R^2 + (\omega L)^2)}{R}\right)
$$

可以求得并联谐振角频率

$$
\omega_0 = 2\pi f_0 = \sqrt{\frac{1}{LC} - \left(\frac{R}{L}\right)^2}
$$

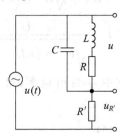

图 5.20　RLC 并联电路

可见并联谐振频率与串联谐振频率不相等(当 Q 值很大时才近似相等)。

图 5.21 给出了 RLC 并联电路的阻抗、电压和相位差随频率的变化关系。和 RLC 串联电路类似,品质因数 $Q = \dfrac{\omega_0 L}{R} = \dfrac{1}{R\omega_0 C}$。

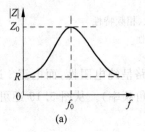

(a)

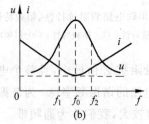

(b)

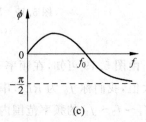

(c)

图 5.21　RLC 并联电路的阻抗特性、幅频特性、相频特性

由以上分析可知 RLC 串联、并联电路对交流信号具有选频特性,在谐振频率点附近,有较大的信号输出,其他频率的信号被衰减。这一性质在通信领域、高频电路中得到了非常广泛的应用。

4. RC 串联电路的暂态特性

电压值从一个值跳变到另一个值称为阶跃电压。

在图 5.22 所示电路中当开关 K 合向"1"时,设 C 中初始电荷为 0,则电源 E 通过电阻 R 对 C 充电,其充电方程为

$$\frac{\mathrm{d}u_C}{\mathrm{d}t} + \frac{1}{RC}u_C = \frac{E}{RC}$$

充电完成后,把 K 打向"2",C 通过 R 放电,放电方程为

图 5.22　RC 串联电路的暂态特性

$$\frac{\mathrm{d}u_C}{\mathrm{d}t} + \frac{1}{RC}u_C = 0$$

可求得充电过程时,

$$\begin{cases} u_C = E(1 - \mathrm{e}^{-\frac{t}{RC}}) \\ u_R = E\mathrm{e}^{-\frac{t}{RC}} \end{cases}$$

放电过程时,

$$\begin{cases} u_C = E\mathrm{e}^{-\frac{t}{RC}} \\ u_R = -E\mathrm{e}^{-\frac{t}{RC}} \end{cases}$$

由上述公式可知 u_C,u_R 和 i 均按指数规律变化。令 $\tau = RC$,τ 称为 RC 电路的时间常数。τ 值越大,则 u_C 变化越慢,即电容的充电或放电越慢。图 5.23 给出了不同 τ 值的 u_C 变化情况,其中 $\tau_1 < \tau_2 < \tau_3$。

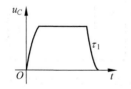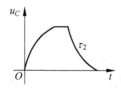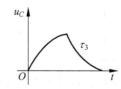

图 5.23　不同 τ 值的 u_C 变化示意图

5. RL 串联电路的暂态过程

在图 5.24 所示的 RL 串联电路中,当 K 打向"1"时,电感中的电流不能突变,K 打向

"2"时,电流也不能突变为0,这两个过程中的电流均有相应的变化过程。类似RC串联电路,电路的电流、电压方程为

$$\begin{cases} u_L = Ee^{-\frac{R}{L}t} \\ u_R = E(1-e^{-\frac{R}{L}t}) \end{cases} \quad (\text{电流增长过程})$$

$$\begin{cases} u_L = -Ee^{-\frac{R}{L}t} \\ u_R = Ee^{-\frac{R}{L}t} \end{cases} \quad (\text{电流消失过程})$$

其中电路的时间常数$\tau = \dfrac{L}{R}$。

6. RLC 串联电路的暂态过程

在图 5.25 所示的电路中,先将 K 打向"1",待稳定后再将 K 打向"2",这称为RLC串联电路的放电过程,这时的电路方程为

$$LC\frac{d^2 u_C}{dt^2} + RC\frac{du_C}{dt} + u_C = 0$$

初始条件为 $t=0$,$u_C = E$,$\dfrac{du_C}{dt}=0$,这样方程的解一般按 R 值的大小可分为 3 种情况:

(1) $R < 2\sqrt{\dfrac{L}{C}}$ 时,为欠阻尼

$$u_C = \frac{1}{\sqrt{1-\dfrac{C}{4L}R^2}} Ee^{-\frac{t}{\tau}}$$

其中,$\tau = \dfrac{2L}{R}$,$\omega = \dfrac{1}{\sqrt{LC}}\sqrt{1-\dfrac{C}{4L}R^2}$。

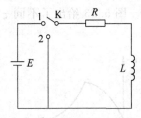

图 5.24　RL 串联电路的暂态过程

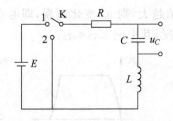

图 5.25　RLC 串联电路的暂态过程

(2) $R > 2\sqrt{\dfrac{L}{C}}$ 时,为过阻尼

$$u_C = \frac{1}{\sqrt{\dfrac{C}{4L}R^2-1}} Ee^{-\frac{t}{\tau}} \text{sh}(\omega t + \phi)$$

其中,$\tau=\dfrac{2L}{R}$,$\omega=\dfrac{1}{\sqrt{LC}}\sqrt{\dfrac{C}{4L}R^2-1}$。

(3) $R=2\sqrt{\dfrac{L}{C}}$ 时,为临界阻尼

$$u_C=\left(1+\frac{t}{\tau}\right)E\mathrm{e}^{-\frac{t}{\tau}}$$

图 5.26 示出了这三种情况下的 u_C 变化曲线,其中 1 为欠阻尼,2 为过阻尼,3 为临界阻尼。

如果 $R\ll2\sqrt{\dfrac{L}{C}}$,则曲线 1 的振幅衰减很慢,能量的损耗较小。能够在 L 与 C 之间不断交换,可近似为 LC 电路的自由振荡,这时 $\omega\approx\dfrac{1}{\sqrt{LC}}=\omega_0$,$\omega_0$ 为 $R=0$ 时 LC 回路的固有频率。

对于充电过程,与放电过程相类似,只是初始条件和最后平衡的位置不同。

图 5.27 给出了充电时不同阻尼的 u_C 变化曲线图。

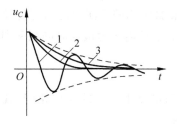

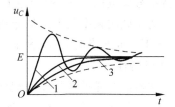

图 5.26　放电时的 u_C 曲线示意图　　　　图 5.27　充电时的 u_C 曲线示意图

【实验内容】

对 RC,RL,RLC 电路的稳态特性的观测采用正弦波。对 RLC 电路的暂态特性观测可采用直流电源和方波信号,用方波作为测试信号可用普通示波器方便地进行观测;以直流信号做实验时,需要用数字存储式示波器才能得到较好的观测。

示波器的使用参照厂家的说明书或实验老师的指导。注意:仪器采用开放式设计,使用时要正确接线,不要短路功率信号源,以防损坏。

1. RC 串联电路的稳态特性

1) RC 串联电路的幅频特性

选择正弦波信号,保持其输出幅度不变,分别用示波器测量不同频率时的 u_R 和 u_C,可取 $C=0.1\mu\mathrm{F}$,$R=1\mathrm{k}\Omega$,也可根据实际情况自选 R 和 C 参数。

用双通道示波器观测时可用一个通道监测信号源电压,另一个通道分别测 u_R 和 u_C,但需注意两通道的接地点应位于线路的同一点,否则会引起部分电路短路。

2) RC 串联电路的相频特性

将信号源电压 U 和 u_R 分别接至示波器的两个通道,可取 $C=0.1\mu\text{F}$, $R=1\text{k}\Omega$(也可自选)。从低到高调节信号源频率,观察示波器上两个波形的相位变化情况,可用李萨如图形法观测,并记录不同频率时的相位差。

2. RL 串联电路的稳态特性

测量 RL 串联电路的幅频特性和相频特性与 RC 串联电路时方法类似,可选 $L=10\text{mH}$, $R=1\text{k}\Omega$,也可自行确定。

3. RLC 串联电路的稳态特性

自选合适的 L 值、C 值和 R 值,用示波器的两个通道测信号源电压 U 和电阻电压 u_R,必须注意两通道的公共线是相通的,接入电路中应在同一点上,否则会造成短路。

1) 幅频特性

保持信号源电压 U 不变(可取 $U_{\text{P-P}}=2\sim4\text{V}$),根据所选的 L,C 值估算谐振频率,以选择合适的正弦波频率范围。从低到高调节频率,当 u_R 的电压为最大时的频率即为谐振频率,记录下不同频率时的 u_R 大小。

2) 相频特性

用示波器的双通道观测 u 的相位差,u_R 的相位与电路中电流的相位相同,观测在不同频率下的相位变化,记录下某一频率时的相位差值。

4. RLC 并联电路的稳态特性

按图5.20进行连线,注意此时 R 为电感的内阻,随电感取值的不同而不同,它的值可在相应的电感值下用直流电阻表测量,选取 $L=10\text{mH}$, $C=0.1\mu\text{F}$, $R'=10\text{k}\Omega$。也可自行设计选定。注意 R' 的取值不能过小,否则会由于电路中的总电流变化大而影响 u_R' 的大小。

1) RLC 并联电路的幅频特性

保持信号源的 u 值幅度不变(可取 $U_{\text{P-P}}=2\sim5\text{V}$),测量 u 和 u_R' 的变化情况。注意示波器的公共端接线,不应造成电路短路。

2) RLC 并联电路的相频特性

用示波器的两个通道,测量 u 与 u_R' 的相位变化情况。自行确定电路参数。

5. RC 串联电路的暂态特性

如果选择信号源为直流电压,观察单次充电过程要用存储式示波器。我们选择方波作为信号源进行实验,以便用普通示波器进行观测。由于采用了功率信号输出,故应防止短路。

(1) 选择合适的 R 值和 C 值,根据时间常数 τ,选择合适的方波频率,一般要求方波的周期 $T > 10\tau$,这样能较完整地反映暂态过程,并且选用合适的示波器扫描速度,以完整地显示暂态过程。

(2) 改变 R 值或 C 值,观测 u_R 或 u_C 的变化规律,记录下不同 R 值和 C 值时的波形情况,并分别测量时间常数 τ。

(3) 改变方波频率,观察波形的变化情况,分析相同的 τ 值在不同频率时的波形变化情况。

6. RL 电路的暂态过程

选取合适的 L 值与 R 值,注意 R 的取值不能过小,因为 L 存在内阻。如果波形有失真、自激现象,则应重新调整 L 值与 R 值进行实验,方法与 RC 串联电路的暂态特性实验类似。

7. RLC 串联电路的暂态特性

(1) 先选择合适的 L 值、C 值,根据选定参数,调节 R 值大小。观察 3 种阻尼振荡的波形。如果欠阻尼时振荡的周期数较少,则应重新调整 L,C 值。

(2) 用示波器测量欠阻尼时的振荡周期 T 和时间常数 τ。τ 值反映了振荡幅度的衰减速度,从最大幅度衰减到 0.368 倍的最大幅度处的时间即为 τ 值。

【数据处理】

(1) 根据测量结果作 RC 串联电路的幅频特性和相频特性图。

(2) 根据测量结果作 RL 串联电路的幅频特性和相频特性图。

(3) 分析 RC 低通滤波电路和 RC 高通滤波电路的频率特性。

(4) 根据测量结果作 RLC 串联电路、RLC 并联电路的幅频特性和相频特性。并计算电路的 Q 值。

(5) 根据不同的 R 值、C 值和 L 值,分别作出 RC 电路和 RL 电路的暂态响应曲线。

(6) 根据不同的 R 值作出 RLC 串联电路的暂态响应曲线,分析 R 值大小对充放电的影响。

(7) 根据示波器的波形作出半波整流和桥式整流的输出电压波形,并讨论滤波电容数值大小对波形的影响。

【仪器描述】

FB306 型综合交流电路实验仪

FB306 型综合交流电路实验仪是一种开放式综合交流电路实验仪,图 5.28 是它的面

图 5.28　FB306 型综合交流电路实验仪

板实物照片。

FB306 型综合交流电路实验仪中包含了综合交流电路实验所需的所有部件,它们包括:3 个独立的电阻箱(R_b 电阻箱、R_n 电阻箱、R_a 电阻箱)、标准电容 C_n、标准电感 L_n、被测电容 C_x、被测电感 L_x 及信号源和交流指零仪。仪器的正中是双重叠套的菱形接线区:黑色的菱形外圈是臂比电桥的接线区,而红色菱形是臂乘电桥的接线区,图形清晰简洁,学生均可以方便地完成所需电路的接线,一般的情况不会发生接线交错的情况,对学生检查线路的连接十分方便,只有在做"臂乘"电桥时,引入 R_b 与 R_n 的一次交叉。交流指零仪有足够大的放大倍数,因此具有很高的灵敏度。将这些开放式模块化的元部件,配以高质量的专用接插线,就可以自己动手组成不同类型的交流电路,理解积分电路、微分电路的工作原理,完成 RC、RL、RLC 电路的稳态和暂态特性的研究,从而掌握一阶电路、二阶电路的正弦波和阶跃波的响应过程,同时可以组建成各种不同类型的交流电桥。

1. 仪器构成

仪器由功率信号发生器、频率计、电阻箱、电感箱、电容箱、交流指零仪、各种电路元器件、专用连接导线等组成。

2. 主要技术性能

(1) 内置功率信号源部分

正弦波输出:50Hz～1kHz,1～10kHz,10～100kHz 三挡连续可调,失真度小于 1%。

方波输出:50Hz～1kHz 连续可调。

输出电压峰-峰值:0～6V。

(2) 内置交流指零仪:灵敏度 2×10^{-9}A/div,有过量程保护。

（3）内置交流电阻箱

R_a：由 $1\Omega,10\Omega,100\Omega,1\mathrm{k}\Omega,10\mathrm{k}\Omega,100\mathrm{k}\Omega$ 六个电阻组成，精度 0.2%。

R_b：由 $10\times(1000+100+10+1)\Omega$ 四位电阻箱组成，精度 0.2%。

R_n：由 $10\times(1000+100+10+1+0.1)\Omega$ 五位电阻箱组成，精度 0.2%。

（4）内置标准电容 C_n、标准电感 L_n，精度 1%

标准电容：$10\times(0.1+0.01+0.001)\mu\mathrm{F}$ 三挡十进制电容箱组成。

标准电感：$10\times(10+1)\mathrm{mH}$ 二挡十进制电感箱组成。

（5）插件式待测电阻 R_x（约 $1\mathrm{k}\Omega,10\mathrm{k}\Omega$），被测电容 C_x（约 $1\mu\mathrm{F},10\mu\mathrm{F}$），被测电感 L_x（约 $5\mathrm{mH},10\mathrm{mH}$），各有两个不同参数的元件供测量用。

（6）插件式晶体二极管 $D_1\sim D_4$，共 4 只。

（7）供电电源：$200\times(1\pm10\%)\mathrm{V},220\mathrm{V}\pm10\%$，功耗：$50\mathrm{V}\cdot\mathrm{A}$。

实验 7　用示波器观测动态磁滞回线和磁化曲线

【实验目的】

（1）了解磁性材料的基本特性；

（2）学会用示波器观察和测量动态磁滞回线和磁化曲线。

【仪器用具】

示波器、信号发生器、磁性材料样品。

【实验原理】

1. 铁磁物质的基本特性

铁磁物质在磁场中的磁化过程比较复杂，一般是通过测量磁化场的磁场强度 H 和铁磁材料中的磁感应强度 B 之间的关系来研究其磁化规律的。磁性物质内部的磁感应强度 B 和磁场强度 H 之间有以下关系：

$$B = \mu H \tag{1}$$

式中 μ 为该磁性物质的磁导率。对铁磁物质来说，磁导率 μ 并非常数，它是磁场强度 H 的函数，因此，B 与 H 之间的关系并非线性的。

当铁磁物质从无磁性开始磁化时，其磁感应强度 B 随磁场强度 H 的增加而增加，但当 H 增加到某一定值 H_s 后，B 几乎不再随 H 而增加，说明这时磁化已经达到饱和。饱和点 s 对应的磁场强度称为饱和磁场强度，记为 H_s。与饱和磁场强度 H_s 对应的磁感应强度称为饱和磁感应强度，记为 B_s。

铁磁物质被磁化的过程,常用图 5.29 实线所示的磁化曲线表示。根据式(1),可以由磁化曲线求得对应的磁化曲线上每一磁化状态下铁磁物质的磁导率 μ。μ 随 H 的变化关系如图 5.29 中的 $\mu\text{-}H$ 曲线(虚线)所示。当铁磁物质被磁化后,如果拆掉磁化场(使 $H=0$),铁磁物质仍然保持着磁性,这说明,铁磁物质的磁化过程是不可逆的过程,即 H 从 H_s 减小,B 将不沿原路返回,而是沿另一条曲线 sr 下降,如图 5.30 所示。如果 H 从 H_s 变到 $-H_s$,再从 $-H_s$ 变到 H_s,B 将沿如图 5.30 所示的方向变化而形成一条磁滞回线 $src's'r'cs$。磁滞回线是闭合的曲线。

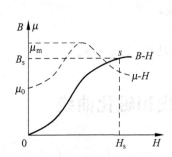

图 5.29　磁化曲线和 $\mu\text{-}H$ 曲线

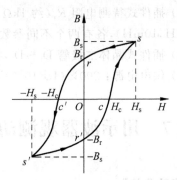

图 5.30　磁滞回线

由此可知,在周期性磁化过程中,铁磁物质具有以下特性:

(1) 当 $H=0$ 时,$B\neq0$,而 $B=B_r$,B_r 称为铁磁物质的剩余磁感应强度,简称剩磁。

(2) 若要使铁磁物质完全退磁,即 $B=0$,必须加一个反向磁场 $-H_c$,H_c 称为铁磁物质的矫顽力。

(3) 存在磁滞现象,B 的变化永远滞后于 H 的变化。

(4) 磁化过程是不可逆的,当 H 从小增大与 H 从大减小到同一个值时,铁磁物质的磁感应强度 B 的值并不相等。

不同的磁化场,对应有不同大小的磁滞回线。当从初始状态($H=0$,$B=0$)开始周期性地改变磁场强度 H 的幅度时,在磁场由弱到强地单调增加过程中,可以得到面积由小到大变化的一簇磁滞回线,如图 5.31 所示,其中面积最大的磁滞回线称为极限磁滞回线。所有磁滞回线簇顶点及坐标原点($H=0$,$B=0$)的连接线,构成为磁化曲线。实际工作中,可以用直流电流对磁性材料进行磁化,也可以用交流电流对磁性材料进行磁化,前者称为静态磁化,后者称为动态磁化。静态磁化所得的磁化曲线和磁滞回线分别称为静态磁化曲线和静态磁滞回线。动态磁化所得的磁化曲线和磁滞回线分别称为动态磁化曲线和动态磁滞回线。

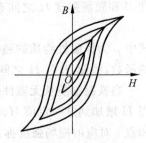

图 5.31　磁滞回线簇

2. 用示波器观测动态磁滞回线和磁化曲线

用示波器观测磁性材料的特性具有直观、方便等优点。示波器直接观测的量是电压，因此，我们必须把磁场强度 H 和磁感应强度 B 变换为电压，然后把与 H 成正比的电压加于示波器的"X 轴输入"，把与 B 成正比的电压加于示波器的"Y 轴输入"进行观察。本实验要观测的样品是铁磁材料制成的磁环，在磁环上绕有两组线圈，一组是励磁线圈（或称初级线圈）共有 N_1 匝，另一组是测量线圈（或称次级线圈）共有 N_2 匝。具体实验电路如图 5.32 所示。

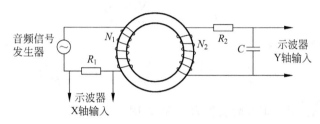

图 5.32　用示波器观测磁滞回线电路

当励磁线圈 N_1 通以正弦电流 i_1 时，磁环内即建立交变磁场 H，由电磁学知

$$H = \frac{N_1 i_1}{l} \tag{2}$$

式中 l 为磁环的平均周长，若磁环的平均直径为 d，则 $l = \pi d$。同时，电流 i_1 在电阻 R_1 上产生的交变电压降为

$$u_1 = i_1 R_1 \tag{3}$$

将式（2）代入式（3）得

$$u_1 = \frac{l R_1}{N_1} H \tag{4}$$

令 $K_1 = \frac{l R_1}{N_1}$，而 $\frac{l R_1}{N_1}$ 对一定实验装置为一常数，则

$$u_1 = K_1 H \tag{5}$$

此式说明，R_1 两端的电压 u_1 与磁环内的磁场强度 H 成正比。

为了测量磁环内的磁感应强度 B，在磁环的测量线圈 N_2 上串联有电阻 R_2 和电容 C，$R_2 C$ 构成一个积分电路，使电容器两端的电压正比于线圈 N_2 上的感应电动势 $\mathscr{E}$（或感应电流 i_2 对时间的积分）。

由于电磁感应，当磁环内存在变化的磁感应强度 B 时，N_2 中产生的感应电动势 $\mathscr{E}$ 的大小为

$$\mathscr{E} = N_2 \frac{\mathrm{d}\phi}{\mathrm{d}t} = N_2 S \frac{\mathrm{d}B}{\mathrm{d}t} \tag{6}$$

式中，S 为测量线圈 N_2 的截面积，它等于磁环的横截面积。次级回路的方程为

$$\mathscr{E} = i_2 R_2 + u_C + i_2 \omega L_2 \tag{7}$$

式中，u_C 为电容器 C 两端的电压；$\omega = 2\pi f$ 为角频率；L_2 为次级线圈 N_2 的感抗。通常次级线圈 N_2 的感抗很小，自感电动势 $i_2 \omega L_2$ 可忽略，当满足条件 $R_2 \gg \dfrac{1}{\omega C}$ 时，u_C 相对于 $i_2 R_2$ 也可忽略，于是有

$$\mathscr{E} = i_2 R_2 \tag{8}$$

将式(8)代入式(6)，得

$$i_2 = \frac{\mathscr{E}}{R_2} = \frac{N_2 S}{R_2} \frac{\mathrm{d}B}{\mathrm{d}t}$$

电容器 C 两端的电压为

$$u_C = \frac{q}{C} = \frac{1}{C} \int i_2 \mathrm{d}t = \frac{N_2 S}{C R_2} \int \frac{\mathrm{d}B}{\mathrm{d}t} \mathrm{d}t = \frac{N_2 S}{C R_2} B$$

令 $K_2 = \dfrac{N_2 S}{C R_2}$，而 $\dfrac{N_2 S}{C R_2}$ 对一定实验装置为一常数，则

$$u_C = K_2 B \tag{9}$$

此式说明，电容器 C 两端的电压 u_C 与磁环内的磁感应强度 B 成正比。

实验时，把电阻 R_1 上的电压 u_1 和电容器 C 两端的电压 u_C 分别加到示波器的"X 轴输入"和"Y 轴输入"，这时电压 u_1 和 u_C 可通过示波器测出来。

3. 磁性材料特性参量 H_s，B_s 和 H_c，B_r 的测量

根据饱和磁场强度 H_s、饱和磁感应强度 B_s、矫顽力 H_c 和剩磁 B_r 的意义，H_s，B_s 和 H_c，B_r 的值可以应用磁性材料的极限磁滞回线(饱和磁滞回线)求得，如图 5.33 所示。当磁化电流从零逐渐增大到饱和磁化的值时，示波器屏上将显示稳定的饱和磁滞回线，设这时 R_1 两端的电压为 u_{1s}，C 两端的电压为 u_{2s}，由示波器屏上读得饱和点 s 对应的线段长为 X_s 和 Y_s，H_c 对应的线段长为 X_c，B_r 对应的线段长为 Y_r。由式(5)和式(9)可得饱和磁场强度 H_s 和饱和磁感应强度 B_s 分别为

$$H_s = K_1 u_{1s} \tag{10}$$

$$B_s = K_2 u_{2s} \tag{11}$$

由示波器工作原理，可得矫顽力 H_c 和剩磁 B_r 分别为

$$H_c = \frac{X_c}{X_s} H_s = \frac{X_c}{X_s} K_1 u_{1s} \tag{12}$$

$$B_r = \frac{Y_r}{Y_s} B_s = \frac{Y_r}{Y_s} K_2 u_{2s} \tag{13}$$

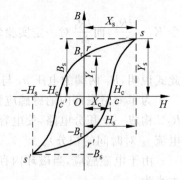

图 5.33　磁性材料的 H_s，B_s，H_c，B_r 值

【实验内容】

(1) 连接图 5.32 所示的实验电路。

(2) 对样品进行交流退磁。调节音频信号发生器电压至样品达到磁饱和所需电压值,然后逐渐减小电压值至零,从而实现交流退磁。

(3) 测绘磁环的磁化曲线和 $\mu\text{-}H$ 曲线

在样品完全退磁后,调节音频信号发生器的电压,从 0 V 开始每 0.1 V 单调地增加,直到饱和以后两个值为止。每改变一次电压,都用示波器测出对应的 u_1 和 u_C 的值。根据公式(5),(9),(1)便可得 $B\text{-}H$ 曲线和 $\mu\text{-}H$ 曲线。

4. 测量 H_s, B_s, H_c 和 B_r

在磁化电流从零逐渐增大到饱和磁化值时,通过示波器测出 u_{1s} 和 u_{2s} 的值,并从屏上读出饱和磁滞回线 s, s' 点间线段长度 $2X_s$, $2Y_s$; c, c' 点间和 r, r' 点间的线段长度 $2X_c$, $2Y_r$。根据式(10)~式(13)便可得 H_s, B_s, H_c 和 B_r 的值。

【数据处理】

(1) 将实验数据列表处理(见表 5.11~表 5.14):

表 5.11　电路参数

R_1/Ω	R_2/Ω	$C/\mu\text{F}$	f/Hz

表 5.12　螺绕环参数

$N_1/$匝	$N_2/$匝	l/cm	S/cm^2

表 5.13　测量 $B\text{-}H$ 曲线和 $\mu\text{-}H$ 曲线的数据表

$$K_1 = \frac{lR_1}{N_1} = \underline{\quad\quad}, \quad K_2 = \frac{N_2 S}{R_2 C} = \underline{\quad\quad}$$

u_1/V	$H/(\text{A/m})$	u_C/V	B/T	$\mu/(\text{Wb}/(\text{A}\cdot\text{m}))$
0.10				
0.20				
0.30				
0.40				

续表

u_1/V	$H/(A/m)$	u_C/V	B/T	$\mu/(Wb/(A \cdot m))$
0.50				
0.60				
0.70				
0.80				
...				

表 5.14　测量 H_s、B_s、H_c、B_r 的数据表

u_{1s}/V	u_{2s}/V	$2X_s/$格	$2X_c/$格	$2Y_s/$格	$2Y_r/$格	$H_s/(A/m)$	B_s/T	$H_c/(A/m)$	B_r/T

(2) 作 B-H 曲线和 μ-H 曲线:

利用所测数据,以磁场强度 H 为横轴,在同一坐标纸上分别作 B-H 曲线和 μ-H 曲线。B 和 μ 坐标轴应分别标出。

【注意事项】

(1) 测量时,必须先将试样退磁。磁化电流只能单调变化,增加时一直增加,减小时一直减小。如果磁滞回线畸变,不稳定,则需要重新调整,并重新退磁。测量应从 $u_1 = 0$ 开始,一直测到过饱和以后两三个点。

(2) 测量 $2X_s,2X_c,2Y_s$ 和 $2Y_r$ 必须在"饱和"点进行。

【思考题】

(1) 测量前为什么要对磁性材料进行退磁?

(2) 应怎样选取图 5.32 中的 R_1,R_2,C,f 的大小?

实验 8　电表的扩程与校准

【实验目的】

(1) 了解电流表和电压表的构造原理,学会改装电流表和电压表。

(2) 学习电流表和电压表的校准方法。

【仪器用具】

直流稳压电源、直流毫安表、直流电压表、微安表头、滑线变阻器、电阻箱。

【实验原理】

电流计(表头)一般只允许通过微安级的电流,只能测量很小的电流和电压。如果要用它来测量较大的电流和电压,就必须进行扩程,以增大其量限。对于表头来讲,它的两个重要参数是满偏电流 I_g 和内阻 R_g。

1. 将表头扩程为电流表

若把表头扩程为量程 $I(I>I_g)$ 的电流表,需在表头两端并联分流电阻 R_p,使超过表头 I_g 的那部分电流从 R_p 流过。由表头和 R_p 组成的整体就是扩程后的电流表,如图 5.34 所示。选用不同大小的 R_p,可以得到不同量程的电流表。

如图 5.34 所示,当表头满偏时,通过电流表的总电流为 I,有

$$\begin{cases} I_g R_g = (I - I_g)R_p \\ R_p = \dfrac{I_g}{I - I_g}R_g \end{cases} \tag{1}$$

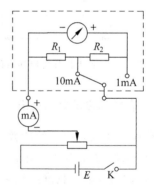

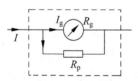

图 5.34　表头扩程为电流表的方法　　　　图 5.35　电流表结构及校准电路

如果要把表头制成多量程的电流表,可以在表头两端并联阻值不同的分流电阻来实现。图 5.35 是将表头改装成两个量程的电流表线路。分流电阻 R_1 和 R_2 不因改变量程而改变阻值,改变量程只是改变线路的接法。计算分流电阻 R_1 和 R_2 可用下述方法求出:先按两个量程中小的电流量程 I_1 计算出分流电阻 $R_1 + R_2$,再由大的电流量程 I_2 计算分流电阻 R_2。

用电流表测电流时,电流表应串联在被测电路中。为了测得电路中的实际电流值,不致因为它接入电路而改变原电路中的电流大小,要求电流表应有较小的内阻。

2. 将表头扩程为电压表

若把表头扩程为量程 $V(V>I_g R_g)$ 的电压表,需与表头串联分压电阻 R_s,使超过表头

$I_g R_g$ 的那部分电压降落在电阻 R_s 上。由表头和 R_s 组成的整体就是扩程后的电压表,如图 5.36 所示。选用不同大小的 R_s,就可以得到不同量程的电压表。

如图 5.36 所示,当表头满偏时,电压表的读数为 V,有

$$\begin{cases} I_g(R_g + R_s) = V \\ R_s = \dfrac{V}{I_g} - R_g \end{cases} \tag{2}$$

如果要把表头制成多量程的电压表,可在表头上串联不同阻值的分压电阻来实现,如图 5.37 所示。

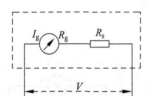

图 5.36   表头扩程为电压表的方法

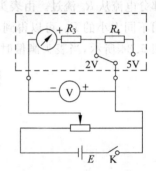

图 5.37   电压表结构及校准电路

3. 电表的标称误差和校准

标称误差指的是电表的读数和准确值的差异,它包括了电表在结构上各种不完善的因素所引入的误差。为了确定标称误差,先用电表和一个标准电表同时测量一定的电流(或电压),称为校准。校准的结果得到电表各个刻度的绝对误差。选取其中最大的绝对误差除以量程,即为该电表的标称误差。即

$$标称误差 = \frac{最大的绝对误差}{量程} \times 100\% \tag{3}$$

根据标称误差的大小,电表分为不同的等级,称为电表的准确度等级。按照国家标准的规定,电表准确度等级分为 0.1,0.2,0.5,1.0,1.5,2.5,5.0 七级。如 0.1 级表示电表的标称误差不大于 0.1%,其余类推。等级越小说明电表的精度越高。如果电表经校准后,求得的标称误差不正好为上述值,根据误差取大不取小的原则,该表的级别应定低一级,如电表校准后求得的标称误差为 0.6%,则该表应定为 1.0 级。电表的等级常标在电表的表盘上。

电表的校准是指用标准表与待校表进行比较作出校准曲线。以电流表为例,待校表的读数 I_x 作横轴,标准表与待校表的读数差 ΔI_x 作为纵轴进行绘制,如图 5.38 所示。在一般情况下,把两个相邻校准点之间近似视为线性关系来对待,即相邻校准点之间以直线连接,故校准曲线一般以折线来表示。校准点间隔越小,其可靠程度就越好。校准曲线随

待校表一起使用,待校表指示某一值,从校准曲线上就可以查出它的实际值($I_x + \Delta I_x$)。

图 5.38　电表的校准曲线

【实验内容】

(1) 把表头扩程为 1mA 和 10mA 两个量程的电流表。对 1mA 量程只校准量程点,对 10mA 量程从 0～10mA 每间隔 1mA 逐点校准(数据记录在表 5.15 中)。作校准曲线,由校准曲线求出 $I_x = 5.50$mA 的准确值 I_s。计算 10mA 量程改装表的等级。

表 5.15　电流表数据

$R_1 = \underline{\hspace{2cm}}$,　$R_2 = \underline{\hspace{2cm}}$

	1mA	10mA									
改装表电流/mA											
标准表电流/mA											

(2) 把表头扩程为 2V 和 5V 两个量程的电压表。对 2V 量程只校准量程点,对 5V 量程从 0～5V 每间隔 0.5V 逐点校准(数据记录在表 5.16 中)。作校准曲线,由校准曲线求出 $U_x = 3.700$V 的准确值 U_s。计算 5V 量程改装表的等级。

表 5.16　电压表数据

$R_1 = \underline{\hspace{2cm}}$,　$R_2 = \underline{\hspace{2cm}}$

	2V	5V									
改装表电压/V											
标准表电压/V											

【注意事项】

(1) 滑线变阻器应采用分压接法。

(2) 通电前,滑线变阻器应处于安全位置。

(3) 校准电表时,改装表的指针应从零位到满偏。

(4) 校准电表时,标准表用最接近的量程。

【思考题】

(1) 校准电流表时,发现改装表的读数相对于标准表的读数都偏高或偏低,试问改装表的分流电阻是偏大还是偏小? 如果要使改装表的读数和标准表的读数一致,改装表的分流电阻该如何变化?

(2) 在本实验中,滑线变阻器能否采用限流接法? 为什么?

(3) 能否把本实验用的表头($I_g=100\mu A$)改装成 $50\mu A$ 的微安表?

(4) 把表头扩程为量程 $I(I>I_g)$ 的电流表后,要使电流表的内阻和表头的内阻相等,该如何设计电路? 试计算说明。

实验9　用霍尔效应测量磁场

【实验目的】

(1) 了解应用霍尔效应测量磁场的方法。

(2) 学习用"换向法"消除副效应的影响,测定长螺线管轴线上的磁场分布。

【仪器用具】

直流稳压电源、螺线管磁场装置、低电势直流电位差计、标准电池、检流计、直流毫安表、滑线变阻器。

【实验原理】

1. 霍尔效应

如图 5.39 所示,将一块半导体薄片放在垂直于它的磁场 **B** 中,在薄片的四个侧面 A,B 和 C,D 分别引出两对电极。当沿 AB 方向通过电流 I 时,薄片内定向移动的载流子(图 5.39 中假设为电子)将受到洛伦兹力 f_B 的作用,向薄片的一侧 C 移动形成电荷积

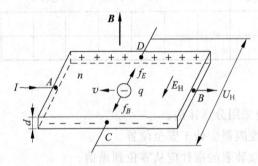

图 5.39　霍尔效应原理

累,从而在 C,D 两侧产生电势差,形成电场 E_H。这个电场又给载流子一个电场力 f_E,f_E 的方向与 f_B 的方向相反,它阻碍载流子向侧面 C 移动。开始阶段,电场力比磁场力小,电荷将继续向侧面 C 积聚,随着积聚电荷的增加,电场不断增强,直到载流子所受到的电场力与磁场力相等,即 $f_E = f_B$,这时电荷的积聚达到动态平衡,在 C,D 侧面产生稳定的霍尔电压 U_H。这种当电流垂直于外磁场方向通过半导体时,在垂直于电流和磁场的方向,物体两侧产生电势差的现象称为霍尔效应。

当电流方向一定时,薄片中载流子的电荷符号决定了 C,D 两点横向电压的符号。因此,通过 C,D 两点电压的测定,可以判断薄片中的载流子究竟是带正电还是负电。实验表明,大多数金属导体中的载流子带负电(即电子);半导体中的载流子有两种:带正电(即空穴)的称为 P 型半导体,带负电(即电子)的称为 N 型半导体。

2. 用霍尔效应测量磁场的原理

设载流子的电量为 q,定向移动的速率为 v,则受到的磁场力为 $f_B = qvB$,在横向电场 E_H 作用下受到的电场力为 $f_E = qE_H$,当达到动态平衡时有 $f_B = f_E$,即

$$qvB = qE_H = q\frac{U_H}{b}, \quad b \text{ 为薄片的宽度}$$

$$U_H = bvB \tag{1}$$

设薄片中载流子浓度为 n,薄片的厚度为 d,则电流 I 与载流子的速率 v 的关系为

$$I = bdvnq \tag{2}$$

将式(2)代入式(1),得

$$U_H = \frac{1}{nq}\frac{IB}{d} \tag{3}$$

令 $R = \frac{1}{nq}$,则式(3)可写成

$$U_H = R\frac{IB}{d} \tag{4}$$

R 称为霍尔系数,它表示半导体材料霍尔效应的大小。在应用中,通常将霍尔电压表示为

$$U_H = K_H IB \tag{5}$$

式中的系数 $K_H = \frac{1}{nqd}$ 称为霍尔元件的灵敏度。若 I 的单位为 mA,U_H 的单位为 mV,B 的单位为 T(特斯拉),则 K_H 的单位为 mV/(mA·T)。

由上可知,霍尔电压 U_H 与载流子浓度 n 成反比,与霍尔片的厚度 d 成反比。一般金属中的载流子是自由电子,其浓度很大(约为 $10^{22}\,\mathrm{cm}^{-3}$),所以金属材料的霍尔系数很小,霍尔效应不显著。而半导体材料的载流子浓度比金属要小得多,霍尔效应比较显著,能够产生较大的霍尔电压。所以,一般霍尔片用半导体材料来做,并且霍尔片切得很薄,一般厚度只有 0.2mm。

对于确定的样品(b,d,q,n一定),如果通过它的电流I维持不变,则霍尔电压与磁感应强度成正比,我们可以从测得的U_H值来求得外磁场的磁感应强度B。因此霍尔片可用来制成测量磁场的仪器,即特斯拉计。

以上的讨论和结果都是在磁场和电流垂直的条件下进行的,这时的霍尔电压最大,因此在测量时应转动霍尔片,使霍尔片平面与被测磁场$\boldsymbol{B}$的方向垂直,这样测量才能得到正确的结果。

3．霍尔效应的副效应及其影响的消除方法

霍尔片在产生霍尔电压的同时,还伴随着一些副效应。副效应产生的电压叠加到霍尔电压上,造成测量系统误差,需要用实验方法予以消除。影响测量结果的副效应主要有:不等位电势差、能斯特(Nernst)效应、埃廷斯豪森(Ettingshausen)效应和里吉-勒迪克(Right-Leduc)效应等,这些副效应所产生电势差的符号与磁场、电流的方向有关,因此在测量时改变磁场、电流的方向就可以减少和消除这些附加误差。故取$(+B,+I)$,$(+B,-I)$,$(-B,+I)$,$(-B,-I)$四种条件下进行测量,然后取平均值作为测量结果。

【实验内容】

(1) 通过霍尔片的电流$I=10\text{mA}$,通过螺线管的电流为1A。

(2) 霍尔电压U_H取四种条件下的绝对平均值。

(3) 取$x=0,0.5,1,1.5,2,2.5,3,5,7,10\text{cm}$处分别测量$U_H$($x=0\text{cm}$为霍尔片处于螺线管端面)。

(4) 求出各点的磁感应强度B,作B-x曲线。

【注意事项】

(1) 霍尔片允许通过的电流较小,本实验条件取$I\leqslant10\text{mA}$。

(2) 由于通过螺线管的电流较大,所以通电时间不要过长,工作时不要过热。

【思考题】

(1) 若霍尔片的法线方向与磁场$\boldsymbol{B}$的方向不一致,将如何影响霍尔电压测量结果?

(2) 如何测量霍尔元件的灵敏度?

(3) 若把霍尔元件的控制电流改用交流(通过螺线管的电流仍用直流),如何选用测量仪表?

实验10　交流电桥的原理和应用

交流电桥是一种比较式仪器,在电子测量技术中占有重要地位。它主要用于测量交流等效电阻及其时间常数、电容及其介质损耗、自感及其线圈品质因数和互感等电气参

数,也可用于非电量变换为相应电量参数的精密测量。

常用的交流电桥分为阻抗比电桥和变压器电桥两大类。习惯上一般称阻抗比电桥为交流电桥。本实验中交流电桥指的是阻抗比电桥。交流电桥的线路虽然和直流单臂电桥线路具有同样的结构形式,但因为它的 4 个臂是阻抗,所以它的平衡条件、线路的组成以及实现平衡的调整过程都比直流电桥复杂。

【实验目的】

(1) 了解交流电桥的电路特点、平衡原理和调节方法。

(2) 学会用交流电桥测量电容、电感及相关参数。

【仪器用具】

FB306 型交流电路综合实验仪。

【实验原理】

图 5.40 所示为交流电桥的原理线路。它与直流单臂电桥原理相似。在交流电桥中,4 个桥臂一般是由阻抗元件(如电阻、电感、电容)组成;电桥的电源通常是正弦交流电源。交流平衡指示仪的种类很多,适用于不同频率范围。频率为 200Hz 以下时可采用谐振式检流计;音频范围内可采用耳机作为平衡指示器;音频或更高的频率时也可采用电子指零仪器;也有用电子示波器或交流毫伏表作为平衡指示器的。本实验采用高灵敏度的电子放大式指零仪,有足够的灵敏度。指示器指零时,电桥达到平衡。本实验常采用频率 1000Hz,100Hz 交流电源供电。

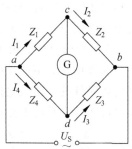

图 5.40　交流电桥原理

1. 交流电桥的平衡条件

如图 5.40 所示,我们在正弦稳态的条件下讨论交流电桥的基本原理。在交流电桥中,4 个桥臂由阻抗元件组成,在电桥的一条对角线 cd 上接入交流指零仪,另一对角线 ab 上接入交流电源。

当调节电桥参数,使交流指零仪中无电流通过时(即 $I_0 = 0$),c,d 两点的电位相等,电桥达到平衡,这时有

$$\dot{Z}_1 \dot{Z}_3 = \dot{Z}_2 \dot{Z}_4 \tag{1}$$

上式就是交流电桥的平衡条件,它说明:当交流电桥达到平衡时,相对桥臂的阻抗的乘积相等。由图 5.40 可知,若第四桥臂 $\dot{Z}_4$ 由被测阻抗 $\dot{Z}_x$ 构成,则

$$\dot{Z}_x = \frac{\dot{Z}_3}{\dot{Z}_2} \dot{Z}_1 \tag{2}$$

当其他桥臂的参数已知时,就可确定被测阻抗 $\dot{Z}_x$ 的值。

2. 交流电桥平衡的分析

在正弦交流情况下,桥臂阻抗可以写成复数的形式:

$$\dot{Z} = R + jX = Ze^{j\phi}$$

若将电桥的平衡条件用复数的指数形式表示,则可得

$$Z_1 e^{j\phi_1} Z_3 e^{j\phi_3} = Z_2 e^{j\phi_2} Z_4 e^{j\phi_4}$$

即

$$Z_1 Z_3 e^{j(\phi_1+\phi_3)} = Z_2 Z_4 e^{j(\phi_2+\phi_4)}$$

根据复数相等的条件,等式两端的幅模和幅角必须分别相等,故有

$$\begin{cases} Z_1 Z_3 = Z_2 Z_4 \\ \phi_1 + \phi_3 = \phi_2 + \phi_4 \end{cases} \tag{3}$$

上面就是平衡条件的另一种表现形式,可见交流电桥的平衡必须满足两个条件:一是相对桥臂上阻抗幅模的乘积相等;二是相对桥臂上阻抗幅角之和相等。由式(3)可以得出如下两点重要结论。

(1) 交流电桥必须按照一定的方式配置桥臂阻抗。

如果用任意不同性质的 4 个阻抗组成一个电桥,有可能无法调节到平衡,因此必须把电桥各元件的性质按电桥的两个平衡条件作适当配合。一般在实验测量时,常常采用标准电抗元件来平衡被测量元件,所以实验中常采用以下形式的电路:

① 将被测量元件$\dot{Z}_x$与标准元件$\dot{Z}_n$相邻放置,如图 5.40 中$\dot{Z}_4 = \dot{Z}_x$,$\dot{Z}_3 = \dot{Z}_n$,这时由式(3)可知

$$\dot{Z}_x = \frac{\dot{Z}_1}{\dot{Z}_2} \dot{Z}_n \tag{4}$$

式中的比值$\dfrac{\dot{Z}_1}{\dot{Z}_2}$称为"臂比",故名"臂比电桥",一般情况下$\dfrac{\dot{Z}_1}{\dot{Z}_2}$为实数,因此$\dot{Z}_x$,$\dot{Z}_n$必须是具有相同性质的电抗元件,改变臂比可以改变量程。

② 将被测量元件与标准元件相对放置,如图 5.40 中$\dot{Z}_4 = \dot{Z}_x$,$\dot{Z}_2 = \dot{Z}_n$,这时由式(3)可知

$$\dot{Z}_x = \frac{\dot{Z}_1 \dot{Z}_3}{\dot{Z}_n} = \dot{Z}_1 \dot{Z}_3 \dot{Y}_n \tag{5}$$

式中的乘积$\dot{Z}_1 \dot{Z}_3$称"臂乘",故名"臂乘电桥",其特点是$\dot{Z}_x$和$\dot{Z}_n$元件阻抗的性质必须相反,因此这种形式的电桥常常应用在用标准电容测量电感。在实际测量中为了使电桥结构简单和调节方便,通常将交流电桥中的两个桥臂设计为纯电阻。

由式(3)的平衡条件可知,如果相邻两臂接入纯电阻(臂比电桥),则另外相邻两臂也

必须接入相同性质的阻抗。若被测对象$\dot{Z}_x$是电容,则它相邻桥臂$\dot{Z}_n$也必须是电容;若$\dot{Z}_x$是电感,则$\dot{Z}_n$也必须是电感。

如果相对桥臂接入纯电阻(臂乘电桥),则另外相对两桥臂必须为异性阻抗。若被测对象$\dot{Z}_x$为电容,则它的相对桥臂$\dot{Z}_n$必须是电感,而如果$\dot{Z}_x$是电感,则$\dot{Z}_n$必须是电容。

(2) 交流电桥平衡必须反复调节两个桥臂的参数。

在交流电桥中,为了满足上述两个条件,必须调节两个以上桥臂的参数,才能使电桥完全达到平衡,而且往往需要对这两个参数进行反复地调节,所以交流电桥的平衡调节要比直流电桥的调节困难一些。

3. 交流电桥的常见形式

交流电桥的 4 个桥臂,要按一定的原则配以不同性质的阻抗,才有可能达到平衡。从理论上讲,满足平衡条件的桥臂类型,可以有许多种。但实际上常用的类型并不多,这是因为:

(1) 桥臂尽量不采用标准电感。由于制造工艺上的原因,标准电容的准确度要高于标准电感,并且标准电容不易受外磁场的影响。所以常用的交流电桥,不论是测电感还是测电容,除了被测臂之外,其他三个臂都采用电容和电阻。本实验由于采用了开放式设计的仪器,所以也能以标准电感作为桥臂,以便于使用者更全面地掌握交流电桥的原理和特点以选择使用。

(2) 尽量使平衡条件与电源频率无关,这样才能发挥电桥的优点,使被测量只决定于桥臂参数,而不受电源的电压或频率的影响。有些形式的桥路的平衡条件与频率有关,如后面将提到的"海氏电桥",这样,电源的频率不同将直接影响测量的准确性。

(3) 电桥在平衡中需要反复调节,才能使幅角关系和幅模关系同时得到满足。通常将电桥趋于平衡的快慢程度称为交流电桥的收敛性。收敛性愈好,电桥趋向平衡愈快;收敛性差,则电桥不易平衡或者说平衡过程时间要很长,需要测量的时间也很长。电桥的收敛性取决于桥臂阻抗的性质以及调节参数的选择。下面介绍几种常用的交流电桥。

1) 电容电桥

电容电桥主要用来测量电容器的电容量及损耗角,为了弄清电容电桥的工作情况,首先对被测电容的等效电路进行分析,然后介绍电容电桥的典型线路。

(1) 被测电容的等效电路

实际电容器并非理想元件,它存在着介质损耗,所以通过电容器 C 的电流和它两端的电压的相位差并不是 $90°$,而是比 $90°$ 要小一个 δ 角(δ 称为介质损耗角)。具有损耗的电容可以用两种形式的等效电路表示,一种是理想电容和一个电阻相串联的等效电路,如图 5.41(a)所示;另一种是理想电容与一个电阻相并联的等效电路,如图 5.42(a)所示。

在等效电路中,理想电容表示实际电容器的等效电容,而串联(或并联)等效电阻则表示实际电容器的发热损耗。

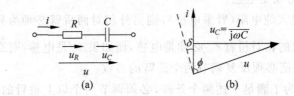

图 5.41

(a)有损耗电容器的串联等效电路;(b)相量图

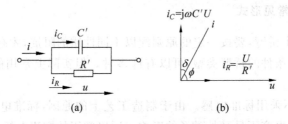

图 5.42

(a)有损耗电容器的并联等效电路;(b)相量图

图 5.41(b)及图 5.42(b)分别画出了相应电压、电流的相量图。必须注意,等效串联电路中的 C,R 与等效并联电路中的 C',R' 是不相等的。在一般情况下,当电容器介质损耗不大时,应当有 $C \approx C', R \ll R'$。所以,如果用 R 或 R' 来表示实际电容器的损耗时,还必须说明它是对于哪一种等效电路而言。因此,为了方便起见,通常用电容器的损耗角 δ 的正切 $\tan\delta$ 来表示它的介质损耗特性,并用符号 D 表示,通常称它为损耗因数,在等效串联电路中,

$$D = \tan\delta = \frac{u_R}{u_C} = \frac{iR}{i/(\omega C)} = \omega CR$$

在等效的并联电路中,

$$D = \tan\delta = \frac{i_R}{i_C} = \frac{u/R'}{\omega C'u} = \frac{1}{\omega C'R'}$$

应当指出,在图 5.41(b)和图 5.42(b)中,$\delta = 90° - \varphi$ 对两种等效电路都是适合的,所以不管用哪种等效电路,求出的损耗因数是一致的。

(2)测量损耗小的电容电桥(串联电容电桥)

图 5.43 为适合用来测量损耗小的被测电容的电容电桥,被测电容 C_x 接到电桥的第一臂,它的损耗以等效串联电阻 R_x 表示,与被测电容相比较的标准电容 C_n 接入相邻的第四臂,同时与 C_n 串联一个可变电阻 R_n,桥的另外两臂为纯电阻 R_b 及 R_a,当电桥调到平衡时:

$$R_x = \frac{R_a}{R_b}R_n \qquad (6)$$

$$C_x = \frac{R_b}{R_a}C_n \qquad (7)$$

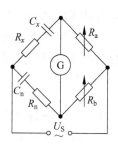

图 5.43 串联电容电桥

由此可知,要使电桥达到平衡,必须同时满足上面两个条件,因此至少调节两个参数。

如果改变 R_n 和 C_n,便可以单独调节、互不影响地使电容电桥达到平衡。但通常标准电容都是做成固定的,因此 C_n 不能连续可变,这时我们可以调节 R_b/R_a 比值使式(7)得到满足,但调节 R_b/R_a 的比值时又影响到式(6)的平衡,因此要使电桥同时满足两个平衡条件,必须对 R_n 和 R_b/R_a 等参数反复调节才能实现。因此使用交流电桥时,必须通过实际操作取得经验,才能迅速使电桥平衡。电桥达到平衡后,C_x 和 R_x 值可以分别按式(6)和式(7)计算,其被测电容的损耗因数 D 为

$$D = \tan\delta = \omega C_x R_x = \omega C_n R_n \qquad (8)$$

(3) 测量损耗大的电容电桥(并联电容电桥)

假如被测电容的损耗大,用上述电桥测量时,与标准电容相串联的电阻 R_n 必须很大,这将会降低电桥的灵敏度。因此当被测电容的损耗大时,宜采用图 5.44 所示的另一种电容电桥的线路来进行测量,它的特点是标准电容 C_n 与电阻 R_n 是彼此并联的,则根据电桥的平衡条件可以写成

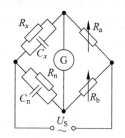

图 5.44 并联电容电桥

$$R_b\left(\frac{1}{\dfrac{1}{R_n}+j\omega C_n}\right) = R_a\left(\frac{1}{\dfrac{1}{R_x}+j\omega C_x}\right)$$

整理后可得

$$C_x = \frac{R_b}{R_a}C_n \qquad (9)$$

$$R_x = \frac{R_a}{R_b}R_n \qquad (10)$$

而损耗因数为

$$D = \tan\delta = \frac{1}{\omega C_x R_x} = \frac{1}{\omega C_n R_n} \qquad (11)$$

交流电桥测量电容根据需要还有一些其他形式,可参看有关的书籍。

2) 电感电桥

电感电桥是用来测量电感的,电感电桥有多种线路,通常采用标准电容作为与被测电感相比较的标准元件。从前面的分析可知,这时标准电容一定要安置在与被测电感相对的桥臂中。(根据实际的需要,也可采用标准电感作为标准元件,这时标准电感一定要安

置在与被测电感相邻的桥臂中。)

一般实际的电感线圈都不是纯电感,除了电抗 $X_L = \omega L$ 外,还有有效电阻 R,两者之比称为电感线圈的品质因数 Q,即

$$Q = \frac{\omega L}{R} \tag{12}$$

下面介绍两种电感电桥电路,它们分别适于测量高 Q 值和低 Q 值的电感元件。

(1) 测量高 Q 值电感的电感电桥(海氏电桥)

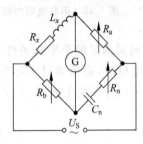

图 5.45　测量高 Q 值电感的
电桥原理

测量高 Q 值的电感电桥的原理线路如图 5.45 所示,该电桥线路又称为海氏电桥。电桥平衡时,根据平衡条件可得

$$\left(R_x + j\omega L_x\right)\left(R_n + \frac{1}{j\omega C_n}\right) = R_a R_b$$

经简化和整理后可得

$$L_x = R_b R_a \frac{C_n}{1 + (\omega C_n R_n)^2} \tag{13}$$

$$R_x = R_a R_b \frac{R_n (\omega C_n)^2}{1 + (\omega C_n R_n)^2} \tag{14}$$

由式(13),式(14)可知,海氏电桥的平衡条件是与频率有关的。因此,在应用成品电桥时,若改用外接电源供电,必须注意要使电源的频率与该电桥说明书上规定的电源频率相符,而且电源波形必须是正弦波,否则,谐波频率就会影响测量的精度。

用海氏电桥测量时,其 Q 值为

$$Q = \frac{\omega L_x}{R_x} = \frac{1}{\omega C_n R_n} \tag{15}$$

由式(15)可知,被测电感 Q 值越小,则要求标准电容 C_n 的值越大,但一般标准电容的容量都不能做得太大。此外,若被测电感的 Q 值过小,则海氏电桥的标准电容的桥臂中所串的 R_n 也必须很大,但当电桥中某个桥臂阻抗数值过大时,将会影响电桥的灵敏度,可见海氏电桥线路适于测 Q 值较大的电感参数。而在测量 $Q < 10$ 的电感元件的参数时则需用另一种电桥线路。下面介绍这种适用于测量低 Q 值电感的电桥线路。

(2) 测量低 Q 值电感的电感电桥(麦克斯韦电桥)

测量低 Q 值电感的电桥原理线路如图 5.46 所示。该电桥线路又称为麦克斯韦电桥。

这种电桥与上面介绍的测量高 Q 值电感的电桥线路所不同的是:标准电容的桥臂中的 C_n 和可变电阻 R_n 是并联的。在电桥平衡时,有

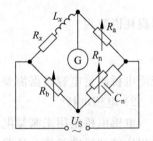

图 5.46　测量低 Q 值电感的
电桥原理

$$(R_x + \mathrm{j}\omega L_x)\left(\cfrac{1}{\cfrac{1}{R_\mathrm{n}} + \mathrm{j}\omega C_\mathrm{n}}\right) = R_\mathrm{a}R_\mathrm{b}$$

相应的测量结果为

$$L_x = R_\mathrm{a}R_\mathrm{b}C_\mathrm{n} \tag{16}$$

$$R_x = R_\mathrm{a}R_\mathrm{b}\frac{1}{R_\mathrm{n}} = R_\mathrm{a}R_\mathrm{b}Y_\mathrm{n} \tag{17}$$

被测对象的品质因数 Q 为

$$Q = \frac{\omega L_x}{R_x} = \omega R_\mathrm{n}C_\mathrm{n} \tag{18}$$

麦克斯韦电桥的平衡条件式(16),式(17)表明,它的平衡是与频率无关的,即在电源为任何频率或非正弦的情况下,电桥都能平衡,所以该电桥的应用范围较广。但是实际上,由于电桥内各元件间的相互影响,所以交流电桥在测量时,频率对测量精度仍有一定的影响。

4. 操作说明

(1) 因为在被测电容 C_x 中,一般 R_x 的量值比较小,因此在测量前,R_n 的值可以放到零或很小的值,设定一定大小的灵敏度,使指零仪有一定的偏转幅度。

(2) 调节 R_b 使指零仪偏转最小,再适当调节指零仪的灵敏度,接着调节 R_n 使指零仪偏转再次出现最小……,如此反复调节 R_b 加大指零仪的灵敏度,再调节 R_n 再加大灵敏度,如此反复调节,直到指零仪指零或偏转值最小为止。

(3) 有效数字的设定:为了使 C_x 有 4 位有效数字,R_b 需要显示 4 位以上有效数字,表 5.17 中的对应数据是参考设置。

表 5.17 C_x,C_n,R_a 的参考设置

$C_x/\mu\mathrm{F}$	$C_\mathrm{n}/\mu\mathrm{F}$	R_a/Ω
10～100	1	100
	0.1	10
	0.01	1
1～10	1	1000
	0.1	100
	0.01	10
0.1～1	1	10000
	0.1	1000
	0.01	100
0.01～0.1	1	100000
	0.1	10000
	0.01	1000

5. 附加说明

在电桥的平衡过程中,有时指零仪的指针不能完全回到零位,这对于交流电桥是完全可能的,一般来说有以下原因。

(1) 测量电阻时,被测电阻的分布电容或电感太大。

(2) 测量电容和电感时,损耗平衡电阻(R_n)的调节细度受到限制,尤其是低 Q 值的电感或高损耗的电容测量时更为明显。另外,电感线圈极易受外界的干扰,也会影响电桥的平衡,这时可以试着变换电感的位置和方向来减小这种影响。

(3) 由于桥臂元件并非理想的电抗元件,所以选择的测量量程不当,以及被测元件的电抗值太小或太大,也会造成电桥难以平衡。

(4) 在保证精度的情况下,灵敏度不要调得太高。灵敏度太高也会引入一定的干扰。

(5) 与直流电桥不同,由于作为电桥比例臂的电阻箱实际上也存在分布电容的影响,因此在实验过程中,有时会出现如 $1 \times 1000\Omega \neq 10 \times 100\Omega$ 的现象,这种情况也是正常的。

【实验内容】

实验前应充分掌握实验原理,接线前应明确桥路的形式,选择错误的桥路可能会产生较大的测量误差,甚至无法进行测量。

1. 用交流电桥测量电容

根据前面实验原理的介绍,分别测量两个 C_x 电容,试用合适的桥路测量电容的电容量及其损耗电阻,并计算损耗。

交流电桥采用的是交流指零仪,所以电桥平衡时指针位于左侧 0 位。

实验时,指零仪的灵敏度应先调到较低位置,待基本平衡时再调高灵敏度,重新调节桥路,直至最终平衡。

2. 用交流电桥测量电感

根据前面实验原理的介绍分别测量两个 L_x 电感,试用合适的桥路测量电感的电感量及其损耗电阻,并计算电感的 Q 值。

【思考题】

(1) 交流电桥的桥臂是否可以任意选择不同性质的阻抗元件组成? 应如何选择?

(2) 为什么在交流电桥中至少需要选择两个可调参数? 怎样调节才能使电桥趋于平衡?

(3) 交流电桥对使用的电源有何要求? 交流电源对测量结果有无影响?

实验 11　非平衡电桥——半导体热敏电阻温度计

【实验目的】

（1）了解半导体热敏电阻的阻值与温度的关系。

（2）掌握非平衡电桥的原理。

（3）学习半导体热敏电阻温度计的校准和使用方法。

【仪器用具】

直流稳压电源、惠斯通电桥、滑线变阻器、电阻箱、半导体热敏电阻、微安表头、数字万用表、传感器温度系数测定仪。

【实验原理】

1. 半导体热敏电阻

热敏电阻是阻值对温度变化非常敏感的一种半导体电阻，它具有许多独特的优点，如能测出温度的微小变化、能长期工作、体积小、结构简单等。它在自动化、遥控、无线电技术、测温技术等方面都有广泛的应用。

热敏电阻的基本特性是温度特性，它的电阻随温度的上升而急速减小。实验表明，在一定的温度范围内，其电阻率 ρ 与绝对温度 T 的关系为

$$\rho = a_0 e^{b/T} \tag{1}$$

式中，a_0 和 b 为常量，其数值与材料的物理性质有关。热敏电阻的阻值，根据电阻定律可写成

$$R_T = \rho \frac{l}{S} = a_0 e^{b/T} \frac{l}{S} = a e^{b/T} \tag{2}$$

式中，l 为电极间的距离；S 为热敏电阻的横截面积；a 是与电阻材料有关的比例系数，a，b 的值可用实验方法求出。

不难看出，热敏电阻的阻值 R_T 与温度 T 的关系曲线为如图 5.47 所示的形状，温度升高，阻值下降。根据关系曲线，若事先测定某一热敏电阻的阻值与温度的对应关系，那么，只要测出某一未知温度下的电阻值，也就知道该温度是多少了。

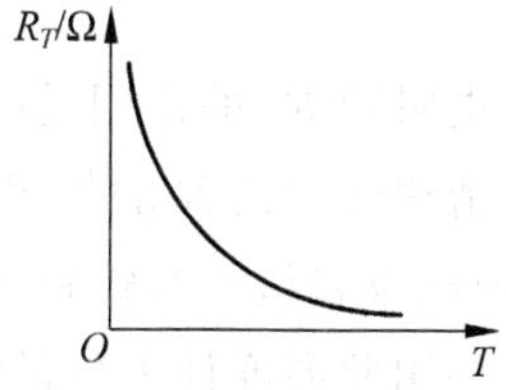

将式（2）两边取自然对数计算，得

$$\ln R_T = \ln a + b\left(\frac{1}{T}\right) \tag{3}$$

令 $x = \dfrac{1}{T}$，$y = \ln R_T$，$A = \ln a$，则

图 5.47　热敏电阻的 R_T-T 曲线

$$y = bx + A \qquad (4)$$

公式(4)的关系曲线为一条直线,如图5.48所示。

从直线的截距和斜率可分别求出 a 及 b 的值。

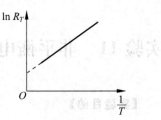

图 5.48　热敏电阻 $\ln R_T$-$\frac{1}{T}$ 曲线

2. 非平衡电桥

要准确测量电阻,可以使用惠斯通电桥,如图 5.49 所示。通过电流计电流 I_g 的大小要由电源电压 E 及电桥各臂电阻和电流计内阻决定。如果图中一个电阻 R_x 是未知电阻,而其他电阻和电源电压都是定值,那么,I_g 与 R_x 有一一对应的关系,不同的 R_x 有不同的 I_g,即可通过 I_g 的读数确定被测电阻 R_x 的阻值。

被测量的大小如果决定于对角线上电流计的读数,则这种电桥叫做非平衡电桥。一般非平衡电桥用于非电量的电测法。

3. 半导体热敏电阻温度计

由半导体热敏电阻组成的非平衡电桥温度计,其电路结构如图 5.50 所示。其中 G 为满偏 $50\mu A$ 的电流表,作测温指示用;R_1,R_2 是两个阻值相同的固定电阻,构成电桥的两个臂;R_T 为热敏电阻,R_0 和 R_{50} 为热敏电阻在 0℃和 50℃时的阻值。

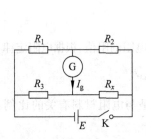

图 5.49　惠斯通电桥

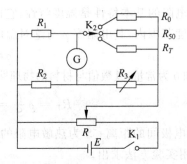

图 5.50　非平衡电桥温度计原理图

电阻箱 R_3 的作用是(调零):当热敏电阻 R_T 处在 0℃时,调节 R_3 使电桥处于平衡状态。滑线变阻器 R 的作用是(校准):当热敏电阻 R_T 处在 50℃时,调节滑线变阻器 R 分压,使电流表指针偏转满刻度。

要用此温度计来测量温度,必须先"调零"、"校准"后,保持电源电压、滑线变阻器 R 位置和电阻箱 R_3 的阻值不变的情况下,才能进行测量。在 0℃和 50℃之间选择若干已知点,分别测出电流表指针所对应的偏转值,然后作出温度 T 与电流 I_g 的关系曲线,这样半导体热敏电阻温度计就做好了。在测温时,只要把热敏电阻 R_T 放在待测环境中,读出这时电流表的读数,从关系曲线上即可查出温度的数值。

【实验内容】

(1) 记下热敏电阻在 0℃时的电阻值。

(2) 用数字万用表 2K 挡测量热敏电阻从室温开始到 50℃时电阻 R_T 与温度 T(℃) 的对应关系(每间隔 2℃读一次值)。

(3) 0℃的校准:使 R_x(电阻箱)等于热敏电阻温度为 0℃时的电阻值,调节箱式电桥上的 R_0 使电流表指针指零刻度。(比率 $C=1$)

(4) 50℃的校准:使 R_x(电阻箱)等于热敏电阻温度为 50℃时的电阻值,调节滑线变阻器分压,使电流表指针指向 100 刻度。

(5) 测量 T-I_g 的关系曲线:从室温开始每间隔 2℃读出 I_g 值,到 50℃为止。作 T-I_g 的关系曲线。

(6) 作 R_T-T 的关系曲线。

【注意事项】

(1) 本实验所用热敏电阻的温度系数是负的,温度升高,电阻反而下降。还有另一类正温度系数的电阻材料,比如镍丝、钨丝、铂丝等材料,温度升高,电阻增大。这可从白炽灯泡(钨丝)点燃之后,电阻变大得到证实。

(2) 热敏电阻的阻值有一个很大的变化范围,相应地通过它的电流值也有一个很大的变化范围,使用中不能超出它容许的最大电流值,否则将损坏此热敏电阻。

(3) 加热时,必须做到水的温度均匀变化,因而应不断地搅动搅拌器。测量温度、电流必须同时读数,要跟踪观察。注意不要让温度上升过快,以免读数不准。

(4) 由于在实验内容中的第(2)部分已完成 R_T-T 曲线数据,测 T-I_g 曲线时,可用电阻箱代替热敏电阻,这样可以准确而迅速地测出。

【思考题】

(1) 能否用热敏电阻组成的平衡电桥来测温度?说明它的工作原理及测试方法。

(2) 如要用热敏电阻组成一个非平衡电桥来测体温,应如何校准它才比较好?

实验 12 椭圆偏振光的产生和检验

【实验目的】

(1) 掌握产生和检验圆偏振光、椭圆偏振光的原理和方法。

(2) 了解 $\frac{1}{4}$ 波片和 $\frac{1}{2}$ 波片的作用。

【仪器用具】

氦-氖激光器、偏振片两片、λ 为 632.8nm 的 $\frac{\lambda}{4}$ 片和 $\frac{\lambda}{2}$ 片、硅光电池、数字检流计等。

【实验原理】

光有 5 种偏振态,检测鉴别光的偏振状态最常用的方法是利用偏振片。如图 5.51 所示,M,N 是两个平行放置的偏振片,其偏振化方向相互垂直,I_i 为入射自然光,I_0 为通过偏振片 M 的透射光。转动 N 一周,若透射光 I 出现两次光最强,两次消光,根据马吕斯定律,可判别出入射光 I_0 为线偏振光;若透射光 I 只随 N 的转动出现光强变化,但不存在消光的情况,入射光 I_0 可能为部分偏振光或椭圆偏振光;若透射光 I 不随 N 的转动变化,即光强不变,入射光 I_0 可能为自然光或圆偏振光。因此,仅用检偏器来观察光的强弱变化,无法将自然光和圆偏振光区分开来,同样也无法将椭圆偏振光和部分偏振光区分开。

1. 椭圆偏振光和圆偏振光的产生

利用振动方向互相垂直、频率相同的两个简谐振动能够合成椭圆或圆运动的原理,可以获得椭圆偏振光和圆偏振光。装置如图 5.52 所示,图中 M 为偏振片,G 为波长片,是从单轴晶体中切割下来的平面平行板,与 M 平行放置,其厚度为 d,主折射率为 n_o 和 n_e,光轴平行于晶面并与 M 的偏振化方向成夹角 α。当一束单色线偏振光垂直入射于波片上,光在晶体内部便分解为寻常光(o 光)与非常光(e 光)。

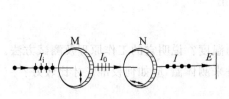

图 5.51　起偏和检偏

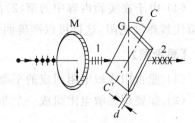

图 5.52　椭圆偏振光的获得

产生椭圆偏振光的原理可用图 5.53 说明。当自然光通过偏振片后,成为线偏振光,设 A_1 为偏振光 1 的振幅矢量大小;CC' 表示晶片光轴方向,振动面与晶片光轴成 α 角,则 o 光和 e 光振幅分别为

$$A_o = A_1 \sin\alpha$$

$$A_e = A_1 \cos\alpha$$

在这种情况下,o 光、e 光在晶片中沿同一方向传播,但速率不同,利用不同的折射率计算光程,可得两束光通过晶片后的相差为

$$\varphi = \frac{2\pi}{\lambda} d(n_o - n_e) \tag{1}$$

其光程差为

$$\Delta = d(n_o - n_e) \tag{2}$$

这样的两束振动方向互相垂直而相差一定的光互相叠加,就形成椭圆偏振光。

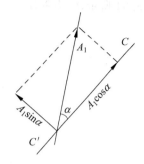

图 5.53　产生椭圆偏振光原理图

2. 波长片

(1) 全波片。当波片厚度 d 满足 $\Delta = d(n_o - n_e) = k\lambda$, $\varphi = 2k\pi (k = \pm 1, \pm 2, \cdots)$ 时,该波片称为 λ 片。线偏振光经过 λ 片后,出射光仍为线偏振光,振动面与入射光振动面平行。

(2) $\frac{\lambda}{2}$ 片。当波片厚度 d 满足 $\Delta = d(n_o - n_e) = (2k+1)\frac{\lambda}{2}$, $\varphi = (2k+1)\pi (k = 0, \pm 1, \pm 2, \cdots)$ 时,该波片称为 $\frac{\lambda}{2}$ 片或半波片。线偏振光经过 $\frac{\lambda}{2}$ 片后,出射光仍为线偏振光,但振动面相当于原入射光振动面转过 2α 角。

(3) $\frac{\lambda}{4}$ 片。当波片厚度 d 满足 $\Delta = d(n_o - n_e) = (2k+1)\frac{\lambda}{4}$, $\varphi = (2k+1)\frac{\pi}{2} (k = 0, \pm 1, \pm 2, \cdots)$ 时,该波片称为 $\frac{\lambda}{4}$ 片。

波片的作用是使光的偏振态发生变化,$\frac{\lambda}{2}$ 片主要用来改变线偏振光的振动方向和椭圆偏振光(圆偏振光)的旋转方向。$\frac{\lambda}{4}$ 片主要用来产生和检验圆偏振光和椭圆偏振光。

此外,当 $\alpha = 0$ 或 $\frac{\pi}{2}$ 时,线偏振光不论通过何种波片其偏振性质都不会改变。

3. 椭圆偏振光和圆偏振光的检验

圆偏振光和自然偏振光或椭圆偏振光和部分偏振光之间的根本区别是相的关系不同。圆偏振光和椭圆偏振光是由两个有确定相位差的互相垂直的光振动合成的。合成光矢量作有规律的旋转。而自然光和部分偏振光与上述情况不同,不同振动面上的光振动是彼此独立的,因而表示它们的两个相互垂直的振动之间没有恒定的相差。

根据这一区别可以将它们区分开来。通常的办法是在检偏器前加上一块 $\frac{\lambda}{4}$ 片。如

图 5.54 所示,G 为 $\frac{\lambda}{4}$ 片。

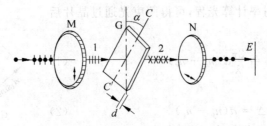

图 5.54　检验椭圆偏振光和圆偏振光装置图

(1) 当光波 1 通过 G 后成为光波 2,转动检偏器 N 一周时可观察到光有强弱变化,并出现两次最大光强和两次消光,说明透过 $\frac{\lambda}{4}$ 片的光波 2 为线偏振光,则被鉴别的光波 1 为圆偏振光。如果 N 转动一周光强没有变化,则被鉴别的光波 1 是自然光。

(2) 检验椭圆偏振光时,要求 $\frac{\lambda}{4}$ 片的光轴方向平行于椭圆偏振光的长轴或短轴,转动 N 一周,观察到光有强弱变化,并出现两次最大光强和两次消光,说明透过 $\frac{\lambda}{4}$ 片的光波 2 为线偏振光,则被鉴别的光波 1 为椭圆偏振光。若转动 N 一周,光虽有强弱变化,但无消光情况,则被鉴别的光波 1 为部分偏振光。

【实验内容】

1. 椭圆偏振光、圆偏振光的获得

(1) 将偏振片 M 和 N 按图 5.51 放置,转动检偏器 N 使它的透光方向与入射光的光矢量垂直,即出现消光(检流计输出电流为 0)。将 $\frac{\lambda}{4}$ 片放在检偏器前面,转动 $\frac{\lambda}{4}$ 片,并使慢(或快)轴与入射光的光矢量垂直,再次出现消光(检流计输出电流为 0)。转动 $\frac{\lambda}{4}$ 片,使其慢或(或快)轴与入射光的光矢量之间夹角为 20°,将检偏器慢慢转一周,观察检流计输出电流变化情况并分析由 $\frac{\lambda}{4}$ 片出射的光的偏振态。

(2) 旋转 $\frac{\lambda}{4}$ 片使其光轴与入射光的光矢量垂之间夹角为 45°,将检偏器慢慢转一周,观察检流计输出电流变化情况,并分析由 $\frac{\lambda}{4}$ 片出射的光的偏振态。

2. 测量椭圆偏振光长短轴之比

旋转 $\frac{\lambda}{4}$ 片,使其光轴与入射光的光矢量之间夹角为 30°,转动偏振器,找准并测量最大光电流和最小光电流,求出椭圆偏振光长短轴之比,并验证 $\frac{I_{\min}}{I_{\max}}$ 是否等于 $\tan^2 30°$。(为什么?)

3. 圆偏振光的检验

同实验内容 2,将 $\frac{\lambda}{4}$ 片从消光位置转到 45°,自 $\frac{\lambda}{4}$ 片出射的光为圆偏振光,再将第二块 $\frac{\lambda}{4}$ 片插在 N 之前,从第一块 $\frac{\lambda}{4}$ 片出射的圆偏振光通过第二块 $\frac{\lambda}{4}$ 片后因多加了 $\frac{\pi}{2}$ 的位相差而转为线偏振光。转动 N 一周,观察和记录透射光的光强变化。

4. $\frac{\lambda}{2}$ 片的作用

列表记录 $\frac{\lambda}{2}$ 片依次从检流计电流为 0 的位置转到 15°,30°,45°,60°,75°,90°,转动检偏器 N 再至检流计为 0 所转过的角度。

【思考题】

(1) 如何确定椭圆偏振光的长短轴位置?

(2) 怎样判断 $\frac{\lambda}{4}$ 波片的光轴与经起偏器出射的线偏振光振动平行或垂直?

实验 13　光电池特性研究

光电池是一种很重要的光电转换元件,它不需要外加电源就能直接把光能转换成电能。光电池的种类很多,常见的有硒、锗、硅、砷化镓等,其中应用最广的是硅光电池。硅光电池是根据光生伏特效应而制成的光电转换元件,它的用途主要有两个方面:一是作为光辐射探测器件,在气象、农业、林业等部门探测太阳光的辐射,或在工程技术、科学研究等领域,用于各种光电自动控制和测量装置;二是作为太阳能电源装置,可为某些仪器仪表或设备提供轻便的电源,对人造地球卫星、宇宙飞船等而言更是无可替代的电源。硅光电池具有一系列优点:性能稳定,光谱范围宽,频率特性好,转换效率高,能耐高温辐射,并且由于其光谱灵敏度与人眼的灵敏度较为接近,所以很多分析仪器和测量仪器常用到它。

本实验中,通过对光电池基本特性的测量以及对其应用的了解,对我们了解其他各种光电器件具有十分重要的意义。

【实验目的】

(1) 掌握光照度的测量方法;

(2) 掌握硅光电池的工作原理及基本特性的测量。

【实验仪器】

CYS-2000G 光电传感器实验台(主机箱、安装架、光电器件实验(一)模板、普通光源、滤色镜、照度计探头、照度计模板、硅光电池)、万用表、电阻箱(供选作内容用)等。

【实验原理】

1. 光度学中的几个基本概念

光通量:光源单位时间内发出的光量总和称为光通量(luminous flux),单位为 lm(流[明])。通常,把一烛光的光源在单位立体角内所产生的总的光通量定义为 1lm。光源所发出的流明总数与用电量成正比,但相同的耗电量,光量输出却不一定相同。

光亮度:光源在特定方向单位立体角单位面积内的光通量称为亮度(luminace),物理学上用 L 表示,单位为 cd/m²(坎[德拉]每平方米)。

光照度:光源照射在物体单位面积上的光通量,单位为 lx(勒[克斯]),1lx＝1lm/m²,即相当于被照射物体每平方米的面积上,受距离 1m、发光强度为 1 烛光的光源垂直照射的光通量。光照度的大小同光源的发光强度和光源到被照射物体的距离有关。

2. PN 结的形成原理及其单向导电性的工作机理

在半导体单晶材料中掺入一定的微量杂质,使这块半导体单晶不同区域分别成为 N 型和 P 型导电类型,在二者交界处就形成了 PN 结。图 5.55 是半导体 PN 结在零偏、

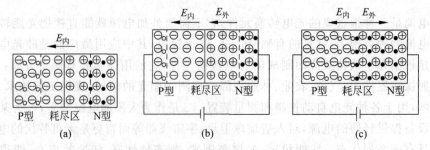

图 5.55　半导体 PN 结在零偏、反偏、正偏下的耗尽区

(a) 零偏;(b) 反偏;(c) 正偏

反偏、正偏下的耗尽区,当 P 型和 N 型半导体材料结合时,由于 P 型材料空穴多、电子少,而 N 型材料电子多、空穴少,结果 P 型材料中的空穴向 N 型材料这边扩散,N 型材料中的电子向 P 型材料这边扩散,扩散的结果使得结合区两侧的 P 型区出现负电荷,N 型区带正电荷,形成一个势垒。由此而产生的内电场将阻止扩散运动的继续进行,当两者达到平衡时,在 PN 结两侧形成一个耗尽区,耗尽区的特点是无自由载流子,呈现高阻抗。当 PN 结反偏时,外加电场与内电场方向一致,耗尽区在外电场作用下变宽,使势垒加强;当 PN 结正偏时,外加电场与内电场方向相反,耗尽区在外电场作用下变窄,势垒削弱,使载流子扩散运动继续形成电流,此即为 PN 结的单向导电性,电流方向是从 P 指向 N。

3. 硅光电池的工作原理及基本特性

1)硅光电池的工作原理

硅光电池是一种直接把光能转换成电能的半导体器件,它的结构很简单,核心部分就是一个大面积的 PN 结,其结构如图 5.56 所示。当光照射在 PN 结上时,入射光子将会使 PN 结中产生载流子(即电子空穴对),电子空穴对在内电场作用下分别漂移到 N 型区和 P 型区,使 PN 结两端产生光生电动势,当在 PN 结两端加负载时就有一光生电流流过负载,这种现象称为光伏效应。光生电流的方向是由 N 区流向 P 区的。当入射光强度变化时,光生载流子的浓度及通过外回路的光生电流也随之发生相应的变化。在入射光强度的很大动态范围内这种变化能保持较好的线性关系。

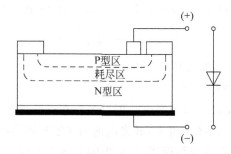

图 5.56　硅光电池结构示意图

2)硅光电池的照度特性

(1)硅光电池的短路电流与照度关系

当光照射硅光电池时,将产生一个由 N 区流向 P 区的光生电流 I_{Ph},同时由于 PN 结的单向导电性,在正偏下存在正向电流 I_P,此电流方向从 P 区到 N 区,与光生电流相反,因此实际获得电流 I 为

$$I = I_{\text{Ph}} - I_{\text{P}} = I_{\text{Ph}} - I_0\left[\exp\left(\frac{qV}{nk_BT}\right) - 1\right] \tag{1}$$

式中，V 为结电压；I_0 为二极管反向饱和电流；I_{Ph} 是与入射光的强度成正比的光生电流，其比例系数与负载电阻大小以及硅光电池的结构和材料特性有关；n 为理想系数，是表示 PN 结特性的参数，通常在 $1\sim2$ 之间；q 为电子电荷；k_B 为玻耳兹曼常数；T 为绝对温度。在一定照度下，光电池被短路(负载电阻为零)，则 $V=0$，由式(1)可得到短路电流

$$I_{\text{sc}} = I_{\text{Ph}} \tag{2}$$

硅光电池的短路电流与照度特性见图 5.57。

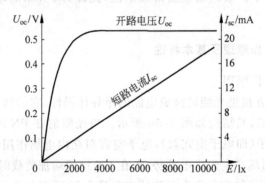

图 5.57　硅光电池的短路电流光照特性曲线

(2) 硅光电池的开路电压与照度关系

当硅光电池的输出端开路时，$I=0$，由式(1)与式(2)可得开路电压为

$$V_{\text{oc}} = \frac{nk_BT}{q}\ln\left(\frac{I_{\text{sc}}}{I_0} + 1\right) \tag{3}$$

硅光电池的开路电压与照度特性见图 5.57。

3) 硅光电池的负载特性

当硅光电池接上负载 R_L 时，硅光电池可以工作在反向偏置电压状态或无偏压状态。它的伏安特性见图 5.58。由图中可见，硅光电池的伏安特性曲线由两部分组成：

(1) 反偏工作状态：光电流与偏压、负载电阻几乎无关(在很大的动态范围内)；

(2) 无偏工作状态：光电二极管的光电流随负载电阻变化很大。

由图 5.58 可知，在一定光照下，负载曲线在电流轴上的截距是短路电流 I_{Ph}，在电压轴上的截距即为开路电压 U_{oc}。

4) 硅光电池的光谱特性

光电池在不同波长的光照下，产生不同的光电流和光生电动势，且不同的光电池，光谱峰值的位置不同，如图 5.59 及图 5.60 所示。

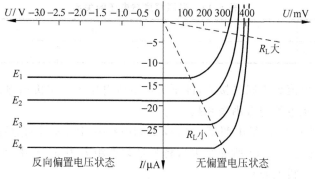

图 5.58　硅光电池的伏安特性

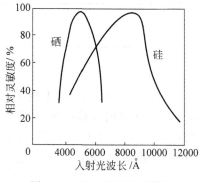

图 5.59　光电池的光谱特性

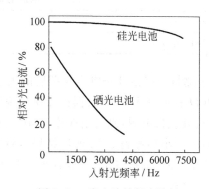

图 5.60　光电池的频率特性

从图 5.60 所示曲线可以看出,硅光电池的峰值在 800nm 附近,硒光电池在 540nm 附近。硅光电池的光谱范围广,在 450~1100nm 之间,对紫蓝光有较高的灵敏度;硒光电池的光谱范围在 340~750nm 之间。

【实验内容】

1. 光源照度的测量

(1)根据仪器使用说明书接线。将主机箱中 0~12V 可调电源旋钮逆时针旋到底,并与万用表相连(注:选择万用表的直流电压,20V 挡)。

(2)打开主机箱电源开关,测出照度为 01x,51x,101x,…,1001x 时所对应的光源电压值(测试完后将电源电压旋至最小,关闭主机电源)。将测量数据填入表 5.18 中。

2. 光电池照度特性的测定

1)测量光电池的短路电流与照度的关系

(1)根据仪器说明书接线路(注意接线孔的颜色相对应)。实验时,为得到光电池的短

表 5.18　光源照度与电压的关系

光照度/lx	0	5	10	…	100
光源电压/V				…	

路电流,电压表与电流表不同时接入,即不需接主机电压表。主机箱电源选择 0～12V 可调稳压电源,且主机电源与万用表相接。

(2) 打开主机电源,测量出照度为 0lx,5lx,10lx,…,100lx 时的短路电流(注意:此时电源电压的大小参考表 5.18 所测结果),将测量数据填入表 5.19 中(测试完后将电源电压旋至最小,关闭主机电源)。

表 5.19　光电池的短路电流与光源照度的关系

光照度/lx	0	5	10	…	100
短路电流/μA				…	

2) 测量光电池开路电压与照度的关系

在以上实验基础上,根据仪器使用说明书方式接入主机箱电压表,而不接入主机箱电流表,打开主机电源,测量出照度为 0lx,5lx,10lx,…,100lx 时的开路电压(注意:此时电源电压的大小参考表 5.18 所测结果),将测量数据填入表 5.20 中(测试完后将电源电压旋至最小,关闭主机电源)。最后在一个坐标系中作出开路电压、短路电流与光照度的关系图,并分析。

表 5.20　光电池的开路电压与光源照度的关系

光照度/lx	0	5	10	…	100
开路电压/V				…	

3. 光电池光谱特性的测试

(1) 按实验内容 1 中的方法,换上各色滤色镜,分别测出不同波长光在照度为 50lx 时所对应电压值,填入表 5.21 中。

表 5.21　光电池的光谱特性

波长/nm	650(红)	610(橙)	570(黄)	530(绿)	480(青)	450(蓝)	400(紫)
光源电压/V							
短路电流/μA							
开路电压/V							

（2）按照实验内容 2 中的方法，换上各色滤色镜，分别测出不同波长的光在同一照度下所对应的开路电压和短路电流。分别作出开路电压、短路电流与波长的关系图，并加以分析。

4. 测定光电池的负载特性

在硅光电池输入光强度不变时，测出无偏压时光电池的输出电压随负载电阻变化的关系曲线。根据图 5.61 所示电路图，自行设计实验步骤，测出光电池的负载特性。（此为选作内容）

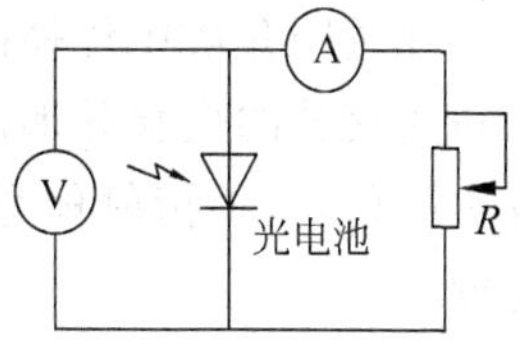

图 5.61　光电池的负载
特性测定

【思考题】

（1）光电池的输出与入射光照射瞬间有没有滞后现象？为什么？

（2）光电池的开路电压与短路电流与光照度的关系怎样？

（3）光电池具有什么样的光谱特性？

实验 14　声光衍射与液体声学特性的测定

声光衍射（或声光效应）是指光通过某一受到超声波扰动的介质时发生衍射的现象，这种现象是光波与介质中声波相互作用的结果。早在 20 世纪 20 年代就开始了声光衍射的实验研究。1921 年，布里渊（Brillouin L. ，1889—1969）曾预言液体中的高频声波对可见光能产生衍射效应。1932 年德拜从实验上观察到光通过处在超声波作用下的透明媒质时，产生与光通过普通光学光栅相似的衍射现象。这从实验上证实了布里渊预言的正确性。20 世纪 60 年代激光器的问世为声光现象的研究提供了理想的光源，促进了声光效应理论和应用研究的迅速发展。声光效应为控制激光束的频率、方向和强度提供了一个有效的手段。利用声光效应制成的声光器件（如声光调制器、声光偏转器和可调谐滤光器等），在激光技术、光信号处理和集成光通信技术等方面有着重要的应用。

【实验目的】

（1）了解声光效应的原理，观察声光衍射现象。

（2）学会用超声光栅测定液体的声学特性。

【实验仪器】

声光衍射仪（数字显示高频功率信号源及内装压电陶瓷片的液槽）、分光计、汞灯光源、酒精等。

【实验原理】

1. 声光效应及超声光栅的光栅常数

在透明介质中传播的超声波使介质的局部发生周期性的压缩与膨胀,引起介质密度呈疏密交替的变化并形成声场,当光束通过这种声场时,就相当于通过一个透射光栅,并发生衍射,这种衍射称为声光衍射(或声光效应),而存在超声场的透明介质则被称为超声光栅。

超声波在液体中传播的方式可以是行波,也可以是驻波。对于超声行波,可认为超声光栅栅面在空间随时间的改变而移动。如图 5.62 所示,图(a)表示行波在某一瞬间通过超声场时,液体介质的密度呈疏密相间的周期性分布。图(b)表示相应的折射率分布,n_0为不存在超声场时该液体介质的折射率,V_s为声速。由图可知,折射率也在周期性变化,且与密度变化具有相同周期,相应的波长正是超声波的波长 λ_s。超声行波场中折射率随时间、空间分布为

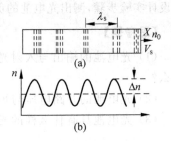

图 5.62　超声行波场中折射率的分布

$$n(x,t) = n_0 + \Delta n(x,t) = n_0 + \Delta n\sin(K_s x - \omega_s t) \tag{1}$$

式中,x 为超声波传播方向上的坐标;ω_s 为超声波的角频率;Δn 为超声波折射率变化的幅值;$K_s = 2\pi/\lambda_s$ 为超声波波数;λ_s 为超声波波长。由式(1)可见折射率增量 $\Delta n(x,t)$ 按正弦规律变化。折射率的周期性分布会对沿 y 轴方向入射光的相位进行调制,于是可将声光介质看作是一个相位光栅,它的光栅常数等于超声波波长 λ_s。

如果超声行波被反射,则可在一定条件下形成超声驻波,从而加剧介质的疏密变化。可以认为超声驻波场中超声光栅是固定于空间的。如果在超声波行波前进的方向上适当位置垂直地设置一个反射面,则可获得超声驻波。设前进波和反射波的方程分别为

$$\alpha_{前}(x,t) = A\sin 2\pi(t/T_s - x/\lambda_s) \tag{2}$$

$$\alpha_{反}(x,t) = A\sin 2\pi(t/T_s + x/\lambda_s) \tag{3}$$

二者叠加得

$$\alpha(x,t) = A\cos 2\pi \frac{x}{\lambda_s}\sin 2\pi \frac{t}{T_s} \tag{4}$$

式(4)刚好为一个驻波方程,表明超声波的前进波与反射波叠加后产生了一个新的声波,该波是一种驻波,其特征是:振幅为 $2A\cos(2\pi x/\lambda_s)$,在超声波传播方向上各点振幅不随时间变化,而随各点的位置不同而不同,即各点的振幅在任一时刻都不发生变化,是固定的。所以,可以认为超声光栅栅面是固定于空间的。这个新驻波的位相 $2\pi t/T_s$ 是时间的函数,不随空间变化。计算表明,超声驻波场中折射率变化为

$$\Delta n(x,t) = 2\Delta n \sin K_s \cdot x \cdot \cos\omega_s t \tag{5}$$

超声驻波场中介质的疏密分布以及折射率分布如图 5.63 所示。由图中可看出,某时刻,超声驻波的任一波节两边成为质点密集区,而相邻的波节处为质点稀疏区;半个周期后,这个节点附近的质点又向两边散开变为稀疏区,相邻波节处变为密集区。稀疏作用使介质折射率减小,而压缩作用使介质折射率增大。由折射率的分布图也可看出,对于空间任一点,折射率随时间变化,其周期为 T_s,并且对应 x 轴上某点的折射率可以达到极大值(即密集)或极小值(即稀疏);对于同一时刻,x 轴上的折射率也呈周期性分布,其相应的波长就是 λ_s。总之,驻波超声光栅的光栅常数也是超声波的波长。

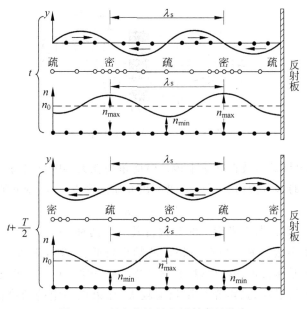

图 5.63　超声驻波场中折射率的分布

由上面的分析可见,超声光栅的光栅常数等于超声波的波长,即

$$d = \lambda_s \tag{6}$$

2. 超声波长的测量方法

如图 5.64 所示,当单色平行光束沿着垂直于超声波传播方向通过槽中液体时,因超声波的波长很短,只要槽宽 l 足够宽,槽中液体就像一个衍射光栅,超声波的波长 λ_s 即相当于光栅常数 d。根据光栅方程,衍射的主极大(光谱线)由下式决定:

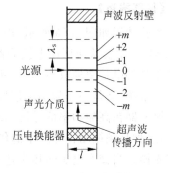

图 5.64　声光衍射实验装置示意图

$$\lambda_s \sin\theta_k = k\lambda, \quad k = 0, \pm 1, \pm 2, \cdots \tag{7}$$

式中,λ 为入射光的波长;λ_s 为超声波的波长(即超声光栅常数)。超声光栅衍射的实验光路如图 5.65 所示,实际上超声衍射的衍射角很小,$\sin\theta_k \approx \theta_k$,所以,

$$\lambda_s \approx \frac{k\lambda}{\theta_k}, \quad k = 0, \pm 1, \pm 2, \cdots \tag{8}$$

可见,如果测出超声衍射的各级衍射角,且入射光波长 λ 已知,则可由上式求出超声波的波长 λ_s。若测出超声波的频率 f_s,则超声波在该液体中的传播速度为

$$u_s = \lambda_s f_s \tag{9}$$

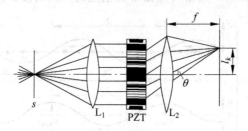

图 5.65　超声光栅衍射光路

我们知道,声阻抗是声波在介质中传播时能量损耗大小的重要特性,它对研究介质的性能变化具有重要的参考价值。因此如果测出介质的密度 $\rho_{介质}$,则介质的声阻抗为

$$Z = \rho_{介质} u_s \tag{10}$$

实际上,我们可以根据声光衍射的级数将其分为两种:一种称为拉曼-奈斯(Raman-Nath)衍射,能产生多级衍射。只有当超声波频率较低、入射角较小时,才能产生这种衍射。另一种声光衍射称为布拉格衍射,它只产生 0 级和唯一的 +1 级或 -1 级衍射。这种衍射只有在超声波频率较高、声光作用长度较大、光束以一定的角度倾斜入射时才能发生。布拉格衍射的衍射效率较高,常用于光偏转、光调制等技术中。本实验中只涉及第一种,即拉曼-奈斯衍射。

【仪器描述】

实验装置如图 5.66 所示,声光器件由声光介质、压电换能器和声波反射壁组成(见图 5.64)。本实验所用压电换能器(又称超声换能)由锆钛酸铅压电陶瓷片(PZT)制成,其作用是将电功率换成声功率,并在声光介质中建立起超声场。压电换能器既是一个机械振动系统,又是一个与功率信号源相联系的电振动系统,或者说是功率信号源的负载。压电换能器在高频功率信号源(频率约 10MHz)交变电场作用下,将发生周期性的压缩和伸长,这种高频振动在介质中的传播就是超声波,其在液槽中传播产生超声驻波场,形成超声光栅。当交变电压的频率达到换能器的固有频率时,由于共振的结果,此时超声驻波的振幅达到最大。

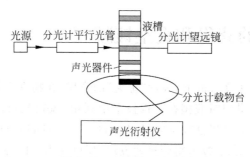

图 5.66　实验装置示意图

【实验内容】

（1）调节分光计。

（2）在液槽中装入适量的水，尽量减少液槽器壁的气泡，放入超声换能器。将液槽置于分光计载物台上，打开汞灯光源，使光垂直入射到液槽上。

（3）连接电路，开机给换能器加上驱动信号。

（4）调节超声光栅平面与平行光管光轴垂直，观察衍射条纹。

（5）仔细调节液槽方位以及频率调节旋钮，直到观察屏上出现 ±2 级以上的光斑，记录下振荡频率 f_s。

（6）测出汞灯紫（435.8nm）、绿（546.07nm）、黄（578.02nm）谱线左右各级衍射角，计算超声波波长，求其平均值，计算超声波在水中的波速，与公认值（1483m/s）比较，计算相对误差。最后求水的声阻抗。

（7）将液槽中的水换成酒精，用同样的方法求出超声波在酒精中的波速（公认值：1168m/s），求相对误差以及酒精的声阻抗。

【注意事项】

（1）压电换能器未插入液体介质中不要开电源。

（2）不要用手触摸压电陶瓷。

（3）在换酒精时要先关闭信号源。

【思考题】

（1）本实验如何保证平行光束垂直声波的方向？

（2）驻波的相邻波腹（或波节）间的距离等于半波长，为什么超声光栅的光栅常量在数值上等于超声波的波长？

（3）实验中，为什么汞光谱中的双黄线不能分辨清楚？

实验 15　真空的获得和真空镀膜

　　真空一词来源于拉丁文 Vacuo,表示"虚无"的意思,在物理学上是指低于一个大气压的气体状态。公元前 6 世纪时我国在冶铁技术中利用"风箱鼓风法"来炼铁,即利用了真空吸气原理。1643 年,意大利物理学家托里拆利(E. Torricelli)首创著名的大气压实验,获得了真空。自此以后,真空技术得到迅速发展,现已成为一门独立的前沿学科。真空技术的基本内容包括:真空物理、真空获得、真空的测量和检漏、真空系统的设计和计算等。随着表面科学、空间科学高能粒子加速器、微电子学、薄膜技术、冶金工业以及材料科学等尖端科技的发展,真空技术在近代尖端科学技术中的地位越来越重要。

　　本实验通过真空镀膜使学生掌握真空的获得、测量以及真空镀膜的相关知识,从而使读者对真空技术有基本的了解。

【实验目的】

　　(1) 了解真空技术的基本知识。

　　(2) 掌握低、高真空的获得和测量的基本原理及方法。

　　(3) 了解真空镀膜的基本知识。

　　(4) 学习掌握蒸发镀膜的基本原理和方法。

【仪器用具】

　　ZZ550 型箱式真空镀膜机、铝丝、玻璃基片等。

【实验原理】

1. 真空的基本知识

1) 真空的基本特点

　　真空有两类,一是自然真空,即气压随海拔高度增加而减小,存在于宇宙空间;另一类为人为真空,是采用真空泵抽掉容器中的气体而获得。其基本特点是:在气体真空状态下,单位体积内的气体分子很少,气体分子之间以及气体分子与固体表面碰撞频率极低,分子自由程增长。单位面积上气体分子碰撞频率可表示为 $\nu = \dfrac{3.5 \times 10^{22}}{\sqrt{MT}}p$,式中 M 和 T 分别为气体分子的分子质量(单位:g)和温度(单位:K)。

2) 真空量度单位

　　真空状态下,气体稀薄程度称为真空度,常用压力单位表示。各单位的换算关系如下:

$1atm=760mmHg=760Torr=1.013\times10^5Pa$

$1Torr=133.3Pa=1mmHg,1Pa=10\mu bar,1bar=10^5Pa$

3）真空区域的划分

目前对真空区域的划分还没有统一标准，通常按照气体空间的物理特性及真空技术应用特点将其划分为粗真空、低真空、高真空、超高真空、极高真空等区域（见表 5.22）。

表 5.22　真空的分类

真空区域	粗真空	低真空	高真空	超高真空	极高真空
范围/Pa	$10^5\sim10^3$	$10^3\sim10^{-1}$	$10^{-1}\sim10^{-6}$	$10^{-6}\sim10^{-12}$	$<10^{-12}$

2. 真空的获得

真空系统一般由下面几部分组成：待抽真空的容器（真空室）、获得真空的设备（真空泵：机械泵、扩散泵等）、测量真空的器具（真空计）、必要的管道、阀门和其他的附属设备，其中，真空泵是真空系统获得真空的关键，各级真空均可通过各种真空泵来获得。真空泵按其工作原理不同可细分为排气型和吸气型两大类。排气型真空泵是利用内部的各种机构，将被抽容器中的气体排出泵体之外，例如旋片机械泵、油扩散泵、涡轮分子泵等。吸气型真空泵则是在封闭的真空系统中，利用各种表面吸气的方法将被抽空间的气体分子长期吸附在吸气剂的表面上，使被抽容器保持真空，如吸附泵、离子泵和低温泵等。无论哪一种真空泵，都不可能在整个真空范围内工作，为了获得高真空，通常是将几种真空泵组合。本实验是用机械泵＋扩散泵组合，另外还有吸附泵＋溅射离子泵＋钛升华泵等组合。

1）低真空的获得——旋片式机械泵

旋片式机械泵一般用于抽低真空，它通常作为其他抽更高真空的前级泵，其结构如图 5.67 所示。该机械泵主要由偏心转子、定子、旋片等结构构成。偏心转子置于定子的圆柱形空腔内切位置上，空腔上连接进气管和出气阀门。转子中镶有两块旋片，旋片间用弹簧连接，使旋片紧压在定子空腔的内壁上。定子置于油箱中，油起到密封、润滑与冷却的作用。工作时，马达带动转子转动，转子又带着旋片不断旋转，就有气体不断排出，完成抽气作用，其工作原理如图 5.68 所示。当旋片 A 通过进气口（图 5.68(a)中所示位置）时开始吸气，随着旋片的运动，吸气空间不断增大，到图 5.68(b)位置达到最大。旋片继续运动，当旋片 A 运动到图 5.68(c)所示位置时，开始压缩气体，压缩到压强大于一个大气压时，排气阀门自动打开，气体被排到大气中，如图 5.68(d)所示。之后就进入下一个循环。整个机械泵泵体必须浸没在机械泵油中才能正常工作。

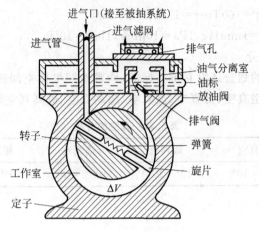

图 5.67　旋片式机械泵结构图

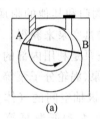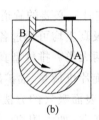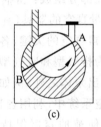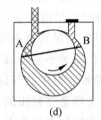

(a)　　　　　　　(b)　　　　　　　(c)　　　　　　　(d)

图 5.68　旋片式机械泵的工作原理

机械泵可在大气压下启动正常工作,其极限真空度可达 10^{-1} Pa,它取决于:①定子空间中两空腔的密封性,因为其中一个空间为大气压空间,另一空间为极限压强,密封不好将直接影响极限压强;②排气口附近有一"死角"空间,在旋片移动时它不可能趋于无限小,因此不能有足够的压力去顶开排气阀;③泵腔内密封油有一定蒸气压(室温时约为 10^{-1} Pa)。

旋片式机械泵使用时必须注意以下几点:①启动前先检查油槽中油液面是否达到规定要求,机械泵转子转动方向是否与泵的规定方向符合(否则会把泵油压入真空系统)。②机械泵停止工作时要立即让进气口与大气相通,以消除泵内外的压差,防止大气压通过缝隙把泵内的油缓缓从进气口倒压进被抽容器("回流"现象)。这一操作一般都由进气口上的电磁阀来完成,当泵停止工作时,电磁阀自动使泵的抽气口与真空系统隔绝,并使泵的抽气口接通大气。③泵不宜长时间抽大气,否则会因长时间大负荷工作而使泵体和电动机受损。

2) 高真空的获得——扩散泵

扩散泵是利用气体的扩散现象来抽气的,最早用来获得高真空的泵就是扩散泵,目前使用仍很广泛。扩散泵的抽气过程是被抽气体扩散到油蒸气射流中而被携带到泵出口排出的过程。图 5.69 是一个三级喷嘴的扩散泵结构示意图。底部为储油罐。接通扩散泵底部的加热电路，经过一段时间（约 30~70min），储油罐中的油被加热而沸腾产生油蒸气，蒸气沿着蒸气导流管上喷，而后被喷口帽阻挡后折反向下喷射，高速定向喷射的油分子与气体分子碰撞，由于油分子的分子量大，碰撞的结果是油分子把动量交给气体分子自己慢下来，而气体分子获得向下运动的动量后便迅速往下飞去，并且，在射流界面内气体分子不可能长期滞留，因而界面内气体分子浓度较小。由于这个浓度差，使被抽气体分子得以源源不断扩散进入蒸气流而被逐级带至出口，并被前级泵抽走。慢下来的蒸气流在向下运动过程中碰到水冷的泵壁后被冷凝，沿着泵壁流回蒸发器继续循环使用。

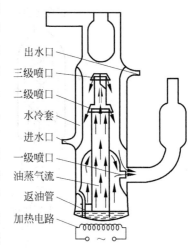

出水口
三级喷口
二级喷口
水冷套
进水口
一级喷口
油蒸气流
返油管
加热电路

图 5.69　扩散泵的结构示意图

　　扩散泵不能直接在大气压下工作，其启动压强一般小于 1Pa，因为在这一压强下可以保证绝大部分气体分子以定向扩散的形式进入高速蒸气流而被带走。此外，若扩散泵在较高空气压强下加热，会导致具有大分子结构的扩散泵油分子的氧化或裂解。因此，通常在扩散泵的出气口配置一台抽气量相当的机械泵，使扩散泵在 1Pa 的预真空下开始工作。扩散泵的极限真空度主要取决于油蒸汽压和气体分子的反扩散，一般能达到 $1.33 \times 10^{-5} \sim 1.33 \times 10^{-7}$ Pa。

3. 真空的测量

　　测量低于大气压的气体压强的工具称为真空计。真空计可以直接测量气体的压强，也可以通过与压强有关的物理量间接测量压强。前者称为绝对真空计，后者称为相对真空计。按照气体产生的压强、气体的粘滞性、动量转换率、热导率、电离等原理可制成各种真空计。由于被测量的真空度范围很广，一般采用不同类型的真空计分别进行相应范围内的真空度的测量。常用的有热偶真空计和电离真空计（如图 5.70 所示）。

　　热偶真空计也叫热偶规，是根据在低气压下气体的热导率与气体压强成正比的关系而制成。它通常用来测量低真空，可测范围为 0.1333~13.33Pa。其中有一根细金属丝（铂丝或钨丝）以恒定功率加热，金属丝的温度取决于输入功率与散热的平衡关系，而散热取决于气体的热导率。管内压强越低，即气体分子越稀薄，气体碰撞灯丝带走的热量就越少，则丝温越高，从而热偶丝产生的电动势越大。经过校准定标后，就可以通过测量热偶丝的电动势来指示真空度了。

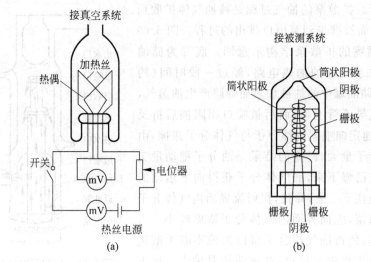

图 5.70 真空计

(a) 热偶真空计结构;(b) 电离真空计结构

电离真空计也叫电离规,是根据气体分子与电子相互碰撞产生电离的原理制成的。它用来测量高真空度,可测范围为 $1.33 \times 10^{-6} \sim 0.133$ Pa。特别注意,只有在真空度达到 10^{-1} Pa 以上时,才可以打开电离规管灯丝。否则,电离真空计中的灯丝会因为高温很快被氧化烧毁。

为了方便,通常将热偶真空计和电离真空计组合成复合真空计使用。本实验室采用的 ZDF-Ⅲ-LED 微机型数显复合真空计就是由这两种真空计所组合的。

4. 真空镀膜

真空镀膜实质上是在高真空状态下利用物理方法在镀件的表面镀上一层薄膜的技术,它是一种物理现象。真空镀膜按其方式不同可分为真空蒸发镀膜、真空溅射镀膜和现代发展起来的离子镀膜。本次实验所采用的就是真空蒸发镀膜技术,所采用的物理方法可以是电流加热、电子束轰击加热和激光加热等方法,本实验中所用的是电流加热方法。

蒸发镀膜的原理如图 5.71 所示,主要包括以下几个物理过程:

(1) 采用各种形式的热能转换方式,使镀膜材料蒸发或升华,成为具有一定能量 (0.1～0.3eV) 的气态粒子(原子、分子或原子团);

(2) 气态粒子通过基本上无碰撞的直线运动方式传输到基片;

(3) 粒子沉积在基片表面上并凝聚成薄膜。

在真空镀膜中,飞抵基片的气化原子或分子除一部分被反射外,其余的被吸附在基片的表面上,被吸附的原子或分子在基片表面上进行扩散运动,一部分在运动中因相互碰撞

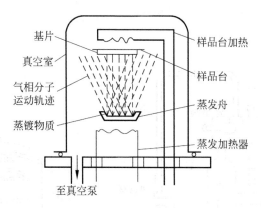

图 5.71　真空蒸发镀膜原理图

而结聚成团,另一部分经过一段时间的滞留后,被蒸发而离开基片表面,聚团可能会与表面扩散原子或分子发生碰撞时捕获原子或分子而增大,也可能因单个原子或分子脱离而变小。当聚团增大到一定程度时,便会形成稳定的核,核在捕获到飞抵的原子或分子,或在基片表面进行扩散运动的原子或分子就会生长。在生长过程中核与核合成而形成网络结构,网络被填实即生成连续的薄膜。

　　影响真空镀膜的质量和厚度的因素很多,基片表面条件(如清洁度和不完整性)、基片的位置、蒸发源的形状及温度以及薄膜的沉积速率(与真空度成正比关系)都是重要的影响因素。图 5.72 所示为常见的几种蒸发源形状。

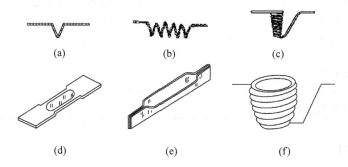

图 5.72　蒸发源形状示意图

【仪器描述】

　　本实验采用 ZZ550 型箱式真空镀膜机,其极限真空度为 $5 \times 10^{-4}\,\mathrm{Pa}$,结构如图 5.73 所示,主要由主机和控电柜(图中未画出)两大部分组成。主机主要由真空室、真空系统、水冷系统以及安装于门上的凸轮压紧机构成。真空室内部结构如图 5.74 所示。蒸发镀膜的实验条件可参考表 5.23 中的实验参数。

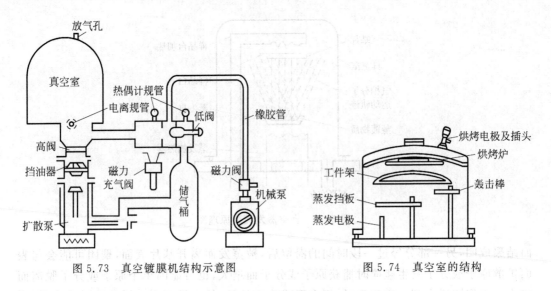

图 5.73　真空镀膜机结构示意图　　　图 5.74　真空室的结构

表 5.23　蒸发镀膜的实验条件

制膜方法	物理气相沉积 PVD 法
镀膜机	ZZ550 型箱式真空镀膜机
基片	玻璃片
加热器	钼舟(熔点：2610℃)
蒸镀材料	铝(熔点：660℃)
机械泵及排气速率	2X-15 型机械泵；15L/s
油扩散泵及抽速	K-300 型油扩散泵；14500L/s
轰击方法	离子轰击，轰击电压 70～100mA
真空度	$5\times10^{-4}\sim3\times10^{-3}$ Pa
工转电压	100V
阻蒸电流	100A
基片烘烤温度	200℃

【实验内容】

本次实验采用蒸发镀膜方式在一块平面玻璃表面上镀一层铝反射膜,在此过程中学习低真空、高真空的获得以及真空度的测量方法。

(1) 熟悉镀膜机的结构及功能、操作程序和注意事项等。

(2) 做好镀膜前的各项准备工作

① 清洗基片和铝丝。

先用丙酮清洗,而后用无水酒精清洗,最后用棉纱或绵纸包好,放在玻璃器皿内备用。(一般有去除基片表面上物理附着物的方法和去除化学附着物的方法。基片表面不可能绝对清洁,需根据实验目的决定基片清洗到什么程度。)

②　真空室的清理与准备。清理真空室,装好基片、铝丝,选择好电极并锁紧。

③　打开外接水阀,同时打开设备各冷却部位水阀,检查各接口是否漏水。

④　闭合配电板上主机电源空气开关后,打开电控柜内电源开关。

⑤　将操作开关置于"手动"挡。

(3) 抽低真空

①　开机械泵 1~2min,观察机械泵视镜内油面是否静止,待油面静止后,开预真空阀对扩散泵进行抽低真空,同时打开扩散泵,电炉对扩散泵进行加热(加热时间约 1h)。此时,可进行镀膜前的各项准备工作(如工件、室体内部的清洁,放钼舟,加热等)。

②　关闭室体,关预真空阀,开低真空阀,开真空计,开始抽低真空。

③　当真空计显示低真空在 7~8Pa 时,打开工转(工转电压调至 50V 左右),关低真空阀,开预真空阀,对工件进行离子轰击(轰击电流缓慢调至 100mA 左右)。此时观察真空度的变化情况,保证真空度在 7~8Pa 范围(为什么?用低真空阀、预真空阀切换来实现),直到观察到轰击电流计指针几乎不摆动即可(一般需 15min 左右)。

④　轰击结束后,关轰击电流,关预真空阀,开低真空阀,继续抽低真空,直至真空度小于 3Pa。当低真空指示灯亮时,关低真空阀,开预真空阀,开高真空阀。

(4) 抽高真空

当低真空指示灯亮,关低真空阀,开预真空阀,开高真空阀,抽高真空。根据需要设置烘烤温度(本次实验设置为 200℃),对工件烘烤,烘烤电压:70~100V。当真空度达到 3×10^{-3}~5×10^{-3}Pa 时,高真空指示灯亮,可以开始镀膜。

(5) 蒸镀

①　将转换开关的旋钮与所用钼舟方向调至一致,拧紧转换开关(注意:需转换蒸镀钼舟时必须关闭阻蒸电源)。

②　提高工转速度(工转电压调至 100V 左右),开阻蒸电源,缓慢调节阻蒸电流至 50A,观察钼舟内镀料熔化状态。待镀料完全熔化(沸腾状)时,提高阻蒸电流(100A),打开挡板,开始蒸镀,等镀料完全蒸镀完后(实际蒸镀时间应根据所镀膜的要求而定),立即关挡板,阻蒸电位器回零,再关闭阻蒸电源。

注意:在蒸发镀膜中,蒸发源温度的微小变化都会引起蒸发速率的很大变化,所以在蒸镀过程中必须根据所镀膜的参数要求精确控制蒸发源的温度。

③　将工转调至 50V,自然冷却,待室体温度降至 100℃ 以下,关高真空阀,开放气阀,停止工转,开室体,冷却后即可取出工件,清洗镀膜室。

(6) 结束工作

①　关室体门,关预真空阀,开低真空阀,对室体抽低真空。

②　当真空计显示在 3Pa 左右时,关低真空阀,开预真空阀,关扩散泵。

③ 一小时后,关预真空阀,关机械泵,关空气开关,关设备外空压机电源、水源,并打开空压机底部放气孔进行排气。

(7) 通过查阅资料,设计实验方法,测量所镀薄膜的厚度。

【注意事项】

(1) 设备供应水水压不低于 0.2MPa,水温应低于 25℃,水质为软水或经过处理后的自来水和循环水。

(2) 当停水时,先关电源,用手动操作关闭高真空阀,迅速移开扩散泵下加热电炉,等温度降低后最后关水阀。

(3) 当电源或机械泵发生故障,应立即停机,用手动操作关闭高真空阀、预真空阀。若需较长时间排除故障,应待扩散泵冷却后再排除。

(4) 扩散泵停止后,应保持真空度。扩散泵必须在冷却水畅通时才能进行加热。

(5) 真空室尽可能短地暴露在大气中。

【思考题】

(1) 进行真空镀膜为什么要求有一定的真空度? 如达不到所要求的真空度可能会出现什么问题?

(2) 镀膜前为什么要清洗基片? 为了提高膜层的牢固度,可怎样对基片进行处理?

(3) 查阅资料,分析蒸发速率对所形成的薄膜质量都有哪些影响。

实验 16　全息照相及再现

【实验目的】

(1) 熟悉光波干涉和衍射的基本原理。

(2) 了解全息照相的两个基本过程,熟悉制作和再现全息图的基本条件。

(3) 学习拍摄全息图的基本光路设计和技术要求。

(4) 了解激光光源的使用。

【仪器用具】

全息实验平台、氦氖激光器及其电源、全反射镜、分束镜、扩束镜、孔屏、白屏、调节支架及光学夹具、光开关、激光功率计、曝光定时器、光强测量仪、全息干板、米尺、被摄物、暗室设备一套等。

【实验原理】

光波具有强度和位相两种信息。在普通照相过程中,感光材料只记录了光波的强度信息而没有记录光波的位相信息,所以普通照相不能完全反映被拍摄物的真实面貌,只能呈现一个平面图像,失去了立体感。全息照相的关键是引入了一束相干的参考光束和从拍摄物表面漫反射来的物光束在全息干板处相互干涉,把物光波携带的全部信息即强度和位相"冻结"在全息干板上,用干涉条纹的形式记录下来,这就是全息照相。干涉图样的亮暗对比度反映了物光波振幅的大小即强度因子,条纹的形状、间隔等几何特征反映了物光波的位相分布。

全息照片上记录的是物体全部信息的干涉条纹,相当于一块复杂的光栅板。当用与记录时的参考光完全相同的光以同样的角度照射全息照片时,就能在光栅的衍射光波中得到原来的物光,被"冻结"在全息片上的物光波就能"复活"。通过全息片在原来放置物体的地方(尽管物已被拿走)就能看见一个逼真的虚像。它和原物体完全一样。这就是全息图的再现。

全息照相分为全息记录和波前再现两个基本过程。

1. 全息记录

如图 5.75 所示,将一束激光经分束镜 BS 分为两束,一束经平面镜 M_1 反射后通过扩束镜 C_1 照射到物体 O 上,由物体漫反射后射向全息干板为即物光束;另一束经平面镜 M_2 反射后通过扩束镜 C_2 直接照射全息干板上即为参考光束,这两束光是相干光,它们在干板上发生干涉,形成一组干涉条纹,记录的是物光束的振幅和位相全部信息的不规则的干涉图样。

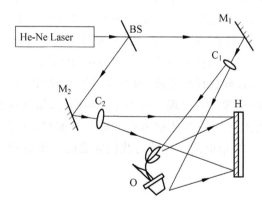

图 5.75　全息记录光路图

设 x,y 轴平面为全息干板平面,由物体漫反射的单色光波在干板平面 xy 上的复振幅分布为 $O(x,y)$,称为物光波,同一波长的参考光波在干板平面 xy 上的复振幅分布为 $R(x,y)$,物光波和参考光波叠加以后在干板平面上的强度为

$$I(x,y) = |O(x,y) + R(x,y)|^2$$
$$= |O(x,y)|^2 + |R(x,y)|^2 + O(x,y)R(x,y)^* + O(x,y)^*R(x,y) \quad (1)$$

式中第一项是物光光强,干板上不同位置有不同值;第二项是参考光光强,由于参考光是均匀分布的,因此它在全息干板上构成均匀的背景;第三项包含两相干光的振幅和相对位相。若全息干板的曝光和冲洗都控制在振幅透过率 T 随曝光量 $E(E = SI, I$ 为光强, S 为曝光时间)变化的曲线(如图 5.76 的线性部分),则全息干板透射系数 $t(x,y)$ 与光强 $I(x,y)$ 呈线性关系,即

$$t(x,y) = \alpha + \beta I(x,y) \quad (2)$$

这就是全息图的记录过程。

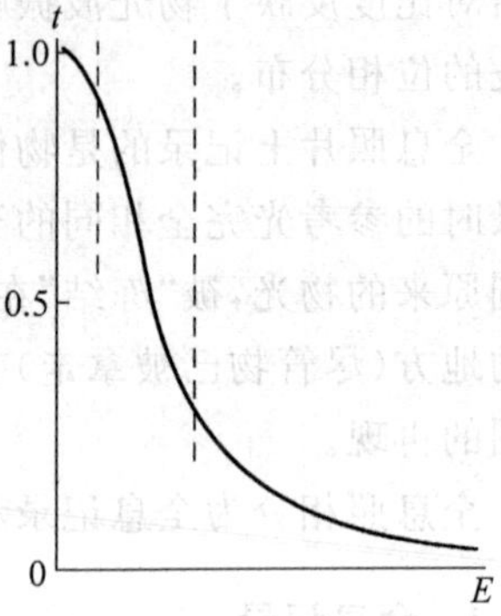

2. 波前再现

用某一单色光将全息图照明,若在干板平面上该光波的复振幅为 $P(x,y)$,则经过全息图后的复振幅分布为

图 5.76　振幅透过率随曝光量变化曲线

$$P(x,y)t(x,y) = \alpha P(x,y) + \beta P(x,y)[|O(x,y)|^2 + |R(x,y)|^2]$$
$$+ \beta P(x,y)O(x,y)R^*(x,y)$$
$$+ \beta P(x,y)O^*(x,y)R(x,y) \quad (3)$$

上式中第一、二项都具有再现光的位相特性,因此这两项实际与再现光无本质区别,它的方向与再现光相同,称为零级衍射光。在第三项中,当取再现光和参考光相同时, $P(x,y)$ 与 $R^*(x,y)$ 的积等于一个常数,则这一项便是与原物光波相同的复振幅 $O(x,y)$ 了,即这一项是与物光波相同的衍射波,具有原始物光波的一切特性(它与相乘的常数分布是无关紧要的)。如果用眼睛接收到这样的光波,就会看见原来的"物",这个与"物"完全相同的再现像是一个虚像,称原始像。当再现光与参考光相同时,第四项有与原物共轭的位相,说明这一项代表一个实像,它不在原来的方向上而是有偏移,称之为"共轭像",通常把原始像的衍射光波称为 +1 级衍射波。这就是我们需要的三维虚像,把形成共轭像的光波称为 -1 级衍射波。

【实验内容】

(1) 学会用迈克耳孙干涉仪检查全息台防震系统的性能。

(2) 在全息平台上布置全息图拍摄光路。

按图 5.75 依次放入光学元件,其中 H_e-N_e Laser:氦氖激光器;M_1,M_2:全反射镜;BS:分束镜;C_1,C_2:扩束镜;O:被拍摄物;H:全息干板。

在干板处,物参光的光强比可在 1:1~1:10 之间选择。可用光强测定仪在干板位

置处测量。若无光强测定仪则用白屏或毛玻璃放在干板位置处用眼睛观察。物、参光角度约为 $30°\sim40°$。物光束和参考光束光程尽可能相等,要求光程差小于 1cm。照明被拍摄物的光应将物体均匀照亮,调节物体方位使物体漫反射光的最强部分均匀地落在干板上,参考光应均匀照明并覆盖整个干板。

(3) 曝光。关闭光开关,在 H 处将干板装在干板架上,干板的乳胶面应面向被拍摄物,根据干板处物光、参考光的强度选择合适的曝光时间(数秒到数十秒间),待整个系统稳定后(约 1min),点亮激光,用曝光定时器控制光开关曝光。

(4) 冲洗。在暗房中将曝光后的全息干板置于 20℃ 左右的 D19 显影液中,显影约 1min,清水冲洗后放入 F5 定影液中定影约 5min,晾干后即得一张全息图。

(5) 全息图的再现。将冲洗好的全息干板放回原干板架上,拿走被摄物,挡着物光,用原参考光照明全息图,在原来放置被拍摄物的地方可以看到原物的三维立体图像。通过观察,分析全息照相的特点。

【注意事项】

(1) 拍摄时不可走动。装片后静置 1min 才开始曝光。

(2) 操作时,注意不让激光直射入眼睛。

【思考题】

(1) 普通照相与全息照相有哪些不同? 全息图的主要特点是什么?

(2) 拍好一张全息图的关键是什么? 实验中如何保证?

(3) 不用再现光,如何判断全息干板是否已记录了信息?

(4) 拍摄全息图时,激光光源是否可以不放在防震台上? 为什么?

第6章 设计性实验

【设计性实验的任务】

一般的实验教学内容,基本上属于继承和接受前人的知识、技能,多为验证性实验,这是科学实验入门的基础训练。在经过一定数量的基础实验和综合实验训练后,由实验室给出相关的设计性实验题目,这类设计性的实验项目带有一定的综合应用或综合设计性质。设计性实验的核心是设计、选择实验方案,并通过实验来检验方案的正确性与合理性。做设计性实验时,学生自己根据项目要求与实验精度要求,确定实验原理、实验方法;选择实验条件及配套的相关仪器;并对测量结果给出数据处理方法,从而形成一套较为完整的设计方案;经教师审定后,独立进行实验,最后写出完整的实验报告。

【实验方案的选择】

实验方案的选择一般包括:实验方法和测量方法的选择;测量仪器和测量条件的选择;数据处理方法的选择;进行综合分析和误差估算等。

1. 实验方法的选择

根据项目所要研究的对象,列出各种可能的实验方法。即根据一定的物理原理,确立在被测量与可测量之间建立关系的各种可能方法。然后,比较各种方法能达到的实验精确度、适用条件、实验成本及实施的可能性,确立最佳方案。也可选择其中的几个进行初步实验比较后,再确立最佳方案。

2. 测量方法的选择

实验方法选定后,为使结果的误差最小,需要进行误差来源及误差传递的分析,并结合可能提供的仪器,确定具体的测量方案。

3. 测量仪器的选择

选择测量仪器时,一般需考虑以下 4 个因素。
(1) 分辨率:可简述为仪器能够测量的最小值。
(2) 精确度:由所使用的各仪器的 Δ_{ins} 来表征的相对不确定度。

（3）有效（实用）性：实验的条件是否易于满足。

（4）成本：达到项目要求的成本是否合理及可接受。

4. 测量条件的选择

确定最有利的测量条件，即确定在什么条件下进行测量引起的结果的误差最小。从理论上讲，这可由误差函数对自变量（被测量）求偏导，并令其一阶导数为零而得到。对于只有一个被测量的函数，可将一阶导数为零的结果代入二阶导数式，若其结果大于零，则该一阶导数的结果即为最有利的条件。一般分析时多从相对不确定度入手。

有时当情况较为简单时，也可从简单的计算分析中直接得出结论。

例 当电学仪表在选定准确度等级后，如何选择合适的量程进行测量，才能使结果的相对不确定度最小？

解 设电表的准确度等级为 K 级，量程为 V_{max}，则

$$\Delta_{ins} = V_{max} \cdot K\%$$

若待测量为 V_x，则其相对不确定度为

$$E_x = \frac{\Delta_{ins}}{\sqrt{3}V_x} = \frac{V_{max}}{V_x} \cdot K\%$$

由上式可见，当仪表的准确度等级确定后，还需要有 $V_x \approx V_{max}$ 才能保证测量的相对不确定度最小。量程与被测量的比值越大，仪表的相对不确定度越大，根据这一结论可指导实验者正确选择电表的量程。

5. 数据处理方法与设计方案的选择

在考虑实验方法时，经常需要利用数据处理的一些技巧，解决某些不能或不易被直接测量的物理量的测量问题。

（1）测出不能直接测量的物理量。有些物理量虽然不能被直接测量，但是通过采取适当的数据处理方法，可以把问题解决。

（2）测量不易测准的物理量。由适当的数据处理的方法可以解决某些不易测准的物理量的测量。

（3）绕过不易测量的物理量。利用适当的数据处理方法还可以绕过某些不易测出的物理量而求出所需的物理量。

【测量仪器的配套】

可以按照"不确定度等作用原理"（参照 1.2.3 节"间接测量结果不确定度的合成"的逆过程）来指导实验者选择仪器。若实验中需要使用多种仪器时，还应注意仪器的合理配

套问题。因为在许多情况下，无法按"不确定度等作用原理"设计实验。其主要原因是：

（1）有些不确定度分量由于条件等原因已经确定，无法改变。如由于条件限制，只能选择某一种型号的仪器测量某一物理量。对于这种情况，可先从总的不确定度中（通常是项目的要求）除去这一部分，再将其余的量按"不确定度等作用原理"对其他被测量进行估算。

（2）若按"不确定度等作用原理"设计实验，估算的结果可能会使某些物理量的测量条件很容易满足，而另一些物理量的测量条件则很难满足或需要使用非常贵重的高精密仪器才能满足测量条件。对于这种情况，则可以对在均分情况下难以满足测量条件的物理量适当放宽测量条件，而减小易于测量量的不确定度量值，保证测量结果的合成不确定度不超过项目设计要求。

上述的"不确定度非等作用方法"的实质是按可能性分配不确定度，即将不确定度的总要求按照可能性分配给各主要不确定度来源，从而指导实验者在设计中选择仪器。

【实验的成本】

在选择仪器时，对于同类型的仪器，一般应遵守这样的原则：若低精度等级的仪器能够满足设计要求，则选择低精度等级的仪器，而不选择高精度等级的仪器。因为高精度等级的仪器与低精度等级的仪器相比，具有价格高、操作难度大、易损坏、使用时对环境等条件要求较严格、不易维修等特点。

为了降低实验的成本，所选择的仪器应该能够使所有仪器，特别是主要仪器发挥最佳功能，既满足项目设计的要求，也不能浪费仪器的功能。

实验 1　气垫导轨上空气膜厚度的粗略测定

【设计原理】

力学实验遇到的最大难题是运动物体与支承面的直接接触产生的摩擦力，它严重地限制了力学实验的准确度，为了避免运动物体与支承面的直接接触，人们使它们之间形成一层薄薄的空气膜（气垫导轨的气垫厚度为 $10 \sim 200 \mu m$），这就是气垫技术（用气体把运动物体"垫"起来）。其最大特点就是低摩擦。这一技术在实际中已得到广泛应用，如气垫导轨、气垫船、气垫轴承等。而气垫厚度又会直接影响物体所受的阻力大小，因而气垫厚度是我们衡量气垫导轨质量的一个重要指标和参数。关于气垫厚度的测量方法有电容测定法、读数显微镜测定法等，而在本次实验采用另外一种测定方法——光杠杆测定法进行测定。

本实验的主要思想是利用光杠杆测定微小位移原理测定导轨上滑块在通气前后高度的微小落差（即在竖直方向上有一微小位移 Δh）变化，从而实现对导轨平面与滑块平面间距的测定,即气垫层厚度。

【设计要求】

(1) 阐述测量基本原理和方法。

(2) 说明实验基本步骤。

(3) 进行实际实验测量。

(4) 说明数据处理方法,给出实验结果。

(5) 实验结果分析与讨论。

【思考题】

(1) 如何判断气轨真正达到水平或近似地达到水平?

(2) 试分析:如果气轨没有真正达到水平,对实验结果将会带来什么样的影响?

(3) 调节光杠杆的程序是什么?

(4) 如何保证在实验过程中光杠杆的镜架保持相对稳定?

【参考仪器】

气垫导轨、滑块、光杠杆测量系统、载物台。

实验 2　铜丝的电阻温度系数测量设计

【设计原理】

根据自行选择的实验方法,查阅资料,自己写出符合设计方法的简要基本原理。

【设计要求】

(1) 写出测量原理。

(2) 选择实验器材,连接好电阻温度系数测量线路。

(3) 测量加热前的水温及铜丝电阻。

(4) 列出数据表格,并根据公式 $\alpha_R = \dfrac{R_t - R_0}{R_0 T}$ 进行计算,其中 R_t,R_0 分别是温度为 T(单位:℃)和 0℃时金属的电阻值,α_R 是电阻温度系数(单位:℃$^{-1}$)。

(5) 用直线拟合法求 α_R 和相关系数 r,用作图法求 α_R,并对两种方法的结果进行比较。

【参考仪器】

数字万用表、数字温度计、电热杯、保温杯、铜丝、温度计、加热器等。

【思考题】

(1) 实验中要求在大致热平衡(温度计示值基本不变)时开始测量,试问如何控制沿铜丝的温度?

(2) 根据本实验方法,试问如何利用金属电阻制成温度计来测量温度?

实验3　热敏电阻温度开关设计

【实验简介】

热敏电阻是常用温度传感器之一,它具有体积小、响应快等优点,被广泛用于室温范围的测温或控温,可制成无触点温度开关、电子仪器的过热保护以及电暖炉等恒温发热器。

【设计原理】

(1) 本实验采用半导体硅材料制成的热敏电阻,它具有负温度系数,其阻值随温度变化关系近似满足下式:

$$R = R_0 e^{B\left(\frac{1}{T} - \frac{1}{T_0}\right)}$$

式中,R_0 为温度 T_0 时的电阻;R 是温度 T 时的电阻;T 为绝对温度;B 为温度常数。

(2) 有关比较器的原理可参见"集成运算放大器的应用"相关资料。

实验采用的运算放大器可选用 $\mu A741$,其工作电压为 $\pm 15V$,在不加负反馈时输出电压 $\pm U_{max}$ 约为 $\pm 13V$。

(3) 实验中恒流源输出电流为 $I=1mA$。

(4) 发光二极管的正常工作电压为 $2V$,工作电流为 $10mA$。

【设计要求】

(1) 测量热敏电阻阻值与温度的关系,测量温度常数 B。

(2) 制作一个 $40℃$ 的温度开关,用发光二极管作为开关状态显示。

【参考仪器】

热敏电阻、运算放大器、$\pm 15V$ 直流电源、恒流源(最大输出电压 $18V$)、数字万用表两块、电阻箱、多圈电位器、数字温度计、保温杯、电热杯、玻璃管等。

实验4　数字温度计的设计与制作

【实验简介】

近年来传感器发展迅速,用各种传感器设计制作的温度计也非常多,应用比较普遍,测量准确性和灵敏度都较高,且又能直接把温度量转换成电学量,尤其适用于自动控制和自动测量。用铂电阻温度传感器、PN 结温度传感器制作的温度计更是十分普遍。

【设计原理】

数字温度计是利用金属或半导体的电阻值随温度急剧变化的特性而制作的，以热敏电阻为传感器，通过测量其电阻值来确定温度的仪器。为了实现温度计的设计，可采用电学仪器来测量出热敏电阻的电阻值，了解热敏电阻的特性。在了解了数字温度计的基本原理后，可参考图 6.1 设计制作一台数字温度计。

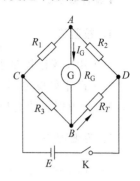

根据设计要求自行写出设计原理，画出设计电路图。

图 6.1 热敏电阻测温
电路原理图

【设计要求】

（1）设计制作一个铂电阻（Pt100）数字温度计。测温范围：$0 \sim 100℃$；通过铂电阻的电流为 1mA；输出电压为 $0 \sim 100$mV（用数字万用表的 200mV 挡）。

（2）设计制作一个 PN 结数字温度计。测温范围：$0 \sim 100℃$；通过 PN 结温度传感器的电流 $I_0 = 100\mu A$；输出电压为 $0 \sim 100$mV（用数字万用表的 200mV 挡）。

【参考仪器】

铂电阻温度传感器、PN 结温度传感器、直流电源、恒流源、数字万用表、数字温度计、电阻箱、电阻、电热杯、保温杯、导线、开关等。

【思考题】

（1）实验中使用电热杯、保温杯的作用是什么？

（2）典型的铂电阻冰点温度是多少？

（3）数字温度计设计定标的温度点应从哪里读取？

实验 5　液体表面张力系数的测量设计

【实验简介】

液体表面张力是表征液体性质的一个重要参量。液体表面张力系数的测量有多种方法，常见的有拉脱法、毛细管法、平板法、最大泡压法和滴重法等。要求选择一种或多种测量液体表面张力系数的方法进行实验方案的设计，进一步了解液体表面张力与浓度、温度等的关系。

【设计原理】

根据选择的实验方法，查阅资料，自己写出符合设计方法的简要基本原理。

【设计要求】

1. 拉脱法

(1) 用拉脱法测量水的表面张力。

(2) 设计实验时,考察金属框的直径、容器内径和容器内液体的深度对实验结果的影响,得出较为理想的实验条件。

2. 毛细管法

(1) 用毛细管法测量水的表面张力。

(2) 研究毛细管内径对实验结果的影响。

(3) 研究毛细管的外径、容器的内径对实验结果的影响,推导出实验结果的修正公式。

3. 滴重法

(1) 用滴重法测量水的表面张力。

(2) 研究液滴形成的速度对实验结果的影响。

4. 应用研究

(1) 设计一个实验,研究两种液体混合溶液(如酒精的水溶液)的表面张力与其浓度的关系。

(2) 设计一个实验,研究固体(如食盐)水溶液的表面张力与其浓度的关系。

(3) 设计一个实验,研究乳浊液(如牛奶或油的水溶液)或悬浊液的表面张力与溶液中的乳液或颗粒浓度的关系。

(4) 设计一个实验,测量同种液体(如水)的表面张力与温度的变化关系。

【参考仪器】

(1) 拉脱法实验的器材:液体表面张力测定仪、砝码盘和砝码、弹簧等。

(2) 毛细管法实验的器材:测高仪、毛细管(内径约1mm,或自行选择)、升降台、重铬酸洗液等。

(3) 滴重法实验的器材:25mL标准酸式滴定管、读数显微镜、电子秒表等。

(4) 其他器材:电子天平、游标卡尺、温度计、量筒、烧杯、试剂瓶、各种不同内径的玻璃皿、镊子等。

(5) 各种耗材:纯净水、NaOH溶液、食盐、葡萄糖(蔗糖)、酒精、洗洁精等。

【思考题】

(1) 什么是表面张力?什么是表面张力系数?

（2）试定性分析液体的表面张力系数随温度的变化如何改变。

实验 6　液体体膨胀系数测量设计

【设计原理】

根据选择的实验方法，查阅资料，自己写出符合设计方法的简要基本原理。

【设计要求】

（1）通过设计了解液体体膨胀系数测量方法，写出测量原理。

（2）用膨胀计测量液体（水）体膨胀系数。

（3）学会对测量结果进行误差分析。

【原理提示】

（1）测量系统包括盛水杯、恒温水槽、膨胀计、温度计、搅拌器等。

（2）用电子天平测量空膨胀计质量 m。

（3）将膨胀计注满水，揩干外部水，在实验室空气中摆放 $10\sim15\text{min}$，测其质量 m_1，测量实验室温度 t_1。

（4）将注满水的膨胀计放入恒温水槽中，搅拌水槽中的水，10min 后测出水槽中水的温度 t_2，取出膨胀计，擦干外部水，测出质量 m_2。

（5）用有关公式计算出水的体膨胀系数并进行误差分析。

【参考仪器】

电子天平、盛水杯、恒温水槽、膨胀计、温度计、搅拌器、毛巾等。

【思考题】

（1）水的体膨胀系数是否为一个常数？为什么？

（2）你还能设计其他测量液体体膨胀系数的方法吗？

实验 7　用伏安法测量电源的输出特性

【参考仪器】

待测直流电源、电压表、安培表、变阻器，电阻、开关等。

【设计原理】

根据设计要求自行写出设计原理，画出设计电路图。

【设计要求】

(1) 用伏安法测量电源的输出特性曲线。

(2) 由输出特性曲线求电源的电动势、内阻、电源所能提供的最大输出电流(对应于负载短路时的输出电流,实验时不允许负载短路)及最大输出功率。

(3) 简述测量原理,画出实验电路图。

实验 8　　用电位差计校准改装电流表

【参考仪器】

直流电源、变阻器、电阻箱、$100\mu A$ 的电流表、运算放大器、电阻、电位差计、标准电池、检流计等。

【设计原理】

根据设计要求自行写出设计原理,画出设计电路图。

【设计要求】

(1) 将 $100\mu A$ 的电流表改装成 $50\mu A$ 的电流表。

(2) 用电位差计校准 $50\mu A$ 的电流表。

(3) 写出设计原理,画出实验电路图,计算出各元件的参数大小。

实验 9　　设计内阻无限大的指针式电压表

【参考仪器】

直流稳压电源、变阻器、电阻箱、直流指针式电压表、检流计等。

【设计原理】

根据设计要求自行写出设计原理,画出设计电路图。

【设计要求】

(1) 将 $3V$(内阻 3000Ω)的电压表设计成内阻无限大($1M\Omega$ 以上)的电压表。

(2) 用设计的电压表测电压时对原电压的影响可忽略,达到数字电压表的要求。

实验 10 设计组装欧姆表

【参考仪器】

微安表（100μA）、电阻箱、干电池、滑线变阻器等。

【设计原理】

根据设计要求自行写出设计原理，画出设计电路图。

【设计要求】

（1）给出组装欧姆表的设计方案（包括原理、电路图、步骤）。

（2）测量中值电阻。

（3）分别组装具有量程"×1"、"×10"和"×100"的欧姆表，计算出组装表各元件的参数大小。

（4）用电阻箱对组装表进行标定。

（5）分析讨论。

实验 11 用掠入射法测定透明介质的折射率

折射率是光学材料的重要参数，在科研和生产实际中常需要测量它。测量折射率的方法可分为两类：一种是利用折射定律的最小偏向角法；另一种是利用全反射准确测量角度的掠入射法。

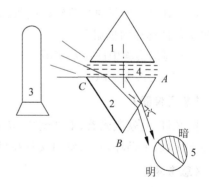

【参考仪器】

分光计、两块三棱镜、钠光灯、待测液体。

【设计原理】

参照阿贝折射仪的实验原理，利用分光计测出角度 i'。测量原理如图 6.2 所示。

图 6.2 实验原理图
1—辅助棱镜；2—等边三角形棱镜，已知折射率为 n，顶角 A 为 $60°$，BC 为毛玻璃面，AC、AB 为光学表面；3—钠光灯；4—待测液体；5—用望远镜观察到的半荫视场。

【设计要求】

（1）写出掠入射法的实验原理，并根据其原理设计出测量方法。如本实验测量 i' 角的光学现象，如何观察和测量？写出测量 i' 角的步骤。

(2) 图 6.2 中,当出射光线在法线的另一侧时,液体折射率测量原理公式如何表示?

实验 12　　用干涉法测定透明介质的折射率

【实验简介】

折射率可以用来衡量物质的折光性能,是描述介质材料光学性质的一个重要参数,并与通过介质材料的光波波长有关。测定介质材料折射率通常有两种方法:一种是几何光学的方法,即根据折射定律,通过测定有关角度来得到折射率;另一种是物理光学的方法,即根据光波通过介质后其相位的变化或偏振状态的变化来得到折射率。对固体介质,常用最小偏向角法或自准直法测定其折射率;液体介质常用临界角法(阿贝折射仪);气体介质则用精密度更高的干涉法(瑞利干涉仪)。

【设计要求】

查阅资料,设计 1~2 种利用干涉法测定透明介质折射率的实验方法,测出介质折射率。写出实验原理,画出光路图,推导出测量公式,拟定实验所需仪器,拟定实验步骤和数据表格,并计算测量结果。

【预习报告要求】

(1) 写明实验目的、实验原理,画出具体的实验光路,推导出测量公式。

(2) 拟出实验仪器,拟定实验步骤和数据表格。

(3) 对每一步骤的细节给以说明,如每一步骤所需实验仪器及其作用、步骤中所涉及的实验条件选择的依据等。

(4) 写出实验中的注意事项。

(5) 写出参考文献。

【参考仪器】

钠光灯、氦氖激光器、毛玻璃片、待测液体(或气体、固体)、偏振片、螺旋测微计、迈克耳孙干涉仪、牛顿环,其余所用仪器和材料自选。

【思考题】

(1) 怎样利用折射定律测定固体介质的折射率?

(2) 怎样利用迈克耳孙干涉仪测定介质薄膜的折射率和厚度?

第7章 研究性实验

实验1 全息光栅的制作及光栅特性的研究

【实验目的】

（1）了解全息光栅的摄制原理，熟悉双光束干涉的基本特点，会制作全息光栅。

（2）掌握测定光栅常量、角色散率、分辨率和衍射效率的原理和方法。

（3）能对制作好的全息光栅进行检测，总结全息光栅的特点。

【仪器用具】

全息平台、氦氖激光器、全反射镜、双平面镜、扩束镜、大孔径透镜、针孔滤波器、全息干板、毛玻璃屏、干板夹、分光计、汞灯、全套暗室处理设备等。

【实验内容】

（1）制作全息光栅的典型光路或马赫-曾德尔干涉仪型的摄制光路：①摄制 50lines/mm，100lines/mm 的一维光栅各一块；②摄制 80lines/mm，150lines/mm 的正交光栅各一块；③摄制一块复合光栅，其空间频率为 $x = x_2 - x_1$，$x_1 = 100$lines/mm，$x_2 = 110$lines/mm。

（2）测定光栅常量、角色散率、分辨率和衍射效率。

【思考题】

（1）全息光栅与普通光栅有何区别？

（2）欲制备一块 1000lines/mm 的全息光栅，用马赫-曾德尔干涉光路能完成吗？实际排光路试一下，解释能够制成或不能制成的原因。

（3）一块空频为 50lines/mm 的全息光栅不慎混入装有其他空频的纸盒内，请设计一种最简单的方案将它查出来。

（4）全息透镜的用途有哪些？

（5）将全息透镜与普通透镜进行比较。

实验 2   傅里叶频谱的观察和分析

【实验目的】

(1) 观察各种光栅、图片的傅里叶频谱,加深对频谱概念的理解。

(2) 由观察到的频谱判断输入图像的基本特征,理解物分布与其频谱函数间的对应关系。

(3) 深入了解频谱分析的基本原理、方法及各种应用。

【仪器用具】

全息平台、氦氖激光器、全反射镜、输入图像、扩束镜、傅里叶变换透镜、准直透镜、各种负片、毛玻璃屏、白屏、干板夹、光栅等。

【实验内容】

(1) 设计出傅里叶频谱观察光路图。准直透镜 L_1 和傅里叶变换透镜 L_2 之间的距离应大于 L_2 的焦距。

(2) 在 L_2 前焦面附近分别放入各种透明片和光栅,观察这些目标的频谱图样。

(3) 将目标向 L_2 移动直至贴近 L_2,观察频谱的变化情况,目标在 L_2 和毛玻璃屏 P 间不同位置频谱有何变化?

(4) 用激光细束来直接照射正交光栅,在数米远的屏幕上观察其傅里叶频谱,屏幕与光栅距离增大,观察频谱尺寸怎样变化。

【思考题】

(1) 用平行光照射平行密接的两块正弦光栅,它们的频谱将如何? 如两者正交密接,频谱又如何?

(2) 用激光细束直接照射一正弦光栅,光栅在自身平面内平移或转动时,对其频谱有何影响?

实验 3   彩虹全息的研究

【实验目的】

(1) 掌握制作一步、二步彩虹全息图的原理和方法。

(2) 了解彩虹全息图的性质,"色模糊"、"线模糊"、"像模糊"及其影响因素。

（3）制作一张二步、一步彩虹全息图。

（4）总结一步彩虹全息图和二步彩虹全息图的异同及利弊。

【仪器用具】

全息平台、氦氖激光器、全反射镜、光开关、扩束镜、连续分束镜、透镜、母全息图、狭缝、孔屏、毛玻璃屏、白屏、干板夹、被拍摄物、尺、曝光定时器、光强测量仪、全套暗室处理设备等。

【实验内容】

（1）用物光和参考光的干涉制作一张物体的三维全息图，即母全息图或掩模。

（2）用参考光的共轭光照明三维全息图，得到物的共轭赝实像。

（3）以物光的共轭光为物光引入另一参考光及狭缝制作第二张彩虹全息图。记录时，由于狭缝限制衍射光束，第二张彩虹全息图是记录了许多窄条状的全息图，也称为线全息图。

（4）将曝光后的全息干板在暗室进行常规的显影、定影、水洗、干燥等处理，得到一张彩虹全息图。

（5）用点光源以逆参考光的方向照明，将人眼置于狭缝像的位置即可看到完整的再现像。

（6）用白光照明二步彩虹全息图观察时，物体和狭缝的再现像将因波长的不同而变化，在不同波长狭缝像的位置即看到不同颜色的像。

【思考题】

（1）二步彩虹全息图为什么可以用白光再现？

（2）何谓"色模糊"、"线模糊"、"像模糊"？它们由什么因素决定？

（3）为什么说狭缝是制作二步彩虹全息图的关键元件？狭缝的宽度和位置对再现像的像质有何影响？

（4）与二步彩虹全息图相比，一步彩虹全息照相有什么优缺点？

实验 4　全息照相的研究

【实验目的】

（1）熟悉光波干涉和衍射的基本原理。

（2）熟悉制作全息图的基本条件。

（3）了解全息照相的两个基本过程。

（4）掌握拍摄全息图的基本光路设计和技术要求。

(5) 了解激光光源的使用。

(6) 熟悉全息干板的冲洗技术。

【仪器用具】

全息实验平台、氦氖激光器及其电源、全反射镜、分束镜、扩束镜、各种镜头支架、载物台、孔屏、白屏、光开关、激光功率计、电子快门及定时器、光强测量仪、全息干板、暗室设备一套等。

【实验内容】

1. 体全息(白光再现)拍摄

(1) 配制显影、定影药水；裁切干板，并遮光包装。

(2) 调节拍摄光路，拍摄全息图(确定曝光时间)。

(3) 对白光再现全息照片进行显影、定影处理。

(4) 全息图的再现。

2. 面全息(激光再现)拍摄

(1) 配制显影药水和定影药水(显影液用 D-76 显影粉、定影液用 F-5 定影粉)；裁切全息照相干板(银盐)，并遮光保存。

(2) 调节光路并拍摄面全息图。

(3) 冲洗全息干板，即显影和定影。

(4) 全息图的再现。

【思考题】

(1) 普通照相与全息照相有哪些不同？全息图的主要特点是什么？

(2) 体全息图与面全息图的主要区别是什么？

(3) 拍摄体全息图和面全息图时，对全息干板的要求是什么？为什么反射全息图可用白光来再现？如何获得全息图再现像？

实验 5　电磁感应与磁悬浮力

【实验目的】

(1) 理解感应电流、电动势、电磁场、磁力、磁化的概念。

(2) 了解电磁感应现象，变压器与电磁感应的关系。

（3）理解楞次定律与安培定律。

（4）了解电磁感应原理的一些应用。

【仪器用具】

电磁感应实验仪 1 台（主要有线圈和软铁棒）、电磁感应实验仪电源 1 台、小铝环两只（其中一只有切割的缝隙）、等厚但外径较小的小铝环 1 只、小铜环两只（其中一只为黄铜环，另一只为纯铜环）、小软铁环 1 只、小钢环 1 只、塑料环 1 只、游标卡尺 1 把、电子天平 1 台、铜线绕制的线圈环 1 只（在线圈环上接有小电珠）等。

【实验内容】

（1）将小铝环套在电磁感应实验仪的软铁棒上，接好连接线。将电磁感应实验仪电源调整到零电压的输出位置，交流挡将开关合上，逐渐增大调压变压器的输出电压，小铝环将逐渐上升并悬浮在软铁棒上。用同体积的黄铜环和纯铜环做上述实验，会发现在外界条件（如电压）相同的情况下，这 3 个环在软铁棒上所处的高度却不一样。

（2）用电子天平称出上述 3 个小环的重量，用游标卡尺测量它们的体积，找出它们上升高度不同的原因。

（3）小的软铁环套在电磁感应实验仪的软铁棒上，重复实验内容（1）的操作，会发现小的铁环几乎是粘在软铁棒上，用手将其套在软铁棒的任意高度处，都会被软铁棒吸住，这是为什么？

（4）用塑料环和有缝隙的小铝环做上述实验，有什么现象发生？

（5）用等厚但外径较小的小铝环做上述实验，有什么现象发生？

（6）实验内容（1）的实验过程中，电磁感应实验仪的软铁棒和套入的金属小环为什么会发热？

（7）实验时用铜线绕成的线圈环套入软铁棒，线圈环中的小电珠为什么会发亮？

【思考题】

（1）楞次定律说明了什么？此实验中电能可能转化为何种能量？

（2）什么是电磁铁？它有什么作用？

（3）什么是涡流？何谓感应电场？

实验 6　偏振光反射率与入射角的关系及折射率的测定

【实验目的】

（1）理解光强反射率、布儒斯特定律、菲涅耳公式。

（2）了解各种偏振光的获得。

(3) 掌握 p 分量和 s 分量的反射率随入射角变化的关系。

(4) 了解利用反射率曲线测量材料折射率的原理。

(5) 会测量半导体材料的折射率。

【仪器用具】

(1) 一个固定在转盘上并与 1 个 3V 稳压电源相连的半导体激光器,发出的激光波长为 650nm。

(2) 一个固定在转盘上的偏振片。

(3) 相对两侧面分别贴有待测玻璃片和半导体薄片的样品砖。

(4) 能固定样品砖的光学转台。

(5) 一个数字显示激光功率计,与固定在支架上的光探测器相连,该支架可绕样品转动。

(6) 光具座 1 个、遮光罩 1 个、手电筒 1 个。

【实验内容】

1. 确定偏振片的偏振轴方向并测量玻璃样品折射率

(1) 使偏振片的偏振轴与半导体激光光强最强的线偏振分量一致。在以下测量中,将偏振片和激光器当作一个系统,需要旋转时一起转动。

(2) 以玻璃样品面作为反射面固定在转台上,调节偏振片方向和入射角大小,使其产生平行于入射面的线偏振光。当入射角等于样品玻璃的布儒斯特角时,反射光强等于零,由此可确定偏振片的偏振轴方向,并可测出玻璃样品的折射率。

2. 测量半导体薄片的反射率 R_p 和 R_s 与入射角 θ_i 的关系

(1) 以半导体薄片作为反射面固定在转台上,使半导体薄片的反射表面可绕沿入射光路径上的竖直轴转动,此轴应在样品表面上。

(2) 调整偏振片的取向,使入射到半导体上激光的偏振方向平行于入射面。在不同的入射角下测量反射激光的功率,并画出 R_p 值与入射角 θ_i 的关系图,要求入射角的测量范围在实验装置允许的条件下尽可能大。

(3) 转动偏振片使入射光的偏振方向与入射面垂直。在不同的入射角下测量反射激光的功率,并画出 R_s 值与入射角 θ_i 的关系图,要求入射角的测量范围在实验装置允许的条件下尽可能大。

3. 计算半导体材料的折射率

(1) 由菲涅耳公式推导出折射率公式: $n = \sqrt{\dfrac{(1 \pm \sqrt{R_p})(1 + \sqrt{R_s})}{(1 \mp \sqrt{R_p})(1 - \sqrt{R_s})}}$。从实验图或其

他方法确定 $\pm\sqrt{R_p}$ 的符号。

（2）利用实验内容 2 中所得到的反射率曲线，求出入射角为 $20°,30°,40°,50°,60°,80°$ 时的 R_p 和 R_s 值，代入上式，计算出半导体薄片的折射率值，求出折射率 n 的平均值并计算其标准偏差。

（3）利用实验内容 2 中所得到的反射率曲线，用外推法确定正入射时的 R_p 和 R_s 值，并计算出半导体材料的折射率。

【思考题】

（1）实验中的光强反射率是哪两个物理量的比值？

（2）如何获得一束平行于入射面的线偏振光？

（3）光从空气中入射到介质表面，当入射角为 $0°$ 时，折射率公式如何？

（4）通常没有标明偏振片的投射方向，用什么简易的方法可以将它确定下来？

（5）由菲涅耳公式推导出的折射率公式适用于哪些材料折射率的测定？是否适用于所有半导体材料折射率的测量？为什么？

实验 7　望远镜与显微镜的组装

【实验目的】

（1）熟悉望远镜和显微镜的基本结构及物镜和目镜的放大原理。

（2）通过基础实验中透镜焦距的测量方法，会选用两块薄透镜组装最简单的望远镜和显微镜。

（3）掌握望远镜和显微镜放大率的测量和它们的调节使用。

（4）通过该实验，进一步掌握光学系统的共轴调节方法。

【仪器用具】

光具座 1 台、透镜若干、光源、平面镜、箭孔屏、米尺、透明标尺等。

【实验内容】

（1）望远镜的组装：

① 测出所给透镜的焦距，选出组装望远镜和显微镜时要用的物镜和目镜，记录所测得的焦距。

② 将光源、透明标尺、已知焦距为 30cm 的透镜、物镜、目镜依次置于光具座导轨上，将各元件调整到同光轴。

③ 将透明标尺置于已测焦距的焦平面上以形成一无穷远处的发光物体。

④ 移动物镜,眼睛贴近目镜观察,使在目镜中能看到清晰的标尺像。记录下物镜和目镜的位置。

⑤ 在物镜后放置像屏,左右移动像屏,使像最清晰,记下所成像位置、大小和倒正。

⑥ 按实测的物镜、目镜位置及中间实像位置,按一定比例画出所组装望远镜成像光路图。

⑦ 根据实际测得的物镜和目镜的焦距画出光路图,标出系统放大率并与上面的结果进行比较。

(2) 显微镜的组装

① 将选出的物镜和目镜置于光具座上,并限定镜筒长度。调整两透镜使其同光轴。

② 以透明标尺为物,置于物镜前。前后移动该物体,眼睛在目镜后观察,直到能看到清晰的放大的虚像为止。记下标尺、物镜和目镜的位置。

③ 用像屏在目镜和物镜间找到所成的实像,记下实像的位置。

④ 根据记录的数据画出所组装显微镜的成像光路图。

⑤ 由所测得的物镜和目镜的焦距,计算所组装显微镜的视角放大率。

(3) 测定望远镜的放大率,将所测得的结果与理论值进行比较。

(4) 测定显微镜的放大率,将所测得的结果与理论值进行比较。

【思考题】

(1) 什么是人眼的近点和远点? 用什么方法可以测出眼睛的近点有多远?

(2) 测定透镜焦距的方法有几种?

(3) 放大镜和显微镜有何区别?

(4) 显微镜、望远镜的放大率与哪些因素有关?

(5) 如何测定显微镜和望远镜的放大率?

(6) 组装显微镜、望远镜时如何选择物镜和目镜?

(7) 如何将各光学元件调整为同轴等高?

实验 8　用激光显示李萨如图形

【实验目的】

(1) 了解机械振动、简谐振动、受迫振动、阻尼振动、共振现象。

(2) 理解振动物体的频率、周期、振幅、位相、固有频率和固有振动频率。

(3) 掌握两个同方向、同频率(或不同频率)的谐振动的合成及两个方向相互垂直、频率成整数比的简谐振动的叠加原理。

（4）了解光杠杆使微小振动放大的原理。

（5）掌握激光器、电磁打点计时器的结构、原理、作用和特点。

【仪器用具】

氦氖激光器 1 台、半导体激光器 1 台、电磁打点计时器两个、低频功率信号发生器两台、观察屏 1 个、固定架两个、小反射镜片等。

【实验内容】

（1）取两个电磁打点计时器，去掉打点针与塑料罩，在振动片的振动端贴上反射镜。

（2）测定两个打点计时器振动片的固有振动频率，如果两个打点计时器的固有振动频率不等，可改变振动片的长短或加上配重，使其振动频率相同。

（3）将两个打点计时器相互垂直放置，使激光照射在第一个打点计时器振动片的反射镜上后，经反射照射在第二个打点计时器振动片的反射镜上，反射后再投射在远处屏上。

（4）把两台低频功率信号发生器的输出端分别与两个电磁打点计时器相连接。开启发生器使振动条振动，发生器的输出频率分别与振动片的固有频率相同，观察远处屏上的图形。

（5）把两台低频功率信号发生器的输出端分别与两个打点计时器相连接。改变两个打点计时器振动片的固有振动频率，使其频率比分别为 1∶2，1∶3，2∶3。两台发生器的输出频率分别与两个振动片的固有频率相同，观察屏上图形的变化。

【思考题】

（1）激光有什么特点？

（2）什么是光杠杆？

（3）两振动如何用振幅矢量法来进行合成？

（4）在打点计时器中电压信号是如何使振动片振动的？

（5）电磁打点计时器的振动片的振动是简谐振动吗？

（6）振动片的长短对实验有何影响？

（7）激光照射在反射镜上对入射角有何要求？

附录 常用数据表

表1 物理学基本常数

物 理 量	符号	数值与单位	相对不确定度/10^{-6}
引力常数	G	$6.67259(85) \times 10^{-11} \, \text{m}^3/(\text{kg} \cdot \text{s}^2)$	128
阿伏伽德罗常数	N_A	$6.0221367(36) \times 10^{-23} \, \text{mol}^{-1}$	0.59
摩尔气体常数	R	$8.314510(70) \, \text{J}/(\text{mol} \cdot \text{K})$	8.4
理想气体摩尔体积	V_m	$22.41410(19) \times 10^{-3} \, \text{m}^3/\text{mol}$	8.4
玻耳兹曼常数	k	$1.380658(12) \times 10^{-23} \, \text{J/K}$	8.5
真空介电常数	ε_0	$1/(\mu_0 c^2) = 8.854187 \cdots \times 10^{-12} \, \text{F/m}$	精确
真空磁导率	μ_0	$4\pi \times 10^{-7} \, \text{N/A}^2 = 12.56637 \cdots \times 10^{-7} \, \text{N/A}^2$	精确
真空中的光速	c	$2.99792458 \times 10^8 \, \text{m/s}$	精确
基本电荷	e	$1.60217733(49) \times 10^{-19} \, \text{C}$	0.30
电子质量	m_0	$9.1093897(54) \times 10^{-31} \, \text{kg}$	0.59
质子质量	m_p	$1.6726231(10) \times 10^{-27} \, \text{kg}$	0.59
质子单位质量	u	$1.6605402(10) \times 10^{-27} \, \text{kg}$	0.59
普朗克常数	h	$6.6260755(40) \times 10^{-34} \, \text{J} \cdot \text{s}$	0.60
电子的荷质比	$-e/m_0$	$-1.75881962(53) \times 10^{11} \, \text{C/kg}$	0.30
里德伯常数	R_∞	$10973731.534(13) \, \text{m}^{-1}$	0.0012

注:( )内的数字是给定值最后两位数字中的一倍标准偏差的不确定度。

表2 海平面上不同纬度的重力加速度

纬度/(°)	$g/(\text{m/s}^2)$	纬度/(°)	$g/(\text{m/s}^2)$	纬度/(°)	$g/(\text{m/s}^2)$
0	9.78049	35	9.79746	70	9.82614
5	9.78038	40	9.80180	75	9.82873
10	9.78204	45	9.80629	80	9.83065
15	9.78396	50	9.81079	85	9.83182
20	9.78625	55	9.81515	90	9.83221
25	9.78969	60	9.81924	重庆	9.79152
30	9.79338	65	9.82294	(29°34′)	

表3　不同温度时水的密度、表面张力系数、粘滞系数

温度/℃	ρ /(kg/m³)	σ /(10^{-3} N/m)	η /10^{-6} Pa·s	温度/℃	ρ /(kg/m³)	σ /(10^{-3} N/m)	η /10^{-6} Pa·s
0	999.87	75.62	1.787	20	998.23	72.75	1.002
5	999.96	74.90	1.519	21	998.02	72.60	0.9779
6	999.94	74.76	1.472	22	997.77	72.44	0.9548
8	999.88	74.48	1.386	23	997.57	72.28	0.9325
10	999.73	74.20	1.307	24	997.33	72.12	0.9111
11	999.63	74.07	1.271	25	997.07	71.96	0.8904
12	999.52	73.92	1.235	30	995.68	71.15	0.7975
13	999.40	73.78	1.202	40	992.24	69.55	0.6529
14	999.27	73.64	1.169	50	988.04	67.90	0.5468
15	999.13	73.48	1.139	60	983.21	66.17	0.4665
16	998.97	73.34	1.109	70	977.78	64.41	0.4060
17	998.90	73.20	1.018	80	971.80	62.60	0.3547
18	998.62	73.05	1.053	90	965.31	60.74	0.3147
19	998.43	72.89	1.027	100	958.35	58.84	0.2818

表4　不同温度时空气的密度、粘滞系数

温度/℃	ρ /(kg/m³)	η /10^{-6} Pa·s	温度/℃	ρ /(kg/m³)	η /10^{-6} Pa·s	温度/℃	ρ /(kg/m³)	η /10^{-6} Pa·s
0	1.293	17.25	11	1.243	17.75	22	1.196	18.28
1	1.288	17.30	12	1.238	17.78	23	1.188	18.32
2	1.284	17.35	13	1.234	17.85	24	1.185	18.37
3	1.279	17.38	14	1.230	17.90	25	1.181	18.42
4	1.274	17.42	15	1.226	17.95	26	1.177	18.47
5	1.270	17.47	16	1.221	18.00	27	1.172	18.50
6	1.265	17.51	17	1.217	18.05	28	1.169	18.56
7	1.260	17.56	18	1.213	18.10	29	1.165	18.60
8	1.257	17.60	19	1.208	18.15	30	1.161	18.65
9	1.252	17.65	20	1.205	18.20	31	1.156	18.70
10	1.247	17.70	21	1.201	18.24	32	1.150	18.75

表5　某些液体的粘滞系数

物　质	温度/℃	η /10^{-6} Pa·s	物　质	温度/℃	η /10^{-6} Pa·s
甲醇	0	817	甘油	−20	134×10^{6}
	20	584		0	121×10^{5}
乙醇	−20	2780		20	1499×10^{3}
	0	1780		100	12945
	20	1190	葵花籽油	80	100×10^{3}
乙醚	0	296	蜂蜜	20	45600
	20	243		80	4600
汽油	0	1788	鱼肝油	−20	1855
	18	530		0	1685
变压器油	20	19800	水银	20	1554
蓖麻油	10	242×10^{4}		100	1224

表6　20℃时常用固体和液体的密度

物　质	ρ/(kg/m^3)	物　质	ρ/(kg/m^3)
铝	2698.9	水银	13546.2
铜	8960	甲醇	792
铁	7874	乙醇	789.4
银	10500	乙醚	714
金	19320	氟利昂-12	1329
钨	19300	水晶玻璃	2900~3000
铂	21450	窗玻璃	2400~2700
铅	11350	冰(0℃)	880~920
锡	7298	汽车用汽油	710~720
锌	7140	甘油	1260
钢	7600~7900	硫酸	1840

表7　20℃时金属的杨氏模量

金　属	E/(10^{11} N/m^2)	金　属	E/(10^{11} N/m^2)
铝	0.69~0.70	镍	2.03
铜	1.03~1.27	铬	2.35~2.45
铁	1.86~2.06	合金钢	2.06~2.16
银	0.69~0.80	碳钢	1.96~2.06
金	0.77	康钢	1.60
钨	0.47	铸钢	1.72
锌	0.78	硬铝合金	0.71

表 8　某些物质的比热容

物　　质	温度/℃	$c/(kJ/(kg \cdot K))$	物　　质	温度/℃	$c/(kJ/(kg \cdot K))$
铝	20	0.895	镍	20	0.481
铜	20	0.385	铂	20	0.134
黄铜	20	0.380	钢	20	0.447
银	20	0.234	铅	20	0.130
铁	20	0.481	玻璃		0.585～0.920
生铁	0～100	0.54	冰	−40～0	1.79
锌	20	0.389	水		4.176

表 9　101325Pa 大气压下一些物质的熔点和沸点

物　　质	熔点/℃	沸点/℃	物　　质	熔点/℃	沸点/℃
铝	660.4	2486	镍	1455	2731
铜	1084.5	2580	锡	231.97	2270
铬	1890	2212	锌	419.58	903
银	961.93	2184	铅	327.5	1750
铁	1535	2754	汞	−38.86	356.72
金	1064.43	2710			

表 10　某些物质中的声速

物　　质	温度/℃	声速/(m/s)	物　　质	温度/℃	声速/(m/s)
空气	0	331.45	水	20	1482.9
一氧化碳	0	337.1	酒精	20	1168
二氧化碳	0	258	铝		5000
氧气	0	317.2	铜		3750
氩气	0	319	不锈钢		5000
氢气	0	1269.5	金		2030
氮气	0	337	银		2680

表 11　常用材料的导热系数

物　　质		温度/K	导热系数/(W/(cm・K))	物　　质		温度/K	导热系数/(W/(cm・K))
	空气	300	2.6		银	273	4.18
	氮气	300	2.61		铝	273	2.38
	氢气	300	18.2		铜	273	4.01
气体	氧气	300	2.68		黄铜	273	1.20
	二氧化碳	300	1.66		金	273	3.18
	氨气	300	15.1		钙	273	0.98
	氖气	300	4.9		铁	273	0.835
		273	5.61		镍	273	0.91
	水	293	6.04	固体	铅	273	0.35
		373	6.80		铂	273	0.73
液体	四氯化碳	293	1.07		硅	273	1.70
	甘油	273	2.90		锡	273	0.67
	乙醇	293	1.70		不锈钢	273	0.14
	石油	293	1.50		玻璃	273	0.010
	水银	273	84		橡胶	298	1.6×10^{-3}
	耐火砖	500	0.0021		木材	300	$(0.4 \sim 3.5) \times 10^{-3}$
固体	混凝土	273	0.0084		花岗石	300	0.016
	云母	373	0.0054		棉布	313	0.0008

表 12　固体的线膨胀系数

物　　质	温度/℃	线膨胀系数/(10^{-6}/℃)	物　　质	温度/℃	线膨胀系数/(10^{-6}/℃)
金	0～100	14.3	石蜡	16～38	130.3
银	0～100	19.6	聚乙烯		180
铜	0～100	17.1	石英玻璃	20～200	0.56
铁	0～100	12.2	窗玻璃	20～200	9.5
锡	0～100	21	花岗石	20	6～9
铝	0～100	23.8	瓷器	20～200	3.4～4.1
镍	0～100	12.8	大理石	25～100	5～16
锌	0～100	32	混凝土	−13～21	6.8～12.7
铂	0～100	9.1	橡胶	16.7～25.3	77
钨	0～100	4.5	硬橡胶		50～80
康铜	0～100	15.2	木材(平行纤维)		3～5
黄铜	0～100	18～19	木材(垂直纤维)		35～60
锰钢		18.1		0	52.7
不锈钢		16.0	冰	−50	45.6
镍铬合金	100	13.0			
钢(0.05%碳)	0～100	12.0		−100	33.9

表 13 101325Pa 大气压下液体的体膨胀系数

物质	温度/℃	体膨胀系数/(10^{-6}/℃)	物质	温度/℃	体膨胀系数/(10^{-6}/℃)
丙酮	20	1.43	水	20	0.207
乙醚	20	1.66	水银	20	0.182
甲醇	20	1.19	甘油	20	0.505
乙醇	20	1.08	苯	20	1.23

表 14 某些金属和合金的电阻率、温度系数

金属或合金	电阻率 ρ/($10^{-6}\Omega \cdot m$)	温度系数/(10^{-3}/℃)	金属或合金	电阻率 ρ/($10^{-6}\Omega \cdot m$)	温度系数/(10^{-3}/℃)
铝	0.028	4.2	锌	0.059	4.2
铜	0.0172	4.3	锡	0.12	4.4
银	0.016	4.0	水银	0.958	1.0
金	0.024	4.0	武德合金	0.52	3.7
铁	0.098	6.0	钢(0.10%～0.15%碳)	0.10～0.14	6
铅	0.205	3.7	康铜	0.47～0.51	−0.04～0.01
铂	0.105	3.9	铜锰镍合金	0.34～1.00	−0.03～0.02
钨	0.055	4.8	镍铬合金	0.98～1.10	0.03～0.4

表 15 气体的比定压热容和比定容热容

气 体	比定压热容 c_p/(J/(kg·K))	比定容热容 c_V/(J/(kg·K))
氯气	0.124	—
氩气	0.127	0.077
氯化氢(22～214℃)	0.19	0.13
二氧化碳	0.20	0.15
氧气	0.22	0.16
空气	0.24	0.17
氖气	0.25	0.15
氮气	0.25	0.18
一氧化碳	0.25	0.18
乙醚蒸气(25～111℃)	0.43	0.4
酒精蒸气(108～220℃)	0.45	0.4
水蒸气(100～300℃)	0.48	0.36
氨气	0.51	0.39
氦气	1.25	0.75
氢气	3.41	2.42

表 16 标准化热电偶

名　　称	型号	100℃时的温差电动势/mV	使用温度/℃		温差电动势对分度表的允许误差/℃			
			长期	短期	温度	允差	温度	允差
铂铑$_{10}$-铂	WRLB	0.643	0~1300	1600	≤600	±2.4	>600	±0.4%t
铂铑$_3$-铂$_6$	WRLL	0.340	0~1600	1800	≤600	±3	>600	±0.5%t
镍铬-镍硅(镍铬-镍铝)	WREU	4.10	0~1000	1200	≤600	±4	>400	±0.75%t
镍铬-康铜	WREA	6.95	0~600	800	≤400	±4	>400	±1%t

表 17 旋光物质的旋光率

旋光物质和溶剂浓度	λ/nm	α/((°)/cm)	旋光物质和溶剂浓度	λ/nm	α/((°)/cm)
葡萄糖＋水 $c=5.5\times10^{-2}$ g/cm^3 $t=20$℃	447	96.62	酒石酸＋水 $c=0.2862\times10^{-2}$ g/cm^3 $t=18$℃	350	−16.8
	479	83.88		400	−6.0
	508	73.61		450	+6.6
	535	65.35		500	+7.5
	589	52.76		550	+8.4
	656	41.89		589	+9.82
蔗糖＋水 $c=0.26\times10^{-2}$ g/cm^3 $t=20$℃	404.7	152.8	樟脑＋乙醇 $c=0.347\times10^{-2}$ g/cm^3 $t=19$℃	350	378.3
	435.8	128.8		400	158.6
	480.8	103.05		450	109.8
	520.9	86.80		500	81.7
	589.3	66.52		550	62.0
	670.8	50.45		589	52.4

表 18 常用物质的折射率

物　　质	n_d	温度/℃	物　　质	n_d	温度/℃
水	1.3330	20	有机玻璃	1.492	室温
甲醇	1.3292	20	加拿大树胶	1.530	室温
乙醇	1.3522	20	石英晶体	$n_o=1.54424$	室温
乙醚	1.3617	20		$n_e=1.55335$	室温
二氯甲烷	1.6255	20	熔凝石英	1.45845	室温
三氯甲烷	1.4453	20	琥珀	1.546	室温
四氯甲烷	1.4617	20	方解石	$n_o=1.65835$	室温
甘油	1.4676	20		$n_e=1.48640$	室温
石蜡	1.4704	20	冕牌玻璃 K$_6$	1.5111	室温
松节油	1.4711	20	冕牌玻璃 K$_8$	1.5159	室温
苯胺	1.5863	20	冕牌玻璃 K$_9$	1.5163	室温
棕色醛	1.6195	20	重冕牌玻璃 ZK$_6$	1.6126	室温
单溴苯	1.6588	20	重冕牌玻璃 ZK$_8$	1.6140	室温
萤石	1434	20	火石玻璃 F$_8$	1.6055	室温
苯	1.5011	20	重火石玻璃 ZF$_1$	1.6475	室温
金刚石	2.4175	室温	重火石玻璃 ZF$_6$	1.7550	室温

表 19　常用光源的谱线波长

光源	波长/nm	光源	波长/nm	光源	波长/nm	光源	波长/nm
氦	706.52(红)	氖	650.65(红)	氢	656.28(红)	汞	623.44(橙)
	667.82(红)		640.23(橙)		486.13(绿蓝)		579.07(黄 2)
	587.56(黄)		638.30(橙)		434.05(蓝)		576.96(黄 1)
	501.57(黄绿)		626.65(橙)		410.17(蓝紫)		546.07(绿)
	492.1(绿蓝)		621.73(橙)		397.01(蓝紫)		491.60(绿蓝)
	471.31(蓝)		614.31(橙)	钠	589.592(黄)		435.83(紫 3)
	447.15(蓝)		588.19(黄)		588.995(黄)		407.78(紫 2)
	402.62(蓝紫)		585.25(黄)	氦氖激光	632.8(橙)		404.66(紫 1)
	388.87(蓝紫)						

参 考 文 献

1. 周殿清. 大学物理实验[M]. 武汉：武汉大学出版社，2002.
2. 杜旭日. 大学物理实验[M]. 厦门：厦门大学出版社，1997.
3. 杨述武. 普通物理实验[M]. 2版. 北京：高等教育出版社，1993.
4. 吕斯骅，等. 基础物理实验[M]. 北京：北京大学出版社，2001.
5. 凌亚文. 大学物理实验[M]. 北京：科学出版社，2004.
6. 沈元华，等. 基础物理实验[M]. 北京：高等教育出版社，2003.
7. 李相银. 大学物理实验[M]. 北京：高等教育出版社，2004.
8. 李文斌. 大学物理实验[M]. 长沙：湖南科学技术出版社，2003.
9. 沈元华. 设计性研究性物理实验教程[M]. 上海：复旦大学出版社，2004.